水利水电工程
监理规划细则编写实务

主　编　吴太平
副主编　黄祚继　王　军

U0268824

黄河水利出版社

内 容 提 要

本书以《水利工程建设项目施工监理规范》(SL 288—2003)、水利部令第 28 号《水利工程建设监理规定》为依据,参照《建设工程监理规范》(GB 50319—2000)、《水利水电工程施工监理规范》(DL/T 5111—2000)以及相关法规、规范精心编写而成。全书共分 16 章,第 1 章为监理规划,第 2 ~ 14 章为监理细则,第 15 章为监理工作报告,第 16 章为监理责任与处罚条款。

本书涵盖水利水电行业各类水利水电工程,不仅可供水利水电工程监理、建设管理和施工人员使用,也可供大专院校相关专业的师生学习参考,同时也可作为工程监理人员继续教育培训教材。

图书在版编目 (CIP) 数据

水利水电工程监理规划细则编写实务/吴太平主编.
郑州: 黄河水利出版社, 2008.2
ISBN 978 - 7 - 80734 - 392 - 9

Ⅰ. 水… Ⅱ. 吴… Ⅲ. ①水利工程 - 监督管理 - 细则
②水力发电工程 - 监督管理 - 细则 Ⅳ. TV512

中国版本图书馆 CIP 数据核字 (2008) 第 009726 号

组稿编辑: 王路平 电话: 0371 - 66022212 E-mail: wlp@ yrcp. com

出 版 社: 黄河水利出版社
　　　　　　地址: 河南省郑州市金水路 11 号 邮政编码: 450003
发行单位: 黄河水利出版社
　　　　　　发行部电话: 0371 - 66026940、66020550、66028024、66022620(传真)
　　　　　　E-mail: hhslcbs@ 126. com
承印单位: 黄河水利委员会印刷厂
开本: 787 mm × 1 092 mm 1/16
印张: 22.5
字数: 520 千字 印数: 1—2 000
版次: 2008 年 2 月第 1 版 印次: 2008 年 2 月第 1 次印刷

定价: 50.00 元

序

　　1997 年《中华人民共和国建筑法》以法律的形式确立在我国工程建设领域实行监理制度以来,监理单位作为工程建设参建主体之一在工程建设中发挥了重要的作用。工程监理行业已形成规模,培养了一批水平较高的监理人才,积累了丰富的工程监理经验,取得了显著成绩。

　　工程监理是一项专业性、技术性较强的工作。目前,我国建设监理作为水利工程建设的三项制度之一,对控制工程质量、加快工程进度、控制工程投资及安全生产起到了非常重要的作用。监理规划细则是监理工作重要的技术文件,对开展和指导监理工作意义重大。然而,在目前监理行业中,有不少监理人员受知识水平和经验的限制,把监理规划细则写成各种施工技术、验收规范和有关技术标准的摘要,针对性、可操作性相对较差,失去了监理规划细则应有的预控性和指导性作用。

　　《水利水电工程监理规划细则编写实务》一书为广大工程监理人员提供了较好的示范文本。实例中的监理规划根据有关规范、规程、标准等要求给出了明确且符合工程要求的工作内容、工作方法、监理措施、工作程序和工作制度等,具有较强的可操作性。该书按水利工程施工监理、水土保持工程施工监理、机电及金属结构设备制造监理、水利工程环境保护监理 4 个专业分项编写实施细则,充分考虑到工程中对各专业的技术要求,有针对性地提出相应的对策和措施,突出监理工作的事前审批、事中监督和事后检验的程序。

　　作者以国家最新颁布的法律法规和规范标准为依据,结合长期从事监理工作的经验和成果,给出了不同工程和专业监理规划细则及监理工作报告的编写实例,书中内容丰富,资料翔实,具有较强的可读性、实用性和指导性,是一本较好的监理工作参考书。

　　相信本书的出版发行,对规范监理规划细则的编写,提高监理人员监理规划细则及监理工作报告的编写水平,提高工程项目监理的管理水平,推进监理事业的发展,将起到积极的推动作用。

2008 年 1 月

前　言

本书是根据《水利工程建设项目施工监理规范》(SL 288—2003)的要求编写的监理规划细则,阐述了符合具体工程要求的工作内容、工作方法、监理措施、工作程序和工作制度等,以及相关专业的监理工作报告,具有较强的可操作性;根据《水利工程建设监理规定》(水利部令第 28 号,2006),结合水利工程施工监理、水土保持工程施工监理、机电及金属结构设备制造监理、水利工程环境保护监理 4 个专业分别编写出 28 个分项实施细则,考虑了工程中可能出现的有关情况,针对具体工程编写相应的对策和措施,突出监理工作的事前审批、事中监督和事后检验的程序,使监理细则的编制更加切合工程实际。

本书的出版发行,对提高监理人员监理规划细则以及监理工作报告的编写水平,规范监理规划细则及监理工作报告编写内容,提高工程项目监理的管理水平,具有一定的参考价值,为广大工程建设监理工作者提供了较好的示范文本。

本书共分 16 章,由吴太平担任主编,黄祚继、王军担任副主编,参加本书编写的有吴太平(第 2 章)、黄祚继(第 1 章第 1 ~ 6 节)、王军(第 7 章)、王久晟(第 15 章第 3 节)、王发信(第 3 章)、王荣喜(第 8 章第 1 ~ 3 节)、左敦厚(第 4 章)、刘和斌(第 6 章第 16 节)、余兵(第 5 章第 1 节、第 4 ~ 7 节)、陈政(第 1 章 7 ~ 10 节)、张勇(第 9 章)、沈敏(第 6 章第 11 节)、汪霞(第 11 章)、沈义勤(第 6 章第 1 节、第 12 节)、宋心同(第 15 章第 1 节、第 2 节)、宋新江(第 15 章第 5 节)、吴杰(第 5 章第 2 节、第 3 节)、吴其保(第 10 章、第 16 章)、陆英超(第 6 章第 6 节、第 7 节)、张法宝(第 6 章第 9 节、第 13 节)、张家柱(第 15 章第 4 节)、郑继(第 6 章第 2 节、第 10 节)、郑三元(第 6 章第 4 节、第 5 节)、赵宏郎(第 8 章第 4 ~ 7 节)、赵殿信(第 6 章第 3 节、第 8 节)、姚亮(第 6 章第 14 节、第 15 节)、黄守琳(第 12 章)、黄忠赤(第 13 章)、葛国兴(第 14 章第 7 ~ 9 节)、舒晓畅(第 14 章第 1 ~ 6 节)、蔡华(第 6 章第 17 节)。由黄祚继负责统稿第 1 ~ 11 章,吴其保负责统稿第 12 ~ 16 章,吴太平负责总校核。

本书在编写过程中得到了安徽省水利厅、安徽省·水利部淮委水利科学研究院、安徽省大禹工程建设监理咨询有限公司、水利部淮委治淮工程建设局等单位的大力支持和帮助,同时在编写和审稿过程中得到多位专家的指导与帮助,并参阅了不少专家学者的著作及相关文献,在此表示衷心的感谢!

由于工程建设监理工作是一项系统工程,规范监理工作十分繁杂,加之编者水平所限,以及广大监理工作者在工程监理实践中总结的新理论、新方法、新经验层出不穷,书中难免存在不足之处,敬请广大读者批评指正。

编　者

2008 年 1 月

目 录

第1章 监理规划

第1节 总 则

1 工程项目概况

（1）工程概况。

（2）规模及主要建筑物，包括以下内容：①工程规模及洪水标准；②主要建筑物；③机电、泵站。

2 工程项目主要目标

工程的监理目标是：在发包人的组织和设计人及各承包人的积极配合下，通过现场监理机构的努力工作和职权的有效发挥，监督工程建设施工合同的全面履行，努力促使工程建设的投资、工期和质量三大目标得到有效控制并全面实现。

2.1 质量目标

依据国家标准、规程、规范、工程建设施工合同、设计文件等，通过行之有效的质量控制程序、方法和手段，督促承包人进行精细施工，使工程项目质量符合设计和规范要求。

在确保质量的同时，加强安全质量控制，避免发生安全责任事故，实现安全控制目标。

2.2 进度目标

依据科学的管理方法，通过采取有力的控制手段和措施，始终抓住关键线路上的关键工序（或检验批）、关键部位和施工难点，合理调配资源，研究切实可行的实施方案，促使合同工期以及阶段性目标工期按计划进行，努力促使控制性工期的实现，使计划施工总工期按期全面实现。

2.3 投资目标

建立科学化、规范化、程序化、标准化的控制体系，严格按照施工合同条款，采取有效的工程计量与支付控制手段，使工程量测量与核算条目清晰、工程变更依据充分、价格调整符合约定的程序和方法、结算过程及最终结果符合审计规定，将工程总投资控制在设计概算批准的范围内，实现工程总投资目标。

3 工程项目组织

工程投资：国家拨款。

发包人：

设计人：

监理人：

监督单位：

运行管理人：

承包人：

材料采购人：

4 监理工作范围和内容

4.1 监理服务范围

批准的项目初步设计中的工程。

4.2 监理内容

主要是工程的质量控制、进度控制、投资控制、合同管理、信息管理和协调工作。

具体表现为以下各方面。

4.2.1 设计方面

(1)协助发包人与勘测设计人签订施工图供应协议。

(2)管理发包人与设计人签订的有关合同、协议,督促设计人按合同或协议要求及时供应合格的设计文件。

(3)熟悉设计文件内容,检查施工图设计文件是否符合批准的初步设计和原审批意见,是否符合国家或行业标准、规程、规范,以及是否符合勘测设计合同规定。

(4)组织施工图和设计变更的会审,提出会审意见。经发包人批准后,向承包人签发设计及设计变更文件。

(5)组织设计人进行现场设计交底。

(6)协助发包人会同设计人对重大技术问题和优化设计进行专题讨论。

(7)审核承包人对设计文件的意见和建议,会同设计人进行研究,并督促设计人尽快给予答复。

(8)审核承包合同规定应由承包人递交的设计文件。

(9)保管监理所用的设计文件及过程资料。

(10)其他相关业务。

4.2.2 采购方面

(1)协助发包人进行重要设备、材料的采购招标工作。

(2)管理采购合同,并对采购计划进度进行监督与控制。

(3)闸门、启闭机的驻场监造,自动化控制设备的厂内监理。

(4)对进场的原材料、制成品、永久工程设备进行质量检验与到货验收。

(5)其他相关业务。

4.2.3 施工方面

(1)协助发包人进行工程施工的招标工作。

（2）管理施工承包合同,审查分包人资格。

（3）督促发包人按施工承包合同的规定落实必须提供的施工条件,检查工程承包人的开工准备工作,具备开工条件后,经发包人批准,签发开工通知。

（4）审批承包人递交的施工组织设计、施工技术措施、计划、作业规程、临建工程设计及现场试验方案和试验成果。

（5）签发补充的设计文件、技术要求等,答复承包人提出的建议和意见。

（6）工程进度控制:按发包人要求,编制工程控制性进度计划,提出工程控制性进度目标,并以此审查批准承包人提出的施工进度计划,检查其实施情况。督促承包人采取切实措施实现合同工期要求。当实施进度与计划进度发生较大偏差时,及时向发包人提出调整控制性进度计划的建议意见并在发包人批准后完成其调整。

（7）工程质量控制:审查承包人的质量保证体系和控制措施,核实质量管理文件。依据施工承包合同文件、设计文件、技术规范与质量检验标准,对施工前准备工作进行检查,对施工工序（或检验批）、工艺与资源投入进行监督、抽查。依据有关规定,进行工程项目划分,由发包人报质量监督部门批准后实施。对单元（或分项）工程、分部工程、单位工程质量按照国家有关规定进行检查、签证和评价。协助发包人调查处理质量事故。对承包人的施工记录、质量评定等资料按照国家有关规定进行监督检查复核或核定,必要时协助其整理。

（8）工程投资控制:协助发包人编制投资控制目标和分年度投资计划。审查承包人递交的资金流计划,审核承包人完成的工程量和价款,签署付款意见,对合同变更或增加项目提出审核意见后,报发包人批准。配合发包人进行完工结算、竣工决算和有关审计等工作。受理索赔申请,进行索赔调查和谈判,提出处理意见报发包人。

（9）施工安全监督:检查施工安全措施、劳动防护和环境保护设施并提出建议;检查汛期防洪度汛措施并提出建议;参加安全事故调查并提出处理意见。

（10）组织监理合同授权范围内工程建设各方协调工作,编发施工协调会议纪要。

（11）主持单元（或分项）工程、分部工程验收,协助发包人按国家规定进行工程各阶段验收及竣工验收,审查承包人编制的竣工图纸和资料。

（12）信息管理:做好施工现场监理记录与信息反馈。按监理协议附件要求编制监理月报、年报,督促、检查承包人及时按发包人的规定整理工程档案资料,对工程资料及档案及时进行整编,并在工程竣工验收时或监理服务期结束后移交发包人。

（13）其他相关工作。

4.2.4　咨询方面

（1）配合发包人聘请的咨询专家开展工作。

（2）根据咨询合同规定,向咨询专家提供工程资料与文件。

（3）分析研究咨询专家建议和备忘录,选择合理的方案和措施,向发包人做出书面报告。

4.2.5　信息文件

（1）定期信息文件：监理月报。

（2）不定期信息文件：关于工程优化设计工程变更或施工进展的建议；投资情况分析预测及资金、资源的合理配置和投入的建议；工程进展预测分析报告；发包人要求提交的其他报告。

（3）日常监理文件：①监理日记及施工大事记；②施工计划批复文件；③施工措施批复文件；④施工进度调整批复文件；⑤进度款支付确认文件；⑥索赔受理、调查及处理文件；⑦监理协调会议纪要文件；⑧其他监理业务往来文件。

（4）其他文件与记录：按工程档案管理规定要求提交的其他文件与记录。

（5）文件份数：文件报送份数按发包人要求确定。

4.2.6　文明工地

协助发包人创建文明工地。

4.2.7　工程创优

协助进行工程创优。

5　监理工作依据

工程开展建设监理工作的主要监理依据如下（不限于）：

（1）项目批文；

（2）招标文件；

（3）发包人与监理人、发包人与承包人签订的合同；

（4）《建设工程质量管理条例》（国务院令第 279 号，2000）；

（5）《水利工程建设项目施工监理规范》（SL 288）；

（6）《建设工程监理规范》（GB 50319）；

（7）工程建设标准强制性条文；

（8）经现场监理机构签发实施的设计文件；

（9）国家或国家部门颁发的有关规程、规范、质量检验标准和质量检验办法，以及工程实施过程中颁发的现行技术规程、规范、质量检验标准和质量检验办法。

6　监理组织

6.1　现场监理机构设置

监理人组建的现场监理机构作为现场监理执行机构。

现场监理执行机构由总监理工程师、副总监理工程师、监造工程师、监理工程师及监理员组成。现场监理机构设总监理工程师 1 人，副总监理工程师根据工程情况设定。为适应工程监理的要求，现场监理机构可采用直线式组织模式，设置工程技术科、质量安全科、计划合同管理科、综合协调科等项目监理科实施纵向管理。

6.2　部门岗位职责

6.2.1　工程技术科

（1）协助总监理工程师编制监理规划，制定进度控制细则和质量控制标准，并监督实施。

（2）协助编制各种控制性进度计划，提出各分部工程控制性进度目标。

（3）初审承包人提出的施工实施进度计划和设计人的施工图供应计划，报总监理工程师批准后检查其实施情况。

（4）检查施工图是否符合有关规定，提出初审意见并协助总监理工程师组织施工图和设计变更会审。

（5）督促承包人采取切实措施实现合同目标要求。

（6）审查批准进度实施报告，根据质量检验单和施工图对承包人申报的结算单所列工程量进行计量签证。

（7）建议要求发出有关进度方面的通知或指令。

（8）参加进度协调会，并负责组织实施。

（9）完成总监理工程师交付的其他工作。

6.2.2　质量安全科

（1）初审承包人所报的施工工艺及安全措施，并督促落实。

（2）检查承包人已进场的施工机械设备。

（3）会同现场监理机构人员对承包人的施工准备工作、临时工程设施及质保体系和人员配备进行检查。

（4）处理施工中的一般质量事故和质量缺陷。

（5）参与重大质量、安全事故的调查和处理。

（6）检查和监督承包人质保体系的执行情况和施工计划的制定与落实情况。

（7）负责检查、督促承包人的检测、试验、测量等仪器设备校验工作，管理和安排测量试验工作。

（8）在承包人自评质量的基础上，组织对已完工程的质量检查和单元（或分项）工程质量的及时核定。

（9）完成总监理工程师交付的其他工作。

6.2.3　计划合同管理科

（1）制定合同变更监理实施细则、合同索赔监理实施细则、工程支付监理规程等。

（2）掌握熟悉所有合同文件及执行情况，发生合同纠纷时，调查分析研究，提出处理意见。

（3）出席工地会议及其他契约性会议，编写会议纪要。

（4）参与合同的起草、签署、修改、补充和管理等工作。

（5）根据质量检验单、合同条文进行计价支付工作，付款凭证须核实无误后报总监理工程师签发。

（6）建立支付台账，编制有关统计报表。

（7）受理有关索赔申请，提出初审意见报总监理工程师核定。

（8）参加竣工决算编制。

（9）完成总监理工程师交付的其他工作。

6.2.4　综合协调科

（1）制定信息管理制度，做好工程信息（文件）的管理工作。

（2）协助总监理工程师进行项目现场监理机构内部协调和与有关建设各方的协调工作。

（3）编写监理日记、监理大事记和会议记录。

（4）处理参建各方来文来函，报有关人员审查。

（5）分类存放档案管理资料，便于备查。

（6）完成总监理工程师交付的其他工作。

6.3　主要现场监理机构人员的配置

6.3.1　人员配置

总监理工程师；副总监理工程师；工程技术科：科长、成员；质量安全科：科长、成员；计划合同管理科：科长、成员；综合协调科：科长、成员。

各科成员可根据工程监理工作需要由总监理工程师协调统一安排，确保工程监理目标顺利实现。

6.3.2　岗位职责

6.3.2.1　总监理工程师岗位职责

（1）监理项目实行总监理工程师负责制。总监理工程师是代表监理咨询有限公司履行监理合同的总负责人，行使监理合同赋予现场监理机构的全部职责，对发包人和监理咨询有限公司负责。

（2）总监理工程师是监理咨询有限公司编制监理投标书并参与监理投标活动的主要人员，主持编制监理大纲。

（3）协助发包人组织施工招标工作，参与评标并提出建议，协助发包人与中标单位签订工程建设施工合同，与发包人协商后签发开工令。

（4）任命各监理项目部各部门负责人，组织编制监理规划，审核各监理工程师编制的监理细则，并在监理实施过程中深入施工现场检查监理细则执行情况，考核现场监理机构人员工作情况。

（5）与发包人协商后审定被监理人的施工组织设计、施工技术方案、安全措施、总进度计划、质量保证体系。

（6）在监理合同授权范围内签发有关指令，审定工程量并签发支付凭证，组织分部工程验收，协助发包人进行阶段验收和竣工验收。

（7）主持召开监理例会，协调处理有关设计变更、重大施工技术方案和质量事故，公正地协调发包人与被监理人的争议。

（8）协调处理索赔和反索赔事件及质量事故。

（9）根据监理合同授权，撤换工程承包人及分包人中有关不称职人员。

（10）主持制订监理现场监理机构各项规章制度，协调各控制目标的矛盾，主持监理项目部内部各种会议。

（11）定期向发包人和监理咨询有限公司汇报工程进展情况。

（12）组织编写工程建设监理报告。

6.3.2.2　监理工程师岗位职责

（1）监理工程师在总监理工程师领导下工作，履行监理工程师职责。

（2）根据监理规划，制定各专业的监理细则，经总监理工程师批准后，按照监理细则开展监理工作。

（3）初审承包人的施工组织设计、施工进度计划、安全措施和质量保证措施，提出初审意见报总监理工程师审定。

（4）参加有关生产协调会及总监理工程师通知参加的其他会议。

（5）审查检测和检验资料，签署有关申报材料，组织单元（或分项）工程验收，参与质量事故调查处理。

（6）负责控制和跟踪质量及进度实施情况，负责合同和信息管理工作，及时提出改进措施并报总监理工程师批准后签发指令。

（7）认真做好工程量特别是合同外工程量的计量工作，初审被监理人提出的索赔要求，并向总监理工程师提出初审意见。

（8）向总监理工程师提出返工、停工、复工及承包人不称职人员的处理意见。

（9）组织管理有关会议纪要、监理日志、大事记及资料管理工作。

（10）协助总监理工程师协调有关各方的争议。

（11）完成总监理工程师交办的其他工作。

6.3.2.3　监理员岗位职责

（1）监理员在监理工程师领导下工作，负责原材料、中间产品和成品的抽样工作，审核承包人质量检验资料的可靠性、真实性、完整性。

（2）认真负责地进行旁站监理和巡视工作，发现一般性问题要求被监理人立即改正，对重要的和重复出现的问题应及时报告监理工程师，并做好现场记录。

（3）认真负责地做好工程量计量工作。

（4）负责会议记录、监理日志的编写和整理工作。

（5）完成监理工程师安排的其他工作。

7　监理工作基本程序

为确保监理工作有序开展，顺利完成合同规定的各项监理服务工作，依据《水利工程建设项目施工监理规范》，根据工程规模和特点，按《水利工程建设项目施工监理规范》制定施工准备阶段监理、工程质量控制、工程进度控制、工程投资控制、索赔处理、合同管理、信息管理、工程文件等一系列监理工作程序，并严格按制定的监理工作程序开展工作。详见图 1-1 ~ 图 1-8。

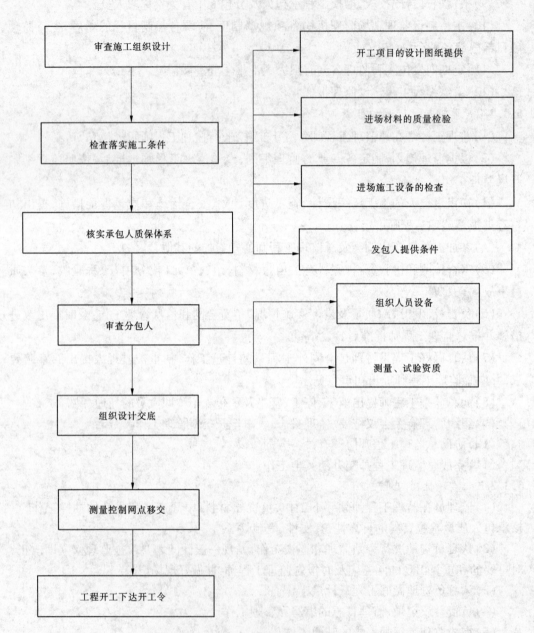

图 1-1 施工准备阶段监理工作程序

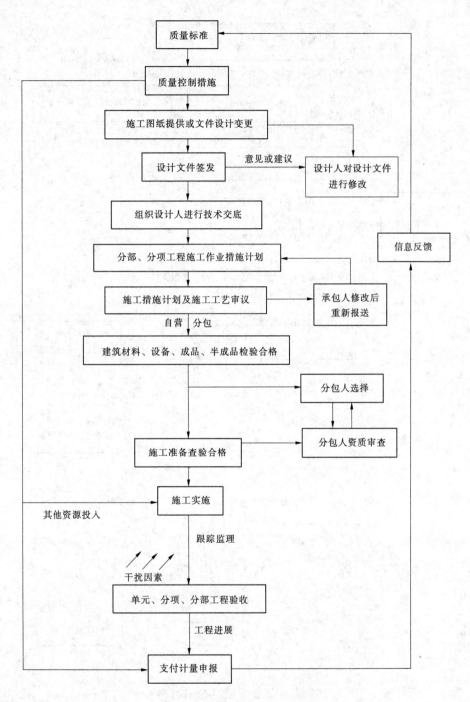

图 1-2 工程质量控制工作程序

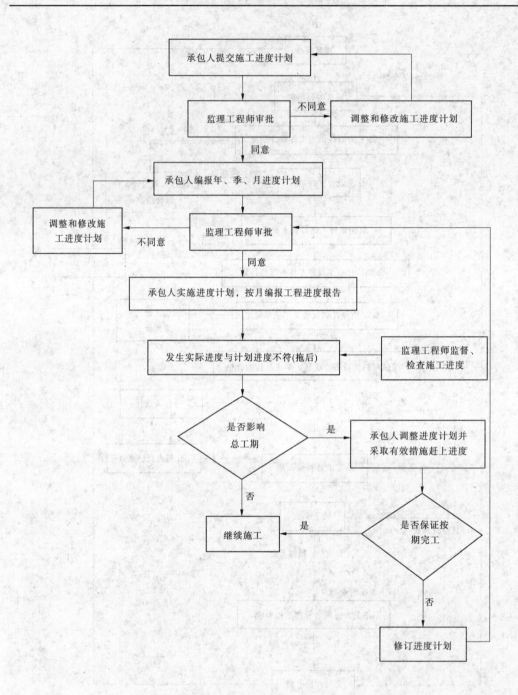

图 1-3　工程进度控制工作程序

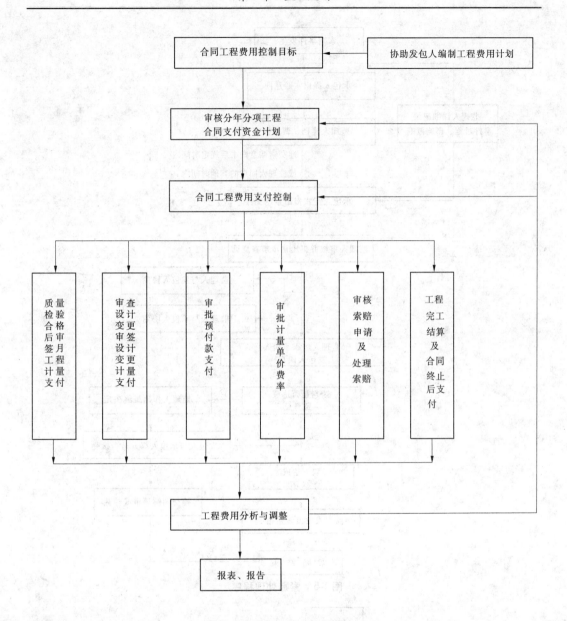

图 1-4 工程投资控制工作程序

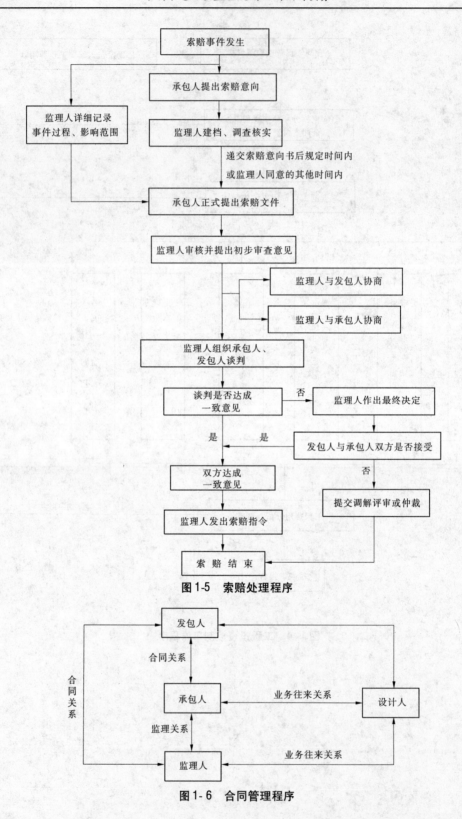

图 1-5　索赔处理程序

图 1- 6　合同管理程序

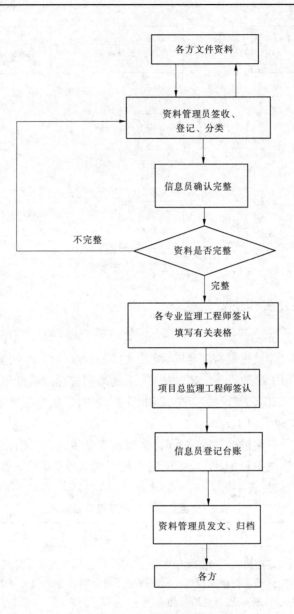

图 1-7 信息管理程序

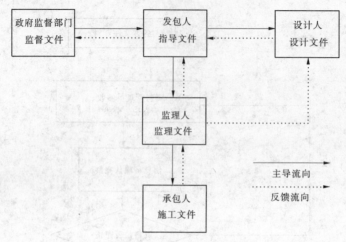

图 1-8　工程文件流程图

8　监理工作主要方法和主要制度

8.1　监理工作主要方法

　　以工程建设施工合同、建设监理合同、设计文件和国家的法律、法规为依据,依照发包人授予的权限,与参加工程建设各方密切协作,正确运用监理的职责和技能,通过有序、高效的工作,采取旁站、巡视、平行检验等方式和事前、事中、事后控制原则,指导、检查、监督承包人严格履行工程建设施工合同。

　　在处理工期、质量和支付结算的关系时,坚持以安全生产为基础,工程质量为中心,施工工期为重点,投资效益为目标,用系统观念处理三者关系,促进三者矛盾向统一转化。监理的主要方法与手段见表 1-1。

表 1-1　监理的主要方法与手段

序号	监理手段	监理方法
1	旁站监理	现场监理机构人员在承包人施工期间,用全部或大部分时间在施工现场对承包人的施工活动进行跟踪监理。发现问题便可及时指令承包人予以纠正,以减少质量缺陷的发生,保证工程的质量和进度
2	测量	监理工程师利用测量手段,在工程开工前测量工程原始地形,核查工程的定位放线;在施工过程中控制工程的轴线和高程;在工程完工验收时测量各部位的几何尺寸、高程等
3	试验	监理工程师对项目或材料的质量进行评价,通过试验取得数据后进行
4	严格执行监理程序	未经监理工程师批准开工的项目不能开工,强化承包人做好开工前的各项准备工作;没有监理工程师的付款证书,承包人得不到工程款,保证监理工程师的核心地位
5	指令性文件	监理工程师充分利用指令性文件,一切以书面指示说话,并督促承包人严格遵守并执行监理工程师的书面指示

续表1-1

序号	监理手段	监理方法
6	工地会议	监理工程师与承包人讨论施工中的各种问题，必要时，可邀请发包人或有关人员参加。在会上可以协调有关各方的关系，解决工程上存在的问题等，会议结果以书面形式发送给与会各方
7	专家会议	对于复杂的技术问题，监理工程师召开专家会议，进行研究讨论。根据专家意见和合同条件，由监理工程师做出结论。这样可减少监理工程师处理复杂技术问题的片面性
8	计算机辅助管理	监理工程师利用计算机，对计量支付、工程质量、工程进度及合同条件进行辅助管理
9	停止支付	监理工程师充分利用合同赋予的在支付方面的权力，承包人的任何工程项目达不到监理工程师的满意，都有权拒绝支付承包人的工程款项，以约束承包人认真按合同规定的条件完成各项任务
10	会见承包人	当承包人无视监理工程师的指示，违反合同条件进行工程活动时，由总监理工程师邀见承包人的主要负责人，指出承包人在工程上存在问题的严重性和可能造成的后果，并提出挽救的途径。如承包人仍不听劝告，监理工程师可进一步采取制裁措施

　　在与发包人签订监理委托合同后，现场监理机构根据工程建设监理合同文件和工程条件，在监理大纲的基础上，结合工程实际情况编制详细的项目监理实施规则。以监理规划为指导，依据工程建设合同文件，完成监理工作规程、分项工程监理实施细则等规章性监理文件的编制。

　　由总监理工程师进行质量策划，根据工程进展情况，在各专业工程开工前，完成相关专业工程监理实施细则编写。主要监理实施细则如下（不限于此）：

　　(1)监理实施细则(总则)；

　　(2)进度控制监理实施细则；

　　(3)投资控制监理实施细则；

　　(4)安全生产管理与环境保护监理实施细则；

　　(5)合同管理监理实施细则；

　　(6)信息管理监理实施细则；

　　(7)质量控制监理实施细则(总则)；

　　(8)工程测量监理实施细则(质量控制分则)

　　(9)土方明挖工程监理实施细则(质量控制分则)；

　　(10)石方明挖工程监理实施细则(质量控制分则)；

　　(11)地基加固工程监理实施细则(质量控制分则)；

　　(12)土方填筑工程监理实施细则(质量控制分则)；

　　(13)原型观测工程监理实施细则(质量控制分则)；

　　(14)砌体工程监理实施细则(质量控制分则)；

（15）混凝土工程监理实施细则（质量控制分则）

（16）房屋建筑工程监理实施细则（质量控制分则）；

（17）钢闸门及其埋件制作工程监理实施细则（质量控制分则）；

（18）闸门及启闭机安装工程监理实施细则（质量控制分则）；

（19）电气设备采购及安装工程监理实施细则（质量控制分则）；

（20）电气自动化安装工程监理实施细则（质量控制分则）；

（21）水土保持工程监理实施细则；

（22）环境保护监理实施细则；

（23）工程验收监理实施细则。

8.2　监理主要制度

为科学化、规范化、程序化开展监理工作，明确各现场监理机构成员的职责与分工，同时也强调专业之间的分工合作，依据国家关于工程建设管理的有关规定及工程的特征，现场监理机构制订以下一系列的监理工作制度，以充分做好监理工作中"三控制、二管理、一协调"工作，努力促使监理目标的顺利实现。

8.2.1　施工图会审及设计交底制度

（1）现场监理机构接到施工图后3～5天向发包人提出会审和技术交底要求。

（2）由建设、设计、施工、监理等有关单位参加发包人主持的图纸会审、现场监理机构主持的技术交底。

（3）设计人介绍情况→讨论→形成会议纪要→设计人做出书面解释或设计变更→会议代表签名。

（4）设计交底会议纪要由现场监理机构签发。

8.2.2　施工组织设计审核制度

（1）施工组织设计由总监理工程师审查，提出审查意见。

（2）审查内容：合同文件，施工进度，资金、材料使用计划，劳动力安排，工艺和方法，机具和设备，质量和安全保证体系等。

（3）施工过程中，经过批准后的施工工艺和施工方法变更时，需报监理工程师审查，并提出审查意见，报总监理工程师批准。

8.2.3　开工申请制度

（1）承包人呈报开工申请，内容包括开工申请报告、施工组织设计、组织机构、安全及质量保证体系、机具进场及现场布置、原材料检验、进场人员等。

（2）现场监理机构按申报内容逐项检查，提出审查意见。

（3）现场监理机构向发包人提出开工报告，并转报承包人申报的材料。

8.2.4　原材料、半成品检验制度

（1）进场的原材料、半成品必须有质量保证书和必要的试验资料，不合格的产品不准进场。

（2）承包人对原材料、半成品按规范要求进行复检，并提供试验资料。

（3）现场监理机构对上报的资料进行审查。

（4）现场监理机构按一定的频率进行抽检。

（5）复检及抽检不合格的原材料、半成品不准使用。

8.2.5　重要隐蔽工程、主要单元（或分项）工程和关键部位验收评定制度

（1）单元（或分项）工程完成，承包人自检合格后自评，报现场监理机构核定（签认），并附核定（签认）材料。

（2）对于重要隐蔽工程、主要单元（或分项）工程和关键部位，现场监理机构审查承包人申报的材料，会同质量监督单位、设计人、发包人、管理单位和承包人共同进行验收，确认后各方签字认可。

（3）单元（或分项）工程完成评定后资料归档。

（4）分部工程中各单元（或分项）工程完成后，总监理工程师即组织有关单位进行验收，填写分部工程验收签证。

8.2.6　单位工程中间验收制度

（1）单位工程经过资料整理，向现场监理机构申报验收资料，申请验收。

（2）监理工程师审查单位工程验收资料，组织发包人、承包人、设计人、监督部门共同验收，确认后签署单位工程中间鉴定书。

8.2.7　施工现场紧急情况处理制度

（1）要求承包人制订施工现场紧急情况处理预案，交现场监理机构审查。

（2）若施工现场发生紧急情况时，承包人不得擅自处理。

（3）一般施工现场紧急情况，由现场监理机构组织解决，并同时向发包人报告。

（4）重大施工现场紧急情况，现场监理机构会同发包人共同解决处理。

8.2.8　技术协调会及工地会议纪要签发制度

（1）主管部门和现场监理机构主持召开的技术协调会及工地会议均形成会议纪要。

（2）会议记录由监理工程师担任，并整理出纪要。

（3）征求各方意见，履行签字手续。

（4）总监理工程师签发。

8.2.9　工程计量与支付签证制度

（1）由现场监理机构质量控制科签认中间交工证书。

（2）计量监理工程师、承包人共同计量。

（3）投资控制监理工程师审核。

（4）总监理工程师审定，签发支付证书。

8.2.10　工程索赔签审制度

（1）合同双方发生索赔事件，须按索赔程序进行，并作同期记录。

（2）索赔方对索赔事件须在28天内提出索赔要求，报现场监理机构，副本送被索赔方。

（3）现场监理机构会同双方协商处理。

8.2.11　工地会议制度

8.2.11.1　工地例会

在施工过程中，现场监理机构定期主持召开工地例会。每月、每周由总监理工程师组织各参建单位召开月、周例会，总结本月、本周内完成的工程质量、进度、投资等情况，布置

下月、下周计划;会议纪要由现场监理机构负责起草,并经与会各方代表会签。

工地例会包括以下内容:

(1)检查上次会议决议落实情况,分析未完事项的原因。

(2)检查分析工程项目进度计划完成情况,提出下一阶段进度目标及其落实措施。

(3)检查分析工程项目质量情况,针对存在的质量问题提出改进措施。

(4)检查工程量核定及工程款支付情况。

(5)解决需要协调的有关事项。

8.2.11.2 监理实施细则交底会议

相应专业工程开工前,现场监理机构组织召开发包人、承包人参加的会议,进行相应监理实施细则交底会议。

8.2.11.3 专题会议

重大技术方案要由专题会议研究,由现场监理机构组织召开解决专门问题的会议。工程建设过程中,遇到下列情况,总监理工程师必须分别采用《专题报告》的形式向发包人报告。

(1)承包人采用新技术、新工艺、新材料和新设备。

(2)重大的工程技术问题。

(3)发现工程质量、安全事故。

(4)承包人提出延长工期。

(5)总监理工程师职责范围内难以协调的问题。

(6)承包人或现场监理机构提出的合理化建议。

(7)确定分包人。

(8)工期和费用索赔。

以上会议必须有会议签到、会议记录。必要时整理形成会议纪要,发放给与会单位。

8.2.12 对外行文审批制度及收发文制度

(1)现场监理机构由专人负责进行收发文登记,并分类管理。

(2)所有收发文件必须进行登记,并使用现场监理机构编制的《收文记录》和《发文记录》。

(3)收发文登记中的编号、内容、人员、日期等必须记录完整。

(4)收发的文件必须及时传送到相关人员手中,必要时进行提醒督促。

(5)总监理工程师定期对收发文记录进行检验。

8.2.13 监理工作日志制度

(1)各监理工程师坚持进行监理日志的记录工作,内容包括:当天施工及验收内容、参加施工人员、所用机械、发生的问题及处理办法以及工程进展情况。

(2)现场每天的天气情况记录和因天气而造成的损失情况;监理日志保留在综合协调科以备查阅,工程完成后整理归档。

8.2.14 监理月报制度

(1)工程建设监理工作月报,是工程建设监理工作的一项重要内容,必须认真做好月报工作。

(2)月报时间:与发包人协商确定。

(3)监理月报主要内容包括:①项目概述,包括项目地点、项目主要特征及合同情况简介;②大事记;③工程进度与形象面貌;④资金到位和使用情况;⑤质量控制,包括质量评定、质量分析、质量事故处理等情况;⑥合同执行情况,包括合同变更、索赔和违约等;⑦会议记录和往来信函情况;⑧监理工作,包括重要监理活动、图纸审查发放、技术方案审查、工程需要解决的问题和其他事项;⑨承包人情况,包括劳动力的动态、投入的设备、组织管理和存在的问题;⑩安全和环境保护;⑪进度款支付情况;⑫工程进展图片;⑬其他,包括水文和气象等自然情况。

(4)月报审查:经总监理工程师审查签字后报送发包人,同时送监理人总部备案。

(5)奖励与惩罚:月报及时、准确、真实的,该工程项目的总监理工程师、副总监理工程师可在年终考核评分时得到增加分;不符合填报要求或对问题没有用文字形式及时反映的,除扣减该工程项目总监理工程师、副总监理工程师当月岗位补助的50%外,在年终考核评分时还要视情况扣分。

8.2.15 技术资料及档案管理制度

(1)由监理工程师主持档案的管理工作,并有相对稳定的档案管理人员。

(2)所有资料必须进行建档编码,做好日常来往文件、通知、报表、资料等的保管工作,为竣工验收、移交、归档做好准备。

(3)完善归档制度,按有关规定确定档案保存时间,对不具备归档条件的资料、通知、报表等不予归档。

8.2.16 安全制度

(1)监理工程师应牢固树立"安全生产,人人有责"的思想,积极参加有关安全生产的学习教育,熟悉施工安全操作技术要求,并监督检查承包人的施工行为,发现违反安全操作规程的行为应责令其立即整改。

(2)在审查施工组织设计和有关施工方案时,认真审查承包人建立的安全组织机构和采取的有关安全防范措施。

(3)监理工程师切实提高自我防护意识,进入施工现场必须配戴个人防护用品,并自觉遵守施工现场防护规定。

8.2.17 现场监理机构考勤制度

(1)现场监理机构由专人负责进行考勤登记,每月下旬汇总统计。

(2)现场监理机构人员应坚守岗位,自觉遵守劳动纪律。

(3)现场监理机构人员不得擅自离开工程现场,有事请假必须经过项目总监理工程师同意,否则按旷工处理。

(4)总监理工程师离开工地现场,必须取得发包人同意。

(5)考勤记录统一印制,每月随监理工作月报向公司报送。

9　监理人员守则和奖惩制度

9.1　监理人员守则

9.1.1　总则

(1)为规范工程现场监理机构及监理人员的执业行为,维护监理信誉,提高监理的执业水平和监理市场竞争的能力,依据国家有关法律、法规,制定本规定。

(2)工程现场监理机构所有从事监理业务的人员都必须严格遵守本规定。

9.1.2　现场监理机构工作准则、行为规范

(1)从事工程建设监理活动时,应当遵循"守法、诚信、公正、科学"的准则,以科学的态度,坚持实事求是和"公正、独立、自主"的原则,认真履行监理合同规定的义务,承担约定的责任,并公正地维护发包人和被监理人的合法权益。

(2)现场监理机构应积极参与市场竞争,但不得采取诋毁同行业对手等非常手段相互拆台,通过不合理压价竞争承揽业务。

(3)牢固树立"质量第一、信誉至上"的观点,坚持技术上以新取胜、质量上以优取胜、工期上以快取胜、服务上以诚取胜、管理上以严取胜的指导方针,不断提高监理执业水平和服务意识。

(4)不得转让和分包监理业务,或承包工程,经营建筑材料、构配件和建筑机械、设备。

(5)不得出卖、出借、转让、涂改"资质证书"、"营业执照"等。不得聘用无证人员从事监理业务。

(6)不得故意损害发包人和被监理人利益,因工作过错造成重大经济损失,按国家法律、法规和合同约定承担相应的经济赔偿和法律责任。

9.1.3　监理工程师职业准则

工程监理行业的工作,对社会与环境的可持续发展的成就起着关键的作用,不仅要求监理工程师不断提高学识与能力,而且要求社会上尊重监理工程师的正直,信任监理工程师的判断,并从优给予报酬。要为全社会所信任,要求工程监理人员信守以下监理工程师基本行为准则:

(1)接受本行业对全社会的责任。

(2)为可持续发展寻求解决办法。

(3)始终坚持职业尊严、地位和声誉。

(4)保持与立法、技术、管理发展相应的学识与技能,为发包人提供精心勤勉的服务。

(5)只承担能够胜任的任务。

(6)始终为发包人及被监理人的合法利益而正直、精心地工作。

(7)公正地提供监理建议、判断与决策。

(8)对发包人服务中可能产生的一切潜在的利益冲突,都要告知发包人。

(9)不接受任何有害独立判断的酬谢。

(10)倡导"以质量为基础选择监理服务"的原则。

(11)防止无意、有意损害他人名誉和事业的行为。

（12）防止直接、间接争抢别的监理人已受托的业务。

（13）在发包人没有书面通知你原先由别人承担的业务已经结束，你也没有预先通知原来承办的那个监理人时，不要接手这项业务。

（14）如被邀请审查监理人的工作，要按恰当的职业品德和礼节进行。

（15）不提供也不接受从感觉上和实际上是在：①设法影响监理工程师或发包人的选择和付费的过程；②设法影响监理工程师的公正判断的任何报酬。

（16）对于任何合法组织的调查团体来对任何服务合同或建设合同的管理进行调查，在取得发包人许可后应充分予以合作。

9.1.4 行为规范

（1）发扬"爱国、爱岗、敬业"精神，热爱本职工作，忠于职守，认真负责，对工程建设监理工作有高度的责任感。

（2）遵守国家法律、法规和建设监理有关规定。

（3）严格按监理合同行使职权，公正地维护发包人和被监理人的合法权益。

（4）廉洁奉公，不得接受发包人所支付的监理酬金以外的报酬以及任何形式的回扣、提成、津贴或其他间接报酬；同时，也不得接受被监理人的任何好处，包括娱乐、旅游，以及各种名义的技术咨询费等。

（5）严格保密制度，不得泄露自己所了解与掌握的有关发包人必须保密的情报和资料。

（6）对于自己认为正确的判断和决定被发包人否决时，应书面阐述自己的观点，并就由此引起的不良后果提出劝告。

（7）当发现自己处理问题有错误时，应及时承认错误并迅速提出改正意见。

（8）对外介绍现场监理机构应实事求是，不得向发包人隐瞒本机构的人员情况、过去业绩以及可能影响监理服务的各项事实。

（9）不得经营或参与承包施工，不得营销设备和材料，也不得在政府部门、承包人单位以及设备、材料供应单位任职或兼职。

（10）语言文明、诚实守信，不得以谎言欺骗发包人和承包人，不得伤害、诽谤他人名誉借以抬高自己的声誉和地位。

（11）不得以个人名义接受监理委托，不得出卖、出借、涂改、转让本人的"资格证书"和"岗位证书"。

（12）凡有违反上述职业准则和行为规范者，将按现行有关规定严肃查处。

9.2 奖惩制度

9.2.1 总则

（1）为了鼓励现场监理机构人员敬业、进取和公平竞争精神，结合发包人有关规定，进一步搞好工程建设监理工作，使现场监理机构人员能正确、规范、高效地履行或运用工程承建合同文件与建设监理合同文件中发包人授予的职责和权力，促进工程建设达到一流水平，特制定本细则。

（2）本细则适用于工程建设监理招标范围内的工程。奖惩范围为现场监理机构全体职工。

(3)奖惩的评定定期进行,依据平时表现和工作成绩进行考评,采用百分制对每位职工打分,按算术分值高低进行计奖或惩罚。

(4)明确专业分工人员的奖惩记分。

9.2.2　奖励评分标准(100 分)

9.2.2.1　监理行为规范评分标准(10 分)

(1)遵守国家法令、法规,尊重当地风俗,遵守各项监理工作制度,服从总监理工程师领导(2 分);

(2)刻苦钻研业务,熟悉有关合同文件,熟悉有关技术规程、规范和质量检验标准,熟悉相关监理实施细则(2 分);

(3)严格遵守作息时间,不迟到,不早退,每月在现场工作天数不少于投标文件要求的天数(2 分);

(4)遵守职业准则,工作态度端正,工作作风良好(2 分);

(5)工作积极主动、讲原则、发扬风格、团结协作,处处以集体的荣誉和利益为重,不计较个人的得失(2 分)。

9.2.2.2　质量控制评分标准(15 分)

(1)质量意识强,能够灵活运用工程质量管理技术和方法,严格按照合同文件、设计文件及国家和部颁有关标准、规范进行质量监督(3 分);

(2)督促承包人现场施工人员按设计图纸施工,不出现质量事故(3 分);

(3)严格按照主动控制和事前、事中控制为主,被动控制、事后控制为辅的原则,及时进行施工现场监督检查、平行试验检验和签发验收签证(3 分);

(4)对现场质量控制提出好的建议和方案,包括发出文件、通知等(3 分);

(5)能够及时发现和解决施工中存在的各种质量隐患(3 分)。

9.2.2.3　进度控制评分标准(15 分)

(1)能严格按照现场监理机构批复的施工组织设计及进度计划督促承包人施工,保证各项工程施工工期符合总工期要求(3 分);

(2)及时了解施工进度信息,认真分析进度控制措施,在工期滞后时能提出切实可行的赶工措施(3 分);

(3)能做好工程大事记及施工进度各种记录,并妥善保管和整理好各种报告、批示、指令及其他有关资料(3 分);

(4)及时处理工程变更,定期统计天气、承包人资源等变化情况,并分析对施工进度的影响(3 分);

(5)能协助总监理工程师召开进度协调会议,解决进度控制中的重大问题,及时编写会议纪要(3 分)。

9.2.2.4　投资控制评分标准(15 分)

(1)投资控制意识强,能跟踪施工进展情况,动态掌握施工过程中的条件变化,积极防备可能发生的工程索赔事件,及时做好事实记录(3 分);

(2)能认真分析各工程项目的施工组织设计和施工方案,并及时做出相应的技术经济分析(3 分);

（3）严格控制工程变更，能按设计文件和规定程序要求及时计算分析或批复各种变更工程量、单价或投资变化（3分）；

（4）以工程施工合同为依据，能及时处理发包人索赔和施工索赔（3分）；

（5）根据有关资料和文件，能及时核实已完工程量，并按时完成月报表结算，签发工程量签证单和月进度款支付凭证（3分）。

9.2.2.5　单元（或分项）工程质量验收和质量评定（15分）

（1）验收方法及程序正确（4分）；

（2）评定表格规范，填写清楚、详细、准确（3分）；

（3）验收资料整理齐备、规范（4分）；

（4）严格掌握验收标准，单元（或分项）工程质量评定达到合同承诺（4分）。

9.2.2.6　监理日志和监理档案管理（10分）

（1）监理日志记录及时、清楚、详细、准确（3分）；

（2）对三大控制活动及质量缺陷、问题等如实记载（3分）；

（3）定期进行监理档案整理，并按时交送发包人电子版（若发包人要求）（4分）。

9.2.2.7　监理报告（10分）

（1）编写的监理简报、监理月报或监理工作报告等文书，报告详细、清楚、排版规范（5分）；

（2）编写的内容真实、准确，并按时交送（5分）。

9.2.2.8　信息管理和质量意识教育（10分）

（1）及时、准确、全面地收集施工质量、施工进度和投资控制信息，认真分析和整理，并及时向总监理工程师反馈（5分）；

（2）对承包人负责人、质检人、工人采用各种形式进行质量意识宣传和教育，注意了解工人和质检人员的质量控制活动及动态，并加强质量意识宣传工作（5分）。

9.2.3　惩罚评分规定（-100分）

（1）不遵守国家法令、法规，违反监理工作制度，不服从现场监理机构领导（-20分）；

（2）收受礼品、徇私舞弊、接受贿赂等违反监理行为准则，有损集体或败坏监理形象的任何行为（-20分）；

（3）擅离职守、消极怠工、擅自接受承包人宴请，以及工作存在拖拉等不良现象（-20分）；

（4）泄露现场监理机构或发包人单位的机密，以及设计、承包人提供并申明的技术和经济秘密（-20分）；

（5）不能及时发现和处理施工中存在的影响质量与施工进度的隐患，或者由于工作疏忽，造成质量事故或工期延误（-20分）。

9.2.4　奖惩办法

9.2.4.1　奖惩时间

从监理现场机构进场时起，每6个月进行一次评定。奖金分发滞后一期进行，对于受到清退出场惩罚的人员，即期解聘。

9.2.4.2　奖惩评定

奖惩工作由现场监理机构总监理工程师统一领导,评定小组由总监理工程师和职能科室负责人组成。

评定结果报发包人备案。

9.2.4.3　奖惩办法

(1)对得分高于70分的前4名人员给予物质奖励,奖励人数宁缺勿滥,奖金按得分多少按现场工作天数和得分高低综合确定;

(2)对得分在50~0分的人员按(70-评分值)%扣发评定月监理补助费;

(3)对得负分或不称职人员及时清退出场,并扣发当月的工资或现场补助。

9.2.5　奖金来源

从监理费中提取1%~3%用于奖励。

9.2.6　其他

(1)本细则的解释权归现场监理机构。

(2)现场监理机构辅助工作人员按工作表现一并考核,由评定组决定奖惩,奖励资金一并考虑或从受罚现场监理机构人员的扣发费用中支出。

第2节　工程质量控制

1　质量控制的原则

施工质量控制全过程实行以"单元(或分项)工程为基础,工序(或检验批)控制为手段",建立"约束、控制、反馈、完善"的监理机制,从而实施标准化、程序化和量化管理;实行工程质量科长负责制,按工程项目实行专人分项管理,可分钢筋混凝土工程、土石方工程、基坑降水、工程地质、预制构件工程、金属结构安装工程、机电设备制造安装工程、自动化监控工程等几个分项。监理工程师对工程质量检查要具体全面,对工程质量要严格负责,严格按施工监理程序进行监理,加强事前控制和事中控制,把好工程检查验收关,同时验收人要对工程质量终身负责。

2　质量控制的目标

工程施工质量检测按单位、分部、单元(或分项)工程划分,以单元(或分项)工程为基础进行检测和质量评定。

3　质量控制的内容

3.1　质量控制体系组织机构

质量控制体系组织机构见图1-9。

3.2　工程质量控制主要工作内容

审查承包人的质量保证体系和控制措施,核实质量管理文件。依据施工承包合同文件、设计文件、技术规范与质量检验标准,对施工前准备工作进行检查,对施工工序(或检

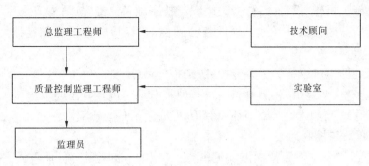

图 1-9 质量控制体系组织机构

验批)、工艺与资源投入进行监督、抽查。依据有关规定,进行工程项目划分,由发包人报质量监督部门批准后实施。以单元(或分项)工程为基础,对基础工程、隐蔽工程、分部工程质量进行检查、签证和评价。按规定主持或参加调查处理质量事故。对承包人的施工记录、质量评定等资料按照国家有关规定进行监督检查,必要时协助其整理。闸门、泵站、自动化控制设备等驻厂监造。对进场的原材料、制成品、永久工程设备进行质量检验与到货验收。

4 质量控制的措施

4.1 控制工具

施工质量检测项目必须按规定采集质量数据,采用计算机软件对工程质量进行分析,用数理统计的方法实施动态控制。

4.2 设计文件检查

把好设计文件质量关是工程质量控制的基础。监理工程师在收到施工图纸后,由总监理工程师组织相应监理工程师做好每张施工图纸的审查,及时发现、纠正施工图纸中存在的缺陷和差错。如果施工图纸与招标图纸和合同技术条件存在重大偏离,需召开专题协调会予以审议、分析、研究和澄清。在项目开工前,组织设计人员进行设计技术交底,使承包人明确设计意图、技术标准和技术要求。

4.3 施工文件审查

施工组织设计和施工方案是承包人按照程序和规范要求开展施工的有力保证,是控制施工随意性的重要文件。要求承包人严格执行合同规范,及时报送施工文件和施工方案,监理工程师着重审查其施工程序、工艺、方案和资源及劳动力组合对工程质量、施工工期和工程支付的影响,督促承包人建立健全质量保证体系并检查其落实情况,同时促进承包人提高质量意识,努力促使工程质量目标的实现。

4.4 施工准备检查

为促使项目施工顺利进展,每项工程开工前,承包人必须将施工准备工作向监理工程师报检,批准后方可开工。对承包人的施工准备检查主要包括:

(1)必需的生产性试验已经完成,用于施工实施的各种参数选择已报经批准;

(2)设计或安装图纸、施工技术与作业规程规范、技术检验标准、施工措施等技术交底已经进行;

（3）主要施工机械、设备配置,劳力组织与技工配备已经完成;

（4）开工所需的材料、构件、工程设备已到位,并经检验合格能满足计划施工时段施工的需要;

（5）施工辅助生产设备和施工养护、防护措施就绪;

（6）场地平整、交通道路、测量布网及其他临时设施满足开工要求;

（7）施工管理、施工安全、施工环境保护和质量保证措施落实。

4.5　施工过程质量控制

根据监理细则要求设置待检点和见证点。工程质量检测实行承包人"三检"制自检与现场监理机构抽检相结合的双控制。

4.5.1　督促承包人按章作业

督促承包人严格遵守合同技术条件、施工技术规程、规范和工程质量标准,按报批的施工措施计划中确定的施工工艺、措施和施工程序,按章作业、文明施工。

4.5.2　施工资源投入检查

加强对承包人检验、测量和承担技术工种作业人员的技术资质,以及施工过程中施工设备、材料等的检查,以促使施工过程中人力、物力等施工资源投入满足质量控制要求。

4.5.3　加强现场监督

施工过程中,现场监理机构将以单元(或分项)工程为基础、工序(或检验批)控制为重点,严格按合同规定,采用旁站、巡视、平行检验等方式进行过程跟踪监督,竭力将质量问题消灭在萌芽状态之中。对现场检查存在问题向承包人及时进行指正,充分行使合同中授予的指令权,对达不到质量要求或设计标准的责令承包人及时进行调整或返工处理;对重点部位及薄弱环节工序(或检验批)采用24小时现场旁站的办法,以促使工程质量达到预期目标。

4.5.4　工程质量缺陷处理

因施工过程或工程养护、维护和照管等原因导致发生工程质量缺陷时,现场监理机构指示承包人及时查明其范围和数量,分析产生的原因,提出缺陷修复和处理措施,并经现场监理机构批准后监督其执行。

4.5.5　质量记录

对施工中出现的质量问题、处理经过及遗留问题,在现场监理记录上详细写明。对于隐蔽工程详细记录施工和质量检查情况,必要时采用照相或取原状样品保存的方法。

4.6　工程质量检验及验收

（1）承包人首先对工程施工质量进行自检。未经承包人自检或自检不合格、自检资料不完善的单元(或分项)工程(或工序(或检验批)),现场监理机构有权拒绝检验。

（2）对承包人经自检合格后报验的单元(或分项)工程(或工序(或检验批))质量按要求进行检验。检验合格后方可签认,承包人才可进入下个单元(或工序(或检验批))施工。

（3）工程完工后需覆盖的隐蔽工程、隐蔽部位,必须经现场监理机构验收合格后方可覆盖。

（4）督促承包人在工程设备安装完成后按规定进行设备性能试验并提交设备操作和

维修手册。

(5)督促承包人真实、齐全、完善、规范地填写质量评定表,按规定对工序(或检验批)、单元(或分项)工程、分部工程、单位工程的质量等级进行自评,并对承包人的工程质量等级自评结果进行复核。分部工程质量检验在所有单元(或分项)工程完工,并经质量检验合格后进行;必须进行中间或阶段验收的工程项目,工程验收在应完工的分部工程或其部分工程完工并经质量检验合格的基础上进行。参与工程项目外观质量评定,并协助发包人及时进行单位工程和项目的竣工验收。

4.7　实行质量一票否决权

合同是工程管理的依据,工程合同条款中写入的质量保证内容,使工程师在管理上始终处于主动、积极的地位。在管理上运用质量问题与计量支付相挂钩这个核心手段来强化对承包人的质量管理。工程月结算时,必须先通过质量认证,实行质量一票否决。

4.8　设计方案变更

承包人要求对设计方案作局部修改或优化时,需事先书面报监理工程师审查并经发包人批准后,由设计人发出设计修改通知,再由总监理工程师签发,承包人执行。

4.9　施工质量事故处理

(1)出现施工质量事故,严格按事故处理程序进行处理。

(2)质量事故发生后,承包人按规定及时提交事故报告。现场监理机构在向发包人报告的同时,指示承包人及时采取必要的应急措施并保护现场,作好相应记录。

(3)积极配合事故调查组进行工程质量事故调查、事故原因分析,参与处理意见等工作。

(4)指示承包人按照批准的工程质量事故处理方案和措施对事故进行处理。经现场监理机构检验合格后,承包人方可进入下一阶段施工。

4.10　质量控制点及控制措施

抓好质量控制点的布控,是质量控制工作的重要环节,对结构复杂或技术要求高、施工难度大的分项工程、工序(或检验批)或某个环节,必须设置质量控制点进行重点控制。对质量控制点采取预控措施,能有效地避免在施工过程中发生质量问题,将不合格因素消灭在萌芽状态。

关于质量控制点的设置,将在监理实施细则中详细描述,本规划初步提出如下质量控制点及其预控措施:影响工程施工质量的因素有五个方面,即施工原材料、施工机械、施工人员、施工工艺及施工环境。这五大要素的任一要素发生变化,都会对工程的施工质量产生影响。要做好全面质量控制,必须对这五大要素实行全面的全过程的管理模式,应从以下几个方面着手工作。

4.10.1　施工原材料控制

目前市场上原材料多种多样,千变万化,把好原材料的质量关是很重要的。首先要求定购大型企业、信誉好、产品质量稳定的生产厂家的产品,定厂定点供应,要求三证俱全,即必须具有生产许可证、检验合格证和出厂证。不允许采购市面上劣质或非正规渠道进场的材料。对于进厂的原材料或半成品都要按照施工规范抽样检验,不合格的产品不允许用于工程,更不允许存放在工地现场。对于就地取用的原材料都要经过加工,经检验合格后方能使用。

4.10.2　施工机械设备

目前水利工程施工机械化程度较高,施工机械设备的能力及其效率好坏是保证施工强度和施工质量的主要前提,在开工之前,监理工程师要求承包人提交施工机械设备清单,根据机械设备清单分析设备的工作情况能否满足工程施工的要求,若能够满足要求,就按照机械设备清单逐一检查对号,准确无误时才能作为开工的必要条件之一。现场监理机构不定期检查机械设备的数量及完好率,发现不能满足工程施工需要时,立即要求承包人增添或更换机械设备,没有监理工程师的批准,不允许任何进场机械设备出场。

4.10.3　施工人员

在工程开工之前,监理工程师要求承包人提交人员组织机构名单,包括总经理、项目经理、技术负责人、施工负责人、施工质量保证体系及施工安全保证体系等人员名单,且建立相应的规章制度。审查人员的资格、数量及规章制度的可操作性,并要求建立相应人员的岗位责任制,持证上岗。确认施工人员能够满足施工要求,且作为开工的必要条件之一。

4.10.4　施工工艺

施工工艺直接影响到工程质量和施工进度,在工程开工之前,监理工程师对承包人的施工组织设计进行认真仔细的分析研究,若不能满足要求或不够详细,要求承包人进行完善和补充,并要求按照施工计划的安排,事前做好细部施工工艺及重点、难点施工工艺的编写及组织实施措施,以保证施工的顺利进行。

4.10.5　施工环境

施工环境分大环境和小环境,大环境一般无法改变,但要做充分的了解,以采取相应的措施去适应大的环境。小环境是各方经过努力可以控制的。在可能的情况下,尽量给承包人创造一个良好的施工环境。而承包人也应在自己的施工区内创造一个宽松的施工环境,做到安全生产、文明施工,掀起争创一流工程的热潮,树立为人类造福的观念,把施工工作做好。

第3节　工程进度控制

1　进度控制的原则

进度控制的依据是分部分项工程的网络计划,原则是自上而下以单元(或分项)工程为基础,始终抓住关键线路上的关键工序(或检验批)、关键部位和施工难点,合理调配资源,研究切实可行的实施方案,促使合同工期按计划要求进行。

2　进度控制的目标

保证控制性工期的实现,努力促使计划施工总工期按期全面实现。

3　进度控制的内容

按发包人要求,编制工程控制性进度计划,提出工程控制性进度目标,并依此审查批准承包人提出的施工进度计划,检查其实施情况。督促承包人采取切实措施实现合同工期要求。当实施进度与计划进度发生较大偏差时,及时向发包人提出调整控制性进度计划的建议意见并在发包人批准后完成其调整。

4　进度控制的措施

4.1　网络控制、时段控制及工序(或检验批)控制措施

根据施工总进度和各工序(或检验批)间的关系,现场监理机构编制网络总进度计划,进一步细化关键线路,对关键线路上的施工项目、施工工序(或检验批)严格控制,并随工程的进展实施动态控制,及时调整施工网络计划,确保工程按期完建。

依据总进度计划,现场监理机构编制单位工程施工进度,把各单位工程施工进度分解为年、月、周的进度进行控制,每周、每月、每年检查施工进展,发现问题及时解决,确保了施工进度阶段性控制目标的实现。同时,根据工程的施工进展,编制分项工程资源和工序(或检验批)控制计划(包括工程图纸供应计划、施工设备及劳力组织控制计划、材料供应计划、基础处理计划、混凝土浇筑计划等)进行进度控制。

4.2　督促承包人编制工程总进度计划及分解计划

(1)督促承包人按合同技术条款规定的内容和时限,用网络图形式编制施工总进度计划,施工总进度计划中要求说明施工方法、施工场地、道路利用的时间和范围、临时工程和辅助设施的利用计划,以及机械需用计划、主要材料需求计划、劳动力计划、财务资金计划等,并督促承包人根据工程特点和难点,对总进度计划进行合理分解,以保证其可操作性。

(2)在单项工程开工前,督促承包人随同施工措施计划、施工方案,报送施工进度计划。

(3)随工程项目进展,督促承包人定期(年、月)报送施工进度计划。

4.3　施工进度计划审查

以控制性总进度计划为依据,对施工进度计划报告进行查阅和审议,并在合同规定的时限内,以合同规定的程序与方式,对承包人报送的施工进度计划提出明确的审批意见。审查的主要内容包括:

(1)施工布置、施工组织、施工方案和施工技术措施对工程质量、合同工期与合同支付目标控制的影响;

(2)施工进度计划对实现合同工期和阶段性工期目标的响应性与符合性;

(3)重要工程项目的进展及各施工环节逻辑关系的合理性;

(4)关键线路安排的合理性;

(5)施工资源(包括技术工人组合、施工设备、施工供料与供应条件等)投入的保障及其合理性;

(6)对发包人提供条件(包括设计供图、工程用地、主材供应、工程设备交货、资金支付等)要求的保障及其合理性等。

4.4　施工进展的检查与协调

(1)督促承包人依据承建合同规定的合同总工期目标、阶段性工期控制目标和报经

批准的施工进度计划,合理安排施工进展,确保施工资源投入,做好施工组织与准备,做到按章作业、均衡施工、文明施工,避免出现突击抢工、赶工局面。

（2）督促承包人建立工程进度管理机构,设立进度管理工程师,做好生产调度、施工进度安排与调整等各项工作,切实做到以安全施工促进工程进展,以工程质量促进施工进度,促使合同工期按期实现。

（3）为了促使工程进度目标的按期实施,施工过程中,监理工程师密切注意施工进度,控制关键路线项目和重要事件的进展。随周、逐月检查施工准备、施工条件和工程进度计划的实施情况,及时发现、协调和解决影响工程进展的外部条件及干扰因素,促进工程施工的顺利进行,同时阶段性地向发包人提出优化调整进度计划的建议和分析报告。

4.5　认真做好施工进度控制记录

现场监理机构将编制和建立用于工程进度控制与施工进展记录的各种图表,以随时对工程进度进行分析和评价,并作为进度控制和合同工期管理的依据。

4.6　工程进度计划分析与调整

编制单位工程施工形象进度图,将工程实际进展(包括工程量和时间)形象表示,对进度偏离情况及时进行对比检查和控制,从而对施工现状及未来进度动向加以分析和预测,使工程的形象进度满足控制性总进度计划的要求。当施工进度计划在执行中必须进行实质性修改时,要求承包人提出修改的详细说明,并按工程合同规定的期限事先提出修改的施工进度计划报批。将批准的施工总进度计划作为合同进度计划、控制合同工程进度的依据,并找出关键路线及阶段性控制点,作为进度控制的工作重点来抓。

4.7　加速施工指令

由于承包人的责任或原因使施工进度严重拖延,致使工程进展可能影响到合同工期目标的按期实现,或发包人为提前实现合同工期目标而要求承包人加快施工进度,现场监理机构将根据工程承建合同文件规定做出要求承包人加快工程进展或加速施工的指令,督促承包人做出调整安排、编报赶工措施报告,报送现场监理机构批准,并督促其执行。

4.8　编制施工进度报告

督促承包人按工程承建合同规定的期限,递交当月、当季、当年施工进度报告。

4.9　工程设备和材料供应的进度控制

审查设备制造、加工单位的资质能力和社会信誉,落实主要设备的订货情况,核查交货日期与安装时间的衔接,以提高设备按期供货的可靠度,给现场安装工作创造良好的外部环境,促使安装施工的顺利进行。

4.10　要求落实按合同规定由发包人提供的施工条件

监理工程师除了监督承包人的施工进度外,还应及时要求发包人落实按合同规定应由发包人提供的施工条件,如施工图纸、技术资料、施工征地等内容,以保证给施工提供良好的外围环境。

第 4 节　工程投资控制

1　投资控制的原则

坚持"以承包合同为依据,单元(或分项)工程为基础,施工质量为保证,量测核定为手段"的支付原则,严格按合同支付结算程序,协助发包人控制资金使用。努力做到工程量测量与核算条目清晰、工程变更依据充分、价格调整符合约定的程序和方法、结算过程及最终结果符合审计规定,将工程总投资控制在设计概算批准的范围内,努力促使实现工程总投资目标。

2　投资控制的目标

控制工程总投资在设计概算批准的范围内,实现工程总投资目标。

3　投资控制的内容

协助发包人编制投资控制目标和分年度投资计划。审查承包人递交的资金流计划,审核承包人完成的工程量和价款,签署付款意见;对设计和施工不合理或需优化的项目及时提出,并按照程序进行设计变更和施工方案调整;对合同变更或增加项目,提出审核意见,报发包人批准;配合发包人进行完工结算、竣工决算和有关审计等工作。受理索赔申请,进行索赔调查和谈判,提出处理意见报发包人。对工程投资承担监理责任。

4　投资控制的措施

4.1　了解、掌握招投标文件,加强合同管理

工程合同主要部分一般为单价承包合同,由于环境条件的变化等可能导致招标文件的工程漏项和施工设计变更,因此在施工中的投资控制不仅有合同内项目的投资控制,还可能有合同外新增项目的投资控制。现场监理机构人员必须掌握招投标文件详细的内容,如工程概况、主要材料供应情况、投标单价、询标时承包人的承诺等。这些都直接关系到以后工程费用的计量和支付问题。

4.2　严格控制价款支付

一般情况下,发包人每月支付一次进度款。承包人由于施工期间支出较大,总想尽快得到较多的支付款,所以往往在月进度款中高报,现场监理机构在进行结算审核中必须坚持实行"以承包合同为依据,单元(或分项)工程为基础,施工质量为保证,量测核定为手段"的价款支付原则。

工程款结算依据有以下方面:

(1)设计图纸文件,包括经现场监理机构审阅批准的承包人的图纸、文件、资料。

(2)施工承包合同中关于计量和支付的条款及合同确定的工程单价。

(3)施工承包合同中有关价差调整的规定。

(4)经现场监理机构审核并报发包人批准的合同外增加项目、工程量的单价和补充

单价。

工程款结算的审查项目有以下方面：

(1)完成工程项目的名称、部位、工程量、单价及总价。

(2)完成项目的单元(或分项)工程质量检测及评定资料和工程量计算表。

(3)结算报表递交的有效性、时间、份数。

工程款结算程序如下：

(1)承包人按合同规定的时间提交结算报表。

(2)工程师代表、各监理工程师初审。

(3)总监理工程师复审并签署付款凭证。

(4)发包人复核并付款。

不予结算的规定如下：

(1)质量不合格。

(2)超出设计及合同外，未经发包人或现场监理机构认可的工程量。

(3)结算应提交的资料不齐全，如开工、检验等签证手续不全，单元评定资料不全等。

(4)合同规定的不予结算的项目。

4.3　投资偏差分析

在工程实施过程中，定期进行投资实际值与目标值的比较，通过这种形象、直观的比较发现并找出实际支出额与投资控制目标值之间的偏差，然后分析产生偏差的原因，并采取有效措施加以控制，以保证合同投资目标的实现，同时使投资控制能有效地促进项目进度按计划完成，使工程进度付款成为促进工程进度、确保进度完成的有力手段。

4.4　索赔控制

合同索赔手段的运用，是促使承包人切实履行合同，确保进度、施工质量目标得到实现的重要手段。与此同时，监理工程师充分运用自己的技能、谨慎的态度和科学合理的方法，尽力避免和减少因索赔而引起合同纠纷。在索赔处理中，认真做好索赔调查、认证和费用计算。

做好发包人向承包人的合同索赔工作，以维护发包人的合法权益，促使工程承建合同得到切实履行。

4.5　风险控制

对工程施工的高难度、高强度和干扰因素大的部位，进行风险分析，提出风险损失预测，制订风险预测措施，尽可能地减少风险对投资及工程施工进度的影响。

4.6　充分发挥技术优势，对设计及施工进行优化

在设计方面，充分了解发包人意图，掌握设计情况，并自始至终掌握施工现场和工程实施过程中各方面的情况，据此对设计提出改进意见，促进和支持设计优化，以提高工程质量、降低工程成本、节省工程投资。

在施工方面，充分注意技术方案的选择问题。由于施工技术方案直接关系到投资，故对认为有可能进一步优化的工程项目，要求施工方提供多个施工方案，监理工程师对提出的方案进行技术经济分析，甚至组织有关专家组进行审查论证，选取那些技术上可行、安全上可靠、投资较省的方案；另外，促进和支持承包人采用新技术、新工艺。

4.7 采用现代化的管理手段、先进的设备提高控制效果

充分利用计算机软件,对工程投资进行计算、分析。如:利用 Excel 软件交互式窗口操作的特性和其数值计算的功能,可以进行工程量的计算、单价的分析、月结算及投资统计报表的快速生成;利用其绘制数据图形的功能可以直观地进行投资的对比及动态分析等。在土方挖填施工方量计算中,联合利用 Excel 和 AutoCAD 软件,采用三角形计算式来计算断面面积,大大简化了计算,提高了计算速度和精度;采用平均法计算式计算方量,可以适用于各种不规则的几何体,且计算结果稳定,误差小,可以大大提高工作效率。

第 5 节 合同管理

在学习合同、熟悉合同、准确理解合同的前提下,认真履行监理职责,做到两个"一",即"一切按程序办事、一切凭数据说话",以计划与进度控制为基础,抓住计量与支付这一核心,认真解决好分包、工程变更、延期和费用索赔等难点,充分利用工地会议这一必要手段,对工程合同进行管理。

1 变更的监理工作方法

监理工程师通过严格掌握变更工程的单价原则,公平合理地确定变更单价,保证发包人的利益。变更审查原则有以下内容:

(1)变更后不降低工程的质量标准,也不影响工程完建后的运行与管理;

(2)工程变更设计技术可行,安全可靠;

(3)工程变更有利于施工实施,不至于因施工工艺或施工方案的变更,导致合同价格的大幅度增加;

(4)工程变更的费用及工期是经济合理的,不至于导致合同价格的大幅度增加;

(5)工程变更尽可能不对后续施工产生不良影响,不至于因此而导致合同控制性工期目标的推迟;

(6)工程变更对施工工期及工程费用有较大影响,但有利于提高工程效益时,现场监理机构将做出分析和评价,供发包人决策。

变更处理程序见图 1-10。

2 违约事件的监理工作方法

违约事件的处理程序见图 1-11。

2.1 在履行合同过程中,对承包人违约的认定

承包人发生下述行为之一属承包人违约:

(1)无正当理由未按开工通知的要求及时进场组织施工和未按协议书中商定的进度计划有效地开展施工准备,造成工期延误。

(2)违反有关规定私自将合同或合同的任何部分或任何权利转让给其他人,或私自将工程或工程的一部分分包出去。

(3)未经现场监理机构批准,私自将已按合同规定进入工地的工程设备、施工设备、

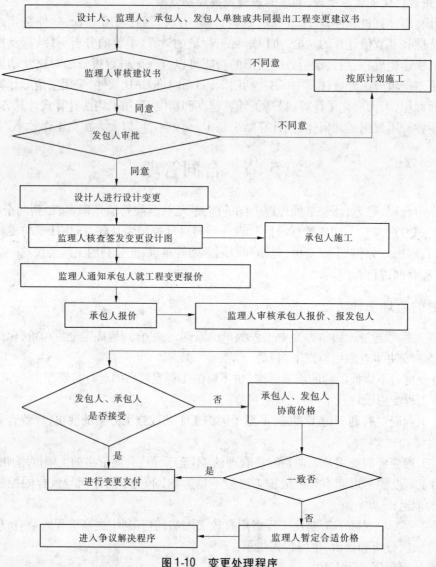

图 1-10　变更处理程序

临时工程设施或材料撤离工地。

（4）违反有关规定使用不合格的材料和工程设备，或拒绝处理不合格的工程、材料和工程设备。

（5）未按合同进度计划及时完成合同规定的工程或部分工程，而又未按规定采取有效措施赶上进度，造成工期延误。

（6）在保修期内未按规定和工程移交证书中所列的缺陷清单内容进行修复，或经现场监理机构校验认为修复质量不合格而承包人拒绝再进行修补。

（7）否认合同有效或拒绝履行合同规定的承包人义务，或由于法律、财务等原因导致承包人无法继续履行或实质上已停止履行合同的义务。

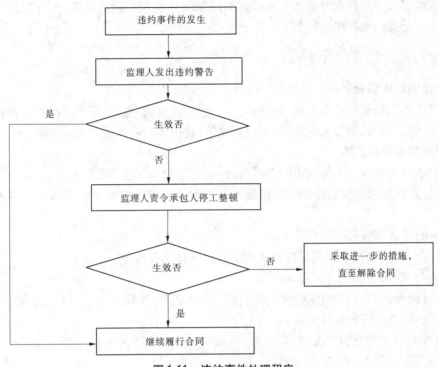

图 1-11　违约事件处理程序

2.2　承包人违约后,立即对承包人违约发出警告

承包人发生违约行为时,现场监理机构向承包人发出书面警告,限令其在收到书面警告后的 7 天内予以改正。承包人必须采取有效措施认真改正,并尽可能挽回由于违约造成的延误和损失。

2.3　警告无效后,责令承包人停工整顿

承包人在收到书面警告后的 7 天内仍不采取有效措施改正其违约行为,继续延误工期或严重影响工程质量,危及工程安全,现场监理机构可暂停支付工程价款,并按规定暂停其工程或部分工程施工,责令其停工整顿,并限令承包人在 7 天内提交整改报告报送现场监理机构。如承包人继续无视现场监理机构的指示,仍不提交整改报告,亦不采取整改措施,由此产生的后果由承包人自负。

3　索赔的监理工作方法

(1)依据施工合同约定,对索赔的有效性、合理性进行审查、评价和认证。

(2)对索赔支持性资料的真实性逐一进行分析和审核。

(3)对索赔的计算依据、计算方法、计算过程、计算结果及其合理性逐项进行审查。

(4)对于由施工合同双方共同责任造成的经济损失,通过协商一致,公平合理地确定双方分担的比例。

(5)必要时要求承包人再提供进一步的支持性资料。

(6)现场监理机构在施工合同约定的时间内对索赔申请报告的处理决定,报送发包

人并抄送承包人。合同双方或其中任一方不接受现场监理机构的处理决定,则按争议解决的有关约定或诉讼程序进行解决。

4　担保与保险的审核和查验

4.1　担保的审核和查验

担保审核和查验的主要内容是承包人是否按施工合同约定办理各类担保以及担保提交的时间、保函内容、担保人的资信、担保证件等,提出审查意见供发包人决策。

4.2　保险的审核和查验

督促承包人在合同文件规定的期限内,按规定的保险种类、保险价值、保险有效期和要求投保,并在投保完成后将保险协议或保险单和保险费收据复印件报监理机构确认和备存。

保险的审核和查验的内容如下:

(1)承包人有否按条款规定的时间提交保险凭证和保险单。

(2)保险险种是否与合同要求一致。

(3)保险单内容,包括保险金额、保险期、保险范围、投保人名义、赔偿条件、保险费率、免赔额等,是否符合合同要求。

(4)保险公司的资信状况,保险实力是否雄厚。

5　分包管理的监理工作内容

分包管理的监理工作内容如下:

(1)在施工合同约定允许分包的工程项目范围内,对承包人的分包申请进行审核,并报发包人批准。

(2)分包项目通过发包人批准,承包人与分包人签订了分包合同后,现场监理机构将视分包人为承包人的一部分,要求承包人加强对分包人和分包工程的管理,加强对分包人履行合同的监督。

(3)审核和查验通过承包人申报的分包项目的施工措施计划、开工申报、工程质量检验、工程变更以及合同支付等。

(4)督促分包人切实履行承建合同规定的义务与责任,督促承包人尊重分包人合法的合同权利。

分包管理程序见图1-12。

6　争议的调解原则、方法与程序

6.1　争议的调解原则

(1)坚持依法协商的原则;

(2)尊重客观事实的原则;

(3)当事人权利平等的原则。

6.2　争议的调解方法

争议的调解方法有协商、调解、仲裁和诉讼。

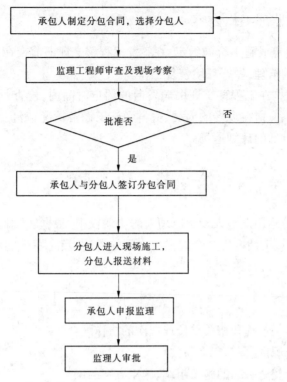

图 1-12　分包管理程序

6.3　争议的调解程序

争议的调解程序见图 1-13。

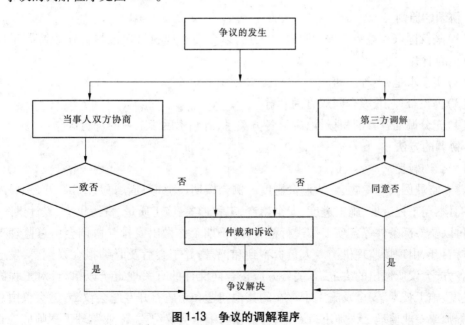

图 1-13　争议的调解程序

7　清场与撤离的监理工作内容

（1）依据有关规定或施工合同约定，在签发工程移交证书前或在保修期满前，监督承包人完成施工场地的清理，做好环境恢复工作。

（2）现场监理机构在工程移交证书颁发后的约定时间内，检查承包人在保修期内为完成尾工和修复缺陷应留在现场的人员、材料和施工设备情况，督促承包人其余的人员、材料和施工设备按批准的计划退场。

第6节　协　调

监理工程师充分运用发包人授予监理人的协调权限，根据实际情况及时协调工程建设各方以及施工质量、工期进度与合同支付之间的矛盾，及时发现问题和解决问题，尽力避免可能造成的延误、损失和合同纠纷。

1　协调的主要内容

（1）协调日常施工干扰和相关单位或层次的协作配合。

（2）平衡调配资源供给。

（3）协调由设计变更引起的施工组织、施工方案的调整。

（4）协调工程建设各方关系。

2　协调的原则与方法

2.1　协调的原则

（1）坚持国家利益和工程项目建设大局，以全面实现项目建设目标作为协调工作的出发点和归宿。

（2）实事求是，平等协商。

（3）公正合理，兼顾合同双方的利益。

（4）充分调动各方的积极性，融洽各方关系，有利于后续工程的进行。

2.2　协调的方法

2.2.1　会议制度

建立监理例会和专题会、协调会制度。例会按期（例如每周、每月末）召开，主要内容包括：对本期工程进展、施工进度、安全生产、工程形象、施工质量、资源供应、设计供图、工程支付以及外部条件等各项工作进行检查，对下期工作做出安排。协调会由总监理工程师主持召开，由现场监理机构专人负责签到和记录，并于会后及时编报会议纪要，发送给有关各方，会议所做出的决定，有关各方应按合同文件的有关规定予以执行；对工程的质量、进度、施工技术、安全及施工中存在的其他问题和矛盾召开专题会议，专题会议由总监理工程师或专业监理工程师主持召开，会后及时编报会议纪要，专业监理工程师应检查落实相关情况并报告总监理工程师。

2.2.2　约见承包人负责人

当承包人拒不执行现场监理机构的指令，或违反合同条件时，在进行处理之前总监理工程师可先采取合同约见的方式，向承包人提出警告。

2.2.3　访谈和座谈

现场监理机构人员通过对承包人进行访谈和座谈，对存在的问题交换意见，了解他们的要求和意见，以便及时采取措施予以解决。

第 7 节　工程验收与移交

1　工程验收的主要职责

现场监理机构按照国家和水利部的有关规定做好各时段验收的监理工作，主要职责如下：

(1)协助发包人制定各时段验收工作计划。

(2)编写各时段工程验收的监理工作报告，整理现场监理机构应提交和提供的验收资料。

(3)参加或受发包人委托主持重要隐蔽工程、关键部位、主要单元(或分项)工程、分部工程验收，参加充水试验、联合调试、外观质量评定、阶段验收、单位工程验收、档案验收、竣工验收。

(4)督促承包人提交验收报告和相关资料并协助发包人进行审核。

(5)督促承包人按照验收鉴定书中对遗留问题提出的处理意见完成处理工作。

(6)验收通过后及时签发工程移交证书。

2　分部工程验收

分部工程验收应符合下列规定：

(1)在承包人提出验收申请后，现场监理机构组织检查分部工程的完成情况并审核承包人提交的分部工程验收资料。现场监理机构指示承包人对提供的资料中存在的问题进行补充、修正。

(2)现场监理机构在分部工程的所有单元(或分项)工程已经完成且质量全部合格、资料齐全时，提请发包人及时进行分部工程验收。

(3)现场监理机构参加或受发包人委托主持分部工程验收工作，并在验收前准备应由其提交的验收资料和提供的验收备查资料。

(4)分部工程验收通过后，现场监理机构签署或协助发包人签署《分部工程验收签证》，并督促承包人按照《分部工程验收签证》中提出的遗留问题及时进行完善和处理。

3　阶段验收

阶段验收应符合下列规定：

(1)现场监理机构在工程建设进展到基础处理完毕、通水等关键阶段之前，提请发包人进行阶段验收的准备工作。

(2)如需进行技术性初步验收,现场监理机构参加并在验收时提交和提供阶段验收监理工作报告和相关资料。

(3)在初步验收前,现场监理机构督促承包人按时提交阶段验收施工管理工作报告和相关资料,并进行审核,指示承包人对报告和资料中存在的问题进行补充、修正。

(4)根据初步验收中提出的遗留问题处理意见,现场监理机构督促承包人及时进行处理,以满足验收的要求。

4 单位工程验收

单位工程验收应符合下列规定:

(1)现场监理机构参加单位工程验收工作,并在验收前按规定提交和提供单位工程验收监理工作报告及相关报告。

(2)在单位工程验收前,现场监理机构督促承包人提交单位工程验收施工管理工作报告和相关资料,并进行审核,指示承包人对报告和资料中存在的问题进行补充、修正。

(3)在单位工程验收前,现场监理机构协助发包人检查单位工程验收应具备的条件,检验分部工程验收中提出的遗留问题的处理情况,并参加单位工程质量评定。

(4)对于投入使用的单位工程,在验收前,现场监理机构审核承包人因验收前无法完成、但不影响工程投入使用而编制的尾工项目清单,以及已完工程存在的质量缺陷项目清单及其延期完工、修复期限和相应施工措施计划。

(5)督促承包人提交针对验收中提出的遗留问题的处理方案和实施计划,并进行审批。

(6)投入使用的单位工程验收通过后,现场监理机构签发工程移交证书。

5 合同项目完工验收

合同项目完工验收应符合下列规定:

(1)当承包人按施工合同约定或监理指示完成所有施工工作时,现场监理机构及时提请发包人组织合同项目完工验收。

(2)现场监理机构在合同项目完工验收前,按规定整编资料,提交合同项目完工验收监理工作报告。

(3)现场监理机构在合同项目完工验收前,检验前述验收后尾工项目的实施和质量缺陷的修补情况;审核拟在保修期实施的尾工项目清单;督促承包人按有关规定和施工合同约定汇总、整编全部合同项目的归档资料,并进行审核。

(4)督促承包人提交针对已完工程中存在的质量缺陷和遗留问题的处理方案与实施计划,并进行审批。

(5)验收通过后,现场监理机构按合同约定签发合同项目移交证书。

6 竣工验收

竣工验收应符合下列规定:

（1）现场监理机构参加工程项目竣工验收前初步验收工作。

（2）作为被验收单位参加工程项目竣工验收，对验收委员会提出的问题做出解释。

第 8 节　信息管理

为解决好合同实施过程中有关各方的责、权、利关系，更好地进行三控制及促进工程承建合同的全面履行，进一步促进工程信息传递、反馈、处理的标准化、规范化、程序化和数据化，并确保工程档案的完整、准确、系统和有效利用，制定工程资料管理办法，建立计算机信息管理辅助系统。

1　信息管理人员岗位职责

1.1　总监理工程师职责

（1）对项目文件资料管理控制负责；负责审定项目现场监理机构文件资料管理办法。

（2）指定专人负责文件资料的管理。

（3）负责批转工程文件、签发各类监理文件。

（4）负责对重要工程文件的审批，督促拟订重要的监理文件。

1.2　监理工程师职责

（1）负责监理文件的拟稿、核稿、送审、施工图纸的转核。

（2）对需要归档的文件、资料必须按照要求定期向管理人员移交，集中管理。

（3）离岗时，按要求办理文件移交手续。

1.3　文件资料管理人员职责

（1）负责文件资料的收集、登记（收发文登记）、编目、借阅等日常管理工作。

（2）按监理档案资料归档要求整理立卷，及时归档，确保监理文件资料的完整性、准确性、系统性，并保证立卷、归档的档案符合国家标准和有关规定要求。

（3）保管好工程项目的监理文件、资料，并按要求做好移交工作。

2　文档清单及编码系统

2.1　建立信息编码系统

2.1.1　首级码

依据工程特征及归档要求对工程文件分类及组成进行划分，确定文件号首级码，见表 1-2。

表 1-2　文件号首级码的确定

工程文件	发包人文件	承包人文件	设计文件	监理文件
首级码	FB	CB	SJ	JL

2.1.2　二级码

主要依据信息管理的功能划分。

2.1.3 三级码

依据文件顺序划分。

2.1.4 主要功能模块

辅助系统的主要模块包括:投资控制子模块、进度控制子模块、质量控制子模块、合同管理子模块、行政事务子模块5个子模块,并通过数据库在模块之间建立直接判断、循环调用以及信息传递等。

2.2 文档清单及编码系统

文档清单及编码系统一览表见表1-3。

表1-3　文档清单及编码系统

代码	名称	编码	名　　称
JL	监理文件	1	监理规划、细则及内部管理材料
		2	开工申请及审核签证
		3	监理工程师指令单、联系单等
		4	质量审核材料
		5	工程建设声像材料
		6	监理会议纪要、记录
		7	监理日志
		8	监理月报
		9	竣工验收材料
		10	其他

3 文档管理——计算机管理系统

(1)可以进行收发文登记,可以增加和插入新记录。

(2)进行多种项目的查询,如按文件标题查、按文号查、按收发日期查。

(3)能将当年的收文和发文按照发文单位、保管期限和发文日期的次序,自动组合案卷,自动建立案卷的卷内目录,打印卷内目录和案卷的目录簿。

(4)提供方便的系统自动维护功能,自动拷贝备份数据,自动重新建立索引文件等。

4 文件资料归档系统

现场监理机构将档案工作纳入工程建设的全过程,按总监理工程师负责制、分级管理的原则,建立监理信息管理小组,派专人进行档案管理工作。现场监理机构依据工程监理合同、工程承建合同,国家、部门颁发的工程建设管理法规(如水利部水办〔1997〕275号文《水利基本建设项目(工程)档案资料管理规定》)、施工技术规程规范、工程验收规程、工程质量检验和评定标准等文件制定工程资料管理办法、常用报表及格式立卷,并发送各承包人,要求在合同实施过程中,合同双方的一切联系、通知等,均以书面文字为准。

建立工程资料处理制度,包括收文、发文制度。收文、发文必须进行登记、统一编码;所有发文必须签署监理工程师姓名、文件处理日期,并需加盖现场监理机构公章,严格按照收发文处理流程进行收发文;重要的或有合同时限规定的监理文件在送达签收时,应注明签收人、签收日期和签收时间;工程档案必须做到完整、准确、系统,并做到字迹清楚、图面整洁、装订整齐、签字手续完备,所有归档材料必须用黑色钢笔填写(包括拟写、修改、补充、注释或签名等),做到及时进行收集、整理、入盒、维护,定期对存档文件进行清理、汇总、编写卷内目录,直至立卷,并对与工程有关的资料严格做好保密工作。

要求对各承包人资料进行专人管理,对文件资料进行合理编号。施工过程中定期对承包人资料的归档情况进行监督、检查,保证资料的准确性、真实性;工程后期要求承包人必须严格按照有关规定进行竣工图的编制与整理,归档资料的质量、数量需经监理审查合格后,方同意组织竣工验收,最后向发包人和工程管理单位移交。

(1)凡要求立卷归档的材料,现场监理机构人员必须按照要求,定期向现场监理机构资料管理部门或资料管理员移交,集中管理。

(2)对凡是反映工程监理活动,有保存利用价值的文件材料(即文件、图纸、图表、质量签证单、工程变更、处理方案等不同形式的载体)均应归档。

(3)为了保证案卷质量,监理档案应按国家和水利部有关规定进行整理立卷。

(4)建立科学的监理档案管理制度,配置适于保存档案的专门房间和必要设施,确保档案的安全。

(5)建立借阅制度,以免监理档案遗失。

5　现场记录的内容、职责和审核

填写监理日志,包括工程进展情况、承包人当日投入的人力和设备、当日现场检查或者验收情况、现场施工中出现的问题及现场监理机构人员的处理经过和结论意见、与有关各方的联系情况等;采集、处理工程施工和设备制造过程中关于进度、质量、支付以及工程进展的信息,并以监理简报的形式反馈给有关方;根据信息管理制度,做好工程信息(文件)的管理工作,施工期间定期向发包人报送监理月报、季报、年报;不定期向发包人报送监理通讯、会议纪要、备忘录、设计变更建议、其他合理化建议和文件等。建设监理任务完成后,向发包人提交工程建设监理工作总结报告和档案资料。

6　现场指令、通知、报告内容

现场指令、通知、报告包括:监理通知、工程现场书面指示、警告通知、整改通知、不合格工程通知、新增或紧急工程通知、变更指示、变更通知、暂停施工通知、复工通知、监理月报等。

第9节　监理设施

1　监理设施

(1)办公设施应满足工程需要。

(2)实验室租用和委托,应满足工程需要。

(3)摄像、照相、通信、交通设施应满足工程需要。

2　规章制度

交通、通信、试验、办公等规章制度按监理人或发包人相关制度执行。

第10节　其　他

1　施工安全与环境保护

1.1　施工安全监督

1.1.1　施工安全管理的任务

在施工阶段的安全管理与控制的任务如下（但不限于）：

（1）协助承包人从立法和组织上加强安全生产的科学管理，贯彻、执行国家颁布的各项有关劳动安全方面的法规。

（2）协助承包人进行安全目标管理，建立安全目标的监督、检查制度，制定完成目标值所需采取的各项安全技术措施。

（3）了解施工方案、施工组织，检查安全技术操作规程。

（4）在审核新技术、新工艺、新结构、新材料、新设备等的同时，检查是否有相应的安全技术规程和实施的手段。

（5）在施工过程中，一旦发现隐患，应立即督促有关人员限期解决；对违章指挥、违章作业，应立即制止。

（6）针对施工中的不安全因素，研究并采取有效的安全技术措施，改善劳动条件，消除不安全因素，预防工伤事故发生，做好安全监督检查工作，及时参与组织安全事故的调查分析和处理。

（7）研究施工过程中有损职工身体健康的各种职业病和职业性中毒的防范措施，变有害作业为安全作业。

（8）在安全管理中重点注意"人的不安全行为"和"物的不安全状态"。应以人的行为作为安全管理的重点，同时加强对物质、环境条件进行安全监督与检查。

1.1.2　施工安全管理措施

1.1.2.1　施工准备阶段的安全监理措施

主要是制定安全监理程序；调查可能导致意外伤害事故的其他原因；掌握新技术、新材料的工艺和标准；审查安全技术措施；审查承包人开工时所必需的施工机械、材料和主要人员是否处于安全状态；审查承包人的安全自检系统。

1.1.2.2　施工阶段的安全监理措施

现场监理机构人员对施工过程中的安全生产工作进行全面的监理。主要是审查各类有关安全生产的文件；审核进入施工现场各单位的安全资质和证明文件；审核承包人提交的施工方案和施工组织设计文件中的安全技术措施；审核承包人提交的有关工序（或检验批）交接检查、分部（分项）工程安全检查报告；审核并签署现场有关安全技术签证文件；现场监督与检查。

要求承包人建立安全管理机构和施工安全保障体系,编制施工安全措施和施工作业安全防护规程手册,并报批。同时,现场监理机构还应督促承包人设立专职施工安全管理人员以全部工作时间用于施工过程中的安全检查、指导和管理,并及时向现场监理机构反馈施工作业中的安全事项。

现场监理机构根据工程建设合同文件规定,建立安全监理制度,制定施工安全控制措施。工程施工过程中,要对施工安全措施的执行情况进行经常性的检查,加强对高空、地下、高压以及其他安全事故多发施工区域、作业环境和施工环节的施工安全进行检查与监督。参加安全事故的调查,并提出处理意见。

1.1.2.3　汛期施工的安全监理

协助发包人审查设计人编写的防洪度汛方案和工程承包人编写的防洪度汛措施,协助发包人组织安全度汛大检查。及时掌握汛期水文、气象预报,协助发包人做好安全度汛准备和防汛防灾工作。

1.1.3　安全生产管理手段

1.1.3.1　采用控制图法进行安全控制

以控制图为工具,了解项目施工过程中的安全状态是否发生变化,及时排除施工过程中的异常因素。应用控制图法能明确安全管理目标,掌握安全事故发生趋势,在动态中进行安全管理,以达到预防事故的目的。

1.1.3.2　采用统计分析法进行安全控制

应用数理统计方法,对大量偶然事故进行综合分析,找出必然性规律及薄弱性环节,采取相应措施,达到降低事故频率的目的。

1.1.3.3　采用思考性管理方法进行安全控制

思考性管理方法是决策安全的有力武器,在安全管理工作中应用思考性管理方法,可以从造成不安全的有关各种混杂因素中,理清关系,抓住事物本质,开辟新的思路,选择有效措施,保证安全。

1.1.3.4　应用计算机进行安全管理

计算机对安全管理应用于下列几个方面:安全信息管理、安全信息分析软件、安全人员的教育和培训、安全用品的辅助设计。

1.2　施工环境保护

(1)督促承包人按工程承建合同文件规定,建立环境保护组织,做好施工场地环境保护措施计划,其内容应包括:①施工弃渣的利用和堆放;②施工场地开挖的边坡保护和水土流失防治措施;③防止饮用水污染措施;④施工活动中的噪声、粉尘、废气、废水和废油等的治理措施;⑤施工区和生活区的卫生设施以及粪便、垃圾的治理措施;⑥完工后的场地清理。

(2)督促承包人按工程承建合同文件规定做好施工弃渣的治理措施,保护施工开挖边坡的稳定,防止料场、永久建筑物基础和施工场地的开挖弃渣冲蚀河床或淤积河道。

(3)督促承包人按工程承建合同文件规定做好环境污染的治理措施,其内容包括(但不限于):

①承包人按国家和地方有关环境保护法规和规章的规定控制工程施工的噪声、粉尘

和有毒气体,保障工人的劳动卫生条件。

②承包人保证施工区和生活区的环境卫生,应定时清除垃圾,并将其运至批准的地点掩埋或焚烧处理。承包人应在现场和生活区设置足够的临时卫生设施,定期清扫处理。

③督促承包人按工程承建合同文件规定做好场地清理工作,除合同另有规定外,承包人应在工程完工后的规定期限内,拆除施工临时设施,清除施工区和生活区及其附近的施工废弃物,并按现场监理机构批准的环境保护措施计划完成环境恢复。

2　工程回访、后评估监理

监理人应建立监理项目交工后的回访制度,以听取发包人意见,提高监理工作质量,改进服务方式。

监理人应建立与发包人及用户的服务联系网络,及时取得信息,搞好回访工作。

2.1　工程回访、后评估监理的内容和依据

2.1.1　工程回访、后评估监理工作的内容

工程回访、后评估监理工作的内容可概括为检查工程状况、鉴定质量责任、督促和监督保修工作的实施三个方面。

2.1.2　工程回访、后评估监理工作的依据

(1)有关建设法规和设计文件;

(2)有关合同条件(施工承包合同或保修书);

(3)归整后的竣工技术档案和有关施工技术资料。

2.2　落实工程回访、后评估监理组织人员

工程交工验收完成之后,该项目的监理人员即行解体或承担其他项目的监理工作,监理人应指定工程现场监理机构人员负责落实工程回访、后评估工作,并将组织(人员)名称、地址、联络方式等正式以书面形式通知发包人。

第 2 章　监理细则总则

第 1 节　编制依据

监理细则总则编制主要依据如下(但不限于):

(1)工程监理合同书;

(2)施工合同书;

(3)施工招标文件、投标文件;

(4)设计文件(图纸和设计变更);

(5)现行施工及验收规范;

(6)监理有关指令或国家、水利部和地方有关规定;

(7)工程实施过程中相关文件。

第 2 节　适用范围

根据监理合同的具体情况,按照现行监理规范以及工程建设的一般规律,编制工程施工监理实施细则,用以指导监理合同的监理工作,协调参建各方之间的工作关系,努力促使监理合同的施工质量、进度、投资三大目标的顺利实现以及搞好合同、信息管理,使工程建设成为优质、高效、低耗、文明、安全的工程。

第 3 节　监理的组织及职责

1　监理组织机构

根据合同成立的现场监理执行机构,全面负责工程施工过程建设监理工作,履行监理合同规定的建设监理任务。现场监理机构由总监理工程师负责。现场监理机构设置工程技术科、质量安全科、计划合同管理科、综合协调科等监理科实施纵向管理。

各专业科室由科长、监理工程师组成,实行科长负责制,全面履行施工现场的监理工作职责。监理员人数根据工作需要进行配备,并应附组织机构框图。

2　监理现场机构监理人员构成

总监理工程师名单;

副总监理工程师名单;

工程技术科:科长名单,成员名单;

　　质量安全科:科长名单,成员名单;

　　计划合同管理科:科长名单,成员名单;

　　综合协调科:科长名单,成员名单。

3　施工阶段各专业科室的职责范围

3.1　质量安全科

3.1.1　质量的事前控制

　　(1)掌握和熟悉质量控制的技术依据;

　　(2)审查承包人提交的施工组织设计或施工方案;

　　(3)审批承包人的质量保证体系;

　　(4)检验承包人的工程材料,审批承包人的标准试验;

　　(5)审查承包人的施工机械设备;

　　(6)检查承包人占用的工程场地,验收承包人的施工定线;

　　(7)检查生产环境。

3.1.2　质量的事中控制

　　(1)施工过程质量控制:施工过程中采用巡查、旁站、量测、试验的方法控制工程质量。

　　(2)工序(或检验批)交接检查:坚持上一道工序(或检验批)不经验收不准进入下一道工序(或检验批)施工的原则。上道工序(或检验批)完成后,先由承包人进行自检,合格后再通知现场监理工程师到现场会同检验。检验合格签字认可后方能进行下道工序(或检验批)。

　　(3)重要隐蔽工程检查验收:重要隐蔽工程完成后,先由承包人自检,自检合格隐蔽前48小时报监理现场机构申请验收,监理现场机构会同发包人、设计人、监督人、承包人等到现场检验,合格签字认可后方可覆盖,未经验收不得覆盖。

　　(4)工程变更和处理:任何工程的形式、质量、数量和内容上的变动,必须由监理工程师签发工程变更令,并由监理工程师监督承包人实施。监理工程师应就颁布工程变更令而引起的费用增减,与发包人和承包人进行协商,确定变更费用。

　　(5)工程质量事故处理:工程事故发生后,承包人应及时采取必要措施,防止事态扩大并写出事故调查报告及处理方法报监理现场机构,监理工程师调查并根据事故的情况及时向有关部门汇报。事故处理方案经过监理现场机构批准后方可实施。

　　(6)行使质量监督权,下达停工指令。为了保证工程质量,出现下述情况之一,监理工程师有权指令承包人立即停工整改:①未经检验即进行下道工序(或检验批);②工程质量下降,经过指出后,未采取有效措施或采取措施不力继续施工者;③采用未经认可的材料;④擅自变更设计图纸者;⑤擅自将工程分包、转包者;⑥没有可靠的质保措施、施工方案贸然施工者。

　　(7)严格单项工程开工报告和复工报告审批制度;凡分部工程开工及停工后复工,均应书面报告监理现场机构并经同意后方可开工或复工。

　　(8)质量、技术签证:凡质量、技术方面有法律效力的最后签证,只能由总监理工程师一人签署。各监理工程师对其分管的质量、计量原始资料签字认可。

（9）行使好质量否决权,为工程进度款的支付签署质量认证意见。申请进度款的工程,必须有质量监理方面的认证意见。

（10）建立质量监理日志。

3.1.3　质量的事后控制

（1）单元（或分项）工程验收及质量评定:根据单元（或分项）工程各工序（或检验批）的质量评定,对单元（或分项）工程质量等级进行评定。

（2）分部工程验收及质量评定:主持分部工程的验收及质量评定。

（3）单位工程竣工验收:积极参与单位工程的验收。

3.2　工程技术科

3.2.1　进度的事前控制

（1）编制项目实施总进度计划。

（2）审核承包人提交的施工进度计划。

（3）审核承包人提交的施工方案。

（4）审核承包人提交的施工总平面图。

（5）制定由发包人供应材料、设备的需用量及供应时间参数。

3.2.2　进度的事中控制

一方面,进行进度检查、动态控制和调整;另一方面,及时进行工程计量和支付。

3.2.3　进度的事后控制

实际进度发生偏差后,及时分析原因,找出对策,限令承包人采取有效措施确保工期。

3.3　计划合同管理科

3.3.1　投资的事前控制

投资事前控制的目的是进行工程风险预测,并采取相应的防范性对策,尽量减少承包人提出索赔的可能。

3.3.2　投资的事中控制

施工中严格按合同办事,严格计量及费用签证,工程变更、设计修改要慎重。

3.3.3　投资的事后控制

（1）审核承包人提交的工程支付申请。

（2）公正地处理承包人提出的索赔。

4　监理人员的职责与权限

4.1　总监理工程师的职责与权限

（1）监理项目实行总监理工程师负责制。总监理工程师是代表监理咨询有限公司履行监理合同的总负责人,行使监理合同赋予监理方的全部职责,对发包人和监理咨询有限公司负责。

（2）总监理工程师是监理咨询有限公司编制监理投标书并参与监理投标活动的主要人员,主持编制监理规划,制定监理现场机构规章制度,审批监理实施细则,签发监理现场机构的文件。

（3）确定监理现场机构各部门职责分工及各级监理人员职责权限,协调监理现场机构内部工作。

（4）指导监理工程师开展工作;负责本监理现场机构中监理人员的工作考核,调换不称职的监理人员;根据工程建设进展情况,调整监理人员。

（5）主持审核承包人提出的分包项目和分包人,报发包人批准。

（6）审批承包人提交的施工组织设计、施工措施计划、施工进度计划和资金流计划。

（7）组织或授权监理工程师组织设计交底;签发施工图纸。

（8）主持第一次工地会议,主持或授权监理工程师主持监理例会和监理专题会议。

（9）签发进场通知、合同项目开工令、分部工程开工通知、暂停施工通知和复工通知等重要监理文件。

（10）组织审核付款申请,签发各类付款证书。

（11）主持处理合同违约、变更和索赔等事宜,签发变更和索赔的有关文件。

（12）主持施工合同实施中的协调工作,调解合同争议,必要时对施工合同条款做出解释。

（13）要求承包人撤换不称职或不宜在本工程工作的现场施工人员或技术、管理人员。

（14）审核质量保证体系文件并监督其实施;审批工程质量缺陷的处理方案;参与或协助发包人组织处理工程质量及安全事故。

（15）组织或协助发包人进行工程项目的分部工程验收、单位工程完工验收、合同项目完工验收,参加阶段验收、单位工程投入使用验收和工程竣工验收。

（16）签发工程移交证书和保修责任终止证书。

（17）检查监理日志;组织编写并签发监理月报、监理专题报告、监理工作报告;组织整理监理合同文件和档案资料。

（18）定期向发包人和监理咨询有限公司汇报工程进展情况。

4.2　各专业科室科长职责与权限

（1）专业监理科长是监理现场机构派驻施工现场的专业负责人,在总监理工程师领导下,对本科室监理工作进行管理。

（2）执行总监理工程师的指令和交办的任务,编制本科室监理工作计划,并组织实施,领导、组织本科室监理工程师开展工作,检查落实执行情况。

（3）组织监理工程师进行质量监督、检查,要求根据各类工程施工规范和检验标准检查承包人执行承包合同情况。

（4）提出本段范围内的返工、停工命令报告,报总监理工程师审批。

（5）对分项分部工程进行抽检和参加监理现场机构的竣工初验。

（6）组织本科室监理工程师进行监理技术业务学习及交流工作经验。

（7）参加有关例会、会议,每月小结监理组工作,定期向总监理工程师汇报。

（8）向总监理工程师提供"监理月报"、"工作总结"。

4.3　现场监理员职责与权限

（1）核实进场原材料质量检验报告和施工测量成果报告等原始资料。

（2）检查承包人用于工程建设的材料、构配件、工程设备使用情况，并做好现场记录。

（3）检查并记录现场施工程序、施工方法等实施过程情况。

（4）检查和统计计日工情况；核实工程计量结果。

（5）核查关键岗位施工人员的上岗资格；检查、监督工程现场的施工安全和环境保护措施的落实情况，发现异常情况及时向监理工程师报告。

（6）检查承包人的施工日志和试验室记录。

（7）核实承包人质量评定的相关原始记录，审核质量检验资料的可靠性、真实性、完整性。

第 4 节　监理工作目标

监理工作是围绕工程目标这一系统，以动态控制的运行机制、健全的组织管理机构和人员配备完善的管理制度、规范化的监理工作程序、现代化的工作手段、良好的工作作风，按照监理委托合同的所有条款，站在公正的立场上，对工程项目进行全面的监督和管理。根据我国监理行业的文件法规和发包人与承包人签订的施工承包合同文件，监督和证实承包人是否严格按合同要求实施合同，对项目进行工程质量监理、进度监理、费用监理、合同管理、信息管理、工作协调和安全生产监理，在计划的费用和质量目标内完成建设项目。

监理工作的主要目标就是实现质量、进度、投资三大控制。

1　质量监理目标

以严格的监理、热情的服务，按施工承包合同文件和技术规范、验收标准等进行监理。建立全面的质量控制体系，强化承包人自检体系的管理，严格做好中间的质量检验以及现场质量验收，搞好工序（或检验批）监测，以形成承包人"三检制"的保证体系、监理工程师抽检的质量控制系统。工作中强调事前控制，严格开工申请的审批。杜绝发生重大质量事故，有效地防止发生一般质量事故，尽可能少发生质量问题；清除质量通病，督促承包人进行精细施工，使工程项目质量目标得到实现。

2　进度监理目标

督促承包人根据合同要求提出工程总进度计划、年度和月施工进度计划及月报，审查并督促其实施，及时进行计划进度与实际进度的比较，按月向发包人通报工程进度情况，出现偏差时指令承包人进行调整，并督促承包人的资金、机械、材料、人员等及时到位，以保证工程在合同规定的工期内竣工。

3　投资监理目标

审查承包人提交的现金流动计划，现场核实工程量，严格计量，审查签发付款证书。严格审查计日工、额外工程、设计变更、价格调整，认真仔细地做好施工现场记录，当承包人要求额外补偿索赔时，做好各种证据、资料的记录、整理，把好费用关，控制好工程费用。

4　合同管理

贯彻监理合同和施工承包合同,站在公正的立场上,充分发挥监理的控制作用与特殊地位,注意协调好与发包人、承包人及各协作部门的关系。管理好合同以规范约束合同各方的行为。

5　信息管理

信息管理应采取人工决策和计算机辅助管理相结合的手段。特别是利用计算机准确及时地收集、处理、传递和存储大量数据,并进行工程进度、质量、费用的动态分析,以达到工程监理的高效、迅速、准确。

6　组织协调

监理现场机构的组织协调工作,主要是协调监理现场机构内部关系,发包人与承包人、承包人与承包人之间的关系,以及承包人与工程建设其他相关部门之间的关系。

7　施工安全和环境保护

审查承包人提交的施工安全措施和环境保护措施,现场检查安全设施和环境保护措施的落实情况,尽量杜绝安全事故的产生,减少环境污染。

第5节　监理工作重点

(1)严把开工报告审查关,要求各承包人详细划分各分部工程,并按此申请开工。

(2)严把材料质量关及试验检测关,不合格材料坚决清出现场,减少材料不合格引起的质量隐患,对每一单元(或分项)工程及工序(或检验批)严格按规范要求的检测频率检测,做到质量好坏及能否验收用数据说话。

(3)建立高精度的控制测量网。

(4)督促承包人履约,尤其对承包人的主要技术管理人员、主要机械设备、实验设备要求按投标文件承诺强制到位,并满足合同要求。对人员、设备建立审查制、进出请假制、进场报告制。

(5)对承包人分部工程的施工技术方案和施工组织设计进行审查,对重大施工技术方案报总监理工程师审批或邀请专家召开专题研究会。

(6)按分部工程监理主要检查项目进行施工过程中的质量检查,认真、真实地填写检查表,对合格部分签字,不合格部分坚决要求整改、返工甚至拆除,严把工序(或检验批)质量及分部工程质量关。

(7)严把计量支付关,做到计量需量测确定,支付需质量合格。

(8)进行施工中安全因素检查,督促整改。

(9)认真处理好各项变更和签证。

第 6 节　开工前准备工作

1　项目划分

组织发包人、设计人、承包人认真研究图纸,依《水利水电工程施工质量评定规程》(SL 176—1996)对工程进行项目划分,报发包人,待发包人报质量监督部门批准后执行。

2　质保体系

要求承包人建立健全质保体系,有同工程规模相适应的工地试验设备。

3　工程原始地面的测量控制系统的建立

工程开始前会同发包人、设计人、承包人进行测量系统的移交工作,要求承包人建立合理的测量控制系统,并提供能反映工地原始地形状况的断面图。

4　机械、设备、材料、人员、环境的检查

检查承包人的机械、设备、材料、人员是否满足工程需要和符合施工合同的规定,环境是否适宜施工。以上条件满足要求,承包人方可报送开工申请报告,经审查上报发包人批准后方可开工。

第 7 节　工程质量控制

各专业的质量要求及控制方法见各专业质量监理细则,本节仅规定质量控制程序。

1　原材料检验验收程序

原材料进入工地后,承包人对材料进行报验并保证附出厂合格证、质量保证书证明,在现场抽样检验,合格后方可用于工程,否则立即运出工地。土方工程在设计料场取料,对不同工程所用的土料应符合设计要求,并在工程开工前做必需的土工试验。

2　工序(或检验批)检验程序

严格执行上道工序(或检验批)未经验收不得进行下道工序(或检验批)。每道工序(或检验批)完成后承包人进行自检,合格后填报资料,报监理现场机构复检,合格、签证后方可进行下道工序(或检验批);未经检验而进行下道工序(或检验批)的工序(或检验批)按不合格工序(或检验批)处理,责令承包人立即返工。

3　单元(或分项)工程、分部工程质量评定

3.1　工序(或检验批)工程验收与评定

一般单元(或分项)工程的工序(或检验批)验收与评定在承包人自检合格的基础上

报监理现场机构(附完整的工程质量评定表及有关的施工记录),由监理现场机构根据监理现场掌握的情况和抽查的资料核定工序(或检验批)质量等级。

主要单元(或分项)工程、关键部位的单元(或分项)工程、重要隐蔽工程的工序(或检验批)验收与评定在承包人自检合格的基础上报监理现场机构(附完整的工程质量评定表及有关的施工记录),监理现场机构组织建设、设计、地质、施工、运行管理、质量监督部门联合验收,根据监理现场掌握的情况和抽查的资料以及联合验收组现场抽查情况共同核定工序(或检验批)质量等级。

3.2　单元(或分项)工程验收与评定

一般单元(或分项)工程验收与评定在承包人自检合格的基础上报监理现场机构(附完整的工程质量评定表及有关的施工记录),由监理现场机构根据现场掌握的情况和抽查的资料,核定单元(或分项)工程质量等级。

主要单元(或分项)工程、关键部位的单元(或分项)工程验收与评定在承包人自检合格的基础上报监理现场机构(附完整的工程质量评定表及有关的施工记录),监理现场机构组织建设、设计、地质、施工、运行管理、质量监督部门联合验收,根据监理现场掌握的情况和抽查的资料以及联合验收组现场抽查情况共同核定单元(或分项)工程质量等级。

3.3　隐蔽工程验收

一般隐蔽工程验收在承包人自检合格的基础上,向监理现场机构提出申请(同时附完整的验收资料),监理现场机构组织验收。

重要隐蔽工程验收在承包人自检合格的基础上向监理现场机构提出申请(同时附完整的验收资料),监理现场机构组织建设、设计、地质、测量、试验、施工、运行管理、质量监督部门联合验收,共同签署验收成果。

3.4　分部工程验收

一般分部工程质量等级的核定,该分部工程中的所有单元(或分项)工程全部完工,承包人填写分部工程质量等级评定表,并自评分部工程质量等级,将自评的分部工程质量等级评定表连同分部工程中所有单元(或分项)工程质量等级评定资料、重要隐蔽工程及关键部位的单元(或分项)工程验收签证以及其他有关记录报监理现场机构审查复核,由监理现场机构将复核结果及有关记录报质量监督部门核备。

分部工程验收将成立分部工程验收工作组,履行分部工程验收签证手续。分部工程验收工作组由建设、监理、设计、施工和运行管理等单位派代表参加,由监理人担任验收工作组组长,验收成果为分部工程验收签证。

重要分部工程质量等级经监理现场机构复核后,将监理现场机构复核材料连同监理现场机构复核意见,一并报质量监督部门进行分部工程质量等级核定。

4　工程验收

在工程进行过程中,施工、监理人分别完善各自的资料,并规范填写。各种验收所需的资料以《水利水电建设工程验收规程》(SL 223)为准,并符合档案管理的规定。

第 8 节　工程进度控制

(1)严格事前控制,规范事中控制,确保工程进度符合合同要求。

(2)分析工程的进度特点,提出工程控制性进度目标。

(3)审查批准承包人的进度计划,并督促严格执行,一旦工程进度滞后应分析原因,要求承包人限期解决。

第 9 节　工程投资控制

1　工程计量

承包人应在单项工程开工前与监理人员共同按单元(或分项)工程划分进行施工放样测量,绘制断面图并附土方计算表报监理现场机构备案,作为工程计量的依据。未经监理人员在场的工程计量,监理现场机构不予认可。

2　工程结算方法

依据现场实测成果进行计量,使工程结算同进度相一致,严格按施工合同有关结算条款执行。

3　单价变更的程序

由于设计及招标的漏项而引起的项目增加,承包人应提交单价变更分析报告,经监理现场机构审查后报发包人核定、批复后执行。由于施工方案变更而引起的单价增加应在施工方案执行前提交施工方案变更报告,同时附变更申请报告,经监理现场机构同意报发包人批复后执行。未经监理现场机构同意而变更施工方案,由此而引起的单价变更,监理现场机构不予认可,仍按合同单价结算。

第 3 章 施工导流和水流控制工程

第 1 节 总 则

1 依据

发包人与工程承包人签订的工程承包合同文件、招投标文件、设计文件以及有关工程规程、规范。

2 适用范围

本细则适用于与合同内容相关的临时工程项目,其中包括(但不限于):

(1)导流工程开挖、护砌、维护及回填;

(2)围堰填筑、维护及拆除;

(3)基坑截渗工程;

(4)导流工程、交通桥工程;

(5)老建筑物更换及拆除;

(6)施工期排水;

(7)施工度汛;

(8)施工场地平整及场内交通道路;

(9)施工风、水、电供应系统;

(10)施工照明、通信和动力系统;

(11)施工仓库,木材、金属构件等加工制作厂;

(12)施工生产、生活设施;

(13)其他临时工程;

(14)按监理单位现场机构要求完成的竣工后场地清理等。

上述工程项目的工作内容包括建筑物的施工,材料、设备的供应和试验检验,设备的安装、运行和维护,临时建筑物及其设施和设备的拆除以及合同规定的质量检查和验收等工作。

3 引用标准和规程规范(但不限于)

(1)《防洪标准》(GB 50201);

(2)《水利水电建设工程验收规程》(SL 223);

(3)《堤防工程设计规范》(GB 50286);

(4)《水利水电工程施工组织设计规范》(SL 303);

(5)《水电水利工程围堰设计导则》(DL/T 5087);

(6)《水工混凝土施工规范》(DL/T 5144);

(7)《水利水电建筑安装安全技术工作规程》(SD 267);

(8)《水利水电工程施工测量规范》(SL 52);

(9)本章各专项施工技术涉及的标准和规程规范。

本书所引用的标准、规范均以最新版本为准。

第 2 节　工程质量管理

(1)质量目标:合格。

(2)承包人须按招标文件和水利部有关管理规定,完善质量体系,在工地成立独立的质检组织和质量保证体系。

(3)质量检查实行班组自检、项目部专职质检员复检、总公司质量终检工程师进行终检的"三检制"。质检人员需持证上岗,确保质检工作正常开展。

(4)明确各级质量岗位责任制,总公司终检工程师岗位职责、项目部专职质检员岗位职责及班组质检员岗位职责。

(5)质量保证措施:①建立测量控制网;②建立质量保证体系和加强质量工作管理;③严格进行原材料检测;④施工过程中加强"三检制"管理;⑤认真编制施工措施计划;⑥认真做好工程项目的验收工作。

第 3 节　质量检查的职责和权力

(1)承包人必须认真贯彻"安全生产、质量第一"的方针,正确认识和处理质量与进度、质量与安全、质量与信誉、质量与效益的关系,做到精心组织、严格管理、按章作业、文明施工。

(2)承包人应按招标文件技术条款的要求,负责排干基坑的积水和渗水,保证主体工程在旱地施工;负责提供工程所需要的人工、材料等。

(3)承包人应按招标文件技术条款的规定以及设计文件和监理单位现场机构的指示,完成工程的拆除工作,包括提供其所需的人工、材料、设备及其他辅助设施。承包人需提交切实可行的拆除方案,报请监理单位现场机构批准后实施,并应将拆除下来的弃渣运送到指定位置堆放,不得随意乱弃。承包人在拆除过程中应采取有效措施,确保工程和人员安全。

第 4 节　控制要点

1　开工申请

1.1　临时工程布置和建筑物设计

承包人在接到开工通知书后的规定时间内必须向监理单位现场机构提交合同规定的

临时工程设施的详细设计和说明,其中至少应包括以下内容:

(1)施工总平面布置图;

(2)施工排水系统布置详图及设计、施工说明书;

(3)进行土方平衡分析;

(4)确定取土、弃土区的布置位置、面积和规模;

(5)防护措施和安全度汛措施;

(6)监理单位现场机构要求提交的其他资料。

上述文件均应经承包人项目经理签字后,报送监理单位现场机构审批。监理单位现场机构的批准,并不免除承包人对上述临时工程及其建筑物的设计和施工应负的责任。

1.2 拆除计划

在拆除工程开工前规定时间内,承包人应提交一份包括下列内容的拆除计划报送监理单位现场机构审批:

(1)拆除方法和程序;

(2)拆除配置的设备和劳动力安排;

(3)弃渣措施;

(4)质量与安全保证措施;

(5)施工进度计划。

1.3 施工措施计划

在围堰填筑开工前规定时间内,承包人应按监理单位现场机构批准的施工降(或截)、排水与围堰布置和相关规定的内容、要求,提交一份施工降(或截)、排水与围堰的施工措施计划,报送监理单位现场机构审批。

在基坑开始开挖前规定时间内,承包人应根据地形、地质条件及工程布置,提交一份基坑支护的施工措施计划,报送监理单位现场机构审批。

1.4 安全度汛措施计划

在合同实施期间,承包人应在每年汛期前规定时间内,按相关规定,提交该年度安全度汛措施计划及分阶段工程度汛形象面貌图,报送监理单位现场机构审批。

1.5 提交相关文件

承包人应负责合同范围内的围堰施工、基坑排水设计和施工,向监理单位现场机构提交上述内容的详细设计和施工文件,其中包括设计图纸、施工技术措施计划、排水措施等。上述文件均应经承包人项目经理签字后,报送监理单位现场机构审批。监理单位现场机构的批准,并不免除承包人对上述设计和施工应负的责任。

2 施工过程监理

2.1 围堰和导流建筑物

2.1.1 围堰和导流建筑物安全性能的保证

承包人应保证导流建筑物在施工期间的安全运行,由此而发生的一切费用由承包人承担。

2.1.2　围堰和截渗工程的施工

(1)承包人应按监理单位现场机构批准的施工图纸进行围堰和截渗工程的施工,各种围堰和截渗工程的施工技术要求,应执行本技术条款各有关规定。

(2)围堰施工的上升速度应满足安全度汛标准及挡水的施工断面要求,并应保证围堰的施工断面在各种运行工况下处于稳定和安全状态。

2.1.3　围堰拆除

(1)承包人应按监理单位现场机构指示,以不妨碍永久或临时建筑物的安全运行为前提,提交围堰拆除措施方案报送监理单位现场机构审批。

(2)承包人应根据工程进展情况,及时拆除围堰至监理单位现场机构认为合格为止。

2.1.4　导流工程的封堵

(1)承包人应按监理单位现场机构指示,以不妨碍永久建筑物的安全运行为前提,提交封堵导流工程措施方案报送监理单位现场机构审批。

(2)承包人应根据工程进展情况,及时封堵导流工程至监理单位现场机构认为合格为止。

2.2　施工排水

2.2.1　施工排水措施

承包人按有关规定提交的施工措施计划,应对合同工程施工场地的临时排水作出详细规划,针对施工区域的以下范围和内容(但不限于)编制施工排水措施方案,并报送监理单位现场机构审批:

(1)地下水的引排措施;

(2)永久边坡和基坑开挖的施工排水与保护措施;

(3)施工排水系统的布置图;

(4)施工排水设备配置计划。

2.2.2　基坑排水

(1)承包人应负责围堰截流后基坑水的排除,以及基坑内永久工程建筑物施工所需的经常性排水(包括排除降雨、堰体和基坑渗漏水、地下水和施工废水等)。

(2)承包人应负责提供施工排水所需的全部排水设施和设备,并负责这些设备和设施的安装、运行及维修,应保证排水设备的持续运行,必要时应配置应急的备用设备和设施(包括备用电源),以保证工程正常施工。

(3)围堰闭气后的基坑降水速度不得大于 0.5 m/d。

2.3　基坑截渗

承包人应在提交基坑土方开挖施工措施计划的同时,按监理单位现场机构的指示,提交基坑截渗工程的施工措施,报送监理单位现场机构审批。内容包括:

(1)截渗用的施工设备清单;

(2)截渗材料生产性试验成果;

(3)监测措施与完工检测成果等。

2.4　安全度汛

2.4.1　安全度汛措施

承包人应在汛前规定时间内编制安全度汛措施方案，报监理单位现场机构审批。其内容包括：

(1)截至汛前的工程施工面貌；

(2)编制施工期度汛措施方案；

(3)永久与临时工程建筑物的防护措施；

(4)防汛器材设备和劳动力配置；

(5)施工区和生活区安全防护措施；

(6)发生超标准洪水时的应急度汛措施。

2.4.2　防汛准备

承包人应在每年汛前根据批准的安全度汛措施，备足防汛所需的材料和设备，并在紧急情况下，做好防汛劳动力安排。除发生超标准洪水外，在施工期内的度汛费用应由承包人承担。

第5节　质量检查

工程所涉及的围堰、交通、截渗等临时工程的质量检查，应按技术条款中有关章节规定的内容、要求以及设计要求和有关标准、规程、规范进行质量检查。

第6节　计量和支付

(1)合同中，施工围堰、基坑排水、截渗工程、安全度汛、场内交通设施、供电、供水、临时房屋建筑及完工后施工场地恢复等按《工程量清单》所列项目的总价进行支付。

(2)工程施工期间，水位小于或等于合同规定的围堰设计洪水标准时，因承包人原因造成永久建筑物或临时建筑物的损失或损坏，应由承包人承担修复及应急抢险的费用。

(3)施工期内遭遇不可预测的自然灾害或发生超标准洪水时，承包人应按监理单位现场机构的指示，采取紧急措施，进行防洪防灾的抢险工作。由于自然灾害或超标准洪水造成永久建筑物的损失和损坏，按招标文件《通用合同条款》的规定办理。

总价支付应包括上述工程项目的设计、施工、试验、工程运行和维护以及质量检查、验收等所需的全部人工、材料和使用设备等一切费用。

第 4 章　甲供材料监理细则

第 1 节　总　则

1　本细则依据

发包人与材料供应商签订的合同文件、招投标文件、设计文件以及有关工程规程、规范。

2　本细则适用范围

本细则适用于合同范围内的钢筋、水泥和粉煤灰。

3　引用标准和规程规范(但不限于)

(1)《混凝土质量控制标准》(GB 50164);

(2)《矿渣硅酸盐水泥、火山灰硅酸盐水泥及粉煤灰硅酸盐水泥》(GB 1344);

(3)《硅酸盐水泥、普通硅酸盐水泥》(GB 175);

(4)《低热微膨胀水泥》(GB 2938);

(5)《钢筋焊接及验收规范》(JGJ 18);

(6)《钢筋混凝土用热轧光圆钢筋》(GB 1499.1);

(7)《钢筋混凝土用热轧带肋钢筋》(GB 1499);

(8)《钢筋焊接接头试验方法标准》(JGJ/T 27);

(9)《水工混凝土试验规程》(DL 352);

(10)《水工混凝土施工规范》(DL/T 5144)。

本细则与上述规范有矛盾之处,以上述依据为准。

第 2 节　质量标准

(1) 质量目标:合格。

(2) 质量标准按国家现行技术标准执行。

(3) 材料供应商必须随货向监理单位现场机构及土建承包人提供生产厂的质量证明书原件(含材料试验、出厂合格证书)1 份,复印件 2 份,并加盖材料供应商单位章。

(4) 材料供应商是材料质量的责任人。材料供应商不得供应不符合国家标准及设计规定的材料,并应承担因所供材料不合格而给土建承包人及采购人造成的任何损失和费用。

（5）所有甲供材料进场之前必须报请监理单位现场机构核查后才准予进场使用。

第3节 质量管理

1 质量检验

（1）土建承包人现场核对材料出厂日期、生产厂质量证明书原件、标牌、规格型号、外形尺寸，并按规范要求抽样，送实验室进行检验（测），按检验（测）报告的结果认定质量合格或不合格。土建承包人有权拒收、清退不合格材料，但必须经监理单位现场机构的核实确认，由此引起的损失由材料供应商承担。

（2）不合格材料的处理。

①由于材料供应商供应了不合格材料造成了工程损害，监理单位现场机构可以随时发出指示，要求材料供应商立即采取措施进行补救，直至彻底清除工程的不合格材料。

②若材料供应商无故拖延或拒绝执行监理单位现场机构的上述指示，则发包人有权委托其他材料供应商执行该项指示。

（3）对于土建承包人试验做出的关于材料质量不合格的检验（测）报告，监理人如认为有必要，或材料供应商有疑问时（应向监理单位现场机构提出申请），可送资质等级较高的国家法定的质量检测单位进行复检（测），并以复检（测）报告为准。

复检（测）结果若同土建承包人试验报告没有实质性区别，材料供应商应负责因复检（测）而发生的一切费用；反之，则由土建承包人负责。

（4）若监理单位现场机构对材料质量有异议，钢筋和水泥需在交货时间之后各自规定时间内以书面形式向材料供应商提出。若超过该期限，则材料供应商可视为监理单位现场机构验收合格。

2 质量缺陷责任

（1）在设计文件规定的工程合理使用年限内，材料供应商应承担其材料的质量缺陷责任。

（2）对抽样检验（测）合格的材料，在使用过程中，由于质量问题造成事故，经国家法定的质量检测单位对其检验（测）后，确属材料质量问题时，材料供应商应负法律责任，并赔偿损失。

3 未检验材料、替代材料

（1）材料供应商运到工地的材料，未经检验，土建承包人不得擅自使用；否则，由此造成的后果由土建承包人负责，但并不减轻材料供应商应负的责任。

（2）当材料不能满足《材料使用计划表》规定的品种、型号、规格、材质、质量标准及由要求的生产厂家生产时，材料供应商应提前将"材料替代方案"报经监理单位现场机构批准后实施，但由此增加的检验、试验和施工工序变化的费用经监理单位现场机构核定后由材料供应商承担。未经监理单位现场机构书面许可，材料供应商不得将替代材料运进工地。

第4节 质量控制要点

1 水泥

1.1 质量要求

(1)各种水泥均必须符合本技术条款指定的国家和行业的现行标准。

(2)水泥品种、强度必须满足规范要求。

(3)运至工地的水泥,必须有生产厂家的品质试验报告、生产批号,同时材料供应商应按规定要求进行取样,并送资质等级符合要求的检验部门进行复验,检测的项目应包括水泥强度、凝结时间、体积安定性、稠度、细度、比重、强度、三氧化硫含量等试验,监理单位现场机构认为有必要时,可要求进行其他指标试验(具体试验参照《水泥胶砂强度检验方法》、《水泥细度检验方法(筛析法)》、《水泥比表面积测定方法(勃氏法)》、《水泥标准稠度用水量、凝结时间、安定性检验方法》和《水泥化学分析方法》等)。当对该水泥品质有疑问时,或有特殊要求时应进行其他项目检验。复验合格后填写"建筑材料报验单"报监理单位现场机构验收。如果监理工程师对质量有疑问应抽样检查,确认合格后,土建承包人方可进行存放;如果不合格应按相关要求处理。

1.2 数量验收及包装

1.2.1 数量验收

由土建承包人现场电子磅称重(过磅费由土建承包人承担),过磅前的损耗应包含在材料供应商的合同单价中。

1.2.2 包装

袋装水泥包装标准按国家有关规定执行,包装物由材料供应商提供,不回收。

1.2.3 收料单

材料由监理单位现场机构、土建承包人共同接收,并出具收料单,收料单由材料供应商、土建承包人、监理单位现场机构共同签字确认。材料供应商现场交货时,监理单位现场机构、土建承包人仅对材料数量及是否有明显外观质量进行认可,质量合格的认可应在进行材料检验(测)后。

1.3 运输方式

采用汽车运输方式。

1.4 卸货

材料运到指定交货地点后,土建承包人应及时组织卸货验收,不得故意拖延。

2 钢筋

2.1 质量要求

(1)钢筋种类、钢号、直径等应符合设计文件的规定,钢筋的机械性能应符合规范的要求。

（2）钢筋必须有出厂质量保证书及试验报告单。

（3）钢筋运至工地后，土建承包人应通知监理单位现场机构共同对照质量证明书进行外观检查（裂缝、结疤、锈蚀程度）。使用前，应按规定做拉力、延伸率、冷弯试验；需要焊接的钢筋，应做焊接工艺试验及焊件的力学指标试验。经过试验检查合格后的钢筋，才能用于施工。

2.2　验收

2.2.1　数量验收

（1）非定尺钢筋由土建承包人现场电子磅称重（过磅费由土建承包人承担），过磅前的损耗应包含在材料供应商的合同单价中。

（2）定尺钢筋按理论重量计量。

（3）土建承包人应负责钢筋材料的工地验收、卸运和保管，并应按相关规定，对钢筋进行进场材质检验和验点入库，土建承包人应通知监理单位现场机构、材料供应商共同在场参加检验和验收工作。

2.2.2　收料单

材料由监理单位现场机构、土建承包人共同接收，并出具收料单，收料单由材料供应商、土建承包人、监理单位现场机构共同签字确认。材料供应商现场交货时，监理单位现场机构、土建承包人仅对材料数量及是否有明显外观质量缺陷进行认可，质量的认可应在进行材料检验（测）后。

2.3　运输方式

采用汽车运输方式。

2.4　卸货

材料运到指定交货地点后，土建承包人应及时组织卸货验收，不得故意拖延。

3　粉煤灰

3.1　质量要求

（1）粉煤灰品质应符合《用于水泥和混凝土中的粉煤灰》的Ⅰ级灰标准规定，其掺量和掺加方法应符合《粉煤灰在混凝土和砂浆中应用技术规程》和《水工混凝土掺用粉煤灰技术暂行规定》有关规定，并应经过试验确定。

（2）运至工地的粉煤灰，必须有生产厂家的品质试验报告、生产批号，同时材料供应商应按规定要求进行取样，并送资质等级符合要求的检验部门进行复验，检测项目包括细度、需水量比、烧失量、含水率和三氧化硫等指标（见表4-1）。当对该粉煤灰品质有疑问时，或有特殊要求时应进行其他项目检验。复验合格后填写"建筑材料报验单"报监理单位现场机构验收。如果监理工程师对质量有疑问应抽样检查，确认合格后，土建承包人方可进行存放；如果不合格应加倍取样复检，并根据复检情况按规范要求处理。

（3）选用的粉煤灰，应使混凝土达到预定改善性能的要求或在满足性能要求的前提下取代水泥。其掺量应通过试验确定，其取代水泥的最大取代量应符合有关标准的规定。

表 4-1　粉煤灰品质指标和等级

序号	指标	等级		
		Ⅰ级	Ⅱ级	Ⅲ级
1	细度(45 μm 方孔筛筛余,%)	≤12	≤20	≤45
2	烧失量(%)	≤5	≤8	≤15
3	需水量比(%)	≤95	≤105	≤115
4	三氧化硫(%)	≤3	≤3	≤3

3.2　数量验收及包装

3.2.1　数量验收

由土建承包人现场电子磅称重(过磅费由土建承包人承担),过磅前的损耗应包含在材料供应商的合同单价中。

3.2.2　包装

袋装粉煤灰包装标准按国家有关规定执行,包装物由材料供应商提供,不回收。

3.2.3　收料单

材料由监理单位现场机构、土建承包人共同接收,并出具收料单,收料单由材料供应商、土建承包人、监理单位现场机构共同签字确认。材料供应商现场交货时,监理单位现场机构、土建承包人仅对材料数量及是否有明显外观质量缺陷进行认可,质量的认可应在进行材料检验(测)后。

3.3　运输方式

采用汽车运输方式。

3.4　卸货

材料运到指定交货地点后,土建承包人应及时组织卸货验收,不得故意拖延。

第 5 节　交货时间

(1)交货时间以《材料使用计划表》所列时间为准,该时间视为合同约定的交货时间。

(2)因工程进度调整致使材料的交货时间和数量发生变更,材料供应商应同意并积极予以配合。这种变更,监理人将在约定交货时间规定时间前以书面形式通知材料供应商。这种形式的变更不属材料供应商违约。

第 6 节　交货品种、规格、数量

(1)交货品种、规格、数量以《材料使用计划表》为准。

(2)监理单位现场机构在核准《材料使用计划表》时,将充分照顾到材料供应商运输车辆的批次载重量,除零星和剩余材料外,一般应尽可能地满足材料供应商的批次载重量要求,但材料供应商不应将此作为运输的必要条件。

第 7 节　交货地点

（1）交货地点在工程施工区内。袋装水泥、钢筋由材料供应商送至工地监理单位现场机构指定的地点；散装水泥、粉煤灰由材料供应商用泵送入土建承包人的贮灰罐。

（2）材料供应商应在《材料使用计划表》规定的交货时间内将所需材料足量运送至交货地点。

第 8 节　供应商人员要求

材料供应商应至少配备 1 名常驻工地现场为本项目服务的工作人员，负责与采购人（或监理单位现场机构）联络，处理供货事宜。材料供应商交货时必须有 1 名为本项目服务的主要负责人员在场。

第 9 节　矛盾协调

材料供应商负责协调材料采购、运输、进场、中转（如果需要）等过程中可能发生的矛盾，并承担由此引起的任何费用和损失。

第 10 节　不可抗力

（1）受不可抗力事件影响的一方应尽快将所发生的情况书面通知另一方，并提供有关部门出具的证明文件。

（2）如不可抗力事件延续到规定时间以上时，双方应通过友好协商解决合同继续履行问题。

（3）发生事件的一方应始终采取一切必要与合理的措施以减少由于不可抗力所导致的工期延误。

（4）当不可抗力事件消除后，受事件影响的一方应尽快通知另一方。

第 11 节　转让、分包

材料供应商不得对材料供应进行转让、分包。

第 12 节　违　约

1　材料供应商违约

（1）若材料供应商未能按《材料使用计划表》及时供货，应赔偿土建承包人的停工待料损失(监理单位现场机构核定)和向采购人支付违约金,违约金从最近一期和随后的月付款中扣除,直至扣完为止。

违约金计算标准:

①逾期在 3 天(含 3 天)以内,每天按该批材料货款的规定费率计算。

②逾期在 7 天(含 7 天)以内,每天按该批材料货款的规定费率计算。

③逾期在 14 天(含 14 天)以内,每天按该批材料货款的规定费率计算。

④超过 14 天,采购人有权终止本合同,材料供应商应承担因此造成的一切责任和后果,并赔偿采购人由此造成的损失。

(2)自检验(测)报告(有复检的以复检报告为准)确认材料供应商所供为不合格材料之日起,在规定时间内材料供应商必须将该批不合格材料全数撤至本工程施工区范围以外,所需费用全部由材料供应商承担,另全额赔偿土建承包人的卸货、码堆、仓库占用等费用,并按监理单位现场机构的裁决,赔偿土建承包人的误工损失费。

若在规定时间内未撤或未撤完,每逾期一天,按该批不合格材料货款的规定费率向采购人支付违约金,拒不撤离的,监理单位现场机构将指定其他单位予以处理,由此而发生的一切责任和费用由材料供应商负责。

2　采购人违约

(1)中途退货,应赔偿材料供应商实际发生的损失(由监理单位现场机构核定),并向材料供应商支付退货部分货款规定费率的违约金。

(2)监理单位现场机构未按合同规定的时间提前通知材料供应商变更交货时间和数量而土建承包人拒收时,按中途退货处理。

(3)采购人延期办理付款手续,应按照中国人民银行同期贷款利率计算应偿付给材料供应商的逾期付款滞纳金。

(4)若土建承包人无理拒收,应承担由此而给材料供应商所造成的损失(由监理单位现场机构核定)。

第 13 节　结算与支付

(1)材料价款按每月结算一次。材料供应商应在月底前向监理单位现场机构上报"支付申请",经监理单位现场机构审核,并经采购人核准后办理支付手续。

(2)在材料供应商出具有关各方的验收证明材料后,按材料供应商与土建承包人、监理单位现场机构共同签认的进货数量,乘以钢筋、水泥、粉煤灰的单价即为该次的结算价款。

(3)监理单位现场机构在收到"支付申请"后规定时间内完成审核,并向采购人出具进度付款证书,采购人在收到监理单位现场机构的进度付款证书后规定时间内,向材料供应商办理支付手续。

(4)单价的调整。因国家(包括地方省级)法规更改或市场价格波动,引起钢筋或水泥价格发生较大变化(钢筋单价涨降幅度超过规定费率、水泥单价涨降幅度超过规定费

率)时,对其单价进行调整。按以下公式计算结算单价:

$$P_t = P_0 + (P_{tn} - P_{on})$$

式中　P_t——钢筋或水泥结算单价;

　　　　P_0——钢筋或水泥投标单价;

　　　　P_{tn}——结算期工程所在地的《工程造价信息》中钢筋或水泥单价;

　　　　P_{on}——投标截止日前规定时间工程所在地的《工程造价信息》中钢筋或水泥单价。

当钢筋单价涨降幅度小于或等于规定费率、水泥单价涨降幅度小于或等于规定费率时,单价不予调整。涨降幅度按以下公式进行计算:

$$\Delta = |P_{tn} - P_{on}| / P_{on}$$

第5章 质量控制监理细则总则

第1节 总 则

(1)本细则根据工程承包合同文件及招标文件等编制。

(2)本细则用于主体工程项目的拆除工程、土石方工程、混凝土工程、砌体工程、建筑与装修工程、金属结构、机电设备、电气工程、自动化控制、公用设备安装及水土保持等。其他非主体工程如临时设施工程参照执行。

(3)其他有关规定按监理现场机构有关指令或国家、水利部和地方有关规定执行。

(4)本细则为工程质量控制总原则,各分项工程质量控制监理细则监理现场机构将根据工程进展情况予以提供。

(5)质量控制目标。

①土建工程:单元(或分项)工程合格率为100%,优良率为85%以上。

②金属结构和机电设备安装工程:单元(或分项)工程合格率为100%,优良率为90%以上。

③工程总体质量达到优质工程标准。

第2节 施工质量控制

1 质量检查的职责和权力

(1)承包人必须认真贯彻"安全生产、质量第一"的方针,正确认识和处理质量与进度、质量与安全、质量与信誉、质量与效益的关系,做到精心组织、严格管理、按章作业、文明施工。

(2)承包人应按工程施工合同文件规定,建立、健全和逐步完善质量保证体系,设置专门的质量检查机构(三检制),配备专职的质量检查人员,建立完善的质量检查制度。承包人在接到开工通知后的规定时间内,向监理现场机构提交内容包括质量检查机构、质检人员的资质和组成、质量检查程序和细则等的工程质量检查计划和措施报告,报送监理现场机构审批。

(3)承包人必须严格按招标文件技术条款的规定和监理现场机构的指示,对工程使用的材料和工程设备以及工程的所有部位及其施工工艺,进行全过程的质量检查,详细作好质量检查记录,编制工程质量报表,定期提交监理现场机构审查。

(4)承包人提供的材料和工程设备,由承包人负责检验和交货验收,验收时应同时查验材质证明和产品合格证书。承包人还必须按招标文件技术条款的规定进行材料的抽样检验和工程设备的检验测试,并将检验结果提交监理现场机构审定。必要时,监理现场机构可要求参加交货验收,承包人应为监理现场机构对交货验收的监督检查提供一切方便。

(5)对合同规定的各种材料和工程设备,由监理现场机构与承包人商定进行检查或检验的时间和地点。若监理现场机构因特殊情况无法按时派出监理人员到场时,承包人可自行检查或检验,并立即将检查或检验结果提交监理现场机构。除合同另有规定外,监理现场机构在事后确认承包人提交的检查或检验结果,若对承包人自行检查或检验的结果有疑问,可进行抽样检验。

(6)承包人未按合同规定对材料和工程设备进行检查和检验,监理现场机构可以指示承包人按合同规定补作检查和检验,承包人必须遵照执行。

(7)承包人未经监理现场机构同意接受并使用了不合格的材料或工程设备,监理现场机构有权按有关规定指示承包人予以处理。监理现场机构检查或检验结果表明该材料或工程设备不符合合同要求时,监理现场机构可以拒绝验收,并立即通知承包人,承包人除必须立即停止使用外,还应与监理现场机构共同研究补救措施,发生的费用由承包人自负。

(8)承包人不按规定完成监理现场机构指示的检查和检验工作,监理现场机构可以指派自己的人员或委托其他有资质的检验机构或人员进行检查和检验,承包人不得拒绝,并应提供一切方便。

(9)不合格的材料和工程设备的处理。

①禁止使用不合格的材料和工程设备:工程使用的一切材料和工程设备,均应满足招标文件技术条款和施工图纸规定的品级、质量标准与技术特征。监理现场机构在工程质量的检查和检验中发现承包人使用了不合格的材料和工程设备时,可以随时发出指示,要求承包人立即改用合格的材料和工程设备,并禁止在工程中继续使用这些不合格的材料和工程设备。

②不合格的材料和工程设备的处理:a. 由于承包人使用了不合格材料和工程设备造成了工程损害,监理现场机构可以随时发出指示,要求承包人立即采取措施进行补救,直至彻底清除工程的不合格部位以及不合格的材料和工程设备。b. 若承包人无故拖延或拒绝执行监理现场机构的上述指示,则发包人有权委托其他承包人执行该项指示。

2 现场试验

2.1 现场材料试验

承包人必须在工地建立自己的实验室,配备足够的人员和设备,按合同规定和监理现场机构的指示进行各项材料试验,并为监理现场机构进行质量检查和检验提供必要的试验资料和原始记录。监理现场机构在质量检查和检验过程中若需抽样试验,所需试件应由承包人提供,监理现场机构可以无偿使用承包人的试验设备,承包人必须协助。

2.2 现场工艺试验

承包人应按合同规定和监理现场机构的指示进行现场工艺试验。在施工过程中,若监理现场机构要求承包人进行额外的现场工艺试验时,承包人应遵照执行。

2.3　见证取样和送检

（1）见证取样和送检是指在发包人或监理现场机构人员的见证下，由承包人的现场试验人员对工程中涉及结构安全的试块、试件和材料在现场取样并送到有相应资质的检测单位进行检测。

（2）见证取样和送检的比例不得低于有关技术标准中规定应取样数量的 3% ~ 30%，具体部位和数量由监理现场机构根据工程情况和检测覆盖量的需要确定。

（3）见证人员由具备建筑施工试验知识的专业技术人员担任。监理现场机构制定送检计划，明确见证取样和送检的部位与数量，并将见证取样和送检书面通知承包人及发包人，同时报质量监督机构核备。

（4）见证人员按照见证取样和送检计划，对施工现场的取样和送检进行见证并作见证记录。取样人员在试样或其包装上作标识或封志，标识或封志上应标明工程名称、取样部位、取样日期、样品名称和样品数量，并由见证人员签字。见证人员和取样人员对试样的真实性与代表性负责。

（5）见证取样的试块、试样和材料送检时，由送检单位填写委托单，见证人员和送检人员应在委托单上签字。

（6）检测单位检查委托单及试样上的标识和封志，确认无误后方可进行检测。检测单位严格按照有关管理规定和技术标准进行检测，并出具公正、科学、准确的检测报告。见证取样和送检的检测报告须加盖见证取样检测的专用章。

（7）承包人未对涉及结构安全的试块、试件及有关材料进行见证取样和送检的，责令改正；情节严重的，责令停工整顿；拒不改正的，按违约处理；造成损失的，依法承担赔偿责任。

3　旁站监理

根据工程的特点，需要旁站监理的工程关键部位和关键工序（或检验批）有：建基面清理、基础处理、混凝土浇筑、预应力张拉、墙后回填、桥梁吊装、闸门安装及发包人认为的其他必须旁站监理的项目。

4　隐蔽工程

4.1　覆盖前的验收

隐蔽工程经承包人的自检确认具备覆盖条件后的 48 小时内，承包人应及时通知监理现场机构进行验收，通知按规定的格式说明验收地点、内容和验收时间，并附有承包人自检记录和必要的验收资料。另外承包人还必须准备必要的仪器设备及相关的工具。监理现场机构将按约定的时间组织有关单位到场进行验收，在确认质量符合招标文件技术条款要求，并在验收记录上签字后，承包人才能进行覆盖。

4.2　验收后重新检验

监理现场机构按规定验收后或监理现场机构未到场验收而承包人按规定自行覆盖后，若监理现场机构事后对质量有怀疑，可要求承包人对已覆盖的部位进行钻孔探测以至揭开重新检验，承包人必须遵照执行。

4.3　承包人私自覆盖

承包人未及时通知监理现场机构到场验收,私自将隐蔽部位覆盖,监理现场机构有权指示承包人采用钻孔探测以至揭开进行检验,承包人必须遵照执行。

5　施工质量缺陷和事故处理

由于施工、材料等原因造成工程质量不符合规程规范和合同规定的质量标准,影响工程使用寿命和正常运行,须返工或采取补救措施的,均为工程施工质量缺陷或质量事故。

5.1　质量缺陷的备案制度

当工程出现质量缺陷时,首先应进行质量缺陷备案。

5.2　质量缺陷的判定方法

(1)首先是凭经验进行目测检查,而且目测的结论能被承包人的施工人员所接受。

(2)如果监理人员无法以目测对质量缺陷做出准确的判断,或监理人员的目测判断不能使承包人的施工人员所接受,立即通知材料、测量或试验等有关专业监理人员并会同承包人的自检及试验人员,进行实际的检验测试,并将检测结果作为认定质量缺陷存在与否的依据。

(3)当质量缺陷被认定,而且质量缺陷的严重程度将影响工程安全时,通过发包人邀请设计人进行现场验算,以决定采取何种处理措施。

(4)对任何质量缺陷的修补,先由承包人提出修补方案及方法,经监理工程师批准后方可进行。

5.3　质量缺陷的处理方式

在各项工程施工的过程中或完工以后,现场监理人员如发现工程项目存在着技术规范所不允许的质量缺陷,根据缺陷的性质和严重程度,按如下方式处理:

(1)当质量缺陷发生在萌芽状态时,及时发出警告信息,要求承包人立刻更换不合格的材料、设备或不称职的施工人员,或要求立刻改变不正确的施工方法及操作工艺。

(2)当质量缺陷正在出现时,监理现场机构立刻向承包人发出暂停施工指令(先口头后书面),待承包人采取了能足以保证施工质量的有效措施,并对质量缺陷进行了正确的补救处理后,再书面通知恢复施工。

(3)当质量缺陷发生在某道工序(或检验批)或单项工程完工以后,而且质量缺陷的存在将对下道工序(或检验批)或分项工程产生质量影响时,监理现场机构拒绝检查验收或工程计量,并指示承包人进行返工处理。

5.4　工程质量事故的处理

质量事故应按《水利工程质量事故处理暂行规定》(水利部令第9号,1999)要求执行。

5.5　质量事故调查权限

质量事故调查权限应按《水利工程质量事故处理暂行规定》(水利部令第9号,1999)要求执行。

5.6　质量事故的处理方案

质量事故的处理方案应按《水利工程质量事故处理暂行规定》(水利部令第9号,

1999)要求执行。

发生工程施工质量事故造成损失的,由承包人承担合同责任。质量事故中出现人身伤亡事故的,按《水电建设工程施工安全管理暂行办法》和《水利工程质量事故处理暂行规定》(水利部令第9号,1999)要求执行。

施工过程中发生工程质量事故,并有下列行为,属承包人违约:

(1)施工中粗制滥造、偷工减料、伪造记录的。

(2)在工程质量检查验收中,提供虚假资料的。

(3)发现工程事故隐瞒不报或谎报的。

(4)对按规定进行质量检查、事故调查设置障碍的。

(5)在履行职责中玩忽职守的。

(6)其他严重违反合同文件及有关质量管理规定的。

6　测量放线

6.1　施工控制网

监理现场机构在规定的时限内,向承包人提交水准点及其书面资料。承包人应根据上述基准点以及国家测绘标准和工程精度要求,布设施工控制网,并应在规定的时限内,将施工控制网资料提交监理现场机构审批。

承包人必须负责管理好施工控制网点,若有丢失或损坏,应及时修复。工程完工后应完好地移交给发包人。

6.2　施工测量

承包人必须负责施工过程中的全部施工测量放线工作,并自行配置所需的合格的人员、仪器、设备和其他物品。

监理现场机构可指示承包人在监理人员监督下进行抽样复测,当复测中发现有错误时,承包人必须按监理现场机构指示进行修正或补测。

6.3　监理现场机构使用施工控制网

监理现场机构可以使用合同的施工控制网,承包人必须及时提供必要的协助。

第3节　质安机构的设置与措施

1　质安机构的设置

(1)承包人必须按招标文件和水利部有关管理规定,完善质量保证体系,在工地成立专门的独立的质检机构,负责工程的质量控制与检查工作,并明确职责,工程实行"三检制",承包人必须将工程质检机构及人员情况以文件形式报监理现场机构审查认可。

(2)承包人必须按招标文件和水利部有关管理规定,在工地成立专门的安全机构,负责工程的安全控制与检查工作,并明确职责,承包人必须将工程安全机构及人员情况以文件形式报监理现场机构备查。

2　质安措施

(1)承包人必须详细制定工程主要工序(或检验批)质量控制措施与检查手段,并以文件形式报监理现场机构审查认可。

(2)承包人必须详细制定工程安全防护措施、安全管理规定与检查手段,并以文件形式报监理现场机构审查认可。

第4节　工程质量检验

(1)承包人应首先对工程施工质量进行自检。未经承包人自检或自检不合格、自检资料不完善的单元(或分项)工程(或工序(或检验批)),监理现场机构有权拒绝检验。

(2)监理现场机构对承包人经自检合格后报验的单元(或分项)工程(或工序(或检验批))质量,应按有关标准和施工合同约定的要求进行检验。检验合格后方可签认。

(3)监理现场机构可采用跟踪检测、平行检测方法对承包人的检验结果进行复核。平行检测的检测数量,混凝土试样不应少于承包人检测数量的3%,重要部位每种标号的混凝土最少取样1组;土方试样不应少于承包人检测数量的5%,重要部位至少取样3组。跟踪检测的检测数量,混凝土试样不应少于承包人检测数量的7%;土方试样不应少于承包人检测数量的10%。平行检测和跟踪检测工作都应由具有国家规定的资质条件的检测机构承担。

第5节　工程质量评定

工程质量评定按《水利水电工程施工质量评定规程》(试行)(SL 176)执行。

承包人必须真实、齐全、完善、规范地填写质量评定表。同时在初检、复检和终检合格的基础上对工序(或检验批)、单元(或分项)工程、分部工程、单位工程质量等级进行自评,然后报监理现场机构复核。另外监理现场机构将按规定参与工程项目外观质量评定和工程项目施工质量评定工作。

第6节　工程验收

1　监理现场机构职责

监理现场机构按照国家和水利部的有关规定做好各时段工程验收的监理工作,其主要职责见第1章第7节相关内容。

2　隐蔽工程验收

工程完工后需覆盖的隐蔽工程、工程的隐蔽部位的验收,按照监理现场机构制定的《隐蔽工程验收办法》执行,必须在验收合格后方可覆盖。

3　分部工程验收

分部工程中所有单元(或分项)工程已完成且质量全部合格时即可由承包人申请,监理现场机构参加或受发包人委托组织进行分部工程验收,以鉴定工程是否达到设计标准,评定工程质量等级,对遗留问题提出处理意见。

分部工程验收应符合下列规定:

(1)在承包人提出验收申请后,监理现场机构将组织检查分部工程的完成情况,并审核承包人提交的分部工程验收资料,同时指示承包人对提供的资料中存在的问题进行补充、修正。

(2)该分部工程的所有单元(或分项)工程已经完成且质量全部合格、资料齐全时,监理现场机构将提请发包人及时进行分部工程验收。

(3)监理现场机构参加或受发包人委托主持分部工程验收工作,并在验收前准备应由其提交的验收资料和提供的验收备查资料。

(4)分部工程验收通过后,监理现场机构签署或协助发包人签署《分部工程验收签证》,并督促承包人按照《分部工程验收签证》中提出的遗留问题及时进行完善和处理。

4　阶段验收

根据工程的特点,进行阶段验收。当工程符合阶段验收条件时,承包人应及时申请报监理现场机构,以便与竣工验收主持单位或其委托单位及时组织检查已完工程的质量和形象面貌、在建工程建设情况、待建工程的计划安排和主要技术措施落实情况,是否具备施工条件,拟投入使用工程是否具备运用条件以及遗留问题处理要求。阶段验收的图纸、资料和验收鉴定书必须按竣工验收标准制备。

阶段验收应符合的规定见第1章第7节相关内容。

5　单位工程验收

单位工程验收应符合的规定见第1章第7节相关内容。

6　合同项目完工验收

6.1　完工验收申请报告

承包人完成合同工程并且具备以下条件时,即可申请对合同工程进行完工验收,向监理现场机构提交完工验收申请报告(附完工资料),并抄送发包人。

(1)已完成了合同范围内的各单位工程以及有关的工作项目,但经监理现场机构同意列入保修期内完成的尾工项目除外。

(2)已按规定备齐了符合合同要求的完工资料。

(3)已按监理现场机构的要求编制了在保修期内实施的尾工工程项目清单和未修补的缺陷项目清单以及相应的施工措施计划。

6.2　完工资料

完工资料包括:

（1）工程实施概况和大事记。

（2）已完工程移交清单（包括工程设备）。

（3）永久工程竣工图。

（4）列入保修期继续施工的尾工工程项目清单。

（5）未完成的缺陷修复项目清单。

（6）施工期的观测资料。

（7）监理现场机构批示应列入完工报告的各类施工文件、施工原始记录以及其他应补充的完工资料。

6.3　工程完工的验收

监理现场机构收到承包人按规定提交的完工验收申请报告后，审核其报告的各项内容，并在规定时间内将审核意见通知承包人。

（1）审核后发现工程尚有重大缺陷时，可不同意或推迟进行完工验收，并在收到完工验收申请报告后的规定时间内通知承包人，指出完工验收前应完成的工作内容和要求，并将完工验收申请报告同时退还给承包人。

（2）审核后对上述报告中的任何一项内容持有异议时，在收到报告后的规定时间内将监理现场机构要求修改补充的意见通知承包人，并将其报告同时退还给承包人，承包人在收到上述通知后的规定时间内重新提交修改后的完工验收申请报告，直至监理现场机构同意为止。

（3）审核后认为工程已具备完工验收条件，在收到完工验收申请报告后的规定时间内提请发包人组织工程验收，并由监理现场机构签署工程移交证书，颁发给承包人。

（4）在签署移交证书前，由监理现场机构与发包人和承包人协商核定工程的实际完工日，并在移交证书中写明。

6.4　施工期运行

（1）进行验收的单位工程或分部工程，发包人需要在施工期投入运行时，承包人必须对其局部建筑物承受施工运行荷载的安全性进行复核，在证明其能确保安全时才能投入施工期运行。

（2）在施工期运行中新发现的工程缺陷和损坏，应按规定办理。

（3）因施工期运行增加了承包人修复缺陷和损坏工作的困难，可通过协商解决。

7　工程保修

7.1　保修期

自工程移交证书中写明的全部工程完工日开始算起，保修期为全部工程通过竣工验收后的一年内。在全部工程完工验收前，经发包人提前验收的工程，其保修期亦按全部工程的完工日开始算起。

7.2　保修责任

（1）保修期内，承包人负责未移交的工程和工程设备的全部日常维护及缺陷修复工作；对已移交发包人使用的工程和工程设备，由发包人负责日常维护工作。承包人仍应按移交证书中所列的缺陷修复清单进行修复，直至经监理现场机构检验合格为止。

(2)发包人在保修期内使用工程和工程设备过程中,发现新的缺陷和损坏或原修复的缺陷部位或部件又遭损坏,则承包人应按监理现场机构的指示负责修复,直至经监理现场机构检验合格为止。

7.3　保修责任终止证书

在整个工程保修期满后的 28 天内,由发包人或监理现场机构签署和颁发保修责任终止证书给承包人。若保修期满后还有缺陷未修补,监理现场机构将按要求在完成缺陷修复工作后,再发保修责任终止证书。

8　完工清场及撤退

8.1　完工清场

工程移交证书颁发前(经发包人同意,可在保修期满前),承包人应按以下工作内容对工地进行彻底清理,并经监理现场机构检验合格为止。

(1)工地范围内残留的垃圾已全部焚毁、掩埋或清除出场。

(2)临时工程已按合同规定拆除,场地已按合同要求清理和平整。

(3)按合同规定应撤离的承包人设备和剩余的建筑材料已按计划撤离工地,废弃的施工设备和材料亦已清除。

(4)施工区内的永久道路和永久建筑物周围(包括边坡)的排水沟道,均已按合同图纸要求和监理现场机构的指示进行了疏通和修整。

(5)主体工程建筑物附近及其上、下游河道中的施工堆积物,已按监理现场机构的指示予以清除。

8.2　施工队伍的撤退

整个工程的移交证书颁发后的 42 天内,除了经监理现场机构同意需在保修期内继续工作和使用的人员、施工设备和临时工程外,其余的人员、施工设备及临时工程均应拆除和撤离工地。

9　竣工验收

(1)监理人或监理现场机构参加工程项目竣工验收前的初步验收工作。

(2)作为被验收单位参加工程项目竣工验收,应对验收委员会提出的问题做出解释。

第 7 节　承包人的人员及其管理

1　承包人的人员

1.1　承包人的职员和工人

承包人应为完成合同规定的各项工作向工地派遣或雇用技术合格和数量足够的下述人员:

(1)具有合格证明的各类专业技工和普通工人。

(2)具有技术理论知识和施工经验的各类专业技术人员及有能力进行现场施工管理

和指导施工作业的工长。

（3）具有相应岗位资格的管理人员。

1.2　承包人项目经理

（1）承包人项目经理是承包人驻工地的全权负责人，按合同规定的承包人责任和权利履行其职责。承包人项目经理应按规定和监理现场机构的指示负责组织工程的圆满实施。在情况紧急且无法与监理现场机构联系时，可采取保证工程和人员生命财产安全的紧急措施，并在决定采取措施后 24 小时内及时向监理现场机构提交报告。

（2）承包人为实施合同发出的一切函件均应盖有承包人授权的现场机构公章和承包人项目经理或其授权代表签名。

（3）项目经理和技术负责人有事需离开工地时，应提前向监理现场机构请假。

（4）项目经理离开工地时，应委派代表代行其职，并及时通知监理现场机构。

（5）项目经理和技术负责人每月驻工地工作天数应满足招标文件或投标文件承诺的天数要求。

2　承包人人员的管理

2.1　承包人人员的安排

（1）除合同另有规定外，承包人应自行安排和调遣其本单位和从工程所在地或其他地方雇用的所有职员和工人，并为上述人员提供必要的工作和生活条件及负责支付酬金。

（2）承包人安排在工地的主要管理人员和专业技术骨干应相对稳定，不得频繁调动。

2.2　提交管理机构和人员情况报告

承包人应在接到开工通知后 14 天内向监理现场机构提交承包人在工地的管理机构以及人员安排的报告，其内容应包括管理机构的设置、主要技术和管理人员资质以及各工种技术工人的配备状况。若监理现场机构认为有必要时，承包人还应按规定的格式，定期向监理现场机构提交工地人员变动情况的报告。

2.3　承包人人员的上岗资格

技术岗位和特殊工种（包括：试验及质检人员、安全员、电工、驾驶员、电焊工、混凝土工、钢筋工、木工、架子工、起重安装工及电气试验工）的人员均应持有通过国家或有关部门统一考试或考核的资格证明，监理现场机构认为有必要时还应在上岗前进行岗位培训，并进行理论和操作的考试与考核，合格者才准上岗。承包人按要求提交的人员情况报告中，应说明承包人人员持有上岗资格证明的情况，并将上岗资质复印件提交监理现场机构备案。

2.4　监理现场机构有权要求撤换承包人的人员

承包人应对其在工地的人员进行有效的管理，使其能做到尽职尽责。监理现场机构有权要求撤换那些不能胜任本职工作或行为不端或玩忽职守的任何人员，承包人应及时予以撤换，并把处理结果上报监理现场机构。

2.5　保障承包人人员的合法权益

承包人应遵守有关法律、法规和规章的规定，充分保障承包人人员的合法权益。承包人应做到（但不限于）：

（1）保证其人员有享受休息和休假的权利，承包人应按劳动法的规定安排其人员的工作时间。因工程施工的特殊需要占用休假日或延长工作时间，不应超过规定的限度。

（2）为其人员提供必要食宿条件及符合环境保护和卫生要求的生活环境。

（3）按有关劳动保护的规定采取有效的防止粉尘、有害气体和保障高温、高寒、高空作业安全等的劳动保护措施。人员在施工中受到伤害，承包人应有责任立即采取有效措施进行抢救和治疗。

（4）按有关法律、法规和规章的规定，为其管辖的所有人员办理养老保险。

（5）负责处理其管辖人员伤亡事故的全部善后事宜。

（6）禁止承包人人员在工地从事非法活动，否则产生的一切后果由承包人自负。

第6章　质量控制专业监理细则

第1节　施工测量

1　总则

1.1　依据

发包人与工程承包人签订的工程承包合同文件、招投标文件、设计文件以及有关工程规程、规范。

1.2　引用标准和规程规范

(1)《水利水电工程施工测量规范》(SL 52);

(2)《国家三角测量规范》(GB/T 17942);

2　测量一般规定

(1)承包人应建立专业组织或指定专人负责测量工作,制定工程测量工作操作规定,及时准确提供各施工阶段所需的测量资料。

(2)施工测量前,监理单位现场机构以书面形式向承包方提交施工详图及测区范围内的等级平面控制网点和高程控制网点的基本数据。

(3)施工平面控制网的坐标系统,应与设计阶段的坐标系统相一致,也可根据施工需要建立与设计阶段的坐标系统有换算关系的独立坐标系统。施工高程控制系统必须与监理单位现场机构提供的高程系统相一致,施工时,应按技术条款的规定对监理单位现场机构提供的平面控制网和高程控制系统进行复核。

(4)施工测量主要精度指标应符合规范要求。

(5)各主要测量标志应统一编号,并绘于施工总平面图上,注明各有关标志相互间的距离、高程及角度等,以免发生差错。施工期内,对测量标志必须妥善保护并定期检测。

(6)所有的测量资料、记录格式要按相关规范、规程的有关规定进行,需监理单位现场机构签字的应及时履行签字手续。

(7)本章节中未专门规定的事项,应按《水利水电工程施工测量规范》执行。

3　施工测量

(1)施工中应进行以下测量工作:①开工前,应对原设控制点、中心线复测,布设施工控制网,并定期检测;②原始地形测量(由三方共同测量)、施工过程收方测量;③建筑物及附属工程的点位放样;④建筑物外部变形观测点的埋设和定期观测;⑤竣工测量。

（2）测量基准的有关内容如下：

①监理单位现场机构将按合同《通用合同条款》的规定，发出开工通知，向承包人提供测量基准点、基准线和水准点及其基本资料与数据。

②承包人接收监理单位现场机构提供的测量基准后，应与监理单位现场机构共同校测其基准点（线）的测量精度，并复核其资料和数据的准确性。

③承包人应以监理单位现场机构提供的测量基准点（线）为基准，按国家测绘标准和工程施工精度要求，测设用于工程施工的控制网，并应在收到开工通知后规定时间内，将施工控制网资料报送监理单位现场机构审批。

（3）平面控制网的布置，以轴线网为宜，如采用三角网时，建筑物轴线宜作三角网的一边。

（4）所有测量仪器、工具应作检查、校验，保证仪器具有的技术状态符合有关测量规范要求，校验记录报监理单位现场机构进行复核，不合格的仪器、工具不能用于工程施工。

（5）承包人应根据监理单位现场机构提供的平面、高程控制网点研究设置施工控制网点，施工控制网点必须完全吻合监理单位现场机构提供的平面、高程控制网点的基本数据。施测精度及埋设方法应满足规范要求，并将平面、高程控制网点标在施工总平面图上。

（6）承包人根据监理单位现场机构提供的平面、高程控制点和所设置的施工控制网点精确地测定建筑物的位置，进行放样和完成全部测量数据的计算工作，并将主要建筑物的测定位置及测量、计算成果报监理单位现场机构。经监理单位现场机构验收后方可进行下步工作。

（7）在施测前规定时间内，将有关施工测量的计划报告报送监理单位现场机构审批。报告内容包括施测方法、计算方法、操作规程、观测仪器、测量专业人员及测量精度保证等。

（8）承包人应负责保护和保存好监理单位现场机构提供的全部控制点，使之容易进入和通视，并防止移动和破坏。一旦发生移动和破坏应立即报告监理单位现场机构，并与监理单位现场机构共同协商补救措施，承包人应对测点的移动破坏负全部责任。工程竣工验收后完整地交回全部控制点。

（9）承包人在施工过程中必须测量所有开挖工程、隐蔽工程及分部工程的施工断面，如建基面和完工后断面，并将测量原始记录及时提供给监理单位现场机构。

（10）根据现场建筑物中心线标志测设轴线控制的标点（简称轴线点），其相邻标点位置的中误差不应大于规范要求。平面控制测量等级宜按一、二级小三角及一、二级导线测量有关技术要求进行。

（11）施工水准网的布设等级应按照由高到低逐级控制的原则进行。复测监理单位现场机构提供的水准点时，必须测两点以上，检测高差符合要求后，才能正式布网。

（12）工地永久水准基点宜设地面明标和地下暗标各一座。基点的位置应在不受施工影响、地基坚实、便于保存的地点。埋设深度应在冰冻层以下 0.5 m，并浇灌混凝土基础,标墩型式与结构图按《水利水电工程施工测量规范》执行。

（13）高程控制测量等级要求应按照规范执行。

（14）放样前,对已有数据、资料和施工图中的几何尺寸,必须检核。严禁凭口头通知或无签字的草图放样。

（15）发现控制点有位移迹象时,应进行检测,其精度应不低于测设时的精度。

（16）底板上部立模的点位放样,直接以轴线控制点测放出底板中心线和孔中心线,其中误差应符合规范要求;而后用钢带尺直接丈量放出其他部位平面立模线和检查控制线,之后进行上部施工。

（17）预埋件的安装放样点测量精度,应符合规范要求。

（18）立模、砌（填）筑高程点放样,应遵守下列规定:

①供混凝土上立模使用的高程点、混凝土抹面层、金属结构预埋及混凝土预制构件安装时,均应采用有闭合条件的几何水准法测设;

②对预埋件安装高程、上部结构高程的测量应在底板上建立初始观测基点,采用相对高差进行测量。

（19）工程在施工中,要求在轴线上采用强制对中观测墩,以利于施工放样及精度保证。

（20）竣工测量内容及归档资料应包括下列项目:

①施工控制网（平面、高程）的计算结果;

②建筑物基础底面和引河的平面、断面图;

③建筑物过流部位测量的图表和说明;

④外部变形观测设施的竣工图表及观测成果资料。

4　监理单位现场机构的检查

（1）承包人如对监理单位现场机构提供的数据有异议,应在得到数据规定时间内以书面形式报告监理单位现场机构,共同进行核实。核实后的数据由监理单位现场机构重新以书面形式提供。

（2）全部测量数据和放样都必须经监理单位现场机构检查,必要时监理单位现场机构可以要求承包人的测量人员在监理单位现场机构的直接监督下进行对照测量。监理单位现场机构所做的任何对照测量决不减轻承包人对保证结构物位置和尺寸精确性所应负的责任,也不能因此而要求额外付款。

（3）承包人应向监理单位现场机构报送的测量资料如下:

①施工测量的计划报告;

②施工控制网的设置,计算成果报告;

③各主要建筑物的测定位置及测量计算成果;

④所有开挖工程、隐蔽工程及各分部工程的施工断面、建基面、完工后断面的测量成果及相关附图;

⑤外部变形观测设施及观测成果资料。

第 2 节 主要原材料质量

1 总则

1.1 依据

发包人与工程承包人签订的工程承包合同文件、招投标文件、设计文件以及有关工程规程、规范。

1.2 适用范围

适用于合同范围内的水泥、钢筋、焊接钢筋、粉煤灰、外加剂、止水、预应力锚索、集料、水、砌体、土工合成材料等。其他材料如装饰材料、钢板、焊条、锌丝等在相应细则中详细说明。

1.3 引用标准和规程规范(但不限于)

(1)《混凝土质量控制标准》(GB 50164);

(2)《矿渣硅酸盐水泥、火山灰硅酸盐水泥及粉煤灰硅酸盐水泥》(GB 1344);

(3)《硅酸盐水泥、普通硅酸盐水泥》(GB 175);

(4)《低热微膨胀水泥》(GB 2938);

(5)《钢筋焊接及验收规范》(JGJ 18);

(6)《钢筋混凝土用热轧光圆钢筋》(GB 1499.1);

(7)《钢筋混凝土用热轧带肋钢筋》(GB 1499);

(8)《钢筋焊接接头试验方法》(JGJ/T 27);

(9)《普通混凝土用砂质量标准及检验方法》(JGJ 52);

(10)《混凝土拌和用水标准》(JGJ 63);

(11)《普通混凝土用碎石或卵石质量标准及检验方法》(JGJ 53);

(12)《水工混凝土外加剂技术规程》(DL/T 5100);

(13)《砌体工程施工及验收规范》(GB 50203);

(14)《浆砌石坝施工技术规定》(试行)(SD 120);

(15)《土工合成材料测试规程》(SL/T 235);

(16)《聚乙烯(PE)土工膜防渗工程技术规范》(SL/T 231);

(17)《水利水电工程土工合成材料应用技术规范》(SL/T 225);

(18)《混凝土强度检验评定标准》(GBJ 107);

(19)《水工混凝土试验规程》(SL 352);

(20)《水工混凝土施工规范》(DL/T 5144)。

2 工程质量管理

(1)质量目标:合格。

(2)所有原材料进场之前必须报请监理单位现场机构核查后才准予进场。

3　施工过程质量控制

3.1　质量检查的职责和权力

质量检查的职责和权力见第 5 章第 2 节相关内容。

3.2　现场试验

现场试验见第 5 章第 2 节相关内容。

4　施工过程控制要点

4.1　水泥

4.1.1　质量要求

（1）承包人应按各建筑物部位施工图纸的要求,配置混凝土所需的水泥品种,各种水泥均必须符合本技术条款指定的国家和行业的现行标准。

（2）承包人现场使用的水泥品种、标号,必须满足规范要求。

（3）运至工地的水泥,必须有生产厂家的品质试验报告、生产批号,同时承包人应按规定要求进行取样,并送资质等级符合要求的检验部门进行复验,检测的项目应包括:水泥标号、凝结时间、体积安定性、稠度、细度、比重、强度、三氧化硫含量等试验（具体试验参照《水泥胶砂强度检验方法》、《水泥细度检验方法（筛析法）》、《水泥比表面积测定方法（勃氏法）》、《水泥标准稠度用水量、凝结时间、安定性检验方法》和《水泥化学分析方法》等）。当对该水泥品质有疑问时,或有特殊要求时应进行其他项目检验。复验合格后填写"建筑材料报验单"报监理单位现场机构验收。如果监理单位现场机构对质量有疑问应抽样检查,确认合格后,施工单位方可进行存放;如果不合格应按规范要求处理。

（4）水泥的使用应先到先用,水泥自生产之日起,有效存放期为:袋装水泥为 3 个月,散装水泥为 6 个月,快硬水泥为 1 个月,超过有效期的水泥,使用前应重新进行检验,分情况进行处理。

4.1.2　取样标准

（1）袋装水泥:对同一水泥厂生产、同期出厂、同品种、同标号的水泥,以一次进场的同一出厂编号的水泥为一批,但一批总量不得超过 200 t,不足 200 t 的按一批计算。随机地从不少于 20 袋中抽取等量水泥,经混合拌匀后,从中称取不少于 12 kg 送去检验。

（2）散装水泥:对同一水泥厂生产的同批号、同标号的水泥,取样时以 400 t 为一个取样单位,不足 400 t 也作为一个取样单位。随机地从不同罐中采取等量水泥,经混拌均匀后,再从中称取不少于 10 kg 水泥作检验试样。

4.1.3　验收

每批水泥出厂前,承包人均应对生产厂水泥的品质进行检查复验,每批水泥发货时均必须附有出厂合格证和复检资料。每批水泥运至工地后,监理单位现场机构有权对水泥进行查库和抽样检测,当发现库存或到货水泥不符合本技术条款的要求时,有权通知承包人停止使用。

4.1.4　水泥保管

（1）水泥在运输、贮存过程中,须妥善保管,不得受潮。装运水泥车辆,应有篷盖。

（2）贮存水泥的仓库，应设在地势较高处，地面要有防潮设施，周围应设排水沟。水泥不得露天堆放。如临时隔夜堆放，也必须上盖下垫。水泥堆垛高度不宜超过 1.5 ~ 2 m。以 10 包一垛为宜，堆垛应架离地面 20 cm 以上，距离墙壁亦应保持 20 ~ 30 cm，或留一走道。

（3）水泥应按品种、标号、批号等合理分堆存放，并带有明显的标记，标明品种、标号、进库日期、数量等。

（4）袋装水泥在装卸、搬移过程中，严禁抛掷。

（5）使用水泥应做到先到先用，防止长期积压。

（6）散装水泥一般一个月应倒罐一次。

4.2　钢筋

4.2.1　质量要求

钢筋的质量要求见第 4 章第 4 节相关内容。另外，水工结构非预应力混凝土中，不得使用冷拉钢筋。

4.2.2　抽样方法

（1）钢筋分批试验，以同一炉（批）号、同一截面尺寸的钢筋为一批，取样的重量不大于 60 kg。

（2）根据厂家提供的钢筋质量证明书，检查每批钢筋的外表质量，并测量每批钢筋的代表直径。

（3）在每批钢筋中，在经表面检查和尺寸测量合格的两根钢筋中取一个做拉力试件（含屈服点、抗拉强度和延伸率试验），另一个做冷弯试验，如一组试验项目的一个试件不符合监理单位现场机构规定数值时，则另取两倍数量的试件，对不合格的项目作第二次试验，如有一个试件不合格，则该批钢筋为不合格产品。

4.2.3　验收

（1）自购钢筋承包人应负责钢筋材料的采购、验收、卸运和保管，并应按招标文件《通用合同条款》规定，对钢筋进行进场材质检验和验点入库，承包人应通知监理单位现场机构到场参加检验和验收工作。

（2）发包人提供的材料，承包人应负责钢筋材料的工地验收、卸运和保管，并应按招标文件《通用合同条款》规定，对钢筋进行进场材质检验和验点入库，承包人应通知监理单位现场机构、供应人共同到场参加检验和验收工作。

4.2.4　钢筋堆存

（1）钢筋必须按不同等级、牌号、规格及生产厂家，分别堆存，不得混杂，且应立牌以资识别。

（2）在运输、贮存过程中应避免锈蚀和污染。

（3）钢筋宜堆置在仓库（棚）内；露天堆置时，应垫高并加遮盖。

4.3　焊接钢筋

（1）钢筋焊接工艺须符合设计及规范要求。

（2）钢筋焊接接头的常规试验为拉伸试验、弯曲试验。

（3）取样方法如下：

①钢筋闪光对焊接头:以同一班内、同一焊工、同一焊接参数完成的 200 个同类型接头为一批。一周内连续焊接累计不足 200 个接头亦作为一批。每批从成品中切取三个做拉伸试件,三个做弯曲试件。

②钢筋电渣压力焊接头:在一般构筑物中以同钢筋级别、同钢筋直径的同类型接头 300 个为一批。从每批成品中切取三个做拉伸试件。

③钢筋电弧焊接头:以同钢筋级别、同接头型式的同类型接头 300 个为一批。每批成品中切取三个做拉伸试件。

(4)检验结果判定如下:

①钢筋闪光对焊接头:a. 三个试件的抗拉强度均不得低于该级别钢筋的规定强度值。b. 至少有两个试件断于焊缝之外,并呈塑性断裂。当检验结果有一个试件的抗拉强度值低于规定指标,或有两个试件在焊缝或热影响区(离焊缝长度按 0.75d 计算)脆断,应取双倍样复检。复检后,如还有一个试件的抗拉强度低于规定指标,或有三个试件呈脆性断裂,该批接头为不合格品。c. 焊接件弯至 90°时,接头外侧不得出现宽度 >0.15 mm 的横向裂纹。如有两个试件未达到要求,双倍取样复检。复检后如还有三个试件不合格,该批接头为不合格品。

②钢筋电渣压力焊接头:三个试件的拉伸试验结果均不得低于该钢筋规定的强度值,如有一个试件达不到,双倍取样复检。复检结果如还有一个试件不合格,该批接头为不合格品。

③钢筋电弧焊接头:结果评定与闪光对焊接头拉伸试验结果评定相同。当检验结果有一个试件的抗拉强度值低于规定指标,或有两个试件脆断,双倍取样复检,复检后,如还有一个试件抗拉强度低于指标,或三个试件呈脆断,该批接头为不合格品。

4.4 粉煤灰

4.4.1 质量要求

粉煤灰质量要求见第 4 章第 4 节相关内容。

4.4.2 取样标准

(1)粉煤灰的取样以同一批号连续供应的 200 t 为一批,不足 200 t 者按一批计算。

(2)袋装粉煤灰:随机地从 10 袋中抽取,每袋不少于 1 kg,经混合拌匀后送检。

(3)散装粉煤灰:从每批中不同部位取 15 份试样,每份不少于 1 kg,经混合拌匀后送检。

(4)所取试样混拌均匀后,按四分法取出比试验用量大一倍的试样。

4.4.3 粉煤灰保管

散装粉煤灰应设置专用设施取灰、运送,袋装粉煤灰运送车辆应有篷盖;粉煤灰贮存应设置专用料仓或料库,不得与水泥一起存放,并应有防尘、防潮措施。

4.5 水

(1)凡适宜饮用的水均可使用,未经处理的工业废水不得使用。

(2)拌和用水所含物质不得影响混凝土和易性和混凝土强度的增长,以及引起钢筋和混凝土的腐蚀。

(3)拌和及养护混凝土所用的水,除按规定进行水质分析外,按监理单位现场机构指示进行定期(宜每季度一次)检测,在水源改变或对水质有怀疑时,应采取砂浆强度试验法进行检测对比,如果水样制成的砂浆抗压强度低于原合格水源制成的砂浆28天龄期抗压强度的90%时,该水不能继续使用。

(4)水的pH值、不溶物、可溶物、氯化物、磷酸盐、硫化物的含量应符合规范规定。

4.6　砂

4.6.1　质量要求

(1)砂料应质地坚硬、清洁、级配良好。

(2)砂的细度模数宜在2.3～3.0范围内。

(3)天然砂中含泥量不能超过3%,其中黏土含量不能超过1%且不应含黏土团粒;砂料中有活性集料时,必须进行专门试验论证。对不合格的砂应杜绝使用。

(4)其他质量技术要求应符合规范规定。

(5)常规试验项目有:筛分析、含泥量、含水率。在混凝土拌和场每班至少应进行三次各种原材料配合量的检查试验。衡器应随时校正。当对砂有特殊要求时,监理单位现场机构有权要求增加试验项目。

4.6.2　取样标准

(1)以同一产地、同一规格、同一进场时间的砂为一批;用小型工具运输的砂每200 m³为一批;用大型工具运输的砂每400 m³为一批。

(2)从料堆上取样时,取样部位应均匀分布。从8个部位取大致相等试样组成一组试样。

4.6.3　堆放

砂料运至工地后,施工单位应根据监理要求分批检查试验,报监理单位现场机构验收合格后按下列要求进行堆放:

①堆存砂料的场地要硬化,应有良好的排水设施。

②砂与其他集料必须分别堆存,设置隔离设施,严禁相互混杂。

4.7　石子

4.7.1　质量要求

(1)工程集料应质地坚硬、清洁、级配良好,力学性能除应符合规范规定外,还应按《普通混凝土用碎石或卵石质量标准及检验方法》的规定执行。

(2)不同施工部位,石子的最大粒径不应超过钢筋间距的2/3及构件断面最小边长的1/4、素混凝土板厚的1/2,泵送混凝土不超过运输管径的1/3。

(3)应严格控制各级石子的超、逊径含量。以原孔筛检验时其控制标准:超径<5%,逊径<10%;以超、逊径筛检验时,其控制指标:超径为零,逊径<2%。

(4)施工中应将集料按粒径分成下列两种级配:

二级配:分成5～20 mm和20～40 mm,最大粒径为40 mm;

三级配:分成5～20 mm、20～40 mm和40～80 mm,最大粒径为80 mm。

采用连续级配或间断级配,应由试验确定并经监理单位现场机构同意,如采用间断级配,应注意混凝土运输中集料的分离问题。

(5)在混凝土拌和场每班至少应进行三次各种原材料配合量的检查试验。衡器应随时校正。其他质量技术要求应符合规范规定。对不合设计要求或不合格的石子应杜绝使用。

4.7.2　取样标准

（1）以同一产地、同一规格、同一进场时间的石子为一批；用小型工具运输的石子每200 m³为一批；用大型工具运输的石子每400 m³为一批。

（2）从料堆上取样时，取样部位应均匀分布。从料堆的顶部、中部和底部各均匀分布的5个部位，抽取大致相等试样组成一组试样。

4.7.3　堆放

石子运至工地后，施工单位应根据监理要求分批检查试验，报监理单位现场机构验收合格后按下列要求进行堆放：

（1）堆放集料的场地，应有良好的排水设施。

（2）不同粒径的集料必须分别堆放，设置隔离设施，严禁相互混杂。

（3）石子堆放时，不宜堆成斜坡或锥体，防止产生分离。

（4）应避免泥土进入集料中。

4.8　外加剂

（1）用于混凝土中的外加剂（包括减水剂、加气剂、缓凝剂、速凝剂和早强剂等），其质量应符合规范规定。

（2）为了改善混凝土的性能，提高混凝土的质量及合理降低水泥用量，必须在混凝土中掺适量的外加剂，其掺量必须通过试验确定，且试验成果必须报送监理单位现场机构审批。

（3）拌制混凝土或砂浆用的外加剂很多，应根据施工需要，对混凝土性能的要求及建筑物所处的环境条件，选择适当的外加剂。

（4）配置混凝土所使用的各种外加剂均应有厂家的质量证明书，承包人应按国家和行业标准进行试验鉴定，贮存时间过长的应重新取样，严禁使用变质的不合格外加剂。现场掺用的减水剂溶液浓缩物，以5 t为取样单位，加气剂以200 kg为取样单位，对配置的外加剂溶液浓度，每班至少检查一次。需要时还应检验其氯化物、硫酸盐等有害物质的含量，经验证确认对混凝土无有害影响时方可使用。

（5）如需要提高混凝土的早期强度，宜在混凝土中掺早强剂。

（6）使用早强剂后，混凝土初凝加速，应尽量缩短混凝土的运输和浇筑时间，并特别注意洒水养护，保持混凝土表面湿润。

（7）不同品种外加剂应分别贮存，做好标记，在运输与贮存中不得相互混装，以避免交叉污染。

4.9　止水

（1）止水设施的型式、尺寸、埋设位置和材料的品种规格应符合工程施工图纸的规定。

（2）金属止水片应平整、干净、无砂眼和钉孔，止水片的衔接按其厚度分别采用折叠、咬接或搭接方式，其搭接长度不得小于20 mm，咬接和搭接部位必须双面焊接。铜片止水为厚度1.2 mm的冷轧软紫铜片，抗拉强度不小于2.0 N/mm²，延伸率不低于30%。试验项目为抗拉强度和延伸率,不同批号、不同品种均应做抗拉强度和延伸率试验。

(3)橡胶止水物理性能指标:试验项目为硬度、拉伸强度、扯断伸长率、压缩永久变形、抗撕裂强度、脆性温度、热空气老化等。不同批号、不同品种均应做硬度、拉伸强度、扯断伸长率、压缩永久变形、抗撕裂强度、脆性温度、热空气老化等试验。

(4)止水均应有厂家的质量证明书,承包人应按国家和行业标准进行试验鉴定,贮存时间过长的应重新取样,严禁使用老化的不合格止水。

(5)不同品种止水应分别贮存,做好标记,在运输与贮存中不得相互混装,并且橡胶止水应防止暴晒,避免橡胶老化,止水铜片避免扭曲。

4.10　预应力锚索

4.10.1　预应力钢绞线

(1)预应力钢绞线和钢丝应符合国家有关的规定。预应力筋应在全长无接头、搭接、焊接、扭结、刻痕等缺陷;运输中应防止磨损,未镀锌的钢绞线和钢丝必须采取防腐措施。

(2)供货商(厂家)应提供每盘(捆)钢绞线的材质证明书、产品合格证、试验检验报告。

(3)进场钢绞线的外观应按下列要求进行检验:外包装完整,表面无油渍、锈蚀、毛刺、损伤;直径偏差 ±0.15 mm;捻距为直径的 12～16 倍(标准型),捻距为直径的 14～18 倍(压紧型);伸直性能良好、无散头;涂层钢绞线的 PE 护套无损伤。外观检验合格后才能入库,并作详细记录。

(4)钢绞线的力学性能应符合规范规定。

(5)钢绞线力学性能试验项目应包括:极限强度、屈服强度、伸长率、松弛性能、弹性模量。松弛性能、弹性模量应由厂家进行,但其检验成果必须随货提供。其余项目应在工地实验室进行检验。

(6)运输和贮存:在运输中应防止磨损和免受雨淋、湿气或腐蚀性介质的浸蚀。存贮期间应架空堆放,如贮存时间过长,对未镀锌的钢绞线或钢丝必须使用乳化防锈剂喷涂表面。

4.10.2　锚具

(1)锚具的力学性能及几何尺寸应符合设计要求,锚具进场必须有产品合格证及试验检验报告,其质量应符合规范有关规定。

(2)检验:①外观检查应从每批锚具中抽取 10%,且不应少于 10 套,少于 10 套者应全部检验。检查内容包括:锚板主端面光洁度,无油污、裂纹与损伤,外形尺寸与张拉千斤顶匹配等;夹片表面光洁度,无油污,齿牙均匀整齐,配套紧密,两端齐平,与锚板匹配情况等。上述检验合格后才能入库。②硬度检查应从锚具总量中随机抽取 5%,且锚板不应少于 5 件,夹片不应少于 5 副,按厂家提供的硬度范围进行测试,合格者才能入库。

4.10.3　试验

(1)工程所用的锚具应进行预应力钢绞线—锚具组装件静载试验,其锚固性能应满足:锚具效率系数 η 不小于 0.95,实测极限拉力时的总应变 ε 不小于 2.0%,且夹片未出现肉眼可见的裂纹或破碎。

(2)锚具除必须满足静载锚固性能要求外,供货商应提供锚具通过 200 万次疲劳性能试验、50 次周期荷载试验的最新资料。

(3)与锚具相配套的锚垫板、螺旋筋、承压板的材质及加工尺寸均应符合设计要求。

4.11　砌体

4.11.1　砌石

(1)砌石体的石料应采自经监理单位现场机构批准的料场。砌石材质应坚实新鲜，无风化剥落层或裂纹，石材表面无污垢、水锈等杂质，用于表面的石材，应色泽均匀。石料的物理力学指标应符合施工图纸的要求。

(2)砌石体分毛石砌体和料石砌体，各种石料外形规格如下：

①毛石砌体：毛石应呈块状，中部厚度不应小于 20 cm，最小重量不应小于 25 kg。规格小于要求的毛石(又称片石)，可以用于塞缝，但其用量不得超过该处砌体重量的 10%。

②料石砌体：料石各面加工要求应符合《砌体工程施工及验收规范》的规定。

用于挡墙外层的粗料石，应棱角分明、各面平整，其长度宜大于 50 cm，宽、厚均应不小于 25 cm，石料外露面应修琢加工，砌面高差应小于 5 mm。

砌石石料应根据监理单位现场机构的指示进行试验，石料容重大于 25 kN/m³，湿抗压强度大于 100 MPa。

4.11.2　砖

适用于普通砖、空心砖、灰砂砖和粉煤灰砖，承包人应按施工图纸要求选用砖的品种和标号。

承包人在确定供货厂家前，应提交样品，报请监理单位现场机构批准。所有进货应与样品质量相同，并按国家现行质量标准及出厂合格证，进行检验或验收。

砖块在投入使用之前应根据监理单位现场机构的指示进行抗压试验，其抗压强度应满足设计要求。

4.12　土工合成材料

4.12.1　土工合成材料现场试验

承包人应负责进行土工合成材料的物理性能、力学性能、水力学性质和搭接的现场测试与试验，并将测试和试验结果报送监理单位现场机构审批。

4.12.2　材料

4.12.2.1　外观要求

土工膜应色泽均匀，不允许有针眼、疵点和厚薄不均匀；土工织物不允许有裂口、孔洞、裂纹或退化变质等材料；土工格栅应色泽均匀，无明显油污、无损伤、无破裂。

4.12.2.2　土工材料的性能指标

土工合成材料的物理性能、力学性能、水力学性质等各项性能指标除应达到施工图纸的规定外，还应达到规范的要求。

4.12.3　运输及贮存

(1)若采用折叠装箱运输土工合成材料，不得使用带钉子的木箱，以防运输途中受损；若采用卷材运输，应注意防止在装卸过程中造成卷材表层的损害，承包人在采购土工合成材料卷材时，应按卷材下料长度留有适当余量。

(2)土工合成材料以大片或卷材的货包包装，必须贴有标签，标明该膜的制造厂名称、制造号(或组装号)、安装号、类型、厚度、尺寸及重量,并必须附有专门的装卸和使用说明书。

(3)土工合成材料运输过程中和运抵工地后应妥为保存,避免日晒,防止黏结成块,并应将其贮存在不受损坏和方便取用的地方,尽量减少装卸次数。

(4)土工合成材料应放置在干燥处,周围不得有酸、碱等腐蚀性介质,注意防潮、防火。

(5)土工合成材料不得沾污、重压、雨淋、破损、长期暴晒和直立。

第 3 节　旁站监理细则

1　总则

1.1　本细则依据
发包人与承包人签订的合同文件、招投标文件、设计文件以及有关工程规程、规范。

1.2　本细则适用范围
需要实行旁站监理的关键部位和工序。

1.3　引用标准和规程规范(但不限于)
(1)《建筑安装工程质量检验评定统一标准》(GBJ 300);

(2)《建筑工程质量检验评定标准》(GBJ 301);

(3)《水利水电工程施工质量评定规程》(试行)(SL 176);

(4)《水利水电建设工程验收规程》(SL 223);

(5)《水闸施工规范》(SL 27);

(6)《混凝土质量控制标准》(GB 50164);

(7)《水工混凝土施工规范》(DL/T 5144);

(8)《钢筋焊接及验收规范》(JGJ 18);

(9)《混凝土质量控制标准》(GB 50164);

(10)《建筑地基基础工程施工质量验收规范》(GB/T 50202);

(11)《水工建筑物岩石基础开挖工程施工技术规范》(DL/T 5389);

(12)《建筑地面工程施工质量验收规范》(GB 50209);

(13)《土工试验规程》(SL 237);

(14)《堤防工程施工质量评定与验收规程》(试行)(SL 239);

(15)《堤防工程施工规范》(SL 260);

(16)《公路路面基层施工技术规范》(JTJ 034);

(17)《砌体工程施工及验收规范》(GB 50203);

(18)《浆砌石坝施工技术规定》(试行)(SD 120);

(19)《水利水电工程钢闸门制造安装及验收规范》(DL/T 5018);

(20)《水利水电工程启闭机制造、安装及验收规范》(DL/T 5019);

(21)《水工金属结构焊接通用技术条件》(SL 36);

（22）《水工金属结构防腐蚀规范》（SL 105）；

（23）《起重设备安装工程施工及验收规范》（GB 50278）；

（24）《涂装前钢材表面锈蚀等级和除锈等级》（GB 8923）。

本细则与上述规范有矛盾之处，以上述依据为准。

2　监理工作程序及方法

（1）落实巡视、旁站监理人员，进行监理技术交底，配备必要的监理设施。

（2）旁站监理工作为质量控制手段之一，必须与巡视、平行检查等方法综合运用。

（3）在监理之前，应对承包人的人员、施工机械设备、材料、施工方法及工艺或施工环境条件、质量管理体系及上一道工序质量报验等进行全面检查，并督促其及时全面履行现场质量责任，特别在旁站时应检查承包人的有关现场管理人员、质量检查人员是否上岗。

（4）对需要旁站的部位和工序，在具体条件（承包人已经检查符合设计和规范要求）时，承包人现场施工负责人或质量检察员应在施工前24小时，通知项目监理机构的监理人员在约定的时间到施工现场实施旁站监理。及时、准确、真实地按旁站监理记录表内容认真填写，必须有可追溯性。同时旁站结束后，承包人的质检员也应在记录上签名确认。

（5）在巡视、旁站监理过程中，发现有违反设计文件、施工承包合同和强制性标准条文的行为时，应及时制止并督促整改，同时发现施工质量和安全隐患时，应按规定程序及时上报，并将整改处理的意见记录在案。

（6）发现质量和安全隐患，除督促施工单位及时整改外，还应及时向项目总监或总监代表或专业监理工程师汇报，有重大质量安全事故应立即书面向有关单位报告。

（7）具体方法：①目测：凭经验用视觉观测其施工质量；②实测：采用线垂吊、直尺量、器具卡；③抽验：采用测试仪器或设备等检测手段，对实物抽样检验，以判断施工质量。

（8）专业监理工程师应根据巡视、旁站检查记录，确认某部位或工序的工程质量。

3　监理控制要点

3.1　工程测量

（1）测量控制基准点及施工测控网的复核；

（2）建（构）筑物垂直度；

（3）施工期沉降观测。

3.2　土方回填

（1）检查土料质量、含水量控制，填土分层厚度，压实程度、环刀试验报告；

（2）填土施工结束，检查标高、边坡坡度。

3.3　桩基工程

（1）机械设备选型及其鉴定合格证件；

（2）桩构件及其焊接材料合格证件；

（3）试桩记录（确定锤击数、贯入度）；

（4）接桩焊接记录，施工记录；

(5)桩位复核、桩顶标高、垂直度;

(6)检测报告。

3.4　砌体工程

3.4.1　浆砌石体砌筑

(1)必须采用铺浆法砌筑,水泥砂浆沉入度宜为 4 ~ 6 cm。不得采用外面侧立石块、中间填心的砌筑方法。

(2)外露面的水平灰缝宽度不得大于 25 mm,竖缝宽度不得大于 40 mm,相邻两层间的竖缝错开距离不得小于 100 mm。

(3)采用浆砌法砌筑的砌石体转角处和交接处应同时砌筑,对不能同时砌筑的面,必须留置临时间断处,并应砌成斜槎。

(4)勾缝砂浆必须单独拌制,严禁与砌体砂浆混用。

3.4.2　干砌石体砌筑

(1)石料使用前表面应洗除泥土和水锈杂质。

(2)干砌石砌体铺砌前,应先铺设一层碎石垫层。铺设垫层前,必须将地基平整夯实,碎石垫层厚度应均匀,其密实度必须大于 90%。

(3)坡面上的干砌石砌筑,应在夯实的碎石垫层上,以一层与一层错缝锁结方式铺砌,垫层应与干砌石铺砌层配合砌筑,随铺随砌。

(4)护坡表面砌缝的宽度不得大于 25 mm,砌石边缘应顺直、整齐、牢固。

3.4.3　砖砌体

(1)材料合格证及复试报告;

(2)皮数杆、轴线、标高、留槎和接槎规范,预埋件和预留孔洞;

(3)砂浆配合比、计量规范,留置试块;

(4)湿润砖(冬季施工期不得浇水湿润砖)、灰缝均匀饱满,横平竖直,无瞎缝、无透缝;

(5)用实心砖、水泥砂浆砌筑。

3.4.4　混凝土砌体

(1)砌块产品龄期不应小于 28 天,必须采用实心试块和水泥砂浆砌筑;

(2)皮数杆、轴线、标高、留槎和接槎规范;

(3)砂浆配合比、计量规范,留置试块;

(4)湿润砖(冬季施工期不得浇水湿润砖)、灰缝均匀饱满,横平竖直,无瞎缝、无透缝。

3.5　混凝土工程

3.5.1　模板

(1)轴线位置、标高、垂直度;

(2)模板及其支架体系,承载力、刚度和稳定性;

(3)截面尺寸、表面平整度和相邻两板表面高低差;

(4)板接缝宽度;

(5)拆模时间按规范规定的混凝土强度决定;

（6）预埋件、预留孔洞应安装牢固；

（7）预制构件及后浇带的拆模和支顶应符合施工技术方案。

3.5.2　钢筋

（1）钢筋产品合格证、出厂检验报告和按规定见证取样、复试报告；

（2）钢筋制作、安装应符合设计要求和规范规定，焊接接头按规定见证取样试验报告；

（3）发现钢筋脆裂、焊接性能不良或力学性能显著不正常现象时，应对该批钢筋进行化学成分检验或其他专项检验；

（4）受力钢筋的品种、级别、规格、数量必须符合设计要求，接头的设置符合规范要求；

（5）梁、柱加密箍筋符合设计和施工规范要求；

（6）钢筋未经检查验收合格，不得封模隐蔽；

（7）钢筋规格、形状、尺寸、数量、间距、锚固长度、接头设置和保护层厚度；

（8）预埋件型号、位置、数量、锚固；

（9）钢筋加密区箍筋数量、直径、间距。

3.5.3　浇筑

（1）在地基或基土上浇筑混凝土时，应清除淤泥和杂物，并应有排水和防水措施。

（2）混凝土运至浇筑地点，应符合浇筑时规定的坍落度，当有离析现象时，必须在浇筑前进行二次搅拌。

（3）混凝土自高处倾落的自由度，不应超过 2 mm。

（4）施工缝的处理应除去浮渣和松动石子，且位置应在浇筑之前确定，其应符合规范规定，并在强度达到 1.2 N/mm 时才能作施工缝处理。

（5）钢筋及模板的变形程度应符合要求。

（6）采用振捣器捣实混凝土应符合有关规定，应以混合料停止下沉，不再冒气泡并泛出砂浆为准，不得漏振和过振。

（7）仓面泌水处理。

（8）控制收仓间隔时间。

（9）注意施工安全。

3.6　预应力张拉及灌浆

（1）预应力控制方法和预应力筋伸长值的计算方法应符合有关的规定。

（2）张拉过程中，预应力钢材（钢丝、钢绞线或钢筋）断裂或滑脱的数量：对后张法构件，不得超过结构同一截面预应力钢材总根数的 3%，且一束钢丝只允许一根；对先张法构件，不得超过结构同一截面预应力钢材总根数的 5%，且严禁相邻两根断裂或滑脱。先张法构件在浇筑混凝土前发生断裂或滑脱的预应力钢材必须予以更换。

（3）灌浆前孔道应湿润、洁净；灌浆顺序应先灌注下层孔道；灌浆必须缓慢均匀地进行，不得中断，并排气通顺；在灌满孔道并封闭排气孔后，宜再继续加压至 0.5~0.6 MPa，稍后再封闭灌浆孔。

（4）灌浆后 24 小时内，预应力混凝土梁板上不得放置设备或施加其他荷载。

3.7 金属结构及启闭机制作

(1)焊缝的无损探伤应按规范规定进行。

(2)持有有效合格证的焊工才能参加相应焊接材料一、二类焊缝的焊接;只有持有平、立、横、仰四个位置有效合格证的焊工才能进行任何位置的焊接。

(3)除施工图纸另有说明者外,焊缝按规范分类,并按该规范进行质量检查和处理。

(4)钢板的拼接接头应避开构件应力最大断面,还应避免十字焊缝,相邻的平行焊缝的间距不应小于 300 mm。

(5)分缝断面的焊缝坡口,在分缝处两侧非喷锌面宽度不得大于 100 mm。

(6)预处理合格的钢材表面应尽快涂装底漆(或喷涂金属)。在潮湿气候条件下,底漆涂装应在 4 小时内(金属喷涂 2 小时内)完成;在晴天或较好的气候条件下,最长不应超过 12 小时(金属喷涂为 8 小时)。

(7)闸门锌涂层每层厚度和锌层最小局部厚度以及封闭层、面漆的涂料牌号、涂层道数、每道漆膜厚度和漆膜总厚度必须符合相关规定及设计要求。

(8)锌涂层的检验:锌涂层的外观、涂层厚度及测量、结合性能、耐腐蚀性、密度等必须符合施工图纸及规范规定,其试验按规范中规定的试验方法实施。

(9)锌涂层检验合格后应尽快涂装封闭层。

(10)采用热胶合时,应按橡胶水封厂提供的操作规程进行黏结和硫化,并必须提供与橡胶水封形状和断面一致的加热压模。

(11)采用冷黏结时,应检查冷胶剂的技术性能和有关参数、黏结工艺及其试验数据。

第 4 节 土石方开挖工程

1 总 则

1.1 依据

发包人与工程承包人签订的工程承包合同文件、招投标文件、设计文件以及有关工程规程、规范。

1.2 适用范围

适用于合同施工图纸所示的土石方开挖工程,包括合同各项永久工程和临时工程及其他监理单位现场机构指明的土石方开挖工程。其他项目的土石方开挖工程可参照执行。

1.3 引用标准和规程规范(但不限于)

(1)《建筑工程质量检验评定标准》(GBJ 301);

(2)《建筑地基基础工程施工质量验收规范》(GB/T 50202);

(3)《土方与爆破工程施工及验收规范》(GBJ 201);

(4)《堤防工程施工规范》(SL 260);

(5)《爆破安全规程》(GB 6722);

(6)《水工建筑物岩石基础开挖工程施工技术规范》(SL 47)。

2　工程质量管理

（1）质量目标：合格。

（2）承包人须按招标文件和水利部有关管理规定，完善质量体系，在工地成立独立的质检组织和质量保证体系。

（3）质量检查制定由班组自检、项目部专职质检员复检、总公司质量终检工程师进行终检的"三检制"。质检人员需持证上岗，确保质检工作正常开展。

（4）明确各级质量岗位责任制，明确总公司终检工程师岗位职责、项目部专职质检员岗位职责及班组质检员岗位职责。

（5）质量保证措施，主要包括以下内容：①建立测量控制网；②建立质量保证体系和加强质量工作管理；③严格进行原材料检测；④施工过程中加强"三检制"管理；⑤认真编制施工措施计划；⑥认真做好单元（分项）、分部工程的质量评定工作。

3　施工过程质量控制

3.1　质量检查的职责和权力

质量检查的职责和权力见第5章第2节相关内容。

3.2　隐蔽工程

隐蔽工程质量控制见第5章第2节相关内容。

3.3　施工质量缺陷和事故处理

由于施工、设备等原因造成工程质量不符合规程、规范和合同规定的质量标准，影响工程使用寿命和正常运行，须返工或采取补救措施的，均为工程施工质量缺陷或质量事故。

3.3.1　质量缺陷的判定方法

质量缺陷的判定方法见第5章第2节相关内容。

3.3.2　质量缺陷的处理方式

质量缺陷的处理方式见第5章第2节相关内容。

3.3.3　工程质量缺陷和事故报告

（1）质量事故发生后，承包人必须立即向监理单位现场机构报告，同时按工程质量缺陷和事故等级处理程序上报有关部门。具体的报告内容如下：①在事故发生后1天内报告事故概况，7天内报告事故详细情况（包括发生的时间、部位、经过、损失估计和事故原因初步判断等）。②事故调查处理完成后，报告事故发生、调查、处理情况及处理结果。③事故处理时间超过两个月的，应每月报告事故处理的进展情况。

（2）承包人应对事故经过作好记录，并根据需要对事故现场进行录像，为事故调查、处理提供依据。

（3）当质量事故危及施工安全时，承包人必须立即停止施工，采取临时或紧急措施进行防护，与此同时，会同有关方研究并提出处理方案报监理单位现场机构批准后实施。

（4）施工调查必须查清事故原因、主要责任单位、主要责任人，并遵循"三不放过"的原则予以处理。

（5）质量缺陷和事故调查权限具体如下：①一般事故由监理单位现场机构负责调查；

②较大事故由发包人组织进行调查。

（6）质量缺陷和事故的处理方案如下：①质量缺陷和一般事故的处理方案，由造成事故的责任单位提出，报监理单位现场机构批准后实施。②较大事故的处理方案，由造成事故的责任单位提出，报监理单位现场机构审查、发包人批准后实施。③重大及特大事故的处理方案，由发包人委托设计人提出，发包人组织专家组审查批准后实施。

（7）发生工程施工质量事故造成损失的，由承包人承担合同责任。质量事故中出现人身伤亡事故的，按《水电建设工程施工安全管理暂行办法》执行。

（8）施工过程中发生工程质量事故，并有下列行为，属承包人违约：①施工中粗制滥造、偷工减料、伪造记录的；②在工程质量检查验收中，提供虚假资料的；③发现工程事故隐瞒不报或谎报的；④对按规定进行质量检查、事故调查设置障碍的；⑤在履行职责中玩忽职守的；⑥其他严重违反合同文件及有关质量管理规定的。

4　施工过程控制要点

4.1　开工申请

开工申请包括承包人提交的如下内容：

（1）承包人应在工程或每项单位工程开工前规定时间内，按监理单位现场机构的指示和施工图纸的规定，提交一份包括下列内容的施工措施计划，报送监理单位现场机构审批：①开挖施工平面布置图和剖面布置图（含施工交通线路布置）；②开挖方法和程序；③钻孔和爆破的方法与程序；④施工设备的配置和劳动力安排；⑤出渣、弃渣和石料利用措施；⑥排水或降低水位措施；⑦开挖边坡保护措施；⑧土料利用和弃渣措施；⑨质量与安全保证措施；⑩施工进度计划等。

（2）开挖放样剖面资料。单位工程开工前规定时间内，承包人应将土石方开挖前的实测地形和开挖放样剖面，报送监理单位现场机构复核，经批准后方可进行开挖。监理单位现场机构的复核并不减轻承包人对其放线的准确性应负的责任，承包人不能因监理单位现场机构纠正其自身放线错误而引起工程量的增加，向发包人要求支付额外费用。

（3）钻爆作业措施计划。在每项单位工程（或开挖区）的开挖作业开始前规定时间内，承包人应向监理单位现场机构提交一份钻爆作业措施计划，其内容应包括：①爆破孔的孔径、孔排距、深度和倾角；②所采用炸药的类型、单位耗药量和装药结构；③延时顺序、雷管型号和起爆方式；④承包人拟采用的任何特殊钻孔和爆破作业方法的说明；⑤爆破参数试验。

监理单位现场机构在收到爆破作业措施计划 7 天内批复承包人。爆破方案的批准并不减轻承包人对爆破作业应负的责任。

（4）上述报送文件经承包人项目经理（或其授权代表）签署后报送，监理单位现场机构限时审批。承包人按监理单位现场机构审批意见实施。

（5）除非承包人接到监理单位现场机构审批意见为"修改后重新报送"外，承包人即时向监理单位现场机构申请开工许可证，监理单位现场机构将于接到承包人申请后的 24 小时内开出许可证或开工批复文件。

4.2　施工过程监理

4.2.1　场地清理

场地清理包括植被清理和表土清挖。其范围包括永久和临时工程、料场、存弃渣场等施工用地需要清理的全部区域的地表。

4.2.1.1　植被清理

(1)承包人应负责清理开挖工程区域内的树根、杂草、垃圾、废渣及监理单位现场机构指明的其他有碍物。

(2)除监理单位现场机构另有指示外,主体工程施工场地地表的植被清理,必须延伸至离施工图所示最大开挖边线或建筑物基础边线(或填筑坡脚线)外侧至少 5 m 的距离。

(3)主体工程的植被清理,须予挖除树根的范围应延伸到离施工图所示最大开挖边线、填筑线或建筑物基础外侧 3 m 的距离。

(4)承包人应注意保护清理区域附近的天然植被,因施工不当造成清理区域附近林业资源的毁坏,以及对环境保护造成不良影响,承包人应负责赔偿。

(5)场地清理范围内,承包人砍伐的成材或清理获得具有商业价值的材料应归发包人所有,承包人应按监理单位现场机构指示,将其运到指定地点堆放。

(6)凡属无价值可燃物,承包人应尽快将其焚毁。在焚毁期间,承包人应采取必要的防火措施,并对燃烧后果负责。

(7)凡属无法烧尽或严重影响环境的清除物,承包人必须到监理单位现场机构指定的地区进行掩埋。掩埋物不得妨碍自然排水或污染河川。

(8)场地清理中发现的文物古迹,承包人应按招标文件《通用合同条款》的规定办理。

4.2.1.2　表土的清挖、堆放和有机土壤的使用

(1)表土系指含细根须、草本植物及覆盖草等植物的表层有机土壤,承包人应按监理人指示的表土开挖深度进行开挖,并将开挖的有机土壤运到指定地区堆放。防止土壤被冲刷流失。

(2)堆存的有机土壤应用于工程的环境保护。承包人应按合同要求或发包人的环境整体规划,合理使用有机土壤。

4.2.2　钻孔与爆破

4.2.2.1　爆破作业安全

(1)承包人应按招标文件《通用合同条款》和相关规定,加强对爆破作业的安全管理。承包人应制定严格的安全检查制度(尤其是对装药量的控制检查),设立专职的安全检查人员。一切爆破作业应经安检员检查签认后才准进行爆破。

(2)参加爆破作业的有关人员,应按国家和行业的有关规定进行考试及现场操作考核,合格者才准上岗。

(3)承包人应加强对爆破材料使用的监管,对爆破材料的采购、验点入库、提领发放、现场使用以及每次爆破后剩余材料回库等进行全面监管和清点登记,防止爆破材料丢失。

(4)对实施电引爆的作业区,承包人应采用必要的特殊安全装置,以避免暴风雨时的大气或邻近电器设备放电和闸栅电流的影响。特殊安全装置应经过试验证明确保其安全可靠时方可使用,试验报告应经监理单位现场机构审批。

(5)监理单位现场机构认为有必要时,承包人应在指定的地段设置防护栏或防护墙,以减少飞石或滚石影响其他工程部位的施工。

4.2.2.2　爆破材料的试验和选用

承包人应根据工程的实际使用条件和监理单位现场机构批准的钻爆措施计划中规定的技术要求选用爆破材料,每批爆破材料使用前应进行材料性能试验,证明其符合技术要求时才能使用,试验报告应报送监理单位现场机构。

4.2.2.3　控制爆破

(1)招标文件中所列各项永久工程的石方开挖应采用控制爆破技术。承包人应在向监理单位现场机构报送的钻爆作业措施计划中详细说明各项工程采用的控制爆破技术方案和设计参数。

(2)为使开挖面符合施工图纸所示的开挖线,保持开挖后基岩的完整性和开挖面的平整度,承包人应采用预裂爆破或光面爆破技术。对于不适宜采用预裂爆破的部位,应预留保护层。

(3)各项石方开挖工程开挖前,承包人应在监理单位现场机构批准的场地范围内进行控制爆破试验,以选择合理的钻爆孔布置和线装药密度等参数。控制爆破试验成果应报送监理单位现场机构。

(4)建筑物基础开挖时,钻孔施工不应采用直径大于 150 mm 的钻头造孔。紧邻设计的建基面或边坡面以及防护目标地带的开挖,不应采用大孔径爆破方法。

(5)若采用预留岩体保护层的开挖方法,其上部开挖的炮孔不得穿入保护层。开挖保护层时,无论采用何种开挖爆破方法,钻孔均不得钻入建基面岩体。

(6)在新浇筑混凝土和已建建筑物附近进行爆破,以及有特殊要求部位的爆破作业,必须按规范的有关规定进行专门的爆破方案设计和现场试验,并将试验报告报监理单位现场机构审批。监理单位现场机构认为有必要时,可要求承包人进行振动监测,有关试验和监测内容应遵照规范规定。承包人应定期向监理单位现场机构书面报送监测数据及分析资料。

(7)若爆破监测表明,承包人的爆破作业可能对开挖部位的边坡和基础、灌浆或混凝土浇筑产生不利影响时,承包人应改变其爆破参数,以防损坏,发包人不另行支付费用。

(8)紧邻水平建基面的岩体保护层厚和对岩体保护层进行的分层爆破,应按规范的规定执行。

(9)采用预裂爆破技术的相邻两炮孔间岩面的不平整度应不大于 15 cm,孔壁表层不应产生明显的爆破裂隙,残留炮孔痕迹保存率应控制在规范规定的范围内。

(10)与预裂面相邻的松动爆破孔,应严格控制其爆破参数,避免对保留岩体造成破坏,或使其间留下不应有的岩体而造成施工困难。

(11)紧邻水平建基面的爆破必须通过试验证明可行,并经监理单位现场机构批准后,才可在紧邻水平建基面采用有岩体保护层或无岩体保护层的一次爆破法。保护层一次爆破法应符合规范规定。

(12)对截水墙的基础、齿槽、基础防渗、抗滑稳定需要的沟槽等的开挖,亦应专门设计并进行爆破试验。

4.2.3　土方开挖

4.2.3.1　土方定义

（1）土方系指人工填土、表土、黄土、砂土、淤泥、黏土、砾质土、砂砾石、松散坍塌体及软弱的全风化岩石，以及小于或等于 0.7 m^3 的孤石或岩块等，无需采用爆破技术而可直接使用手工工具或土方机械开挖的全部材料。

（2）土方开挖分为一般明挖和沟槽开挖。一般明挖系指在一般工作条件下，不需设临时支撑，进行的上述土方材料的大断面地面开挖；沟槽开挖系指施工图纸标明的，并需运用小型土方开挖器具或人工进行的小断面局部开挖。

4.2.3.2　开挖区域的临时道路

承包人应按监理人根据招标文件的有关规定批准的施工总布置设计进行场内交通道路布置，并结合施工开挖区的开挖方法和开挖运输机械的运行路线，规划好开挖区域的施工道路。

4.2.3.3　旱地施工

主体工程建筑物的基础开挖均应在旱地进行施工。

4.2.3.4　雨季施工

在雨季施工中，承包人应有保证基础工程质量和安全施工的技术措施，有效防止雨水冲刷边坡和侵蚀地基土壤。

4.2.3.5　校核测量

开挖过程中，承包人应经常校核测量开挖平面位置、水平标高、控制桩号、水准点和边坡坡度等是否符合施工图纸的要求。监理单位现场机构有权随时抽验承包人的上述校核测量成果，或与承包人联合进行核测。

4.2.3.6　临时边坡的稳定

主体工程的临时开挖边坡，应按施工图纸所示或监理单位现场机构的指示进行开挖。对承包人自行确定边坡坡度，且时间保留较长的临时边坡，经监理单位现场机构检查认为存在不安全因素时，承包人应进行补充开挖和采取保护措施。但承包人不得因此要求增加额外费用。

4.2.3.7　基础和岸坡开挖

（1）土方开挖应从上至下分层分段依次进行，严禁自下而上或采取倒悬的开挖方法，施工中随时做成一定的坡势，以利排水，开挖过程中应避免边坡稳定范围内形成积水。

（2）土方开挖按开挖图进行。开挖必须严格按照设计断面及高程要求进行，超挖应符合规范要求，不得欠挖。

（3）放样测量必须按监理单位现场机构提供的平面控制点和高程控制点进行。定线放样必须采用符合精度要求的仪器。

（4）基坑开挖时，必须考虑地基土的特性，选用合适的开挖机械、开挖方式和开挖顺序，以防止对地基的扰动。

（5）土方开挖时，应结合开挖出土，规划和修筑基坑内的临时道路，使其利于后续工程的施工。

（6）土方开挖应与土方填筑工程相结合，如不能及时填筑，应将回填土和弃土分别堆放,不得混淆。堆土区均应设置在基坑边线 20 m 以外。

(7)如开挖基坑发生严重流沙、涌泥,无法继续施工时,承包人需改变原施工方案,应报监理单位现场机构批准。

(8)基础开挖的超挖部分,应由承包人用与基础相同等级的土方或混凝土回填,其费用由承包人负担。

(9)建筑物的基底土不得扰动或被水浸泡。基坑开挖时应预留 30~50 cm 的基面保护层,基面保护层采用人工开挖,在基础施工前突击挖除,并经监理单位现场机构检验合格后,方可进行底部工程施工。

(10)在基坑内设置集水坑排水时,应设在基础范围以外。

4.2.3.8　弃土的堆置

不允许在开挖范围的上侧弃土,必须在边坡上部堆置弃土时应确保开挖边坡的稳定,并经监理单位现场机构批准。所有弃土均应按弃土规划执行,防止水流冲刷而造成泥石流或引起河道堵塞。

4.2.3.9　机械开挖的边坡修整

使用机械开挖土方时,实际施工的边坡坡度应适当留有修坡余量,再用人工修整,应满足施工图纸要求的坡度和平整度。

4.2.3.10　边坡面渗水排除

在开挖边坡上遇有地下水渗流时,承包人应在边坡修整和加固前,采取有效的疏导和保护措施。

4.2.3.11　边坡的护面和加固

为防止修整后的开挖边坡遭受雨水冲刷,边坡的护面和加固工作应在雨季前按施工图纸要求完成。冬季施工的开挖边坡修整及其护面和加固工作,宜在解冻后进行。

4.2.3.12　开挖线的变更

(1)在工程实施过程中,根据土方开挖及基础准备所揭示的地质特性,需要对施工图纸所示的开挖线作必要修改时,承包人应按监理单位现场机构签发的设计修改图执行,修改的内容涉及变更的应按合同《通用合同条款》的规定办理。

(2)承包人因施工需要变更施工图纸所示的开挖线,应报送监理单位现场机构批准后,方可实施,其增加的开挖费用应由承包人计入报价,发包人不另行支付费用。

4.2.3.13　边坡安全的应急措施

土方开挖过程中,如出现裂缝和滑动迹象时,承包人应立即暂停施工和采取应急抢救措施,并通知监理单位现场机构。必要时,承包人应按监理单位现场机构的指示设置观测点,及时观测边坡变化情况,并做好记录。

4.2.4　石方开挖

4.2.4.1　石方定义

石方开挖系指招标文件中所列的开挖工程项目需要进行系统钻孔和爆破作业的岩石开挖,以及体积大于 0.7 m³ 需用钻爆方法破碎的孤石或岩块。

4.2.4.2　边坡开挖

(1)边坡开挖前,承包人应详细调查边坡岩石的稳定性,包括设计开挖线外对施工有影响的坡面和岸坡等;设计开挖线以内有不安全因素的边坡,必须进行处理和采取相应的防护措施,边坡上所有危石及不稳定岩体均应撬挖排除,如少量岩块撬挖确有困难,经监理单位现场机构同意可用浅孔微量炸药爆破。

(2)开挖应自上而下进行,高度较大的边坡,应分梯段开挖,河床部位开挖深度较大时,应采用分层开挖方法,梯段(或分层)的高度应根据爆破方式(如预裂爆破或光面爆破)、施工机械性能及开挖区布置等因素确定。垂直边坡梯段高度一般不大于 10 m,严禁采取自下而上的开挖方式。

(3)随着开挖高程下降,应及时对坡面进行测量检查以防止偏离设计开挖线,避免在形成高边坡后再进行处理。

(4)对于边坡开挖出露的软弱岩层和构造破碎带区域,必须按施工图纸和监理单位现场机构的指示进行处理,并采取排水等措施。

(5)开挖边坡的支护应在分层开挖过程中逐层进行,上层的支护应保证下一层的开挖安全顺利进行。未完成上一层的支护,严禁进行下一层的开挖。

(6)在施工期间直至工程验收,如果沿开挖边坡发生滑坡或塌方,承包人应及时通知监理单位现场机构,并按监理单位现场机构批准的措施对边坡进行处理。

(7)在施工期间直至工程验收,承包人应定期对边坡的稳定进行监测,若出现不稳定迹象时,应及时通知监理单位现场机构,并立即采取有效措施确保边坡的稳定。

4.2.4.3　基础开挖

(1)除经监理单位现场机构专门批准的特殊部位开挖外,永久建筑物的基础开挖均应在旱地中施工。承包人必须采取措施避免基础岩石面出现爆破裂隙,或使原有构造裂隙和岩体的自然状态产生不应有的恶化。

(2)邻近水平建基面,应预留岩体保护层,其保护层的厚度应由现场爆破试验确定,并应采用小炮分层爆破的开挖方法。若采用其他开挖方法,必须通过试验证明可行,并经监理单位现场机构批准。

(3)基础开挖后表面因爆破震松(裂)的岩石,表面呈薄片状和尖角状突出的岩石,以及裂隙发育或具有水平裂隙的岩石均需采用人工清理,如单块过大,亦可用单孔小炮和火雷管爆破。

(4)开挖后的岩石表面应干净、粗糙。岩石中的断层、裂隙、软弱夹层应被清除到施工图纸规定的深度。岩石表面应无积水或流水,所有松散岩石均应予以清除。建基面岩石的完整性和力学强度应满足施工图纸的规定。

(5)基础开挖后,如基岩表面发现原设计未勘查到的基础缺陷,则承包人必须按监理单位现场机构的指示进行处理,包括(但不限于)增加开挖量、回填土方、水泥土、素混凝土量等,监理单位现场机构认为有必要时,可要求承包人进行基础的补充勘探工作。进行上述额外工作所增加的费用由发包人承担。

(6)建基面上不得有反坡、倒悬坡、陡坎尖角;结构面上的泥土、锈斑、钙膜、破碎和松动岩块以及不符合质量要求的岩体等均必须采用人工清除或处理。

(7)闸基不允许欠挖,开挖面应严格控制平整度。为确保闸体的稳定,闸基不允许开挖成向下游倾斜的顺坡。

（8）在工程实施过程中，依据基础石方开挖揭示的地质特性，需要对施工图纸作必要的修改时，承包人应按监理单位现场机构签发的设计修改图执行，涉及变更的计量和支付应按招标文件《通用合同条款》的规定办理。

（9）经监理单位现场机构批准，非主要建筑物的基础开挖可采用水下开挖，水下开挖应采用钻孔爆破方法施工。承包人在实施水下开挖作业前，必须详细了解水下开挖的作业特点，并编制内容包括炸药类型、钻孔和清渣设备以及爆破参数等水下开挖措施的计划，报送监理单位现场机构审批。

（10）建筑物基础和岸坡岩面开挖，应使开挖面平顺，开挖时优先采用预裂爆破法。在接近建基岩面时应使用机具或人工挖除，避免爆破或用小孔径、浅孔火炮爆破。

4.2.5　拆除工程

拆除工程必须由具有相应的水利水电工程资质的单位进行。

4.2.5.1　承包人的责任

（1）承包人需提交切实可行的拆除方案，报请监理单位现场机构批准后实施。承包人在拆除过程中应采取有效措施，确保工程和人员安全。

（2）承包人在各单项工程拆除后，应报请监理单位现场机构与设计人检查验收合格后，方可进行下一工序施工。

（3）承包人应将拆除下来的弃渣运送到指定位置堆放，不得随意乱弃。

（4）在拆除过程中，承包人应谨慎施工，以避免损坏相邻保留部位，否则造成损失由承包人承担。

4.2.5.2　申报材料及内容

（1）拆除计划。在拆除工程开工规定时间前，承包人提交一份包括下列内容的拆除计划报送监理单位现场机构审批：①拆除方法和程序；②拆除配置的设备和劳动力安排；③弃渣措施；④质量与安全保证措施；⑤施工进度计划。

（2）施工记录和质量报表。承包人应及时提交各项施工记录和质量报表，以便监理单位现场机构检查验收。

（3）完工验收资料。承包人应为拆除工程完工验收提交以下资料：①建筑物拆除前的原状资料；②施工质量检查和检测记录；③质量缺陷修补及质量事故处理报告；④监理单位现场机构指示提交的其他完工资料。

4.2.5.3　质量控制一般要求

（1）采用人工以电动、风动工具自上而下分段进行。

（2）砌石拆除时应注意保护拆除石料的完整，以便重复利用。

（3）局部拆除要有合理的施工方法，防止对其他结构安全产生不利影响。

4.2.6　施工期临时排水

4.2.6.1　临时性排水措施设计

承包人应在每项开挖工程开始前，尽可能结合永久性排水设施的布置，规划好开挖区域内外的临时性排水措施，并在向监理单位现场机构报送的施工措施计划中详细说明临时性排水措施的内容，提交相应的图纸和资料。

4.2.6.2　提前做好排水设施

沿坡地开挖的工程，为保护其开挖边坡免受雨水冲刷，承包人应在边坡开挖前，按施工图纸的要求开挖并完成边坡上部永久性截水沟的施工。对其上部未设置永久性截水沟的边坡面，应由承包人自行加设临时性山坡截水沟，并经监理单位现场机构批准后，在边坡开挖前予以实施。

4.2.6.3　及时排除地面积水

在场地开挖过程中，承包人应做好临时性地面排水设施，包括按监理人要求保持必要的地面排水坡度、设置临时坑槽、使用机械排除积水以及开挖排水沟排走雨水和地面积水等。

4.2.6.4　保护永久建筑物和永久边坡免受冲刷

承包人采取的临时排水措施，应注意保护已开挖的永久边坡面及附近建筑物及其基础免受冲刷和侵蚀破坏。

4.2.6.5　利用永久性边坡截水沟排水

在建筑物永久边坡开挖前，承包人应按施工图纸和监理单位现场机构的指示，在永久边坡大规模开挖前先开挖好永久边坡上部的截水沟，以防止雨水漫流冲刷边坡。

4.2.6.6　边坡面排水

永久边坡面的坡脚以及施工场地周边和道路的坡脚，均应开挖好排水沟槽和设置必要的排水设施，以及时排除坡底积水，保护边坡的稳定。

4.2.6.7　设置集水坑(槽)排水

对可能影响施工及危害永久建筑物安全的渗漏水、地下水或泉水，应就近开挖集水坑和排水沟槽，并设置足够的排水设备，将水排至不能回流到原处的适当地点。不应将施工水池设置在开挖边坡上部，以防由于渗漏水引起边坡的滑动或坍塌。

4.2.6.8　平洼地区开挖的排水

在平地或洼地进行开挖作业时，承包人应在开挖区周围设置挡水堤和开挖周边排水沟以及采取集水坑抽水等措施，阻止场外水流进入场地，并有效排除积水。

4.2.6.9　降低地下水位的排水措施

(1)对位于地下水位以下的基坑需要在旱地进行开挖时，可根据基坑的工程地质条件采用降低地下水位的措施。承包人应按施工图纸的要求和有关技术规范的规定，编制降低基坑地下水位的施工技术措施，报送监理单位现场机构批准后实施。其施工技术措施的内容包括：排水孔、井或排水沟布置，抽排水设备配置以及基坑开挖措施等。

(2)采用挖掘机、铲运机、推土机等机械进行基坑开挖时，应保证地下水位降低至最低开挖面0.5 m以下。

(3)在基坑开挖期间，监理单位现场机构认为有必要时，承包人应对基坑及其周围受降低水位影响的地区进行地下水位和地面沉降观测。承包人应按监理单位现场机构的指示将观测点布置、观测仪器设置和定期观测记录提交监理单位现场机构。

4.2.6.10　防止施工排水污染河流

施工排水应注意减少污水对河流的污染，承包人应按合同规定和监理单位现场机构指示做好污水处理。

4.2.7 土料场

4.2.7.1 料场复查

承包人应根据工程所需各种土料的使用要求,对合同指定的土料场进行复勘核查,其复查内容包括:

(1)土料的开采范围和数量;

(2)土料场开采区表土开挖厚度及有效开采层厚度;

(3)根据施工图纸要求对上述(1)项所列各种土料进行物理力学性能复核试验;

(4)土料场的开采、加工、贮存和装运条件;

(5)土料场的工程地质和水文地质条件。

4.2.7.2 复查后的变更

若承包人的复查成果与合同文件中提供的资料和数据不一致,或者施工过程中由于地质勘探和设计方面的原因需要改变料场开采区或必须另选、增选新料场时,须经监理单位现场机构核查同意后,由承包人编制料场变更计划,报送监理单位现场机构审批。由于料场变更引起费用的变化,应按合同《通用合同条款》的规定办理。

4.2.7.3 料场规划

承包人应根据合同提供的和承包人在料场复查中获得的料场地形、地质、水文气象、交通道路、开采条件和土料特性等各项资料以及监理单位现场机构批准的施工措施计划,对工程在各施工期所需的各种用料进行统一规划,并提出料场规划报告报送监理单位现场机构审批。料场规划报告的内容应包括:

(1)开采工作面的划分,以及开采区的供电系统、排水系统、堆料场、各种用料加工场、运输线路、装料站、弃渣场及备用料源开采区等的布置设计;

(2)上述各系统和场站所需各项设备、设施的配置;

(3)料场的分期用地计划(包括用地数量和使用时间)。

4.2.7.4 料场清理

土料开挖前应按规定进行植被清理和表土清挖。表土和弃渣应按合同的规定或监理单位现场机构的指示运至指定地点堆放。应防止用料中混入植被有机物和弃渣。

4.2.7.5 料场的防洪和排水措施

土料场周围及开采区内,应设置有效的排水系统和采取必要的防洪措施,以保证开采土料的质量和开挖工作的顺利进行。

4.2.7.6 土料和砂砾料的开采与堆存

(1)承包人必须按监理单位现场机构批准的料场开采范围和开采方法进行开采。

(2)土料应根据料场的实际情况选择开采方式。

4.2.7.7 完工后的料场整治

料场取料结束后,承包人应按监理单位现场机构的指示,进行必要的环境恢复和保护工作,包括开挖面和边坡的整治以及按合同规定和施工图纸所示恢复农田或植被等。

4.2.8 开挖渣料的利用和弃渣处理

4.2.8.1 可利用渣料专用于工程

承包人提交的土方开挖工程施工措施计划中,应对工程开挖获得的可利用渣料进行统一规划,渣料应专用于工程永久和临时工程的填筑及场地平整等。

4.2.8.2　堆渣场地清理

用做堆存可利用渣料的场地,应按监理单位现场机构的要求进行场地清理和必要的平整处理,渣料堆存应分层进行,并应保证能顺利取用这些渣料。

4.2.8.3　可利用渣料和弃置废渣应分类堆存

开挖出的渣料,除安排直接运往使用地点的渣料外,其余渣料(包括弃渣料)均应按合同要求分类堆放在指定的存、弃渣场。严禁将可利用渣料与弃渣混杂装运和堆存,由此造成的损失将由承包人负责。堆渣范围和高程必须严格按施工图纸和监理单位现场机构指示实施。承包人还应注意保持渣料堆体周边的边坡稳定,并做好堆渣体的边坡保护和排水工作。

4.2.8.4　可利用渣料的保质措施

对监理单位现场机构已确认的可用料,承包人在开挖、装运、堆存和其他作业时,应采取可靠的保质措施,保护该部分渣料免受污染和侵蚀。

4.2.8.5　合理利用石渣料

承包人应按监理单位现场机构批准的施工措施计划中对石渣料利用的安排,采取合理的爆破、装运和堆渣措施,以提高石渣料的利用率,确保工程能充分利用这些石渣料。

5　质量检查

5.1　土石方开挖前的质量检查

土石方开挖前,承包人应会同监理单位现场机构进行以下各项的质量检查:

(1)用于开挖工程量计量的原地形测量剖面的复核检查。

(2)按施工图纸所示的工程建筑物开挖尺寸进行开挖剖面测量放样成果的检查。承包人的开挖剖面放样成果,必须经监理单位现场机构复核签认后,才能作为工程量计量的依据。

(3)按施工图纸所示进行开挖区周围排水和防洪保护设施的质量检查。

5.2　土石方开挖过程中的质量检查

在土石方开挖过程中,承包人应定期测量校正开挖平面的尺寸和标高,以及按施工图纸的要求检查开挖边坡的坡度和平整度,并将测量资料提交监理单位现场机构审核。

5.3　土石方开挖工程完成后的质量检查

土石方开挖工程完成后,承包人应会同监理单位现场机构进行以下各款的质量检查和验收。

5.3.1　主体工程土方开挖基础面检查清理

(1)按施工图纸要求检查基础开挖面的平面尺寸、标高和场地平整度;

(2)取样检测基础土的物理力学性质指标;

(3)本款规定的基础面检查清理与堤防(或砌体)填筑前的基础清理作业是检验目的和性质不同的两次作业,未经监理单位现场机构同意,承包人不得将这两次作业合并为一次完成。

5.3.2 石方开挖爆破措施的检查

在基础开挖过程中,特别是开挖至临近建基面时,承包人应会同监理单位现场机构按有关的规定,对基础开挖的爆破方法和措施进行严格的检查与监控,以确保建基面的开挖质量。

5.3.3 主体工程石方开挖建基面开挖质量的检查

(1)按施工图纸要求检查建基开挖面的平面尺寸、标高和平整度;

(2)按施工图纸和监理单位现场机构指示检查建基面软弱夹层和破碎带的清理质量。

5.3.4 永久边坡的检查

(1)永久边坡的坡度和平整度的复测检查;

(2)边坡永久性排水沟道的坡度和尺寸的复测检查。

5.3.5 堤防(或砌体)填筑前基础面的质量检查

(1)按规定对基础面进行检查清理后,应保证基础面无积水或流水,不使基础面土壤受扰动。

(2)作为永久建筑物土基的基础开挖面,在堤防(或砌体)填筑前应清除表面的松软土层或按监理单位现场机构批准的施工方法进行压实。受积水侵蚀软化的土壤应予清除。

6 工程质量评定与验收

工程评定和验收按《建筑工程质量检验评定标准》、《建筑地基基础工程施工质量验收规范》、《土方与爆破工程施工及验收规范》、《水利水电工程施工质量评定规程》(试行)、《水利水电建设工程验收规程》和《水工建筑物岩石基础开挖工程施工技术规范》执行。

第5节 土方填筑工程

1 总则

1.1 依据

发包人与工程承包人签订的工程施工承包合同文件、招投标文件、设计文件以及有关工程规程、规范。

1.2 适用范围

适用于合同施工图纸所示的填筑工程的施工,包括合同各项永久工程和临时工程土方填筑的施工。其工作内容包括:土方平衡;现场生产性碾压试验;土料开采、加工和运输;土料填筑、碾压和接缝处理;排水设施以及各项工作内容的质量检查和验收等。

1.3 引用标准和规程规范(但不限于)

(1)《建筑地基基础工程施工质量验收规范》(GB/T 50202);

(2)《堤防工程施工规范》(SL 260);

（3）《堤防工程施工质量评定与验收规程》（试行）（SL 239）；

（4）《土工试验规程》（SL 237）；

（5）《水闸施工规范》（SL 27）。

2　工程质量管理

按本书有关章节执行。

3　施工过程质量控制

按本书有关章节执行。

4　施工过程控制要点

4.1　开工申请

（1）承包人应在工程或每项单位工程开工前规定时间内，按监理单位现场机构的指示和施工图纸的规定，提交一份包括下列内容的施工措施计划，报送监理单位现场机构审批：①施工布置图；②土方填筑方法和程序；③土料加工的要求和料物供应；④土方平衡计划；⑤施工设备和设施的配置；⑥质量与安全保证措施；⑦施工进度计划。

（2）地形测量资料。土方填筑工程开工前规定时间内，承包人应将填筑区基础开挖验收后实测的平、剖面地形测量资料报送监理单位现场机构，经监理单位现场机构签认的地形测量资料作为填筑工程量计量的原始依据。

（3）现场生产性试验计划和试验成果报告。土方填筑工程开工前规定时间内，承包人应根据招标文件中规定的料场复查资料，以及提供的各种土方填筑料源，提交一份包括招标文件中所列工作内容的现场生产性试验计划，报监理单位现场机构审批，试验成果应报送监理单位现场机构。

（4）上述报送文件经承包人项目经理（或其授权代表）签署后报送，监理单位现场机构限时审批。承包人按监理单位现场机构审批意见实施。

（5）除非承包人接到监理单位现场机构审批意见为"修改后重新报送"外，承包人即时向监理单位现场机构申请开工许可证，监理单位现场机构将于接到承包人申请后的24小时内开出许可证或开工批复文件。

4.2　施工过程监理

4.2.1　土方开挖和填筑平衡

4.2.1.1　选定土方填筑料开采区

承包人应根据招标文件中提供的料场复查资料和料场规划，结合现场生产性试验成果，选定各种土料场开采区（包括工程开挖料的利用）。

4.2.1.2　土方填筑料物的开采和平衡

承包人应根据施工总进度计划的要求和选定的土料场开采区，做好土料开挖和工程填筑计划的平衡，在上述提交的施工措施计划中，列出详细的土方填筑料物的开采和填筑的平衡计划，以确保土方填筑工程供料的可靠性和均衡性。

4.2.2　土方填筑的现场生产性试验

土方填筑工程开工前,承包人应根据监理单位现场机构的指示,在选定的料场开采区开挖土料,进行与实际施工条件相仿的以下各项现场生产性试验,并根据本节所获得的试验成果确定填筑施工参数,试验成果报告应报送监理单位现场机构。

(1)土料应进行开采、混合、装料、运输、卸料和碾压试验,还需进行含水量调整试验。

(2)填筑所用的各种土料均应进行开采方式、开采机械和开采效果的试验。

(3)土料碾压试验应进行铺土方式、铺土厚度、碾压机械的类型及重量、碾压遍数、填筑含水量,以及压实土的干密度、渗透系数、压缩系数和抗剪强度等试验。

(4)土料碾压试验后,应检查压实土层之间以及土层本身的结构状况。如发现疏松土层、结合不良或发生剪切破坏等情况,应分析原因,提出改善措施。

现场生产性试验结束后,承包人应及时对全部成果资料进行分析整理,对设计提出的各项技术指标进行验证,并编写正式报告递交监理单位现场机构,以供监理单位现场机构和设计人研究确定施工技术参数及质量控制标准。承包人必须在得到监理单位现场机构批准后才能进行正式施工。

4.2.3　土料开采

(1)承包人应按监理单位现场机构批准的料场开采范围、开采方式和深度进行土料的开采。

(2)开采土料前的准备工作:①对选定的开采区划定界线,并埋设明显的界标;②完成场地清理工作;③开挖料场周围的截、排水沟,设置必要的排水设施。

(3)土料开采应考虑土料性质、料场地形、料层分布、气候和运输条件等因素确定平采或立采方式。

(4)土料堆含水量应保持在最优含水量与高出最优含水量3%的范围内,如低于此值,承包人应根据气候条件适当加水进行调整,采区及料堆内禁止用水管集中注水,以防局部含水量过高而不能使用。如果含水量高出规定范围,承包人应根据监理单位现场机构批准的措施进行调整,至监理单位现场机构认为合格为止,承包人不能因此而向发包人要求额外支付。

4.2.4　土料运输

4.2.4.1　运输设备

(1)土料填筑应采用自卸汽车运输,因施工需要而改用其他方式运输时,承包人应经过论证,并提交措施计划报送监理单位现场机构批准。

(2)运输土料使用的车辆应相对固定,并经常保持车厢、轮胎的清洁,防止将残留在车厢和轮胎上的泥土带入清洁的料源及填筑区。

4.2.4.2　运输措施

(1)土料运输应与料场开采、装料和卸料、铺料等工序持续和连贯进行,以免周转过多而导致含水量的过大变化。

(2)垫层料运输及卸料过程中,承包人应采取措施防止颗粒分离。运输过程中垫层料应保持湿润,卸料高度应加以限制。

(3)监理单位现场机构认为不合格的土料、垫层料,一律不得使用。

4.2.5　土方填筑

4.2.5.1　填筑前的准备

(1)承包人应按监理单位现场机构的指示和有关规定,完成土方填筑部位的基础清理和排水工作。

(2)在建筑物最终开挖线以下的所有勘探坑槽及低洼处,均应按施工图纸的要求回填密实。

(3)建筑物填筑部位的全部基础处理工作,应按施工图纸要求施工完毕。

(4)建筑物填筑的基础,按规定进行验收,合格后,才能开始填筑。

(5)建筑物基础中布置有观测设备时,承包人应在观测设备埋设完毕,经监理单位现场机构验收合格后,才能开始土方填筑。

4.2.5.2　土方填筑工作

(1)承包人应根据填筑部位的不同,采用不同的压实方法,确保填筑土方达到设计要求。建筑物周边的回填土宜用人工和小型机具夯压密实。填筑压实度不应小于设计要求。

(2)土方填筑应采用接近最优含水量的土料,应在料场严格控制供土料的含水量。当料场土料或利用方土料的含水量超出最优含水量范围时,承包人应根据土料开挖方式、装运卸流程以及气象等条件对土料含水量进行调整,调整方法如有翻晒或加水等,使其含水量满足要求后,再进行填筑。

(3)分段填筑时,各段土层之间应设立标志,以防漏压、欠压和过压,上、下层分段位置应错开。

(4)必须严格控制铺土厚度及土块粒径。人工夯实每层不超过 20 cm,土块粒径不大于 5 cm;机械压实每层不超过 30 cm,土块粒径不大于 8 cm;临时工程可酌情放宽。每层压实后经监理单位现场机构验收合格后方可铺筑上层土料。

(5)由于气候、施工等原因停工的填筑工作面应加以保护,复工时必须仔细清理,经监理单位现场机构验收合格后,方准填土,并作记录备查。

(6)如填土出现“弹簧”、层间光面、层间中空、松土层或剪力破坏现象时,应根据情况认真处理,并经监理单位现场机构检验合格后,方可进行下一道工序。

(7)雨前碾压应注意保持填筑面平整,以防雨水下渗和避免积水。下雨或雨后不允许践踏填筑面,雨后填筑面应晾晒或加以处理,并经监理单位现场机构检验合格后,方可继续施工。

(8)负温下施工,压实土料的温度必须在 −1.0 ℃以上,但在风速大于 10 m/s 时应停止施工。

(9)填土中严禁有冰雪或冻土块。如因冰雪停工,复工前需将表面积雪清理干净,并经监理单位现场机构检验合格后,方可继续施工。

4.2.5.3　土料填筑质量控制

(1)承包人必须对质量负责,做好质量管理工作,实行初检、复检、终检制度,并要无条件接受发包人和监理单位现场机构的检查与监督,若质量不符合设计要求,监理单位现场机构有权责令其停工或返工,由此造成的损失由承包人承担。

(2)对堤防和滩地填筑的质量控制,执行《堤防工程施工规范》及《堤防工程施工质量评定与验收规程》(试行)中的有关规定;对建筑物墙后填筑的质量控制,执行《水闸施工规范》第四章有关规定。

(3)承包人的质量检查部门对所有取样检查部位的平面位置、高程和检查结果等均应如实记录,并逐班逐日填写质量报表并报送监理单位现场机构。质检资料必须妥善保存,防止丢失,严禁涂改和销毁。

(4)在施工过程中,对每班出现的质量问题、处理经过及遗留问题,应在现场交接班记录上详细写明,并由值班负责人签署。针对每一质量问题,现场应做出处理决定,并须由承包方的技术负责人签字,作为施工质量控制的原始记录。

(5)发生质量事故时,施工人员应会同质检人员查清原因,提出补救措施及时处理,并向发包人和监理单位现场机构提出书面报告。

(6)承包人的质量检查部门在发包人和监理单位现场机构的指导下,参加施工期间的分部工程验收工作,特别是隐蔽工程,应详细记录工程质量情况,必要时应照相或取原状样品保存。

(7)现场土料含水量采用烘干法测定,以此来校正干容重。另外取样时应注意操作上的偏差。如有怀疑,应立即重新取样。测定密度时应取至压实层的底部,并测量压实层的厚度。

(8)取样试验所测定的干密度和压实度,其合格率不得小于80%,且不合格的样品不得集中在局部范围内,不合格压实度不得低于设计压实度的96%。

5　质量检查

5.1　土方填筑前的质量检查

土方填筑前,承包人应会同监理单位现场机构进行以下各项目的质量检查:
(1)填筑前用于计量的地形平、剖面测量资料的复核检查。
(2)填筑前按招标文件中的规定进行基础面清理质量的检查。
(3)料场开采区各种土石方填筑料的物理力学性质的抽样检验。
(4)现场生产性试验选定的施工碾压参数及其各项试验成果的检查。

5.2　施工期的质量检查

施工过程中,承包人应会同监理单位现场机构定期进行以下各项土方填筑材料的质量检查:
(1)现场生产性试验选定的施工碾压参数及其各项试验成果的检查。
(2)在土料场,对土料的含水量和黏土含量进行检查。
(3)除按有关要求对填筑面的各项施工工艺和参数进行检查外,还应对土体的干密度和含水量,垫层的干密度、孔隙率和颗粒级配等进行抽样检查。

6　工程质量评定

工程质量评定和验收按《建筑地基基础工程施工质量验收规范》、《堤防工程施工质量评定与验收规程》(试行)、《水利水电工程施工质量评定规程》(试行)和《水利水电建设工程验收规程》执行。

第6节　地基加固工程

1　总则

1.1　依据

发包人与工程承包人签订的工程承包合同文件、招投标文件、设计文件以及有关工程规程、规范。

1.2　适用

施工图纸所示地基加固工程。

1.3　引用标准和规程规范(但不限于)

(1)《建筑地基基础工程施工质量验收规范》(GB/T 50202);

(2)《基桩高应变动力检测规程》(JGJ 106);

(3)《基桩低应变动力检测规程》(JGJ/T 93);

(4)《建筑桩基技术规范》(JGJ 94);

(5)《建筑地基处理技术规范》(JGJ 79);

(6)《建筑地基基础设计规范》(GB 50007);

(7)《灌注桩基础技术规程》(YBJ 42);

(8)《软土地基深层搅拌加固法技术规程》(YBJ 225)。

2　工程质量管理

按本书有关章节执行。

3　施工过程质量控制

按本书有关章节执行。

4　施工过程控制要点

4.1　开工申请

(1)承包人应在工程或每项单位工程开工前规定时间内,根据施工图纸提供的地基加固方案和招标文件的规定,分别提供包括下列内容的施工措施计划,报送监理单位现场机构审批:①灌注桩施工场地布置图;②灌注桩施工机械及其配套设备的选择;③施工方案及工艺;④灌注桩成孔、成桩试验和措施;⑤施工质量、安全和环境保护措施;⑥施工进度计划等。

(2)质量检查记录和报表。在施工过程中应及时向监理单位现场机构提交测量放样成果、施工记录、材料试验和配合比试验成果、施工质量检查记录和重大质量事故处理报告,报送监理单位现场机构。

(3)上述报送文件经承包人项目经理(或其授权代表)签署后报送,监理单位现场机构限时审批。承包人按监理单位现场机构审批意见实施。

(4)除非承包人接到监理单位现场机构审批意见为"修改后重新报送"外,承包人即时向监理单位现场机构申请开工许可证,监理单位现场机构将于接到承包人申请后的 24 小时内开出许可证或开工批复文件。

4.2　施工过程监理

4.2.1　一般要求

(1)承包人应根据施工图纸规定的桩位、桩型、桩径、桩长,复勘场地地质条件和持力层埋藏深度,选择施工机具设备。

(2)成孔和成桩设备安装就位应平整、稳固,确保施工中不发生倾斜、移动;在桩架上应设置用于施工中观测深度和斜度的装置。

(3)桩基工程施工前,应按施工图纸的规定和监理单位现场机构的指示,进行成孔或成桩试验,以检验施工参数和工艺,并应将试验成果报送监理单位现场机构。

4.2.2　人工挖孔灌注桩施工

4.2.2.1　材料

灌注桩钢筋笼使用的钢筋和桩的混凝土材料质量应符合招标文件中的有关规定。

4.2.2.2　人工挖孔施工

(1)开挖桩孔应从上到下逐层进行,先挖中间部分,然后扩及周边,有效地控制开挖孔的截面尺寸。

(2)孔壁垂直度和深度达到有关规定、规范要求。

4.2.2.3　钢筋笼制作与吊放

(1)钢筋笼的制作应符合规范规定。

(2)分段制作的钢筋笼应采用焊接连接,并应符合规范有关规定。

(3)钢筋笼主筋保护层的允许偏差为 ±2.0 cm。

(4)吊放钢筋笼应符合下列要求:①钢筋笼吊放前应进行垂直校正;②就位后钢筋笼顶底高程应符合施工图纸规定,误差不得大于 5 cm;③灌注桩桩顶应设有固定装置。

4.2.2.4　混凝土制备和灌注

混凝土制备和灌注应符合规范有关规定。

4.2.2.5　桩基混凝土的检验

灌注桩基混凝土检验按现浇混凝土要求进行,每台班至少取一组样,每组 3 块;每根桩至少取一组样,每组 3 块。

4.2.3　多头小直径防渗墙、防冲墙、水泥土深层搅拌桩

4.2.3.1　材料

搅拌桩使用的水泥应符合招标文件中的规定。

4.2.3.2　定位

(1)搅拌桩施工机械行走至放样孔位,搅拌轴对中偏差不大于 20 mm;

(2)搅拌机械塔架要保持垂直,垂直度不超过 0.5%。

4.2.3.3　浆液配制

水泥浆的配制根据水泥土中掺入比、土的类别及含水量等通过现场搅拌试验确定。

4.2.3.4 搅拌桩施工

(1)按施工图纸要求控制下钻深度、输浆面、停浆面,确保施工桩长,深度误差不大于 10 cm;

(2)使用准确的输浆计量装置;

(3)搅拌、输浆及下沉或提升均匀,并准确计量,保证桩体连续;

(4)相交桩体施工相隔时间不宜超过 24 小时,保证桩体有效搭接厚度不小于施工图要求;

(5)使用钻头应定期复检,其直径磨耗量不得大于 15 mm。

4.2.4 钻孔灌注桩

4.2.4.1 材料

混凝土所用的水泥、粗细集料和水等材料按有关章节执行。

4.2.4.2 施工要求

钻孔灌注桩的施工,除参照有关规范的规定外,尚须符合下列要求。

1)施工准备

承包人应将采用的钻孔灌注桩施工方法的全部细节,报经监理部批准后,方能施工。

2)孔口护筒

(1)护筒应有足够的长度和强度,且不漏水。

(2)护筒内径应比桩径稍大。护筒顶面高度与钻孔方法、地质情况和地下水位等有关,一般应高出施工水位或地下水位 1.5～2.0 m,并高于施工地面至少 0.3 m。

(3)深水中沉入护筒时,应采用导向设备定位,并保证竖直。

(4)护筒平面位置的偏差不得大于 5 cm,倾斜度的偏差不得大于 1%。

3)护壁泥浆

(1)泥浆原料宜选用优质黏土;有条件时,可优先采用膨润土造浆。为了提高泥浆的黏度和胶体率,可在泥浆中投入适量的添加剂,其品种和掺量应由试验确定。

(2)护筒内的泥浆顶面,应始终高出筒外水位或地下水位至少 1 m 以上。

4)钻孔

(1)桩的钻孔,只有在距中心 5 m 以内的任何桩的混凝土浇筑完毕 24 小时后,才能开始。

(2)桩孔的钻进应分班连续作业,不得中途停止。应经常注意土层的变化。土层变化处应采取渣样,判断土层,记入记录表中钻渣情况栏,并与地质剖面图核对。

对重要的钻孔,每次的渣样应该编号保存,直到工程验收。

(3)孔底必须经监理部核查后,才能进行吊放钢筋骨架和灌注混凝土的工作。

5)成孔检验

(1)钻孔应一次完成,遇有事故,应立即处理。承包人应在终孔 24 小时以前通知监理部。钻孔达到设计深度并清孔后,须用经监理部批准的仪器和方法,对孔位、孔深、孔径、孔形、竖直度和泥浆沉淀厚度等进行检查。监理部应检验承包方的施工记录和地质样品。

(2)当检验时发现有钻孔不直、偏斜、孔径减小、断面变形、井壁有探头石等,承包方应向监理部报告并提出补救措施的建议。在取得批准前不准继续作业。补救措施费用由承包方自负。

（3）检验确认桩孔满足图纸要求后，应立即填写终孔检查单，并经监理部签证认可，即可进行浇筑混凝土的准备工作。

6）清孔和安放钢筋笼

（1）清孔应使用出渣筒和吸泥机或监理部批准的其他方法清除井底沉淀物。桩底的沉淀物应该愈少愈好，且不大于 0.4d（d 为设计桩径）。清孔时应保持钻孔内的水位高出地下水位或河流水位 1.5～2.0 m，以防止坍孔。在浇筑混凝土前，应用空压机风管对孔底进行扰动，以减少泥浆的沉淀物，孔底泥浆的沉淀量应少于 5%（按体积计）。

（2）钢筋笼应牢固定位，当提升导管或拔钢护筒时，必须防止钢筋笼被拔起。浇筑混凝土时，必须采取措施，以便观察和测量钢筋笼可能产生的移动。

（3）在桩孔内放入钢筋笼骨架后，应尽快不间断地连续浇筑混凝土。如彻底清理后 4 小时尚未浇筑混凝土，则孔底必须重新清理。

7）灌注水下混凝土（导管法）

（1）除非另有规定，水下混凝土粗集料应优先选用砾石，其最大粒径不应大于导管内径的 1/6～1/8 和钢筋最小净距的 1/4，同时不应大于 40 mm。

（2）导管应采用直径不小于 250 mm 的管节组成，各节具有带垫圈的联接法兰盘或扣环。导管使用前，必须检查导管并作水压承压和接头抗拉等试验，保证导管不漏水。

（3）水下混凝土浇筑应连续进行。

（4）浇筑混凝土的数量应作记录，应随时测量并记录导管埋置深度和混凝土的表面高度。

（5）如果导管中的混凝土混入空气和水，承包人必须立即报告监理部，并提出补救措施取得批准。

8）截桩头

灌注桩的桩顶标高应预加一定的高度，以保证桩头的质量，一般预加高度应比设计桩顶高程高出 0.5～1.0 m；预加高度可于基坑开挖后凿除，凿除时须防止损毁桩身。钻孔桩施工完毕后，承包人必须认真填写成桩质检报告提交监理部签认。

9）施工记录

承包人应有对于每根桩的完整的施工记录，并妥善保存。

5　质量检查

承包人应会同监理单位现场机构进行以下项目的质量检查，其检查记录必须报送监理单位现场机构备案。

5.1　人工挖孔灌注桩

5.1.1　混凝土浇筑前检查内容

（1）桩位现场放样成果检查；

（2）成孔质量的检查；

（3）钢筋笼加工尺寸和焊接质量的检查及钢筋笼吊放定位尺寸与保护层厚度的检查

和验收。

5.1.2　混凝土浇筑质量检查内容

（1）混凝土原材料的抽样检查；

（2）混凝土现场取样试验的成果检验；

（3）混凝土浇筑过程中，按有关规定对灌注桩混凝土浇筑工艺进行逐项检查，并作好检查记录。

5.1.3　成桩质量的检查

满足设计要求，按有关规定进行检查。

5.2　多头小直径搅拌桩

（1）在成桩后 7 天内，采用轻便触探器钻取桩身土样检查桩体均匀情况与完整性，抽检比例一般不低于 2%。

（2）钻芯取样检查。经轻便触探检验对桩体质量有怀疑，在搅拌桩施工 28 天后，采用钻芯取样检查桩体施工质量。

（3）采用开挖从桩体取样和现场取土按桩体水泥掺入比拌制土样的方式同时进行室内试验，测定水泥土的抗压强度指标和渗透系数指标。要求水泥土无侧限抗压强度不小于 0.3 MPa，渗透系数小于 $i \times 10^{-6}$ cm/s（$1 \le i \le 10$）。

（4）根据工程施工情况，采用开挖检查的方式检验防渗墙的施工质量，如桩体均匀、连续性及桩体搭接情况等，必要时做局部围封注水试验检验防渗墙的防渗效果。

5.3　水泥土搅拌桩

（1）在成桩后的 7 天内，抽取 2% 的桩采用轻型触探（N10）对桩顶区段约 1 m 深的水泥桩体进行连续检测。

（2）根据设计要求进行切割取样，制成 70.7 mm×70.7 mm×70.7 mm 的试块进行抗压试验，抗压强度应满足设计要求。

（3）基坑开挖时，监理、代建单位到实地测试桩体直径，观察外观搅拌均匀程度，并把形成的检测资料送给监理部，合格后签字。

（4）单根桩体和复合地基进行垂直承载力试验，承载力应满足设计要求。

5.4　钻孔灌注桩

（1）承包人应在监理人员在场的情况下，对每一钻孔桩，采用声测法或经监理部同意的其他类似的无破损检测法对有无断桩或夹层等质量问题进行检验。

（2）所有的检测试验应在监理人员的指导下进行，当无破损检测确定桩身质量不符合施工图纸要求或施工中发生不正常现象对质量有怀疑时，应按监理部指定的桩进行部分桩长或全长的取芯检验，全长的取芯检验时，最少应超过桩底 50 cm。检验的方法应经监理部的批准。如检验的质量仍不符合要求，则所需费用应由承包方负担。

（3）桩的正常钻取芯样检验的数量比例一般为 3%，并可由监理部根据现场施工情况酌情增减。

（4）如果桩不符合规范要求或在施工过程中发生不正常情况，监理部有理由认为该桩质量不良时，则应予报废。

（5）报废的桩可采用加桩或其他方法进行处理，其处理方案应由承包人报监理部批准,这种额外增加的费用全部由承包人负担。

（6）钻孔灌注的允许偏差及检查方法见表6-1。

表6-1 钻孔灌注桩实测项目

项次	检查项目	规定值或允许差	检查方法和频率
1	混凝土强度（MPa）	在合格标准内	
2	桩位（mm）	50	用经纬仪检查纵、横方向
3	直桩倾斜度	1%	查灌注前记录
4	摩擦桩沉淀厚度（mm）	符合设计要求	查灌注前记录
5	钢筋骨架底面高程（mm）	±50	查灌注前记录

（7）外观鉴定：①桩头凿除预留部分后，无残余松散层和薄弱混凝土层。②需嵌入承台内的混凝土桩头及锚固钢筋长度应符合图纸要求，如锚固长度低于规范规定的最小锚固长度要求时，必须返工处理。

6 工程质量评定与验收

工程质量评定与验收按《建筑地基基础工程施工质量验收》执行。

第7节 振动沉模防渗板墙

1 总则

1.1 依据
发包人与承包人签订的合同文件、招投标文件、设计文件以及有关工程规程、规范。

1.2 适用范围
适用于基坑振动沉模防渗板墙工程。

1.3 引用标准和规程规范（但不限于）
（1）《水利水电工程混凝土防渗墙施工技术规范》（SL 174）；
（2）《地基与基础工程施工及验收规程》（GB 50202）；
（3）《水利水电建设工程验收规范》（SL 223）；
（4）《水利水电施工测量规范》（SL 52）。
本细则与上述规定有矛盾之处，以上述依据为准。

2 开工许可证的申请程序

（1）承包人应根据承建合同技术条款、施工图纸及设计要求对振动沉模防渗板墙的沉模成槽、浇筑、连续成墙以及设备与作业措施等进行验证性试验，并在试验开始的14天前提出试验计划，报送监理人审批。

（2）试验结束后，承包人应及时将试验成果进行整理，提出用于实施的生产工艺、设备和相关参数报监理人审核批准后，方可实施于工程施工作业。

（3）防渗墙开工前的14天内，承包人应根据施工图纸、设计要求、技术规范、施工部位的自然条件、施工水平及设备情况，编制施工措施计划报送监理人批准。施工措施计划应包括（但不限于）：①工程概况（包括施工项目、合同或协议工程量等）；②振动沉模防渗板墙施工场地布置图；③振动沉模防渗板墙施工机械及其配套设备的选择；④振动沉模防渗板墙施工方案及工艺；⑤使用材料及配比；⑥沉模成槽浇筑、连续成墙措施；⑦可能遇到的不良地层或不利施工条件下的沉模成槽浇筑、连续成墙措施；⑧沉模成槽浇筑、连续成墙作业保证措施及施工过程中意外中断的处理措施；⑨施工进度计划；⑩材料与劳动力投入计划；⑪组织管理机构；⑫施工质量安全和环境保护措施；⑬施工原始记录样表及单元工程质量评定表格；⑭其他按照合同文件规定应报告或说明的情况。

（4）上述报送文件连同审签意见单一式四份，经承包人项目经理或其授权代表签署后递交，监理人审阅后限时批复。

（5）除非承包人接到的审签意见为"修改后重新报送"，否则承包人可立即向监理人申请开工许可证。监理人将于接受申请后的24小时内开出本工程项目的开工许可证。

（6）承包人未按时向监理人报送上述文件，造成施工工期延误和其他损失，由承包人承担合同责任。

3　施工过程监理

（1）承包人应在施工前完成振动沉模防渗板墙工程的施工准备工作，施工准备工作检查主要内容包括：①振动沉模系统（步履式桩机、振锤、液压夹头、模板）、制浆输料系统（混凝土输送泵、搅拌机、储料桶）等的数量和机械性能能否满足施工要求；②供电、供水系统能否满足施工高峰时段供电、供水要求，备用电源能否满足施工要求；③用于防渗墙工程的原材料质量和数量应能满足要求；④施工场地的平整、碾压、整修及清障。

（2）振动沉模防渗墙施工7天前，承包人应对防渗墙的轴线、桩位进行实地放样，并将放样成果报监理人审核。

（3）施工过程中承包人应建立健全三级质检体系，实行质量跟踪监督制度，按照批准的施工措施计划按章作业、文明施工。

（4）防渗墙墙体正式开工前，承包人应选择地质条件类似的地点或在防渗墙轴线上进行生产验证性试验，主要目的在于确定沉模、模板下沉及提升速度、浇筑、超灌量、振锤激振力及振动频率、输送泵压力以及水泥、粉煤灰、砂子用量等施工参数和成墙效果，以便指导后期施工。

（5）对于防渗墙施工模板槽位、沉模深度及垂直度等，承包人质检部门应经三级自检、严格把关，并报现场监理人员检验认可，方可进行下一道工序施工作业。具体内容如下：①正式沉模前，应用测量仪器对桩机测平和矫正，以确保沉模的垂直度。②沉模作业中，遇到涌水、失水等特殊情况时，应详细记录，并及时将有关资料及处理意见报送监理工程师审核与批准。③沉模至设计深度后，承包人应及时对沉模深度及垂直度进行测量，并通知现场监理人员予以确认。

（6）施工过程中，监理人员有权对承包人现场作业记录和原始资料进行检查。监理人员还将对重要作业工序进行巡视、跟踪和检查，发现违反技术规程作业，监理人员有权采取口头违规警告、书面违规警告直至指令返工、停工等方式予以制止。由此造成的经济损失和工期延误，由承包人承担合同责任。

（7）施工过程中，承包人应加强技术管理，做好原始资料的记录、整理和工程总结，并及时报送监理人。原始记录应齐全、清晰、准确，能真实反映全过程的实际情况，不允许重新抄写或涂改。

4 施工质量控制

（1）防渗墙施工作业平台应坚实、平坦，导向系统应保持垂直、稳固、位置准确。

（2）模板的下沉、提升速度应均匀、平顺，避免过速沉降和过速提升；应有专人记录每桩下沉或提升时间，深度记录误差不得大于 50 mm，时间记录误差不得大于 5 s。

（3）振动沉模防渗墙的垂直偏差不得大于 0.3%，桩位偏差不得大于 ±10 mm。

（4）工程原材料：按有关章节执行。

（5）配制浆液材料必须严格计量，计量误差：水重不超过 ±2%，其他材料不超过 ±5%。

（6）工程施工前应按照试验确定的浆液配比进行制浆，浆液贮存不超过 4 小时，并 2 小时检测一次。

（7）振动沉模防渗板墙试验的主要工艺参数应符合设计及合同条件的有关规定。

（8）施工浇筑面必须高于墙顶设计标高 0.5 m，在开挖基坑保护层时，高出部分应先行挖除；机械开挖过程中，应在防渗墙两侧撒保护边线以确保防渗墙的安全，高出部分宜采用人工凿除，必要时应分层处理。

（9）施工过程中因故浇筑中断，应将模板下沉至停浇点以下 1.0 m，待恢复浇筑时，再振动提升；如间歇时间超过砂浆初凝时间，搭接质量无法保证时，应采取局部补救措施。

（10）施工过程中，应经常检查施工记录，根据每一板位模板空腔浇筑材料用量、成板时间，对成板高度、成板厚度等进行评价，发现缺陷，应视其所在部位和影响程度，分别采取补救措施。

（11）振动沉模防渗板墙墙体 28 天抗压强度应不小于 7 MPa，墙体渗透系数不大于 2×10^{-7} cm/s，墙体厚度不小于 20 mm。

（12）质量检验：

①主要检验凝结体的抗渗性、抗压强度及检查整体的连贯密闭性，质量标准应符合规定。

②防渗墙成墙后，按每 50 m 左右在墙的一侧开挖检查一次，其深度不小于 1.5 m，纵向长 3~5 m。观察成墙均匀程度和成墙质量，检查墙体厚度及搭接和墙体倾斜情况，如不符合设计规定应采取补救措施。

③防渗墙成墙后，由监理会同设计、建设及相关单位对墙体钻芯取样部位现场指定，由施工单位采取抗压及抗渗试样各三组进行试验。

④采用低应变或探地雷达检测墙体质量和连续性。

（13）振动沉模防渗板墙墙顶混凝土浇筑、止水安装、沥青浇筑等要求及检查标准按相关章节执行。

5 验收及质量评定

按相关规范、规程及有关章节执行。

6 计量与支付

按本书有关章节执行。

第8节 土工合成材料

1 总则

1.1 依据

发包人与工程承包人签订的工程承包合同文件、招投标文件、设计文件以及有关工程规程、规范。

1.2 适用范围

（1）土工布、土工格栅和土工膜等。

（2）上述范围的工作内容还应包括土工合成材料的采购、运输、保管，以及现场拼接、铺设等的施工作业及其质量的检查和验收。

1.3 引用标准和规程规范（但不限于）

（1）《土工合成材料应用技术规范》（JTJ 239）；

（2）《土工合成材料测试规程》（SL/T 235）；

（3）《水利水电工程土工合成材料应用技术规范》（SL/T 225）；

（4）《聚乙烯（PE）土工膜防渗工程技术规范》（SL/T 231）；

（5）《土工试验规程》（SL 237）。

2 工程质量管理

按本书有关章节执行。

3 施工过程质量控制

按本书有关章节执行。

4 施工过程控制要点

4.1 开工申请

（1）土工合成材料选择和施工措施计划。承包人应提交详细的土工合成材料选择和施工措施报告，报送监理单位现场机构审批。在土工合成材料铺设工程开工前规定时间内，承包人应按施工图纸要求和监理单位现场机构指示，提交一份包括下列内容的施工措施计划,报送监理单位现场机构审批:①施工布置图;②材料采购计划和生产厂家;③防渗结构的施工措施和方法;④施工设备和设施的配置;⑤质量与安全保证措施;⑥施工进度计划。

(2)现场试验计划和试验成果报告。土工合成材料铺设工程开工前规定时间内,承包人应提交一份包括本节所列工作内容的现场试验计划,报送监理单位现场机构审批,试验成果应报送监理单位现场机构。

(3)上述报送文件经承包人项目经理(或其授权代表)签署后报送,监理单位现场机构限时审批。承包人按监理单位现场机构审批意见实施。

(4)除非承包人接到监理单位现场机构审批意见为"修改后重新报送"外,承包人即时向监理单位现场机构申请开工许可证,监理单位现场机构将于接到承包人申请后的24小时内开出开工许可证或开工批复文件。

4.2　施工过程监理

4.2.1　土工合成材料现场试验

土工合成材料现场试验、材料性能指标及运输和贮存见第 6 章第 2 节相关内容。

4.2.2　土工合成材料施工

4.2.2.1　拼接

(1)土工合成材料的拼接方式及搭接长度应满足施工图纸的要求。

(2)土工合成材料的接头施工前应先作工艺试验。若采用黏结方式,则应进行黏结剂比较、黏结后的抗拉强度、延伸率以及施工工艺等试验;若采用热熔焊接方式,则应进行焊接设备的比较、焊接温度、焊接速度以及施工工艺等试验。试验前,承包人必须向监理单位现场机构提交试验大纲,批准后才能进行试验。试验完成后,应将试验成果和报告报送监理单位现场机构审批,报告应说明选定的施工工艺及相应的施工参数,经监理单位现场机构批准后,才能进行施工。

(3)拼接前必须对黏结面进行清扫,黏结面上不得有油污、灰尘。阴雨天应在雨棚下作业,以保持黏(搭)结面干燥。

(4)土工膜的拼接接头应确保其具有可靠的防渗效果。在涂胶时,必须使其均匀布满黏结面,不过厚、不漏涂。在黏结过程中和黏结后 2 小时内,黏结面不得承受任何拉力,严禁黏结面发生错动。土工膜接缝黏结强度不得低于母材的80%,土工织物接缝黏结强度不得低于母材的70%。

(5)土工膜应剪裁整齐,保证足够的黏(搭)结宽度。当施工中出现脱空、收缩起皱及扭曲鼓包等现象时,必须将其剔除后重新进行黏结。

(6)在斜坡上搭接时,应将高处的膜搭接在低处的膜面上。

(7)在施工过程中,若气温低于 0 ℃,必须对黏结剂和黏结面进行加热处理,以保证黏结质量。黏结强度必须符合施工图纸的要求。

(8)土工膜黏结好后,必须妥善保护,避免阳光直晒,以防受损。

(9)应尽量选用宽幅(幅宽≥6 m)的土工合成材料,以减少现场接缝和黏(搭)结工作量。

4.2.2.2　铺设

（1）土工合成材料铺设前，应进行垫层和铺设面清理工作的验收，垫层的厚度和施工均应符合施工图纸规定。

（2）铺设面上必须清除一切树根、杂草和尖石，保证铺设垫层面平整，不允许出现凸出及凹陷的部位，并应碾压密实。排除铺设工作范围内的所有积水。

（3）土工合成材料的铺设应根据材料的受力方向以及尽量减少接缝的数量等因素确定，并符合施工图纸的要求。

（4）水平防渗的土工膜铺设时，应形成折皱，并保持松弛状，以适应变形。

（5）土工膜应根据施工图纸的要求锚固于混凝土中，以形成整体防渗，其锚固长度必须符合施工图纸的要求。

（6）土工合成材料与垫层之间必须压平贴紧，避免架空，清除气泡，以保证安全。坡面马道的部位易产生架空现象，必要时可在该处设水平缝。

（7）铺设过程中，作业人员不得穿硬底皮鞋及带钉的鞋。不准直接在土工合成材料上卸放混凝土护坡块体，不准用带尖头的钢筋作撬动工具，严禁在土工合成材料上敲打石料和进行一切可能引起土工合成材料损坏的施工作业。

（8）为防止大风吹损，在铺设期间所有的土工合成材料均应用沙袋或软性重物压住，直至保护层施工完为止。当天铺设的土工合成材料应在当天全部拼接完成。

（9）采用现场黏结方式进行土工合成材料的拼接，必须保证有足够的搭接长度，做到黏结剂涂抹均匀，无漏粘。采用热熔焊接方式进行材料拼接时，必须保证有足够的焊接宽度，防止发生漏焊、烫伤和折皱等缺陷。

（10）进行土工膜防渗体施工时，应规划好施工道路。当车辆、设备等跨越土工膜时，必须采取相应的保护措施。

（11）进行土工合成材料上的混凝土或砌石施工时，必须在混凝土或石料等下面设置砂垫层。任何时候铺放设备均不得直接在土工合成材料上行驶或作业，必须保证其铺设时不损坏材料。

（12）对施工过程中遭受损坏的土工合成材料，必须及时按监理单位现场机构的指示进行修理，在修理土工合成材料前，必须将保护层破坏部位下不符合要求的料物清除干净，补充填入合格料物，并予整平。对受损的土工合成材料，必须外铺一层合格的土工合成材料在破损部位之上，其各边长度应至少大于破损部位 1 m 以上，并将两者进行拼接处理。

4.2.2.3　回填覆盖

（1）土工合成材料完成拼接和铺设后，必须及时施工上覆工程（混凝土或砌石）。

（2）在进行砌石施工时，石块的最大落高不得大于 30 cm。承包人必须采取有效措施防止大石块在坡面上滚滑，以及防止机械搬运损伤已铺设完成的土工合成材料。

5　质量检查

5.1　土工合成材料的质量检验

承包人应会同监理单位现场机构对土工合成材料进行以下项目的质量检验：

（1）按本节有关规定，在每批土工合成材料进入现场前，对其物理性能、水力学性质、力学性能和耐久性能进行抽样检验。

（2）外观检查：按本节规定，对进货的每批土工合成材料进行外观检查。

（3）土工布和土工膜内在质量的测定以批为单位，每批产品随机抽取 2%～3%，但不少于 2 卷，采样及试验按规范进行；土工格栅的检验以批为单位，自检验批产品中随机抽取 5 卷。

（4）拼接所用的黏结剂、焊接材料和缝合细线的抽样检验。

5.2　土工合成材料施工期的质量检查

在施工过程中，监理单位现场机构将进行旁站监理，同时承包人应会同监理单位现场机构对土工合成材料的施工质量进行以下项目的质量检验和验收。

5.2.1　覆盖前的外观检查

在每层土工合成材料被覆盖前，应按规范规定目测有无漏接，接缝是否无烫损、无榴皱，铺设是否平整。

用真空法和充气法对全部焊接缝进行检测，查找有无漏接。

5.2.2　拼接缝强度的测试检验

按规范规定，每 1 000 m² 取一试样，做拉伸强度试验，要求接缝处强度不低于母材的 80%，且试件断裂不得在接缝处，否则接缝不合格。

5.2.3　隐蔽部位的验收

在每层土工合成材料被覆盖前承包人应按招标文件《通用合同条款》的规定和本节的质量检查内容进行工程隐蔽部位的验收。

6　工程质量评定与验收

工程质量评定和验收按《水利水电建设工程验收规程》、《水利水电工程施工质量评定规程》（试行）和《水利水电工程土工合成材料应用技术规范》、《土工合成材料应用技术规范》执行。

第 9 节　砌体工程质量

1　总则

1.1　依据

发包人与工程承包人签订的工程承包合同文件、招投标文件、设计文件以及有关工程规程、规范。

1.2　适用范围

适用于合同施工图纸和监理单位现场机构指示的各类砌体工程，包括浆砌石挡墙，干、浆砌石海漫、护坡、抛石，房建砌体等工程。

1.3　引用标准和规程规范（但不限于）

（1）《砌体工程施工及验收规范》（GB 50203）；

（2）《建筑工程质量检验评定标准》（GBJ 301）；

（3）《浆砌石坝施工技术规定》（试行）（SD 120）；

（4）《水利水电建设工程验收规程》（SL 223）；

（5）《水利水电工程施工质量评定规程》（试行）（SL 176）。

2　工程质量管理

按本书有关章节执行。

3　施工过程质量控制

按本书有关章节执行。

4　施工过程控制要点

4.1　开工申请

（1）承包人应在工程或每项单位工程开工前规定时间内，提供包括下列内容的施工措施计划，报送监理单位现场机构审批：①施工平面布置图；②砌体工程施工方法和程序；③施工设备的配置；④场地排水措施；⑤质量和安全保证措施；⑥施工进度计划。

（2）砌体材料的试验报告。承包人应在砌体工程开工规定时间前，将工程采用的各种砌体材料的试验成果，报送监理单位现场机构批准。未经批准的材料，不得使用。

（3）质量检查记录和报表。在砌体工程砌筑过程中，承包人应按监理单位现场机构指示提交施工质量检查记录和报表，其内容包括：①砌体材料的取样试验成果；②砌体工程基础的质量检查记录；③砌体工程砌筑的质量检查记录；④质量事故处理记录。

（4）上述报送文件经承包人项目经理（或其授权代表）签署后报送，监理单位现场机构限时审批。承包人按监理单位现场机构审批意见实施。

（5）除非承包人接到监理单位现场机构审批意见为"修改后重新报送"外，承包人即时向监理单位现场机构申请开工许可证，监理单位现场机构将于接到承包人申请后的 24 小时内开出许可证或开工批复文件。

4.2　施工过程监理

4.2.1　砌石工程

4.2.1.1　胶凝材料

（1）胶凝材料的配合比必须满足施工图纸规定的强度和施工和易性要求，配合比必须通过试验确定。施工中承包人需要改变胶凝材料的配合比时，应重新试验，并报送监理单位现场机构批准后实施。

（2）拌制胶凝材料，严格按试验确定的配料单进行配料，严禁擅自更改，配料的称量允许误差应符合下列规定：水泥为 ±2%；砂为 ±3%；水、外加剂为 ±1%。

（3）胶凝材料拌和过程中应保持粗、细集料含水率的稳定性，根据集料含水量的变化情况，随时调整用水量，以保证水灰比的准确性。

（4）胶凝材料拌和时间：机械拌和不少于 2 ~ 3 分钟，一般不采用人工拌和。局部少量的人工拌和料至少干拌三遍，再湿拌至色泽均匀，方可使用。

（5）胶凝材料应随拌随用。胶凝材料的允许间歇时间应通过试验确定。在运输或贮存中发生离析、泌水的砂浆,砌筑前应重新拌和,已初凝的胶凝材料不得使用。

4.2.1.2　浆砌石体砌筑

1)一般要求

（1）砌石体应采用铺浆法砌筑,砂浆沉入度宜为4～6 cm,当气温变化时,应适当调整。

（2）采用浆砌法砌筑的砌石体转角处和交接处应同时砌筑,对不能同时砌筑的面,必须留置临时间断处,并应砌成斜槎。

（3）砌石体尺寸和位置的允许偏差,不应超过《砌体工程施工及验收规范》的规定。

（4）当最低气温在0～5 ℃时,砌筑作业应注意表面保护;当最低气温在0 ℃以下或最高气温超过30 ℃时,应停止砌筑。无防雨棚的仓面,遇大雨应立即停止施工,并妥善保护表面;雨后应先排除积水,并及时处理受雨水冲刷部位。

2)浆砌石护坡、护坦

（1）必须采用铺浆法砌筑,水泥砂浆沉入度宜为4～6 cm。不得采用外面侧立石块、中间填心的砌筑方法。

（2）砌体的灰缝厚度应为20～30 mm,砂浆应饱满,石块间较大的空隙应先填塞砂浆,后用碎块或片石嵌实,不得采用先摆碎石后填砂浆或干填碎块石的施工方法,石块间不应相互接触。

3)浆砌石挡土墙

（1）毛石料中部厚度不得小于200 mm。

（2）每砌3～4皮为一个分层高度,每个分层高度应找平一次。

（3）外露面的水平灰缝宽度不得大于25 mm,竖缝宽度不得大于40 mm,相邻两层间的竖缝错开距离不得小于100 mm。

（4）砌筑挡土墙应按监理单位现场机构要求收坡或收台,并设置伸缩缝和排水孔。

4)养护

砌体外露面,在砌筑后12～18小时应及时养护,经常保持外露面的湿润。养护时间为水泥砂浆砌体不少于14天,混凝土砌体为21天。

4.2.1.3　水泥砂浆勾缝防渗

（1）采用料石水泥砂浆勾缝作为防渗体时,防渗用的勾缝砂浆应采用细砂和较小的水灰比,灰砂比控制在1:1～1:2之间。

（2）防渗用砂浆应采用强度等级32.5以上的普通硅酸盐水泥。

（3）清缝应在料石砌筑24小时后进行,缝宽不小于砌缝宽度,缝深不小于缝宽的2倍,勾缝前必须将槽缝冲洗干净,不得残留灰渣和积水,并保持缝面湿润。

（4）勾缝砂浆必须单独拌制,严禁与砌体砂浆混用。

（5）当勾缝完成和砂浆初凝后,砌体表面应刷洗干净,至少用浸湿物覆盖并保持21天,在养护期间应经常洒水,使砌体保持湿润,避免碰撞和振动。

4.2.1.4　干砌石体砌筑

1）一般要求

（1）干砌石使用材料应符合规范的规定,采用毛石或料石砌筑料。

（2）石料使用前表面应洗除泥土和水锈杂质。

（3）干砌石砌体铺砌前,应先铺设一层碎石垫层。铺设垫层前,必须将地基平整夯实,碎石垫层厚度应均匀,其密实度必须大于90%。

2）干砌石护坡及护坦

（1）坡面上的干砌石砌筑,应在夯实的碎石垫层上,以一层与一层错缝锁结方式铺砌,垫层应与干砌石铺砌层配合砌筑,随铺随砌。

（2）护坡表面砌缝的宽度不得大于25 mm,砌石边缘应顺直、整齐、牢固。

（3）砌体外露面的坡顶和侧边,应选用较整齐的石块砌筑平整。

（4）为使沿石块的全长有坚实支撑,所有前后的明缝均应用小片石料填塞紧密。

4.2.2　砌砖工程

4.2.2.1　砌砖砂浆

（1）采用的水泥、砂和水应按规范有关规定。

（2）生石灰熟化成石灰膏时,应用网过滤,使其充分熟化,熟化时间不得少于7天。

（3）砂浆应满足下列要求：①符合施工图纸规定的强度等级；②符合本节规定的砂浆稠度要求；③保水性能好（分层度不得大于20 mm）；④拌和均匀。

（4）砂浆的配合比应经试验确定,若须改变砂浆的材料组成,应重新试验,并经监理单位现场机构批准后实行。

（5）砂浆的配合比应采用重量比,水泥、外加剂等的配料精确度控制在±2%以内；砂、石灰膏、黏土膏、粉煤灰和磨细生石灰粉等的配料精度控制在±5%以内。

（6）为使砂浆有良好的保水性,应掺入无机塑化剂或有机塑化剂,不得采取增加水泥用量的方法。

（7）砂浆需采用机械拌和,拌和时间从投料完算起不得少于2分钟。

（8）砂浆必须随拌随用。水泥砂浆和水泥混合砂浆必须分别在拌成后3小时和4小时内使用完毕；如施工期最高气温大于30 ℃,必须分别在拌成后2小时和3小时内使用完毕。

（9）砌砖的砂浆稠度,应为70~90 mm。

4.2.2.2　砌砖体砌筑

（1）砖必须提前1~2天浇水湿润,含水率为10%~15%。

（2）砌砖体的灰缝横平竖直,厚薄均匀,并填满砂浆。

（3）埋入砌砖中的拉结筋,必须安设正确、平直,其外露部分在施工过程中不得任意弯折。砌砖体尺寸和位置的允许偏差,不得超过《砌体工程施工及验收规范》有关规定的限值。

（4）砌砖体应上下错缝、内外搭接。砌砖体宜采用一顺一丁、梅花丁或三顺一丁的砌筑形式,砖柱不得采用包心砌法。

（5）砌砖体水平灰缝的砂浆应饱满,不得低于80%,竖向灰缝宜采用挤浆或加浆方法,使其砂浆饱满,严禁用水冲浆灌缝。砌砖体的水平灰缝宽度一般为 10 mm,但不得小于 8 mm,也不得大于 12 mm。

(6)砌砖体的转角处和交接处应同时砌筑,对不能同时砌筑而又必须留置的临时间断处,必须砌成斜槎,斜槎长度不得小于高度的 2/3。外墙转角处严禁留直槎。

(7)砌砖体接槎时,必须将接槎处的表面清洗干净,浇水湿润,填实砂浆,保持灰缝平直。

(8)框架结构房屋的填充墙,必须与框架中预埋的拉结筋连接。

(9)每层承重墙的最上一皮砖,必须为整砖丁砌层。在梁或梁垫的下面,砌体的阶台水平面上以及砌砖体的挑出层(挑檐、腰线等)中,也必须采用整砖丁砌层砌筑。

(10)施工需要在砖墙中留置的临时洞口,其侧边离交接处的墙面不得小于 500 mm;洞口顶部设置过梁。

(11)临时施工洞口的补砌,洞口砖块表面应清理干净,浇水湿润,再用与原墙相同的材料补砌严密。

4.2.2.3　冬季施工

当室外日平均气温连续 5 天稳定低于 5 ℃时,且最低气温低于 −3 ℃时,砌体工程的施工应按《砌体工程施工及验收规范》冬季施工的有关规定执行。

4.2.2.4　养护

(1)外露面砌体,养护期内应避免雨淋或暴晒。

(2)砌砖体完工后必须至少洒水养护 3 天。

5　质量检查

5.1　砌石工程质量检查

承包人应会同监理单位现场机构进行以下各款所列项目的质量检查,检查记录应报送监理单位现场机构审核备案。

5.1.1　原材料的质量检查

(1)砌石工程所用的毛石和料石应按监理单位现场机构指示及本节相关条款的规定进行物理力学性质和外形尺寸的检查。

(2)用于砌石的水泥、水、外加剂以及砂和砾石等原材料应按监理单位现场机构指示及本节相关条款的规定进行质量检查。

5.1.2　胶凝材料(包括水泥砂浆等)的质量检查

(1)应按监理单位现场机构指示定期检查砂浆材料的配合比。

(2)水泥砂浆的均匀性检查:定期在拌和机口出料时间的始末各取一个试样,测定其湿容重,其前后差值每立方米不得大于 35 kg。

(3)水泥砂浆的抗压强度检查:同一标号砂浆试件的数量,28 天龄期的每 100 m³ 砌体取成型试件归口水利一组 3 个、归口建筑一组 6 个。

5.1.3　浆砌块石质量检查

(1)外观检查:砌体砌筑面的平整度和勾缝质量、石块嵌挤的紧密度、缝隙砂浆的饱满度、沉降缝贯通情况等的外观质量检查。

（2）尺寸和位置的允许偏差检查：其检查方法按《砌体工程施工及验收规范》的规定执行。

5.1.4　干砌块石质量检查

（1）外观检查：砌体砌筑面的平整度、石块嵌挤的密实度。

（2）尺寸和位置的允许偏差检查：其检查方法按《砌体工程施工及验收规范》的规定执行。

5.2　砌砖工程质量检查

承包人应会同监理单位现场机构进行以下各款所列项目的质量检查，检查记录应报送监理单位现场机构审核备案。

5.2.1　砂浆的强度质量检查

砂浆的强度除符合施工图纸要求外，还应符合以下规定：

（1）同品种、同标号砂浆组试块的平均强度不小于砂浆强度的标准值。

（2）任意一组试块的强度不小于砂浆强度标准值的75%。

（3）砖砌体砂浆饱满度的检查应符合本节相关条款的规定。

5.2.2　砌体工程质量检查

砌砖工程质量应满足以下要求：

（1）砌砖体上下错缝应符合下列规定：砖柱、垛无包心砌法；窗间墙及清水墙面无通缝；混水墙每间（处）4~6皮砖的通缝不超过3处。

（2）预埋拉结筋应符合施工图纸的要求，留置间距偏差不超过3皮砖。

5.2.3　砌砖体尺寸、位置质量检查

砌砖体尺寸、位置允许偏差应符合《砌体工程施工及验收规范》的规定。

6　工程质量评定与验收

工程质量评定与验收按《砌体工程施工及验收规范》、《水利水电建设工程验收规程》、《水利水电工程施工质量评定规程》（试行）和《建筑工程质量检验评定标准》执行。

第10节　混凝土工程

1　总则

1.1　依据

发包人与工程承包人签订的工程承包合同文件、招投标文件、设计文件以及有关工程规程、规范。

1.2　适用范围

适用于合同施工图纸所示的所有永久混凝土（包括钢筋混凝土、沥青混凝土、混凝土预制构件、预应力混凝土和素混凝土等）。

其他非主体工程的混凝土工程参照执行。

1.3　引用标准和规程规范(但不限于)

(1)《混凝土结构工程施工及验收规范》(GB 50204);

(2)《混凝土质量控制标准》(GB 50164);

(3)《水工建筑物滑动模板施工技术规范》(SL 32);

(4)《混凝土强度检验评定标准》(GBJ 107);

(5)《水工混凝土施工规范》(DL/T 5144);

(6)《水闸施工规范》(SL 27);

(7)《液压滑动模板施工技术规范》(GBJ 113);

(8)《沥青路面施工及验收规范》(GB 50092);

(9)《水泥混凝土路面施工及验收规范》(GBJ 97)。

2　工程质量管理

按本书有关章节执行。

3　施工过程质量控制

3.1　质量检查的职责和权力

按本书有关章节执行。

3.2　隐蔽工程

按本书有关章节执行。

3.3　施工质量缺陷和事故处理

施工质量缺陷和事故处理见本书第 5 章第 2 节相关内容。

4　施工过程控制要点

4.1　开工申请

4.1.1　现浇混凝土(含钢筋混凝土、沥青混凝土)

4.1.1.1　施工措施计划

承包人应在混凝土浇筑前规定时间内,提交一份混凝土工程的施工措施计划,报送监理单位现场机构审批,其内容包括水泥、钢筋、集料和模板的供应计划以及混凝土分层分块浇筑程序图、施工进度计划、混凝土观感质量及温度控制措施等。混凝土浇筑程序图应按施工图纸要求,详细编制各工程部位的混凝土和二期混凝土浇筑以及钢筋绑焊、预埋件安装等的施工方法和程序。若承包人在编制混凝土浇筑程序,需要修改施工图纸规定的施工缝位置时,必须报监理单位现场机构批准后执行。

4.1.1.2　现场试验室设置计划

在混凝土工程开工前规定时间内,承包人应提交现场试验室的设置计划报送监理单位现场机构审批,其内容包括现场试验室的资质、规模、试验设备和项目、试验机构设置和人员配备及资质等,以上资质应附相关证明材料。

4.1.1.3　质量检查记录和报表

在施工过程中,承包人必须及时向监理单位现场机构提供混凝土工程的详细施工记录和报表,其内容应包括:①每一构件或块体逐月的混凝土浇筑数量、累计浇筑数量;②各种原材料的品种和质量检验成果;③不同部位的混凝土等级和配合比;④月浇筑计划中各构件和块体实施浇筑起止时间;⑤混凝土的冷却、保温、养护和表面保护的作业记录;⑥浇筑时的气温、混凝土出机口和浇筑点的浇筑温度及坍落度;⑦模板作业记录和各部件拆模日期;⑧钢筋作业记录和各构件及块体实际钢筋用量;⑨混凝土试件的试验成果;⑩混凝土质量检验记录和质量事故处理记录等。

4.1.2　预制混凝土

4.1.2.1　施工措施计划

承包人应在预制混凝土构件制作前规定时间内,提交一份预制混凝土构件制作安装的施工措施计划,报送监理单位现场机构审批。其内容包括预制混凝土原材料的供应、主要设备和设施的配置、预制混凝土制作安装的措施和方法以及施工进度安排。

4.1.2.2　质量检查记录和报表

承包人应按监理单位现场机构的指示提供预制混凝土构件制作安装的详细施工记录和报表,其内容包括:①各类预制混凝土构件数量和混凝土工程量;②各种原材料的品种和质量检验成果;③各类预制混凝土构件的安装数量和时间;④预制混凝土各构件的混凝土试件的试验成果;⑤预制混凝土构件的质量检查记录和质量事故处理记录。

4.1.3　预应力混凝土

4.1.3.1　施工措施计划

承包人应在预应力混凝土施工前规定时间内,提交一份包括下列内容的预应力混凝土施工措施计划,报送监理人审批,其内容应包括:①预应力混凝土原材料供应;②预应力锚固器具和张拉设备的配置;③预应力筋的制作、安装和非预应力钢筋的绑扎;④预应力套管等预埋件的埋设和固定;⑤预应力混凝土的浇筑和养护;⑥预应力张拉工艺和程序;⑦预应力孔道灌浆措施等。

4.1.3.2　质量检查记录和报表

承包人应按监理单位现场机构的指示提交预应力混凝土的施工记录和报表,其内容包括:①预应力混凝土构件的制作数量和工程量;②预应力混凝土构件各种原材料的品种和质量检验成果;③预应力混凝土的强度和配合比;④预应力混凝土取样试验成果;⑤预应力张拉试验成果和张拉施工记录;⑥预应力孔道灌浆试验成果和灌浆施工记录;⑦质量事故处理记录。

上述报送文件经承包人项目经理(或其授权代表)签署后报送,监理单位现场机构限时审批。承包人按监理单位现场机构审批意见实施。

除非承包人接到监理单位现场机构审批意见为"修改后重新报送"外,承包人及时向监理单位现场机构申请开工许可证,监理单位现场机构将于接到承包人申请后的24小时内开出开工许可证或开工批复文件。

4.2　施工过程监理

4.2.1　模板

4.2.1.1　材料

(1)模板和支架材料应优先选用钢材、钢筋混凝土或混凝土等模板材料。

(2)模板材料的质量必须符合合同指明的现行国家标准或行业标准。

(3)木材的质量必须达到Ⅲ等以上的材质标准。腐朽、严重扭曲或脆性的木材严禁使用。

(4)钢模面板厚不得小于3 mm,钢板面应尽可能光滑,不允许有凹坑、皱折或其他表面缺陷。

(5)模板的金属支撑件(如拉杆、锚筋及其他锚固件等)材料应符合有关规定。

4.2.1.2 制作

(1)模板的制作应满足施工图纸要求的建筑物结构外形,其制作允许偏差不得超过规范规定。

(2)异型模板、滑动式模板、移动式模板、永久性特种模板的允许偏差,应按监理单位现场机构批准的模板设计文件中的规定执行。

4.2.1.3 安装

(1)按施工图纸进行模板安装的测量放样,重要结构应设置必要的控制点,以便检查校正。

(2)模板安装过程中,必须设置足够的临时固定设施,以防变形和倾覆。

(3)模板安装的允许偏差:结构混凝土和钢筋混凝土梁、柱的模板允许偏差,大体积混凝土模板安装的允许偏差,必须遵守规范规定。

4.2.1.4 模板的清洗和涂料

(1)钢模板在每次使用前应清洗干净,为防锈和拆模方便,钢模面板应涂刷矿物油类的防锈保护涂料,不得采用污染混凝土的油剂,不得影响混凝土或钢筋混凝土的质量。若检查发现在已浇的混凝土面沾染污迹,承包人必须采取有效措施予以清除。

(2)木模板面应采用烤涂石蜡或其他保护涂料。

4.2.1.5 拆除

(1)模板拆除时限,除符合施工图纸的规定外,还应遵守下列规定:不承重侧面模板的拆除,必须在混凝土强度达到其表面及棱角不因拆模而损伤时,方可拆除;墩、墙和柱部位在其强度不低于3.5 MPa时,方可拆除;底模必须在混凝土强度达到规范规定后,方可拆除。

(2)钢筋混凝土或混凝土结构承重模板的拆除必须符合施工图纸要求,并应遵守本条第(1)项的规定。

(3)经计算和试验复核,混凝土结构物实际强度已能承受自重及其他实际荷载时,必须经监理单位现场机构批准后,方能提前拆模。

(4)预应力混凝土结构或构件模板的拆除,除应符合施工图纸的规定外,侧面模板应在预应力张拉前拆除;底模应在结构构件建立预应力后拆除。

4.2.1.6 特种模板

永久模板、滑升模板、拉模和钢模台车等的设计、制造、安装和质量控制必须按规范有关的规定执行。特种模板拆除时限,由承包人报请监理单位现场机构审批。

4.2.2 钢筋加工和安装

(1)钢筋的表面应洁净无损伤,油漆污染和铁锈等应在使用前清除干净,带有颗粒状或片状老锈的钢筋不得使用。

（2）钢筋应平直,无局部弯折。

（3）钢筋加工的尺寸应符合施工图纸的要求,加工后钢筋的允许偏差必须符合规范规定。

（4）钢筋焊接和钢筋绑扎必须按规范规定以及施工图纸的要求执行。

4.2.3 现浇混凝土(含钢筋混凝土、沥青混凝土)

4.2.3.1 配合比

（1）各种不同类型结构物的混凝土配合比必须通过试验选定,其试验方法应按规范规定执行。

（2）混凝土配合比试验前规定时间内,承包人应将各种配合比试验的配料及其拌和、制模和养护等的配合比试验计划报送监理单位现场机构审批。

（3）混凝土配合比设计：

①承包人应按施工图纸的要求和监理单位现场机构指示,通过室内试验成果进行混凝土配合比设计,并报送监理单位现场机构审批;

②水工混凝土水灰比的最大允许值、坍落度应符合《水闸施工规范》中的相关要求;

③按施工图纸要求和监理单位现场机构指示,大体积建筑物内部混凝土胶凝材料的最低用量必须通过试验确定,试验成果必须报送监理单位现场机构;

④混凝土的坍落度,应根据建筑物的性质、钢筋含量、混凝土运输、浇筑方法和气候条件决定,尽量采用小的坍落度,混凝土在浇筑地点的坍落度可按《水闸施工规范》相关规定选定。

（4）混凝土配合比调整：在施工过程中,不得随意改变配合比。混凝土配合比使用过程中,应根据混凝土质量的动态信息,及时进行调整,在得到监理单位现场机构批准后实施。

4.2.3.2 混凝土取样试验

在混凝土浇筑过程中,承包人应按规范规定和监理单位现场机构的指示,在出机口和浇筑现场进行混凝土取样试验,并向监理单位现场机构提交以下资料：

（1）选用材料及其产品质量证明书;

（2）试件的配料、拌和试件的外形尺寸;

（3）试件的制作和养护说明;

（4）试验成果及其说明;

（5）不同水灰比与不同龄期的混凝土强度曲线及数据;

（6）不同掺合料掺量与强度关系曲线及数据;

（7）各种龄期混凝土的重度、抗压强度、抗拉强度、极限拉伸值、弹性模量、坍落度和初凝、终凝时间等试验资料。

4.2.3.3 拌和

（1）承包人拌制浇筑混凝土时,必须严格遵守承包人现场试验室提供并经监理单位现场机构批准的混凝土配料单进行配料,严禁擅自更改配料单。

（2）承包人应采用固定拌和设备,设备生产率必须满足工程高峰浇筑强度的要求,所有的称量、指示、记录及控制设备都应有防尘措施,设备称量应准确,其称量偏差不得超过规范规定,承包人应按监理单位现场机构的指示定期校核称量设备的精度。

(3)拌和设备安装完毕后,监理单位现场机构会同承包人进行设备运行操作检验。

(4)混凝土拌和应符合规范规定,拌和程序和时间均必须通过试验确定,且纯拌和时间不得少于规范规定。

(5)因混凝土拌和及配料不当,或因拌和时间过长而报废的混凝土必须弃置在监理单位现场机构指定的场地。

(6)混凝土搅拌完毕后,应按下列要求检测混凝土拌和物的各项性能:①混凝土拌和物的稠度应在搅拌地点和浇筑地点分别取样检测。每一工作班不应少于一次。评定时应以浇筑地点的测值为准。②在预制混凝土构件厂,如混凝土拌和物从搅拌机出料起至浇筑入模的时间不超过 15 分钟时,其稠度可仅在搅拌地点取样检测。③在检测坍落度时,应观察混凝土拌和物的黏聚性和保水性。

4.2.3.4　运输

(1)选用的混凝土运输设备和运输能力,应与拌和、浇筑能力、仓面具体情况及钢筋、模板吊运的需要相适应,以保证混凝土运输的质量,充分发挥设备效率。不论采用何种方式,都应使混凝土在运输过程中不致发生分离、漏浆、严重泌水及坍落度损失过大等现象。混凝土自由下落高度不得大于 2 m,否则应增设缓降设施。

(2)混凝土在运输过程中应尽量缩短运输时间,并减少转运次数,运输时间不宜超过规范规定。

(3)选用汽车运输混凝土时应优先选用混凝土搅拌车,否则应遵守规范规定。

(4)选用皮带机或其他运输方式时必须遵守规范有关规定。墩墙、底板和翼墙等现浇混凝土不宜采用泵送混凝土。不论采取何种运输设备,倘因停歇时间过久,混凝土已经初凝,则必须作废料处理。在任何情况下严禁混凝土在运输中加水入仓。

(5)同时运输两种以上强度等级的混凝土时,必须在运输设备上设置标志,以免混淆。

(6)混凝土运输工具及加工、浇筑地点,必要时应有遮盖或保温设施,以避免因日晒、雨淋、受冻而影响混凝土的质量。

(7)混凝土拌和物运至浇筑地点时的温度,最高不宜超过 35 ℃;最低不宜低于 5 ℃。

(8)混凝土运至指定卸料地点时,应检测其坍落度。所测坍落度值应符合设计和施工要求。其允许偏差值应符合相关标准的规定。

4.2.3.5　浇筑

(1)开仓前的检查。①任何部位混凝土开始浇筑前 8 小时(隐蔽工程为 12 小时),承包人必须及时通知监理单位现场机构对浇筑部位的准备工作进行检查。检查内容包括地基处理、已浇筑混凝土面的清理以及模板、钢筋、插筋、冷却系统、预埋件、止水和观测仪器等设施的埋设与安装等,经监理单位现场机构检验合格后,方可进行混凝土浇筑。②任何部位混凝土开始浇筑前,承包人应将该部位的混凝土浇筑的配料单提交监理单位现场机构审核,经监理单位现场机构同意后,方可进行混凝土浇筑。

(2)建筑物建基面必须验收合格,并经监理单位现场机构同意后,方可进行混凝土浇筑。

（3）混凝土分层浇筑作业。①承包人应根据监理单位现场机构批准的浇筑分层分块和浇筑程序进行施工。在浇筑建筑物墩墙、隔墙及翼墙混凝土时，应使混凝土均匀上升，在浇筑护坡混凝土时必须从最低处开始，直至保持水平面。②不合格的混凝土严禁入仓，已入仓的不合格混凝土必须予以清除，并按本节规定弃置在指定地点。③浇筑混凝土时，严禁在仓内加水。如发现混凝土和易性较差，应采取加强振捣等措施，以保证质量。

（4）浇筑的间歇时间。①混凝土浇筑必须保持连续性，浇筑混凝土允许间隙时间必须按试验确定，或按规范规定执行。若超过允许间歇时间，则按施工缝处理。②除经监理单位现场机构批准外，两相邻块浇筑间歇时间不得小于 72 小时。

（5）浇筑层厚度。混凝土浇筑层厚度，应根据搅拌、运输和浇筑能力、振捣器性能及气温因素确定，一般情况下，不得超过表 6-2 的规定。入仓面的混凝土应随浇随平仓，不得堆积。仓内若有粗集料堆叠时，应均匀地分布于砂浆较多处，但不得用水泥砂浆覆盖，以免造成内部蜂窝。

表 6-2　混凝土浇筑层的允许最大厚度

捣 实 方 法 和 振 捣 器 类 别		允许最大厚度(mm)
插入式	软轴振捣器	振捣器头长度的 1.25 倍
表面式	在无筋或少筋结构中	250
	在钢筋密集或双层钢筋结构中	150
附着式	外挂	300

（6）浇筑层施工缝面的处理。在浇筑分层的上层混凝土层浇筑前，应对下层混凝土的施工缝面，按监理单位现场机构批准的方法进行冲毛或凿毛处理。

（7）混凝土浇筑期间，如果表面泌水较多，应及时清除，并研究减少泌水的措施，严禁在模板上开孔赶水，以免带走灰浆。

（8）浇筑混凝土应使振捣器捣实到可能的最大密实度。每一位置的振捣时间以混凝土不再显著下沉，不出现气泡，并开始泛浆时为准。应避免振捣过度。振捣操作应严格按规定执行。振捣器距模板的垂直距离不得小于振捣器有效半径的 1/2，并不得触动钢筋及预埋件。浇筑的第一层混凝土以及在两次混凝土卸料后的接触处应加强平仓振捣。凡无法使用振捣器的部位，应辅以人工捣固。

（9）结构物设计顶面的混凝土浇筑完毕后，应使其平整，高程应符合施工详图的规定。平整度调整应在混凝土初凝前进行。

（10）滑模浇筑混凝土，必须连续进行，宜选用分段流水施工的方法。注意事项如下：

①采用的混凝土配合比及凝结速度应与滑升速度、气温及浇筑工艺等相适应，应选用二级配混凝土。

②宜采用溜槽输送入仓法，必要时设置阻滑板。浇筑时薄层均匀上升，每层厚度不得大于 25～30 cm，全仓面摊平后才能振捣。振捣器直径不得大于 50 mm，振捣器应插入浇

筑层,落点间距不大于 50 cm,深度应达新浇筑层底部以下 5 cm。严禁将振捣器插入模板下振捣。提升模板时,不得振捣混凝土,应特别注意接缝止水处的振捣,宜采用小型振捣器振捣,必须使止水周围的混凝土充填、振捣密实。

③模板滑升前,必须清除滑模前沿超填的混凝土,以防增加滑升阻力。

④滑模的滑升速度,应与浇筑强度和脱模时间相适应,平均滑升速度可控制在 1.0 m/h 左右,时段最大滑升速度不宜超过 2.5 m/h,每次滑升的幅度应控制在 20～30 cm 内;滑动模板的脱模时间,取决于混凝土的凝固状态,脱模后必须保持处于斜坡上的混凝土不蠕动、不变形,即新浇混凝土具有一定的初期强度。此强度的测定建议采用贯入阻力法。

⑤脱模的混凝土表面,应及时进行人工修整、压平和抹面,并在混凝土初凝时进行第二次压平抹光。

⑥在滑模连续作业施工中,当遇雨季时,除有可靠的防雨设施外,尚应注意排除工作面的积水。

(11)混凝土施工缝的处理,应遵守规范规定。

4.2.3.6　混凝土面的修整

1)有模板的混凝土结构表面修整

(1)混凝土表面蜂窝凹陷或其他损坏的混凝土缺陷应按监理单位现场机构指示进行修补,直到满意为止,并做好详细记录。

(2)修补前必须用钢丝刷或加压水冲刷清除缺陷部分,或凿去薄弱的混凝土表面,用水冲洗干净,应采用比原混凝土强度等级高一级的砂浆、混凝土或其他填料填补缺陷处,并予抹平,修整部位应加强养护,确保修补材料牢固黏结,色泽一致,无明显痕迹。

(3)混凝土浇筑块成型后的偏差不得超过模板安装允许偏差的 50%～100%,特殊部位(溢流面、门槽等)应按施工图纸的规定。

2)非模板混凝土结构表面的修整

(1)各种无模板混凝土表面的允许平整度偏差应符合规范要求。

(2)无模混凝土表面的修整。承包人应根据无模混凝土表面结构特性和不平整度的要求,采用整平板修整、木模刀修整、钢制修平刀修整和扫帚处理等不同施工方法、工艺进行表面修整,并达到规定的允许平整度偏差要求。

(3)无模混凝土表面的保湿。为避免新浇混凝土出现表面干缩裂缝,应及时采取混凝土表面喷雾、加盖聚乙烯薄膜,或其他方法,保持混凝土表面湿润和降低水分蒸发损失。喷雾时水分不应过量,要求雾滴直径达到 40～80 μm,以防止混凝土表面泛出水泥浆液,保湿应连续进行。

3)预留孔混凝土

(1)承包人应按施工图纸要求,在混凝土建筑物中预留各种孔穴。承包人为施工方便或安装作业所需预留的孔穴,均应在完成预埋件埋设和安装作业后,由承包人负责采用混凝土或砂浆予以回填密实。

(2)回填预留孔用的混凝土或砂浆,应与周围建筑物的材质相一致或等级高于周围建筑物的材质。

(3)预留孔在回填混凝土或砂浆之前,必须先将预留孔壁凿毛,并清洗干净和保持湿润,以保证新老混凝土结合良好。

(4)回填混凝土或砂浆过程中应仔细捣实,以保证埋件黏结牢固,以及新老混凝土或砂浆充分黏结,外露的回填混凝土或砂浆表面必须抹平,并进行养护和保护。

4.2.3.7　温度控制

1)说明

(1)承包人应根据施工图纸所示的技术要求及有关温度控制要求,编制详细的温度控制措施,作为专项技术文件列入混凝土施工措施计划,同时报送监理单位现场机构审批。

(2)承包人应采取有效措施减少混凝土运送过程中的温升。

2)温控措施

(1)降低混凝土浇筑温度。措施如下:①采用加冷水和碎冰(或刨冰)拌和混凝土;②运输混凝土工具应有隔热遮阳措施,缩短混凝土暴晒时间;③采用喷水雾等措施降低仓面的气温,并将混凝土浇筑尽量安排在早晚和夜间施工;④采用仓面混凝土彩涤聚乙烯隔热板等。

(2)降低混凝土的水化热温升。具体措施如下:①选用水化热低的水泥;②在满足施工图纸要求的混凝土强度、耐久性和和易性的前提下,改善混凝土集料级配,加优质的掺和料和外加剂以适当减少单位水泥用量。

(3)混凝土冬季施工措施应遵守规范中低温季节混凝土施工的规定。

4.2.3.8　养护和表面保护

1)养护

(1)承包人应根据施工对象、环境、水泥品种、外加剂以及对混凝土性能的要求,提出具体的养护方案报监理单位现场机构审批,并严格执行规定的养护制度。

(2)大体积混凝土的养护,应进行热工计算确定其保温、保湿或降温措施,并应设置测温孔或埋设热电偶等测定混凝土内部和表面的温度,使温差控制在设计要求的范围以内,当无设计要求时,温差不宜超过 25 ℃。

(3)冬季浇筑的混凝土,应养护到具有抗冻能力的临界强度后,才可撤除养护措施。混凝土的临界强度应符合下列规定:①用硅酸盐水泥或普通硅酸盐水泥配制的混凝土,应为设计要求的强度等级标准值的 30% ;②用矿渣硅酸盐水泥配制的混凝土,应为设计要求的强度等级标准值的 40% ;③在任何情况下,混凝土受冻前的强度不得低于 5 N/mm²。

(4)冬期施工时,模板和保温层应在混凝土冷却到 5 ℃后方可拆除;当混凝土温度与外界温度相差大于 20 ℃时,拆模后的混凝土应临时覆盖,使其缓慢冷却。

(5)承包人应针对工程建筑物的不同情况,按监理单位现场机构指示选用洒水或薄膜进行养护。

①采用洒水养护,应在混凝土浇筑完毕后 12 ~ 18 小时内开始进行,其养护期时间按规范执行,在干燥、炎热气候条件下,应延长养护时间至少 28 天以上。

②薄膜养护:在混凝土表面涂刷一层养护剂,形成保水薄膜,涂料必须不影响混凝土质量;在狭窄地段施工时,使用薄膜养护液应注意防止工人中毒。采用薄膜养护的部位,必须报监理单位现场机构批准。

2)混凝土表面保护

承包人应按规范规定进行混凝土表面保护。

4.2.3.9　混凝土表面抗磨和抗冲蚀部位的施工

为避免高速水流引起空蚀,施工中应按施工图纸和监理单位现场机构指示,严格控制表面不平整度。

(1)底槛及邻近闸门底槛的混凝土表面要求光滑,与施工图纸所示理论线的偏差不得大于 3 mm/1.5 m。

(2)一般过水混凝土凹凸不能超过 6 mm,凸部应磨平,磨成不大于 1∶20 的斜度,或按施工图纸规定执行。

4.2.3.10　止水、排水、伸缩缝和埋设件

1)止水、伸缩缝

(1)止水设施的型式、尺寸、埋设位置和材料的品种规格应符合工程施工图纸的规定。

(2)金属止水片应平整、干净、无砂眼和钉孔,止水片的衔接按其厚度分别采用折叠、咬接或搭接方式,其搭接长度不得小于 20 mm,咬接和搭接部位必须双面焊接。橡胶止水片的安装应防止变形和撕裂。

(3)采用预留沥青井止水设施,应按以下规定进行施工:①混凝土预制件外壁必须是毛糙面,以便与浇筑的混凝土密切结合,各节接头处应封堵严密;②应随浇筑块升高,逐段检查,逐段灌注沥青,并加热沉实后方可浇筑混凝土,不得一次全井灌注沥青;③沥青灌注完毕后,井口应立即封盖,妥加保护。

(4)安装好的止水片应加以固定和保护。

(5)伸缩缝混凝土表面应平整、洁净,当有蜂窝麻面时,应按规定处理,外露铁件应割除。

2)排水设施

(1)排水设施的型式、尺寸、位置和材料规格应符合工程施工图纸规定及监理单位现场机构的指示。

(2)施工图纸规定在地基内钻设的排水孔,其允许偏差应符合下列规定:①孔的平面位置与设计位置的偏差不得大于 10 cm;②孔的倾斜度:深孔不得大于 1%,浅孔不得大于 2%;③孔的深度误差应小于孔深的 2%。

3)埋设件

承包人应按施工图纸所示以及招标文件的规定预埋各种埋设件,其内容包括:①排水管;②电缆管;③电气和金属结构设备安装固定件;④监理单位现场机构指示埋设的其他埋设件。

4.2.3.11　混凝土质量检查

1)检查说明

承包人应按招标文件中有关条款的规定对混凝土的原材料和配合比进行检测以及对施工过程中各项主要工艺流程和完工后的混凝土质量进行检查与验收。监理单位现场机构将按招标文件《通用合同条款》的规定进行抽样检测,承包人的检测试验资料必须及时

报送监理单位现场机构审核。

2）混凝土质量的检测

（1）混凝土原材料的质量检验按有关章节执行。

（2）混凝土拌和均匀性检测，内容如下：①承包人应按监理单位现场机构指示，并会同监理单位现场机构对混凝土拌和均匀性进行检测；②定时在出机口对一盘混凝土按出料先后各取一个试样（每个试样不少于 30 kg），以测定砂浆密度，其差值不得大于 30 kg/m³；③用筛分法分析测定粗集料在混凝土中所占百分比时，其差值不得大于 10%。

（3）坍落度检测。按施工图纸的规定和监理单位现场机构指示，每班应进行现场混凝土坍落度的检测，出机口检测四次，仓面检测两次。

（4）强度检测。现场混凝土抗压强度的检测，同一等级混凝土的试样数量为 28 天龄期的试件每每 100 m³ 成型试件 3 个，设计龄期试件数按每 200 m³ 成型试件 3 个；混凝土抗拉强度的检查以 28 天龄期的试件按每 200 m³ 成型试件 3 个，3 个试件应取自同一盘混凝土。

3）混凝土工程建筑物的质量检查

（1）建基面浇筑混凝土前应进行地基检查处理与验收。

（2）在混凝土浇筑过程中，承包人应会同监理单位现场机构对混凝土工程建筑物测量放样成果进行检查。

（3）按监理单位现场机构指示和招标文件的相关规定对混凝土工程建筑物永久结构面修整质量进行检查。

（4）混凝土浇筑过程中，承包人应按相关的规定对混凝土浇筑面的养护和保护措施进行检查，并在其上层混凝土覆盖前，按招标文件《通用合同条款》和相关的规定对浇筑层面养护质量和施工缝质量进行检查。

（5）在各层混凝土浇筑分块检查验收中，应按相关的规定，对埋入混凝土块体中的止水和各种埋设件的埋设质量以及伸缩缝的施工质量进行检查。

4）混凝土工程建筑物的成型质量复测

混凝土工程建筑物全部浇筑完成后，承包人应按监理单位现场机构指示，对建筑物成型后的位置和尺寸进行复测，并将复测成果报送监理单位现场机构，作为完工验收的资料。

5）混凝土质量的钻孔抽样检验

监理单位现场机构认为有必要时，可通知承包人进行钻孔压水试验和钻孔取样试验，或用超声波或回弹仪等无损检测试验鉴定混凝土的质量。

4.2.4　预制混凝土

4.2.4.1　材料

（1）钢筋：钢筋的保管、验收应符合本节有关规定。

（2）模板：制作预制混凝土构件应优先采用钢模。模板的材料及其制作、安装、拆除等工艺必须符合本节有关规定。

（3）混凝土配合比试验应符合本节有关规定。

（4）混凝土预制砌块应从专业厂家定做，承包人所选择的混凝土预制块生产厂家须经发包人确认。厚0.12 m预制块相应块重不得小于43 kg,不得出现连续裂缝、边角破损、块体孔隙过大等现象。预制块的强度、形状、平面尺寸和厚度等应符合设计要求,预制块的制作偏差:预制块的尺寸应符合施工图纸要求,其长度误差不得大于5 mm,厚度误差不得大于3 mm。

4.2.4.2 预制混凝土构件的制作

(1)制作场地:制作预制混凝土的场地应平整坚实,设置必要的排水设施,保证制作构件不因混凝土浇筑和振捣引起沉陷变形。

(2)钢筋安装和绑扎:承包人应根据施工图纸或监理单位现场机构指示进行钢筋的安装和绑扎,并应符合本节有关规定。

(3)预制构件的预埋件:按施工图纸所示安装钢板、钢筋、吊耳及其他预埋件。

(4)模板安装和拆除:承包人应根据施工图纸或监理单位现场机构指示进行模板的安装。模板安装和拆除应符合规范规定。除监理单位现场机构另有指示外,混凝土应达到规定强度后,方可拆除模板,拆模时应满足下列要求:①拆除侧面模板时,应保证构件不变形和棱角完整;②拆除板、梁、柱、屋架等构件的底模时,如构件跨度小于或等于4 m,其混凝土强度不得低于设计强度的50%,如构件跨度大于4 m,其混凝土强度不得低于设计强度的75%。

(5)预制混凝土构件的制作偏差:①构件尺寸应符合施工图纸要求,其长度允许误差±10 mm,横断面允许误差±5 mm;②局部不平(用2 m直尺检查)允许误差5 mm;③构件不连续裂缝小于0.1 mm,边角无损伤。

4.2.4.3 养护及缺陷修补

(1)养护:混凝土用水养护时应满足本节有关规定,采用蒸汽养护时应符合规范规定。

(2)表面修整:预制混凝土表面的修整应符合本节有关规定。

(3)成型偏差:预制混凝土浇筑的成型偏差应遵守规范规定。

(4)合格标记:经监理单位现场机构检查合格的预制混凝土构件应标有合格标志,并应标有构件的编号、制作日期和安装标记。未标有合格标志或缺损的构件不得使用。

4.2.4.4 运输、堆放、吊运和安装

(1)运输:预制混凝土构件的强度达到设计强度标准值的75%以上,才可对构件进行装运,卸车时应注意轻放,防止碰损。

(2)堆放:堆放场地应平整坚实,构件堆放不得引起混凝土构件的损坏。堆垛高度应考虑构件强度、地面耐压力、垫木强度和垛体的稳定性。

(3)吊运:吊运构件时,其混凝土强度不应低于施工图纸和监理单位现场机构对其吊运的强度要求,吊点应按施工图纸的规定设置,起吊绳索与构件水平面的夹角不得小于45°;起吊大型构件和薄壁构件时,应注意避免构件变形,防止发生裂缝和损坏,在起吊前应采取临时加固措施。

(4)构件安装:应按施工图纸或监理单位现场机构的指示进行安装。安装前,应使用仪器校核支承结构的尺寸和高程,并在支承结构上标出中心线和标高。预制混凝土构件的安装位置,须经校正无误后,方可焊接或灌注接头混凝土,接头部位的金属件焊接应符合招标文件的相关规定,应对全部焊缝的焊接质量进行严格检查后,方可灌注混凝土,灌注接缝的混凝土或砂浆不得低于构件混凝土强度等级。预制混凝土的安装偏差,不得超过规范规定的数值。尚未达到设计强度的预制构件,应在安装完成后继续养护,只有在构件达到设计强度后,才允许承受全部设计荷载。

(5)混凝土预制块安装:①在基面平整、垫层铺设完成并经监理单位现场机构检验合格后进行;②预制块铺设时,不得破坏垫层,并应自下而上进行,其表面平整,砌缝应紧密、整齐有序,不允许出现通缝,砌块底部必须垫平填实,严禁架空;③对周边未被预制块覆盖的基面,必须采用现浇混凝土封堵;④在土工布表面砌筑混凝土预制块时,应注意保护土工布,避免受损坏,否则监理单位现场机构有权要求承包人对损坏的部位进行修复或返工,且费用由承包人承担。

4.2.4.5　质量检查

承包人应会同监理单位现场机构对预制混凝土构件的制作和安装进行以下项目的检查。

1)原材料的质量检验

预制混凝土原材料的质量检验按有关章节执行。

2)预制混凝土构件制作安装质量的检查

(1)预制混凝土浇筑过程中的混凝土取样试验应按本节相关条款的规定执行。

(2)按本节相关条款的规定进行预制混凝土构件制作质量的检查。

(3)按施工图纸的要求和本节相关条款进行预制混凝土构件安装质量的检查。

4.2.5　预应力混凝土

4.2.5.1　材料

预应力混凝土采用的常规钢筋、水泥、集料和掺合料等应符合有关章节规定。

4.2.5.2　预应力锚固器具和张拉设备的安装

(1)预应力锚固使用的支承垫片应按施工图纸规定的材质和尺寸进行制作,支承钢垫片安装后应注意防止浸蚀和锈蚀。

(2)后张法预应力钢绞线或钢丝的套管应采用足够刚度和强度的金属弯管,不漏浆,不透水,套管应牢固地固定在张拉布置详图规定的位置,其偏差不得超过3 mm。

(3)张拉设备必须准确安装在张拉布置详图规定的位置,预应力筋的重心应保持在施工图纸所示的曲线或直线上,与跨中线的误差不得超过6 mm,且每个横断面都应保持侧向对称。直线预应力筋应使张拉力的作用线与孔道中心线重合。曲线预应力筋应使张拉力作用线与孔道中心线末端的切线重合。

4.2.5.3　预应力筋的制作和安装

承包人应根据施工图纸的规定或监理单位现场机构的指示进行预应力筋的制作和安装。预应力筋的下料长度应按施工图纸的要求进行,应采用砂轮锯或切断机切断,不得使用电弧切割。成束预应力筋应采用穿束网套穿束,穿束前应逐根理顺,捆扎成束,避免紊乱。预应力筋的制作和安装应符合有关规定。

4.2.5.4　预应力混凝土的浇筑和养护

(1)现浇预应力混凝土的模板作业应按本节有关规定执行。

(2)在预应力混凝土浇筑构件内的钢筋绑扎以及套管等各类预埋件埋设就位和固定

完毕后,必须经监理单位现场机构检查合格后,方能进行预应力构件的混凝土浇筑。

(3)预应力混凝土浇筑应连续进行,不允许产生混凝土冷缝。混凝土振捣时,应避免预埋件移位。

(4)预应力混凝土的养护应按本节有关规定进行。

4.2.5.5 预应力张拉

(1)采用先张法张拉程序时,应做到各根预应力筋的应力一致,张拉后预应力筋的位置与设计位置的偏差不得大于 5 mm,且不得大于构件截面最短边长的 4%。在放张预应力筋时,混凝土强度必须达到设计值。预应力筋的放张程序应符合有关的规定。

(2)采用后张法张拉程序时,必须在混凝土抗压强度最小值达到设计值(在相同养护条件下的试验值)时才能进行张拉,后张法的施工方法和程序以及张拉控制应力等应符合有关的规定。应力传递后钢筋和混凝土的允许应力应符合施工图纸的要求。

(3)在张拉过程中,承包人对预应力筋的应力和延伸率的测量记录应及时报送监理单位现场机构审核,张拉过程中的预应力控制方法和预应力筋伸长值的计算方法应符合有关的规定。

(4)张拉过程中,预应力钢材(钢丝、钢绞线或钢筋)断裂或滑脱的数量:对后张法构件,不得超过结构同一截面预应力钢材总根数的 3%,且一束钢丝只允许有一根;对先张法构件,不得超过结构同一截面预应力钢材总根数的 5%,且严禁相邻两根断裂或滑脱。先张法构件在浇筑混凝土前发生断裂或滑脱的预应力钢材必须予以更换。

(5)采用后张法张拉时,套管中的预应力钢丝和钢绞线应畅通无阻,不得交叉。

4.2.5.6 灌浆

(1)采用后张法施工的预应力混凝土,在张拉前应用水冲洗和空气清扫,套管或孔洞中必须无水、无污垢和无其他异物。所有套管或孔洞在张拉完毕后都应及时进行压力灌浆。

(2)应采用水泥标号不低于 32.5 级普通硅酸盐水泥配制的水泥浆液,对空隙大的孔道,采用砂浆灌注。水泥浆及砂浆强度不得小于 20 N/mm²。水灰比为 0.4 左右,浆液搅拌后 3 小时泌水率应控制在 2%,最大不得大于 3%,当需增加孔道灌浆密实性时,水泥浆中可掺入对预应力筋无腐蚀作用的外加剂。

(3)灌浆前孔道应湿润、洁净;灌浆顺序应先灌注下层孔道;灌浆必须缓慢均匀地进行,不得中断,并排气通顺;在灌满孔道并封闭排气孔后,宜再继续加压至 0.5 ~ 0.6 MPa,稍后再封闭灌浆孔。

(4)灌浆后 24 小时内,预应力混凝土梁板上不得放置设备或施加其他荷载。

4.2.5.7 混凝土表面修整

现浇预应力混凝土表面的修整应符合本节有关规定。

4.2.5.8 堆放、运输、吊运和安装

预制预应力混凝土构件的堆放、运输、吊运和安装应符合本节有关规定。

4.2.5.9 质量检查

承包人应会同监理单位现场机构对预应力混凝土施工进行以下项目的检查:

1)原材料的质量检验

预应力混凝土原材料的质量检验按本书有关章节规定执行。

2）混凝土质量检测

预应力混凝土的质量检测按本节相关规定执行。

3）预应力混凝土构件制作安装质量的检查

（1）预应力混凝土浇筑过程中的取样试验按本节相关规定执行。

（2）预应力混凝土构件制作尺寸的允许偏差按本节相关规定进行检查。

（3）预应力筋的应力延伸值和预应力损失值应按施工图纸和有关的规定进行检查。

（4）预制预应力构件安装的定位放样应按施工图纸的要求进行检查。

5 工程质量评定

工程质量评定和验收按《水利水电工程施工质量评定规程》（试行）、《水利水电建设工程验收规程》、《混凝土结构工程施工及验收规程》、《混凝土强度检验评定标准》、《钢筋焊接及验收规范》、《沥青路面施工及验收规范》和《水泥混凝土路面施工及验收规范》执行。

第 11 节　交通工程

1　总则

1.1　依据

发包人与工程承包人签订的工程承包合同文件、招投标文件、设计文件以及有关工程规程、规范。

1.2　适用范围

工程施工图纸所示的隧道和新建交通桥及连接道路工程。

1.3　引用标准和规程规范（但不限于）

（1）《公路路基施工技术规范》（JTG F10）；

（2）《公路土工试验规程》（JTJ 051）；

（3）《公路路面基层施工技术规范》（JTJ 034）；

（4）《公路路基路面现场测试规程》（JTJ 059）；

（5）《水利水电建设工程验收规程》（SL 223）；

（6）《公路工程施工监理规范》（JTJ G10）；

（7）《公路沥青路面施工技术规范》（JTG F40）；

（8）《公路工程沥青及沥青混合料试验规程》（JTJ 052）。

2　质量控制的一般要求

2.1　交通桥工程质量控制

2.1.1　质量控制应做好的工作

2.1.1.1　施工准备阶段

（1）接桩与交桩工作，必须准确复测基准点和导线点数据资料，防止施工定位偏差造成重大损失。

(2)应重视施工技术方案及设备机械的审查工作,防止中途改变延误工程进度。

2.1.1.2 基础施工阶段

(1)注意地质情况的变化,发现与设计勘查资料不符时,应及时会同设计单位会商,采取工程措施,以免造成难以弥补的工程隐患。

(2)隐蔽工程要严格旁站,基底覆盖前应由监理单位现场机构到场认可。

2.1.1.3 在桥台、墩台施工阶段

(1)仔细准确测量定位,必须保证精度,不得出现偏差。

(2)注意墩台构造物的外形尺寸和混凝土的外观质量。

2.1.1.4 在桥梁上部结构的施工阶段

(1)要求承包人严格按设计要求施工,保证混凝土达到强度要求。

(2)要注意桥梁的桥面标高控制、现浇梁的支架沉降等诸多因素都会导致梁体顶面标高的变化。

(3)要注意构造物的外形尺寸和外观质量。

2.1.1.5 在桥面结构施工阶段

(1)注意桥面标高控制。

(2)注意铺装厚度的控制。

(3)注意外形尺寸和外观质量。

(4)伸缩缝施工必须准确、仔细,避免行车跳车和过早损坏的情况发生。

2.1.1.6 在桥台回填阶段

(1)选用压缩性小的透水材料作为桥台的回填材料,以避免桥头引道沉降,导致跳车。

(2)为尽可能减少桥头回填土的沉降,应严格控制压实度。

2.1.1.7 在施工结束阶段

要注意测量桩标志的保护,避免测桩丢失,直到竣工验收。

2.1.2 桥梁施工测量

2.1.2.1 测量控制网的建立和监理

具体测量要求参照《施工测量监理细则》。

2.1.2.2 桥梁水准测量的控制

桥梁水准测量的选择等级及其测量精度应满足设计要求。

2.1.3 桥梁钢筋混凝土、沥青混凝土工程质量控制

具体要求参照《混凝土工程质量控制监理细则》。

2.1.4 桥梁基础工程质量控制

(1)基础明挖前应提供单项基础工程开工报告,报告应附有:基础开挖施工方案,混凝土施工方案,开挖剖面、支撑等施工图纸或示意图。

(2)明挖基础工程质量应符合规范要求。

2.1.5 桥台、桥墩工程质量控制

2.1.5.1 桥台、桥墩质量要点

(1)由于桥台、桥墩、承台都是起传递荷载作用的构筑物,因此其强度必须达到设计

要求。

(2)桥台、桥墩、盖梁都是地面工程,不允许作任何表面装饰,要特别注意混凝土表面质量,控制标准通常应高出规范的一般要求。

(3)施工缝的处理严格按规范执行,确保无外观缺陷。

2.1.5.2 承台、墩柱、盖梁质量要求

承台、墩柱、盖梁质量应符合相关规范要求。

2.1.6 装配式预制梁桥工程质量控制

(1)装配式预制梁桥的主要施工工序是预制桥面板制作和吊装,工程预制桥面板主要为钢筋混凝土预应力结构。

(2)预制预应力桥面板施工,混凝土强度、水泥、钢材等的质量必须得到切实有效的保证,必须按图纸和规范要求严格施工。

(3)在预制预应力桥面板开工前,承包人应提交开工报告交监理单位现场机构审批。

(4)预应力钢筋混凝土预制桥面板的质量控制流程图与钢筋混凝土工程相同,可参照相应的监理细则执行。

2.1.7 公路桥支座安装质量控制

2.1.7.1 材料

(1)橡胶支座所用胶料的物理力学性能应符合规范要求,板式橡胶支座成品的物理力学性能应符合规范要求。

(2)橡胶支座加劲材料应采用 A3 钢板和不低于 A3 强度的薄钢板,厚度应大于或等于 2 mm,其屈服强度和抗拉极限强度及钢板厚度偏差均应符合规范要求。

(3)滑动支座滑动面所用的不锈钢板,必须采用 OCr17Ni12MO2、OCr19Ni13MO3 或 1Cr18Ni9Ti 不锈钢,其技术条件应符合规范有关规定。

(4)四氟滑板式支座中使用的纯四氟板技术要求应符合规范有关规定。

(5)支座钢件应符合规范要求。

2.1.7.2 支座成品检查验收

支座成品应由指定厂家生产,并附有合格证证明,经监理单位现场机构调查审批同意后再与指定厂家签约供货。

对已定型的支座形式,经过鉴定和工程实际应用,证明其指标符合规范要求的,可以不再做试验验收。否则应抽样试验。

2.1.7.3 支座垫石的检查

顶面标高应准确测定,允许偏差为:联系梁 ±5 mm,简支梁 ±10 mm,顶面水平高差 2 mm。

垫石砂浆或细石混凝土应满足设计要求并大于墩柱的设计强度。

垫石顶面应划十字线标志支座中心位置,支座偏位允许值为:支座中心与主梁中心线偏位允许偏差 2 mm,支座顺桥向偏位允许偏差 10 mm。

2.1.7.4 支座安装检查

支座的安装工艺应按设计和支座制造厂家规定的要求进行,板式支座一般在预制梁吊装时安放,盆式支座应在浇筑上部梁体时安装,并同时施工支座垫石。

2.1.8　桥面系工程质量控制

2.1.8.1　桥面系工程

内容包括:桥面铺装、桥面排水设施、桥面伸缩缝、人行道、栏杆(或防护栏)与灯柱等。

2.1.8.2　水泥混凝土桥面铺装

(1)铺装前,承包人应进行认真放样,报监理单位现场机构复查,以保证铺装的厚度、平整度、横坡度及纵坡度。

(2)铺装前应检查装配式梁板的横向连接钢筋是否已经按设计和规范要求焊接,焊接长度是否满足要求,进行铺装前应将桥面清扫干净,浇筑混凝土前应洒水湿润。

(3)水泥混凝土桥面铺装的施工除应参照规范有关规定办理外,尚须符合下列要求:

①在浇筑混凝土铺装层前,应对经检测符合检验评定标准各项指标要求,并经监理单位现场机构认可的基层表面上的杂物予以清除,并进行必要的修整。

②混凝土应采用机械拌和,其容量应根据工程量和施工进度配置。混凝土混合料的运输,宜采用自卸汽车,当运距较远时,宜采用搅拌运输车运输。混合料从搅拌机出料后运到铺筑地点浇筑完毕的允许最长时间,应根据试验室的水泥初凝时间及施工气温确定。装运混合料的容器不应漏浆并防止离析。出料及铺筑时的卸料高度不应超过 1.5 m。

③模板宜采用钢模板,也可采用质地坚实变形小的木模板。模板应连接牢固、紧密,整个长度上应紧贴在基层上,不允许漏浆,并应按要求的坡度和线向安设。混合料摊铺前应对模板进行全面检查,并经监理单位现场机构认可。

④混凝土混合料应采用机械摊铺,经监理单位现场机构批准也可用人工摊铺。摊铺应在整个宽度上连续进行。中途如因故停工,应设施工缝。混凝土铺装层的厚度不大时,可一次摊铺。摊铺厚度应考虑振实预留高度。采用人工摊铺时,严禁抛掷和耧耙,以防离析。

⑤对混合料的振捣,每一位置的持续时间,应以混合料停止下沉,不再冒气泡并泛出砂浆为准,不宜过振。振捣时应辅以人工找平,并应随时检查模板有无下沉、变形或松动。

⑥表面整平时,应选用较细的碎石混合料,严禁用纯砂浆找平。

⑦做面时严禁在混凝土面板上洒水、撒水泥粉,当烈日暴晒或干旱风吹时,宜在遮荫棚下进行。表面抹平后应按图纸要求的表面构造深度沿横坡方向拉毛或采用机具压槽。

⑧施工单位如采用振碾混凝土铺筑铺装层,应经监理单位现场机构批准。

⑨混凝土铺装层抹面完毕,应及时养护,养护应根据现场情况和条件选用湿治养护或喷洒塑料薄膜养护剂等方法,并经监理单位现场机构同意。

2.1.8.3　桥面排水设施

(1)必须做到纵横坡度符合设计要求。

(2)泄水管必须在浇筑混凝土时安装,在后继工作中特别是在桥面铺装时应避免泄水管堵塞。

(3)桥面铺装时应把泄水管的口部留出,泄水孔的进水口应略低于桥面面层,周围为铺装层所包围,形成一个空洞以接受水流。

(4)泄水管设置的位置、数量和材料应符合图纸要求。泄水管下缘应伸出结构物底面 10 ~ 15 cm,管口周围设置相应的聚水槽,金属管必须作防锈处理。

2.1.8.4 桥面伸缩缝

(1)伸缩缝应按施工图纸规定设置,当施工图纸未作详细规定时,应由承包人提出方案报监理单位现场机构审批。

(2)承包人应向监理单位现场机构报送伸缩缝装置出厂规格性能证书。监理单位现场机构认为有必要时,可以要求承包人在专门试验室进行试验,以证明所用材料是否符合规定。

(3)间隙的大小应与安装时的桥梁平均温度相适应,除非监理单位现场机构另有指示,接缝应在日平均温度为 5 ~ 20 ℃范围时进行安装。

(4)全部专用材料的拌和、使用和养护,应符合生产厂家的材料说明书要求。

(5)采用梳形钢板伸缩缝装置安装时的间隙,应按安装时的梁体温度决定。接缝四周的混凝土宜在接缝伸缩开放状态下浇筑。

(6)采用后嵌式橡胶伸缩体时,应在桥面混凝土干燥收缩完成且徐变也大部分完成后再进行安装;伸缩体块所需数量,应根据总伸缩量决定;每一橡胶伸缩体安装时,均应按温度大小施加必要的预压缩。

(7)安装各种伸缩装置时,定位值均应通过计算决定。梁体温度应测量准确,伸缩体横向高度应符合桥面线型。装设伸缩装置的缝槽应清理干净;如有顶头现象或缝宽不符合设计要求时,应凿剔平整。现浇混凝土时,应防止已定位的构件变位。伸缩缝两边的组件及桥面应平顺、无扭曲。

(8)安装后的桥面伸缩缝的伸缩性能必须有效,缝面与桥面必须结合良好,并保持平整。

(9)上层沥青混凝土应覆盖到伸缩缝范围内。

(10)在覆盖的沥青混凝土处精确放样,再用切割机将多余的沥青层去除。

(11)待后浇混凝土达到强度后再仔细安装伸缩缝。

2.2 隧道工程质量控制

2.2.1 隧道开挖

当隧道围岩类别及其相应的结构形式确定后,如何选用相适应的开挖方法和支护条件是关键的第一步。根据设计文件建议的开挖方法,执行具体施工的承包人应认真地研究与试验,应选择安全快速的掘进方法:①在Ⅱ类围岩及以下的软弱围岩,一般采取多导坑的分部开挖法,如侧壁导坑法,开挖工艺应遵循短进尺、早封闭、强支护的要求;②对于Ⅱ ~ Ⅳ类围岩及以下的软弱围岩,一般采用两步台阶法即长台阶法:上部断面先行,待全部完成或大部完成上部断面后再开挖下部断面,在开挖工艺上应遵循控制进尺、光面爆破、支护紧跟的要求;③对Ⅳ ~ Ⅵ类围岩,一般采用全断面开挖法,其开挖断面应一步到位,在开挖工艺上,应通过多次试验选择合理的进尺爆破参数,采用光面爆破法,对局部因围岩岩层不利或层理、节理发育地段,及时采取锚网喷支护;④对于Ⅲ ~ Ⅵ类围岩地段的光面爆破开挖法,应通过多次试验,才能选择出一套由钻孔的布置方向、数量、深度、装药量、引爆顺序等多种因素控制的爆破参数。

开挖断面的规整度一般采用目测的方法进行评定,对于超、欠挖,监理工程师将本着

"严格控制欠挖,尽量减少超挖"的原则,提高超、欠挖量的测定频率,并严格控制超挖部分的回填质量。

2.2.2　隧道支护

隧道支护分初期支护(初衬)和永久性模筑支护(二衬)。当前采用的支护类型,基本采用新奥法理念。就是根据不同的工程地质条件来制定围岩类别,对不同的围岩类别采用指导性的支护类型。

2.2.2.1　初期支护

初期支护的主要结构物为:钢架支撑、喷混凝土、钢筋网、径缶锚杆。又因隧道所处的位置不一样,围岩条件不一样,为保证隧道开挖期间的施工安全,并尽量少扰动原有的地层平衡条件。一般在洞口浅埋,扁压地段均设计有超前注浆长管棚支护(长度为 20 ~ 40 cm),洞内围岩较差的地段一般也设计有长度有限的超前注浆小导管(管长度在 5 cm 之内,本工程各段长度均 5.0 m),或超前锚杆。这两种支护实际上是为保证施工安全而采取的对围岩进行预先加固的辅助工程措施。

1)钢支撑

钢支撑的设置应在开挖后即时设置,要紧跟开挖。钢架紧跟开挖与延时设置的作用不大一样。有时承包人为减少开挖与支护互相干扰,在围岩较差的地段,这两道工序间距拉得很大,这对隧道结构来说是很不利的做法。

2)喷混凝土

作为初期支护来说,喷混凝土是最主要的结构。目前的地下工程不论围岩条件如何,都应有这种结构。

在喷混凝土的施工作业面上初喷 4 ~ 6 cm 厚的混凝土,封闭开挖面,待钢架、锚杆、钢筋网等工程措施到位后,再逐次地施喷混凝土,使其达到设计厚度,喷混凝土未达到设计强度前,它有一定的柔性,这种少许的柔性与围岩共用变形,使围岩应力度分布后达到平衡。这样,稳定的地层承载拱与喷混凝土等结构物构成初期支护的承载拱。喷混凝土的后期,混凝土逐步硬化,强度提高,其刚性也逐步增加,直到混凝土完全达到强度时,成为完全刚性的结构。

3)钢架

钢架具有较大的支护强度和刚度,安装后可立即承受开挖所引起的松坳压力。钢架可作临时支护单独使用,也可与锚杆、喷混凝土一起作永久支护,配合超前支护其效果更好。使用时注意事项如下:

(1)钢架与锚喷支护联合使用时,应保证钢架(或格栅钢架主筋)与围岩之间的混凝土厚度不小于 40 mm。

(2)钢架的纵向间距一般在 0.6 ~ 1.2 m,且不宜大于 1.2 m,两榀钢架之间应设置直径为 20 ~ 22 mm 的钢拉杆,沿钢架每 1 ~ 2 m 设一根。

(3)围岩压力一般通过楔子传到钢架上,故钢架与围岩间应楔紧。从试验资料看,单线隧道加 9 个楔子时,钢架强度可发挥 100%,加 5 个楔子时,只能发挥强度的 80%,故楔子间距宜为 1.2 m 左右。

(4)接头是钢架的弱点,因此应减少接头数量。据双线隧道上半断面钢架试验,两节钢架(在对称和偏压荷载作用下)较四节钢架承载力提高到接近 2 倍。考虑施工要求,拱部和边墙部分宜采用 4~6 节钢架。

(5)钢架接头通常用连接板和螺栓连接,并要求易于安装。

(6)为防止钢架承载而下沉,钢架下端应设在稳固地层上,或设在为扩大承压面而设的钢板、混凝土垫块上,钢架立柱埋入底板深度不应小于 15 mm,当有水沟时不应高于水沟底面。

(7)开挖下一级台阶时,为防止钢架拱脚下沉、变形,根据需要在拱脚下可设纵向托梁,把几排钢架连为一个整体。

(8)钢架材料的选择:刚性钢架常用 10~20 号工字钢,11~24 kg/m 轻轨或 38~43 kg/m 钢轨,φ100~φ180 mm 钢管;钢筋网一般采用 φ4~φ10 的 Ⅰ 号钢筋,其网眼间距一般为 15~30 cm,当小于 15 cm 时,回弹增加;当大于 30 cm 时将大大减弱钢筋网在喷混凝土中的作用。钢筋网的保护层厚应≥20 cm。当设双层钢筋网时,应在第一层的喷混凝土基本覆盖后再铺设第二层。

2.2.2.2　锚喷支护

锚喷支护开始前,所有原材料包括锚杆、水泥、砂、碎石等必须经过监理抽检认可,砂浆、混凝土、配合比也必须按设计完成,施工过程中主要控制以下方面。

1)锚杆位置及方向

承包人钻孔前,监理工程师将要求承包人根据设计要求定出孔位,并用红漆或其他方法做出标记,经监理工程师检查合格后方可钻孔,钻孔方向应尽量与围岩壁面和岩层主要结构面垂直,锚杆的间距、排距是监理控制的重要内容。

2)钻孔深度及孔径

适宜的钻孔深度是保证锚杆锚固质量的前提,监理工程师将要求承包人对每个钻孔深度进行量测,监理工程师按不少于 30% 的频率进行抽检,符合要求后方可进行锚杆施工,孔径以大于杆体直径 15 mm 为宜,孔钻好后要求承包人用高压水将孔眼冲洗干净,向下的钻孔还须用高压风吹净孔内积水。

3)砂浆锚杆、砂浆注满度及锚杆抗拔力

承包人安装 300 根锚杆,监理工程师至少随机抽样一组(3 根)进行锚杆抗拔力检测,砂浆注满度的控制通过监理工程师在对施工全过程进行旁站监督,确保锚固质量。

4)挂网喷射混凝土

钢筋网应根据被支护岩面上实际起伏形状铺设,喷射混凝土施工过程中监理工程师重点控制喷射厚度和喷射混凝土的配合比,喷射混凝土厚度每 10 延米至少检查一个断面,从拱顶每隔 2 m 一个点凿孔检查厚度,并按每 10 延米至少在拱部和边墙各取一组试样的频率要求承包人进行抗压强度试验,监理工程师按不少于承包人检测频率的 30% 掌握抽检频率。喷射混凝土施工中监理工程师将要求并协助承包人尽量减少混凝土回弹率。

2.2.2.3　二次衬砌

(1)初期支护与二衬之间的密贴程度,对复合式衬砌受力状态产生较大的影响。当初衬与二衬之间有空隙尤其拱顶灌注混凝土不密实,或由于混凝土的收缩产生空隙时,其拱部形成马鞍形围岩压力,拱部小(或无)而拱腰大,此时二衬的拱顶外缘受拉、内缘受挤压,严重者拱顶内缘分层掉皮,而破坏二衬应有的支护作用。所以施做二衬后,一般应向二衬拱顶压注水泥砂浆填充,使二衬与初衬之间尽量不留空隙,这种措施在Ⅰ～Ⅲ类围岩中的衬砌尤为重要。

(2)二衬的截面厚度。二衬的截面厚度及结构形式取决于围岩压力的大小,当断面形状确定以后,保证二衬的厚度是保证复合式衬砌结构安全的重要因素,这是通过力学计算或大量的实践类比出来的重要参数。其厚度的误差,特别是厚度负误差,一定要控制在验收规范规定的范围内。

(3)放线定位。承包人轨道铺设和台车就位后,监理工程师将对其位置、尺寸进行检查,须预留误差量和预留沉落量,并注意曲线加宽。

(4)二衬混凝土的强度。保证混凝土的设计强度是保证二衬厚度的前提,故在一次衬砌混凝土的配制中一定要采用能达到设计强度的合理的配合比,严格控制水泥和标号、用量及粗细集料的质量。

(5)二衬的密实度。二衬的密实度是保证混凝土质量及防水标准的重要措施之一,故工作中应从混凝土的配制、运送、灌注、振捣等方面严格把关,使已灌注的混凝土各项指标达到设计要求;衬砌混凝土的浇筑宜自下而上依次灌注,灌注过程中监理工程师将派员进行全过程旁站,严格控制泵送混凝土的配合比,检查角落部位和钢筋密度较大的部位的振捣情况,拱顶部位的浇筑必须重点监督检查。

(6)二次衬砌内部结构。二衬中所用的钢筋型号、规格、布置及钢筋绑扎、焊接等工艺一定要符合设计及规范规定的要求。

(7)在应施做仰拱的地段必须先施工仰拱的初衬及二衬,拱墙的二衬紧跟使二衬能及时地成环状结构,以在很短的时间内,使二衬约束围岩变形。

(8)在施做二衬前必须对初衬的质量进行检查验收。

(9)在施做二衬前必须对二衬所有的排水设施进行检查,以确保防排水各设备的质量,因二衬后,此部分已成隐蔽工程,一但出差错将造成严重的后果。

(10)保证二衬饱满。目前隧道施工中常见的一个通病是二衬不饱满,二衬与锚喷混凝土间存在空隙,引起该通病的原因主要有两个:一是锚喷混凝土表面凹凸不平且相差较大,二是由于初衬混凝土的收缩导致二衬与锚喷混凝土间产生缝隙。施工过程中,监理工程师一方面要求并指导承包人做好锚喷混凝土,使其表面顺滑,无异常凸起或深坑,另一方面要求承包人在二衬施工时预留压浆孔,必要时进行补压浆以使二衬饱满。

2.2.2.4　防排水施工

二次衬砌前防排水施工质量控制是保证隧道不漏不渗的关键,监理工程师在施工过程中重点控制以下环节。

1)衬砌防水

防水卷材铺设前承包人应对喷射混凝土衬砌基面进行处理,对基面上的尖锐突出物应进行割除,如有明水则必须采取措施堵或引排。基面经监理工程师检验合格后,方可进行防水卷材的铺设。防水卷材在洞外先加工成大块体,监理工程师对拼接缝宽度(≥10 cm)、焊缝质量(充气检验)进行检验,合格后方允许进洞铺挂,防水层铺挂时监理工程师重点检查铺挂点的数量和固定方式,并对防水层的施工质量进行认真、细致的检查,对已发生破损的部位要求承包人及时修补。

2)施工缝或沉降缝止水

止水带的施工过程中监理工程师主要控制止水带的位置和现场接头,检查止水带安装的横向位置和纵向位置与设计尺寸相比偏差不应超过 5 cm 和 3 cm,并保证止水带与衬砌端头模板正交。施工中如发现止水带有割伤、破裂现象应及时要求承包人修补,止水带接头监理主要检查接头留设部位与压茬方向、接缝宽度、接头强度。

3)衬砌背面排水

衬砌背面排水监理将重点控制排水管及排水盲管的材质、外观及安装位置、固定方式、连接方式,排水系统须经监理工程师检验合格后方可施做二次衬砌。

4)防排水措施的调整

施工过程中,监理办将要求隧道现场监理人员加强施工中对洞内出水部位、水量大小、涌出情况、变化规律及补给来源等内容的观测,并进行详细记录,供业主、设计、施工各方参考,不断完善防排水措施。

5)做好防排水工程,防止隧道渗漏

隧道发生渗漏的主要原因往往是防水施工中不仔细,因此监理工程师在隧道排水工程施工中将认真检查每一个止水带,每一个止水条,每一道排水管,每一道防水卷材的焊接,尽可能将渗漏水的可能性降到最低。如果确因某种原因导致二衬漏水,监理工程师将指导承包人在进行洞内装饰前做好防渗堵漏工作。

2.2.2.5 施工量测与监控

现场施工量测是隧道施工中的一项重要工作,它必须是在初步调查的基础上,依据实际工程地质条件、施工方法、环境要求、经济条件等进行。

1)量测计划

量测计划应包括:量测项目的选择,测试断面、测线、测点、测孔的布设,测量频率及测量期的确定,监理工程师将对承包人的量测计划进行审查,批准后实施。

2)量测实施

测量监理工程师专门负责隧道施工量测,根据量测计划,加强对地质和支护状况的观察,重点量测周边位移、拱顶下沉、锚杆拉拔力等项目,按监理工程师规定的频率及时进行量测,以掌握围岩和支护的动态并及时反馈,指导后续施工。

3)量测数据分析与反馈

监理工程师在进行监控量测时,必须做好记录,并据此绘制围岩和支护的位移—时间关系曲线并加以分析,据此修正初期支护参数,调整施工措施。

2.3 道路工程

2.3.1 路基

2.3.1.1 临时排水沟

路基施工前,应首先形成完善的临时排水系统,排除地表水。施工过程中的雨水应能随时排除。临时排水沟的设置,应注意在确保排水功能的同时,还应讲求外观的整齐划一、美观。临时排水沟应断面尺寸统一,线条顺直美观。

2.3.1.2　路基表面排水

在施工过程中,应注意随时排除路基表面的雨水。路基表面应确保平整,具有一定的横坡度,同时路基顶面的两侧应设置挡水埂,每隔 10 m 开一口,雨水沿挡水埂流到出水口,经临时排水槽排至临时排水沟。

2.3.1.3　塑料排水板

须采用带刻度可测深式塑料排水板。

外包滤膜外表面要求连续印刷长度刻度标记,外包滤膜内表面要求黏附两根与滤膜等长的绝缘细铜丝,其目的是用以检查、检测施工后的塑料排水板长度。

利用刻度标记检查塑料排水板打入深度的方法是:将一根塑料排水板板头数字与前一根板头数字相减,所得数值即为这根塑料排水板在地基中的实际打入深度。

利用细铜丝检测塑料排水板打入深度的方法是:塑料排水板的下端在打入前,先将两根细铜丝端部焊接,使其充分接触。打入后,塑料排水板的上端外露的两根细铜丝端部与专用的电子测深仪相连,形成回路,即可测出这根塑料排水板的打入深度。

根据经验,提高塑料排水板电子测深可测率的措施有:

(1)电极铜丝二端头应先去除外表绝缘层(火烧、砂皮磨、刀刮均可),处理长度不小于 2 cm,然后将处理后的端头先扭成麻花状,再用电烙铁锡焊,上锡长度不小于 1 cm。

(2)铜丝焊接好后,应把接头放回滤膜内,并尽量往内藏,以免插杆回抽时被拉断。

(3)要保证桩尖与管靴结合紧密,防止淤泥挤入导管内而增大板体所受的摩擦力,使铜丝或板体被拉断。应经常振动空导管以清除导管内的淤泥。

(4)施工完成后应及时用电子测深仪检测打入深度,一般当天施工完成后,必须当天检测完毕。

塑料排水板留出孔口长度应保证伸入砂垫层不小于 50 cm,预留段应及时弯折埋设于砂砾层中,使其与砂垫层贯通;并将其保护好,以防机械、车辆进出时受损,影响排水效果。

2.3.1.4　软基处理

1)真空预压

真空预压应遵循以下规定:

(1)密封膜的加工。密封膜宜为聚氯乙烯薄膜,厚度为 0.12~0.17 mm,其加工后形状必须与加固区一致,加工后的薄膜面积不得小于设计面积,密封膜每边长度应大于加固区相应边 3~4 m。每块加固区域用 2~3 层密封膜,具体层数可根据密封膜性能确定。薄膜加工可采用热合法,严禁有热穿、热合不紧等现象,不宜有交叉热合缝。

(2)滤管安装:滤管应埋于砂垫层中间,距泥面与砂垫层顶面的距离均应大于 5 cm。滤管周围必须用砂填实,严禁架空漏填。

(3)密封沟:密封沟的开挖应沿加固边界进行,其深度应到达地下水并切断透水层,内外坡应平滑,无砂料存在。沟底宽度应在 0.4 m 以上,以保证密封膜与沟底黏土充分接触,满足密封要求。

(4)试抽真空:在覆水前,应进行试抽真空,同时仔细检查每台射流泵的运转情况及薄膜的密封性,发现问题及时处理。试抽真空宜为 7~10 天,膜下真空压力应达到 0.08

MPa,若低于此值即属不正常,应立即查找原因及时处理。试抽开始,即应进行真空压力、沉降量等参数的观测。

(5)正常抽真空:试抽达到要求后,可进行覆水转入正常抽真空阶段,此阶段是真空预压加固地基的主要阶段,可持续2~5个月。

2)打入桩

(1)施工前检查进入现场的成品桩、接桩用电焊条等产品质量。先张法薄壁预应力混凝土管桩应符合国家标准,其规格及技术要求应满足设计要求。

(2)锤击沉桩应选用合适的桩锤,宜重锤轻击。

(3)静压法沉桩,其桩架应按额定的总重配置压重,并保证压桩机在压桩过程中机械性能保持正常运转,压桩设备应有加载反力读数系统。

3)沉管灌注桩(Y型)

(1)沉管过程中,如水或泥浆有可能进入桩管时,应在桩管内灌入高1.5 m左右的封底混凝土,方可开始沉管。

(2)沉孔质量合格后应尽快灌注混凝土。

(3)桩管内灌入混凝土后,先振动5~10秒,再开始拔管。应边振边拔,每拔0.5~1 m,停拔振动5~10秒;应控制拔管速度不大于0.8 m/min。如此反复,直至桩管全部拔出。

4)沉管灌注桩(薄壁筒型)

(1)沉孔之前,必须使桩尖与成孔器内、外钢管的空腔密封,使其在全部沉孔过程中不会漏水。

(2)预防渗漏水方法:①预先灌注约1 m混凝土在壁腔内,防止地下水渗入壁腔中。②在桩尖与成孔器接触处的内外侧均用胶泥或石膏水泥密封防水。③沉孔以后,在壁腔内测试有无水体渗入,若发现有水泥或水时,应用专用抽水机在壁腔内将水排出,壁腔内不允许有淤泥进入。④可用止水塑料布或其他止水胶布阻水。

(3)浇筑混凝土前,应检测孔底有无渗水和淤泥挤入。当挤入淤泥厚度大于20 cm时,应重新沉孔。

(4)桩管内混凝土灌满后,先振动5~10秒,再边振边拔,每拔0.5~1 m,拔管速度宜控制在1.0~1.5 m/min,且不宜大于2 m/min。遇特别软弱土层时,宜控制在1.0~1.2 m/min。

(5)气温低于5 ℃时,不得浇筑混凝土。在桩顶混凝土未达到设计强度50%前不得受冻。当气温高于30 ℃时,应对混凝土采取缓凝措施。

5)换填

这是最常用的方法。这种方法最大有效处理深度3 m。采用人工或机械挖除路堤下全部软土,换填强度较高的黏性土或砂、砾、卵石、片石等渗水性材料。换填的深度要根据承载力确定。

6)抛石填筑

就是在有软土或弹簧土以及有积水的路段填石头,填石的高度以露出要处理的路段原有土层(或积水)高度为宜。在填石的过程中注意一定要用推土机把石块压实,不能出现软弹现象。然后再填筑土方。

7）盲沟

就是在要处理的路段根据要处理的路段的长度，在横向或纵向挖盲沟，盲沟通常用渗水性大的孔隙填料或片石砌筑而成。也可以填入不同级配的石块起到排水的功能。注意盲沟的出口要与排水沟连接，以便把路基中的水排出路基。

8）排水砂垫层

排水砂垫层是在路堤底部地面上铺设一层砂层，作用是在软土顶面增加一个排水面，在填土的过程中，荷载逐渐增加，促使软土地基排水固结，渗出的水就可以从砂垫层中排走。为确保砂垫层能通畅排水，要采用渗水性良好的材料。砂垫层一般的厚度为 0.6 ~ 1.0 m。为了保证砂垫层的渗水作用，在砂垫层上应该填一层黏性土封住水不让水返上路基。在路基两侧要修好排水沟，砂垫层渗出的水通过排水沟排出路基外，保持路基的稳定。

9）石灰浅坑法

由于黏性土含水量影响，施工中经常出现"弹簧土"松软现象。一般较轻的可以采用挖土晒干，敲碎回填；"石灰浅坑法"可以用于各种不同面积的路段（就是说大面积可以使用，小面积也可以使用）。具体做法是：挖 40 ~ 50 cm 方形或圆形、深一般 1 m 左右的坑，清除坑内的渗水（最好挖好坑后，第二天清除渗水），放入深为坑深 1/3 的生石灰，即可回填碾压。坑的行距和坑距在轻度弹簧路段为 5 ~ 6 m，在严重弹簧路段为 3 ~ 4 m。

2.3.1.5　填料粒径的控制

粒径超标，是多年来的质量通病。尤其是宕渣，往往超标严重。

控制粒径须从源头抓起。如料源粒径超标的块石含量大，应安装破碎机进行破碎。运料车上应安装格栅架子，格栅间隙为 10 cm 或 15 cm（根据填料的区位而定），以确保填料最大粒径不超过规范规定值。

2.3.1.6　填料含水量的控制

含水量应接近最佳含水量，但在实际施工中，往往缺乏措施。特别是夏季干燥，含水量少，必须配备洒水车及拌和设备。

2.3.1.7　分层厚度的控制

控制分层厚度的目的是控制压实度。现行施工规范对松铺厚度有明确的规定。在施工中必须严格控制。

控制松铺厚度的方法，一般是打方格、拉线法。

打方格的方法是，用石灰粉撒出纵横线条将路基表面分割成形状、面积完全相同的长方形，每一个长方形中卸一车填料，其体积除以长方形面积刚好等于或略小于要求的松铺厚度。

拉线的目的是为了更好地控制层厚的均匀性。

2.3.1.8　桥涵及其他构造物处的填筑

1）填料

应采用砂砾类土或透水性土，如采用非透水性土，应掺加石灰或水泥；如采用砂砾土，建议采用水密法碾压密实。

2)填土范围

台背填土顺路线方向长度是台高的 3~4 倍。

涵洞每侧填土长度是 2 倍孔径。

3)分层厚度

一般为 20 cm。如采用小型夯具应为 15 cm。采用水密法可根据实际情况适当增加分层厚度。

4)含水量

如采用掺加石灰或水泥的非透水性土,应严格控制含水量。

2.3.1.9 边坡防护

(1)上边坡的防护,要满足安全性和环保及美观的要求。

(2)在施工过程中,为防止边坡受雨水冲刷,应设置临时排水槽。

(3)永久性的防护在内在质量符合要求的前提下,应注意外观质量的美观。要求坡面平整、线条顺直。

2.3.1.10 砌筑工程

(1)砌筑应分层错缝。浆砌时坐浆挤紧,嵌填饱满密实,不得有空洞。

(2)砌体表面平整,砌缝完好、无开裂现象,勾缝平顺、无脱落。

(3)泄水孔无堵塞。

(4)沉降缝整齐垂直,上下贯通。

2.3.2 基层、底基层

2.3.2.1 材料

1)材料规格

各类结构层的材料规格,应符合交通部颁发的有关路面施工规范的要求。

2)碎(砾)石

碎石应由质地坚硬、耐久的干净砾石或岩石轧制而成,应具有足够的强度和较高的耐磨性能。其颗粒形状应具有棱角且近似立方体,无杂质。砾石轧制的碎石应有 90% 以上的破碎颗粒;砾石包括天然砾石、破碎砾石,天然砾石的抗压碎能力应符合规范石料压碎值的要求。

3)砂

砂应洁净、坚硬、干燥、无风化、无杂质,符合规定的级配,其泥土杂物含量应小于 3%。

4)石屑

石屑系机械轧制而成,最大颗粒宜小于 5 mm,应坚硬、清洁、干燥、无风化、无杂质,具有适当的级配。

5)水

水应清洁,不含有害物质。来自可疑水源的水,应经过化验,并报监理工程师核查。

6)水泥

水泥可采用普通硅酸盐水泥、硅酸盐水泥,采用其他种类水泥应报监理工程师批准。

2.3.2.2 开工前的检查

(1)施工机械设备。主要指摊铺设备、压实机械及其他机械设备数量、型号、生产能力等。

(2)混合料拌和场的位置、拌和设备以及运输车辆能否满足质量要求及连续施工的要求。

(3)路用原材料。检查水泥、粗集料、细集料等各种原材料,要求满足《公路路面基层施工技术规范》(JTJ 034—2000)的要求。

(4)混合料配合比设计试验报告。检查原材料的试验结果及混合料的击实试验、承载比、抗压强度的试验结果。混合料的设计步骤如下:①制备同一种土样,不同水泥剂量的水泥稳定(或综合稳定)土混合料的配制;②确定各种混合料的最佳含水量和最大干压密实度,应至少做三个不同水泥剂量(最小剂量、中间剂量和最大剂量)混合料的击实试验;③按工地预定达到的压实度,分别计算不同水泥剂量的试件应有的干密度;④按最佳含水量和计算得的干密度制备试件;⑤试件在规定温度下保湿养生 6 天,浸水 1 天后,进行无侧限抗压强度试验,计算试验结果的平均值和偏差系数,规定的温度为:冰冻地区(20±2)℃,非冰冻地区(25±2)℃;⑥水泥稳定砂砾的 7 天浸水抗压强度应符合规范的规定;⑦根据规范规定的强度标准,选定合适的水泥剂量。

2.3.2.3 施工过程控制

1)拌和与运输

(1)水泥稳定混合料拌和应采用厂拌法。

(2)厂拌的设备及布置应在拌和以前提交监理工程师并取得批准。水泥与集料应准确过秤,按质量比例掺配,并以质量比加水。拌和时加水时间及加水量应有记录,以提交监理工程师检验。

(3)当进行拌和操作时,稳定料加入方式能保证自始至终均匀分布于稳定材料中。应在通向称量漏斗或拌和机的供应线上为抽取试样提供安全方便的设备。拌和机内的死角中得不到充分搅动的材料,应及时排除。

(4)混合料装车时,分几次挪动汽车的位置,以减少集料离析现象。同时控制每车料的数量基本相等,并严格控制卸料距离,避免料不足或过多。

(5)运输混合料的运输设备,应分散设备压力,均匀地在已完成的铺筑层整个表面通过,速度宜缓,以减少不均匀碾压或车辙。

(6)当拌和厂离摊铺现场距离较远,混合料在运输中应加覆盖以防水分蒸发,并保证装载高度均匀以防离析。应控制发卸料速度、数量与摊铺厚度及宽度。拌和好的混合料要尽快摊铺。

2)摊铺和整型

(1)摊铺必须取得监理工程师批准才能进行,使混合料按要求的松铺厚度,均匀地摊铺在要求的宽度上。

(2)摊铺时混合料的含水量高于最佳含水量 0.5% ~ 1.0%,以补偿碾压过程中的水分损失。

(3)当压实层厚度超过 20 cm 时,应分层摊铺,最小压实厚度为 10 cm。先摊铺的一层应经过整型和压实,经监理工程师批准后,将先摊铺的一层表面翻松后再继续摊铺上层,并按规定的路拱进行整型。

(4)运料应不间断地卸进摊铺机,并立即进行摊铺,不得延误。向摊铺机输送材料的速度应与摊铺机不断工作的吞吐能力相一致,并尽可能使摊铺机连续作业。

(5)摊铺机的行驶速度和操作方法应根据情况及时调整,以保证混合料平整而均匀地铺在整个摊铺宽度上并不产生断层、离析等现象。摊铺表面不平整则用人工找平,混合料有离析的现象时,查明是原材料不合格,还是装车粗料落入车底或摊铺等其他原因,并更换不合格的混合料,用新的混合料填补。

(6)拌和机与摊铺机的生产能力相匹配,对于高速公路,摊铺机应用连续摊铺机。若拌和机的生产能力较小,在用摊铺机摊铺混合料时,应用最低速度摊铺,减少摊铺机停机待料的情况。

3)碾压

(1)混合料经摊铺和整型后,应立即在全宽范围内进行碾压。使每层整个厚度和宽度完全均匀地压实到规定的密实度为止。压实后表面应平整,无轮迹或隆起,且断面正确,路拱符合要求。

(2)碾压应在混合料处于最佳含水量 ±1% 时进行,如表面水分不足,应适当洒水。用 12 t 以上三轮压路机、重型压路机在路基全宽内进行碾压。直线段,由两侧路肩向路中心碾压;平曲线段,由内侧路肩向外侧路肩进行碾压。碾压时,后轮应重叠 1/2 的轮宽,并必须超过两段的拉缝处。后轮压实路面全宽时,即为一遍,进行碾压直到要求的密度为止。一般需碾压 6~8 遍。压路机的碾压速度,头两遍采用 1 档(1.5~1.7 km/h)为宜,以后用 2 档(2.0~2.5 km/h)。在路面的两侧,应多压 2~3 遍。严禁压路机在作业段上掉头或急刹车。

(3)碾压过程中混合料的表面应始终保持潮湿。如表面水蒸发得快,应及时补洒少量的水,施工中从加水拌和到碾压终了的延迟时间不应超过规定时间。

4)接缝和调头的处理

(1)用摊铺机摊铺混合料时,不宜中断,如中断时间超过 2 小时,应设横向接缝,摊铺机应驶离混合料末端。

(2)将混合料的末端弄齐,紧靠末端放两根与压实等厚的方木,方木一侧用砂砾或碎石回填约 3 m,高出方木几厘米。

(3)将混合料碾压密实,在下次摊铺前把砂砾或碎石和方木去掉,并打扫干净。

(4)如摊铺中断后,未按上述方法处理横向接缝,而中断时间已超过两小时,应将摊铺机附近及其下面未经压实的混合料铲除,并将已碾压密实且高程和平整度符合要求的末端挖成与路中心线垂直并垂直向下的断面,然后再摊铺新的混合料。

(5)碾压完成后应立即进行养生。养生时间不应少于 7 天。养生方法可视具体情况采用洒水,或采用沥青乳液等措施。养生期间应封闭交通,不能封闭时,应将车速限制在 30 km/h 以下,且禁止重型车辆通行。

5)气候条件

工地气温低于 5 ℃ 时,不应进行施工。雨季施工时,应特别注意天气变化,勿使水泥和混合料受雨淋,降雨时应停止施工,但已摊铺的混合料应尽快碾压密实。

6)取样和试验

混合料应在施工现场每天或每拌和 250 t 混合料取样一次,并按《公路工程无机结合料稳定材料试验规程》(JTJ 057—2000)标准方法进行含水量、稳定剂用量和无侧限抗压强度试验。在已完成的基层上每 200 m 每车道 2 处,按《公路土工试验规程》(JTJ 051—93)或《公路工程无机结合料稳定材料试验规程》(JTJ 057—2000)规定进行压实度试验,并检查其他项目。

2.3.3　面层

2.3.3.1　水泥混凝土路面

1)施工方法

(1)下承层准备。对验收合格的基层用水车冲洗表面浮土、砂石等杂物,用空压机将其表面凹槽部泥土冲洗干净。做好排水设施,防止雨水浸蚀。同时封闭施工现场,防止非施工人员及车辆进入现场破坏、污染基层。

(2)测量放样。检查基层平面尺寸、标高、横坡,达到规范要求后,测设路面中心线,设立水准点;每 10 m 断面测定一次设计标高值,给立模提供依据。

(3)模板安装。模板应采用钢模,模板安装保证其具有足够的稳定性,确保施工中不变形。模板的安装根据混凝土浇筑顺序而定,模板安装在纵横向施工缝上,安装完毕后,仔细检查模板的平顺性和垂直度,模板与基层接触面不得有缝隙,然后涂脱模剂。

(4)传力杆、拉力杆及钢筋网的设置。拉力杆随混凝土的浇筑振捣迅速安装。传力杆设置在横向伸缩缝及施工缝处。钢筋网的设置在模板安装后进行,并注意钢筋间距。

(5)混凝土拌和、运输、浇筑、振捣。按批准的混凝土配合比拌制水泥混凝土。随时检测砂、石含水量以便于严格控制水灰比。混凝土出机时测定坍落度并制定试件。每台班拌第一罐混合料时,增加 10～15 kg 水泥及相应的水与砂,以防止粘罐损失一部分砂浆,并适当延长搅拌时间。采用搅拌运输车运输,避免车辆颠簸,造成混凝土离析。混凝土振捣前进一步检查模板,合格后浇筑、振捣。振捣采用插入式振捣棒、平板振捣器、振动梁共同作业的方式,振捣过程中,辅以人工找平。随时检查模板有无松动、上升或沉降,发现问题,及时纠正。

(6)真空吸水。振捣找平后,在混凝土表面上铺设滤布,在滤布上铺设气垫薄膜(吸垫),用素水泥浆密封吸垫周边以免漏气。安装吸头,连接吸垫与真空吸水机组。启动吸水机真空泵,使真空度控制在 450～550 mmHg。完成吸水作业后,混凝土表面进一步密实变硬。

(7)做面、压槽。振捣完成收浆后用粗抹光机抹光,并用 3 m 直尺检查平整度,合格后进行表面横向纹处理,采用压槽的方式,并通过加大压纹机上部荷载改变压槽效果。压槽完成后设置围挡,以防人踩、车辗破坏路面。混凝土浇筑完成 12 小时后,拆模养生。

(8)切缝灌缝。根据当地气候,混凝土浇灌后强度达到 25%～35% 后,进行切缝工作,切割从上坡向下坡行进。开始切割时下刀要慢,刀片旋转正常后就可以平稳地切割。在养护完后采用机械或人工方法进行灌缝,首先将缝内的临时密堵材料清理干净。然后采用设计要求的灌缝材料用人工进行灌缝。灌缝时采取措施防止污染路面。

（9）养生及交通管制。采用湿治覆盖草袋法养生或专人洒水养生，养生期7~14天。养生期间禁止车辆通行。

2）质量措施

（1）严格按技术规范标准和监理程序有选择性地准备水泥混凝土路面原材料，做好混合料配合比设计。

（2）严格执行合同规范和监理程序，做到前道工序未经检查认可，后道工序不施工。施工过程中，成立专职的质检机构，严格按施工质量检查验收标准进行自检。

（3）传力杆、拉力杆端头切割后，要镀锌处理。

（4）混凝土制备时要准确地控制混合料的配合比，严格控制水灰比，出机时检查坍落度等，每班制作试件保证混凝土质量。

（5）模板安装结实牢固，混凝土振捣时要防止侧力过大，挤倒侧模板。混凝土板周边加强振捣，严防石料集中，确保周边表面砂浆充实饱满，便于密封。

（6）吸水后发现混凝土表面出现"弹簧"现象，不太严重时用小吸垫继续吸水，比较严重时更换新混凝土重新振捣。吸水过程中经常检查吸水效果，发现问题及时解决。吸垫妥善保管，搬垫时不要碰、挂、撕裂，每班作业完毕，用水冲洗吸垫及泵内沉积物。

（7）真空吸水时，所有操作均绝缘操作，以防设备漏电。

（8）切割时间根据气温灵活掌握，不宜太早，避免强度不够造成缝边剥落。

（9）冬天灌缝时，缝顶面高度与路面平齐，夏天灌缝时，最终高度比表面缝低。

（10）严格按施工组织设计中明确的施工顺序、施工方法、施工工艺和保证质量的措施组织实施，确保水泥混凝土面板施工质量。

2.3.3.2　沥青碎石面层施工

1）材料要求

材料采用的级配类型为AM-20型热拌沥青碎石，集料的最大粒径不宜超过31.5 mm，16 mm筛孔的矿料通过率在60%~85%。沥青宜用标号AH-70的石油沥青；沥青饱和度宜在40%~60%之间，混合料的孔隙率大于10%。面层碎石采用抗滑、耐磨石料，石料、碎石的压碎值不应大于30%；沥青碎石20℃的抗压模量不应小于700 MPa。

（1）粗集料：①粗集料包括碎石、筛选碎石、矿渣等。它应洁净、干燥、无风化、无杂质，有足够的强度、耐磨性。②粗集料的粒径规格应符合图纸要求，并按技术规范的要求选用。③粗集料的质量应符合技术规范的要求。④当按《公路工程沥青及沥青混合料试验规程》（JTJ 052—2000）规定的方法试验时，沥青与集料的黏附不低于4级；否则，应掺和外掺剂。外掺剂的精确比例由实验室确定。

（2）细集料：①细集料可采用天然砂、人工砂及石屑，或天然砂和石屑两者的混合料。②细集料应干净、坚硬、干燥、无风化、无杂质或其他有害物质，并有适当的级配。③天然砂、石屑的规格和细集料的质量技术要求，应符合技术规范的规定。

（3）填隙料：①填隙料宜采用石灰岩中的强基性岩石等憎水性石料经磨制的矿粉，不应含泥土杂质和团粒，要求干燥、洁净，其含量应符合规范要求。②采用水泥、石灰等作为填料时，其用量不宜超过集料总量的2%。

（4）沥青：①使用的沥青材料应为重交通石油沥青。②运到现场的每批沥青都应附有制造厂的证明和出厂试验报告,并说明装运数量、装运日期、定货数量等。③沥青材料的技术要求应符合技术规范规定,沥青标号根据当地的气候情况和图纸要求确定,并取得监理工程师的批准。

2)混合料的拌和

(1)粗、细集料应分类堆放和供料,取自不同料源的集料应分开堆放,对每个料源的材料进行抽样试验,并应经监理工程师批准。

(2)每种规格的集料、矿粉和沥青部分按要求的比例进行配料。

(3)沥青材料应采用导热油加热,加热温度应在 160 ~ 170 ℃ 范围内,矿料加热温度为 170 ~ 180 ℃,沥青与矿料的加热温度应调节到能使拌和的沥青混凝土出厂温度在 150 ~ 165 ℃,无花白料、超温料,混合料超过 200 ℃者应放弃,并应保证运到施工现场的温度不低于 130 ~ 140 ℃。沥青混合料的施工温度应符合施工技术规范要求。

(4)热料筛分用量大,筛孔应合理选定,避免产生超尺寸颗粒。

(5)沥青混合料的拌和时间应以混合料拌和均匀、所有矿料颗粒全部裹覆沥青结合料为度,并经试拌确定,间歇式拌和机每锅拌和时间宜为 30 ~ 50 秒(其中干拌和时间不得小于 5 秒)。

(6)拌好的沥青混合料应均匀一致,无花白料,无结团成块或严重的粗料分离现象,不符合要求时不得使用,并应及时调整。

(7)出厂的沥青混合料应换用现行试验方法测量运料车中混合料的温度。

(8)拌好的沥青混合料不立即铺筑时,可放成品贮料仓贮存,贮料仓无保温设备时,允许的贮存时间以符合摊铺要求为准,有保温设备的贮料仓贮料时间不宜超过 6 小时。

3)混合料的运输

(1)从拌和机向运料车上放料时,应每卸一斗混合料挪动一下汽车位置,以减少粗细料的离析现象,尽量缩小贮料仓下落的落距。

(2)当运输时间半小时以上或气温低于 10 ℃时,运料车应用篷布覆盖。

(3)连续摊铺过程中,运料车应在摊铺机前 10 ~ 30 cm 处停住,不得撞击摊铺机。卸料过程中运料车应挂空挡,靠摊铺机推动前进。

(4)已经离析或结成不能压碎的硬壳、团块或运料车辆卸料时留于车上的混合料,以及低于规定铺筑温度或被雨淋的混合料都应废弃。

(5)除非运来的材料可以在白天铺完并能压实,或者在铺筑现场有足够和可靠的照明设施,白天或当班不能完成压实的混合料不得运往现场。

4)混合料的摊铺

(1)在铺筑混合料之前,必须对下层进行检查,特别应注意下层的污染情况,不符合要求的要进行处理,否则不准铺筑沥青混凝土。

(2)为消除纵缝,应采用一台摊铺机半幅摊铺。相邻两幅的摊铺应有 5 ~ 10 cm 宽度的摊铺重叠。

(3)正常开工,摊铺温度不低于 130 ~ 140 ℃,不超过 160 ℃;在 10 ℃气温时施工不低于 140 ℃,不超过 175 ℃。摊铺前要对每车的沥青混合料进行检验,发现超温料、花白料、不合格材料要拒绝摊铺,退回废弃。

（4）摊铺机一定要保持摊铺的连续性，应设专人指挥，一车卸完下一车要立即跟上，应以均匀的速度行驶，以保证混合料均匀、不间断地摊铺，摊铺机前要经常保持3辆车以上，摊铺过程中不得随意变换速度，避免中途停顿，影响施工质量，送料应均匀。

（5）摊铺机的操作应不使混合料沿着料斗两侧堆积，任何原因使冷却到规定温度以下的混合料应予除去。

（6）对外型不规则、路面厚度不同、空间受到限制等摊铺机无法工作的地方，经工程师批准可以采用人工摊铺混合料。

（7）在雨天或表面存有积水、施工温度低于10 ℃时，都不得摊铺混合料。混合料遇到水，一定不能使用，必须报废，所以雨季施工时千万注意。面层摊铺要在左右侧各设一条基准线，控制高程，基准线设置一定要满足精度要求，支座要牢固，测量要准确（应两台水准仪同时观测）。中面层、表面层采用浮动基准梁摊铺（不具备该条件的不准摊铺）。

5）混合料的压实

（1）在混合料完成摊铺时，刮平后应立即对路面进行检查，对不规则之处及时人工进行调整，随后进行充分均匀的压实。

（2）压实工作应按试验确定的压实设备的组合及程序进行，并应由经工程师认可的小型振动压路机或手扶振动夯实，以用于在狭窄地点及停机造成的接缝横向压实或修补工作。

（3）压实分初压、复压和终压三个阶段。压路机应以均匀速度行驶，压路机速度应符合规范的规定。

初压：摊铺之后立即进行高温碾压，用静态三轮压路机完成两遍初压，温度控制在130～140 ℃。初压应采用轻型钢筒式压路机或关闭振动压路机碾压，碾压时应将驱动轮面向摊铺机。碾压路线及叠压方向不应突然变化而导致混合料产生摊移。初压后检查平整度和路拱，必要时应予修整。

复压：复压紧接在初压后进行，复压用振动压路机和轮胎压路机完成，一般是先用振动压路机碾压3～4遍，再用轮胎压路机碾压4～6遍，使其达到压实度。

终压：终压紧接在复压后进行，终压应采用双轮钢筒式压路机或关闭振动压路机碾压，消除轮迹（终了温度 >80 ℃）。

（4）初压和振动碾压要低温进行，以免使热料产生推移、发裂。碾压时在摊铺后较高温度上进行，一般初压不得低于130 ℃，温度越高越容易提高路面的平整度和压实度。要改变以前等到混合料温度降低到110 ℃才开始碾压的习惯。

（5）碾压工作应按试验路段确定的试验结果进行。

（6）在碾压期间，压路机不得中途停留、转向或制动。

（7）压路机不得停留在温度高于70 ℃的已经压过的混合料上，同时，应采用有效措施，防止油料、润滑脂、汽油或其他有机杂质在压路机操作或停放期间洒落在路面上。

（8）在压实时，如接缝处（包括纵缝、横缝或因其他原因而形成的施工缝）的混合料温度不能满足压实温度要求，应采用加热器提高混合料的温度，达到要求的压实温度，再压实到无缝迹为止。否则，必须垂直切割混合料并重新摊铺，立即共同碾压到无缝为止。

（9）摊铺和碾压过程中，要组织专人进行质量检测控制和缺陷修复。压实度检查要及时进行,发现不够时在规定的温度内及时补压,在压路机压不到的其他地方,应采用手夯或机夯把混合料充分压实,已经完成碾压的路面,不得修补表皮,施工压实度检测可采用灌砂法。

6)接缝的处理

(1)工作的安排应使纵、横向两种接缝都保持在最佳数量。接缝的方法及设备,应取得监理工程师的批准,在接缝处的密度和表面修饰与其他部分相同。

(2)纵向缝应采用一种自动控制接缝机装置,以控制相邻行程间的标高,并做到相邻行程间可靠的结合。纵向缝应是热接缝,并应是连续和平行的,缝边应垂直并形成直线。

(3)在纵缝上的混合料,应在摊铺机的后面立即由一台静力钢轮压路机以静力碾压。碾压工作应连续进行,直至接缝平顺而密实。

(4)纵向缝上下层间的错位至少应为 15 cm。

(5)由于工作中断,摊铺材料的末端已经冷却,或者在第二天恢复斜接缝,横缝在相邻的层次和相邻的行程间均应至少错开 1 m。横缝应有一条垂直碾压成良好的边缘,在下次行程摊铺前,应在上次行程的末端涂刷适量黏层沥青,并注意设置整平板的高度,为碾压留出适当预留量。

2.3.3.3　沥青贯入式路面

1)施工方法

(1)准备下承层。沥青贯入式面层施工前,先检测其下承层高程、宽度、横坡度,然后人工清扫其表面,做到表面干燥、清洁,无松散的石料、灰尘与杂质。

(2)施工放样。①恢复中线:直线段每 15~20 m 设一桩,平曲线段每 10~15 m 设一桩,并在两侧路肩边缘外设指示桩。②挂钢丝绳:根据水平测量,在两侧钢筋桩上挂Φ3 mm钢丝绳,钢丝绳的高度以设计高度确定,并用紧线器拉紧。摊铺机根据两侧的钢丝绳控制标高和横坡。

(3)摊铺主层集料及初压。用摊铺机摊铺主层集料。摊铺时避免颗粒大小不均,并检查松铺厚度。摊铺后严禁车辆在铺好的集料层上通行。主层集料摊铺后采用6~8 t的钢筒式压路机进行初压,碾压速度为 2 km/h。碾压自路边缘逐渐向路中心,每次轮迹重叠约 30 cm,以此为碾压一遍。然后检验路拱和纵向坡度,当不符合要求时,调整找平再压,至集料无显著推移为止。然后再用压路机进行碾压,每次轮迹重叠 1/2 左右,碾压4~6 遍,直到主层集料嵌挤稳定,无显著轮迹为止。

(4)浇洒第一层沥青。主层集料碾压完毕后,立即浇洒第一层沥青。沥青的浇洒温度根据沥青标号及气温情况选择。

(5)撒布第一层嵌缝料及碾压。主层沥青浇洒后,立即均匀撒布第一层嵌缝料,嵌缝料撒布后立即扫匀,不足处找补。嵌缝料扫匀后立即用钢筒及振动压路机进行碾压,轮迹重叠1/2 左右,碾压4~6 遍,直至稳定为止。碾压时随压随扫,使嵌缝料均匀嵌入。因气温过高使碾压过程中发生较大推移现象时,立即停止碾压,待气温稍低时再继续碾压。

(6)浇洒沥青和撒布嵌缝料。浇洒第二层沥青,撒布第二层嵌缝料,然后碾压,再浇洒第三层沥青。

(7)撒布封层料。施工方法与撒布嵌缝料相同。

(8)碾压。采用钢筒及振动压路机碾压 2 ~ 4 遍。

(9)养护及交通管制。沥青贯入式路面进行初期养护。在通车初期设专人指挥交通。

2)质量措施

(1)严格按技术规范要求和监理程序准备原材料,细集料干燥。

(2)开工前在技术规范规定时间内,按监理工程师批准的试验段实施方案铺筑规范规定长度的试验段,对计划用于本工程的材料、配比、松铺系数、撒布车、压实设备和施工工艺进行试验,取得满足规范要求并经监理工程师批准的试验数据,以指导施工。

(3)施工前对下承层上的浮土、杂物全部清除。

(4)当碾压时有粘轮现象时,在碾轮上少量洒水。

(5)压实成型后的路面做好早期养护,并封闭交通 2 ~ 6 小时。

(6)沥青贯入式路面施工选择在干燥和较热的季节,并在雨季前及日最高温度低于 15 ℃到来以前半个月结束。

2.3.3.4　沥青混凝土面层

1)工艺控制

(1)每日检查一次生产配合比。

(2)出仓温度控制(160 ± 5)℃为宜,温度不得过高,以免烧焦。

(3)每日至少在摊铺工地取样一次,作常规指标检测。同时辅以目力检查,发现混合料有异,立即通知搅拌站仔细检查,以便及时纠正。

(4)原材料检验。①沥青:桶装沥青按桶数 N 的开三次方数量抽取或每月抽查一次,作常规或三大指标的检验。②集料与矿粉:每月至少抽检一次,材料外观质量不稳定或料源有变化,随时取样试验。

2)沥青混合料的拌和

(1)拌和厂必须配备有足够试验设备的试验室和熟悉沥青混合料试验、生产工艺和质量标准的技术骨干人员,并能及时提供给监理工程师满意的试验资料。

(2)严格掌握沥青和集料的加热温度,以及混合料的出厂温度。集料温度应比沥青高 10 ~ 20 ℃,热混合料成品在贮料仓贮存后,其温度下降不应超过 10 ℃,贮存时间不宜超过 72 小时。

(3)拌和操作人员发现异常时应停机或及时通知拌和场技术负责人。

(4)净拌时间应为 30 ~ 40 秒,不低于 30 秒;拌和的混合料要均匀、无花白料、无结团结块以及无严重的粗细料离析现象,不符合要求时不得使用,并应及时调整。

(5)每台拌和机每天上、下午应各取一组混合料试样做马歇尔和抽提筛分试验,检验油石比、矿料级配和沥青混凝土的物理力学性质。每周分析一次检测结果,计算油石比、各级矿料通过量和沥青混凝土物理力学指标检测结果的标准差和变异系数,检验生产是否正常。

(6)每天开机前应对燃油、沥青、矿料等做好储量调查,看是否满足工程需要,并及时增补。

3) 沥青混合料的运输

(1) 沥青混合料运输车的运量应较拌和能力和摊铺速度有所富余,运输车辆必须是 15 t 以上的自卸翻斗车(且车况良好),特别在运距长、气温低的情况下不能使用小吨位车,混合料运至工地,降温不宜超过 5 ℃。运送混合料时,车厢必须清洁,摊铺机前方应有 5 辆运料车等候卸料。

(2) 施工前应对全体驾驶员进行培训,加强汽车保养,避免运料途中停车。

(3) 装料时汽车应前后移动,避免混合料离析。

(4) 运送料的汽车应覆盖,防止受到风吹、日晒、雨淋、污染等。

(5) 连续摊铺过程中,运料汽车应在摊铺机前 10 ~ 30 cm 处停住,不得撞击摊铺机,并设专人指挥。卸料时运料汽车应挂空挡,靠摊铺机推动前进。

(6) 摊铺机现场应设专人检查拌和质量和温度。不符合要求的或已结成团块、遭雨淋湿的混合料不得摊铺在道路上。

(7) 当汽车将沥青混合料卸下后,每辆车都要注意黏结在车厢内的沥青混合料剩余物不得随意乱倒,更不准倾倒在已铺或未铺的路面上,必须倒在指定地点(路外)。

(8) 除非运来的混合料可以在白天铺完并能压实,或若在铺筑现场有足够的照明设备,当天或当班不能完成压实的混合料不得运往现场;否则,多余的混合料不得使用。

4) 沥青混合料的摊铺

(1) 下承层的准备:沥青面层摊铺前应对下承层表面进行清扫或冲洗,要将表面污染的杂物洗刷干净以及将下承层的浮砂扫掉。摊铺沥青混凝土下面层的施工放样应反复核实,不仅摊铺宽度足够,而且中线也不能偏位。另外,还要对基层平整度、高程进行检查,不合格处要处理,直到达到标准要求。下承层表面若因一些原因产生凹凸不平,柴、机油等污染,应采用铣刨和补平方法使摊铺时有个良好的基层环境。在摊铺上面层时,应将下面层污染的杂物清除干净,若上下面层施工间隔时间过久还需视情况均匀洒上粘层油后及时施工。

(2) 合理安排拌和机的拌和能力、运料车的运输能力,保证摊铺机摊铺速度均匀和连续不断地摊铺,控制在 2 m/min 左右为宜。摊铺过程中不得随意变换速度。如因故障停机超过 30 分钟应做成平接缝;不连续摊铺时,摊铺机内应有余料贮存,不得摊光等料。如等料时间过长,应立即摊完做接缝处理。

(3) 设专人清扫摊铺机的两条履带和浮式基准梁小车前的路面,保证摊铺机平稳行走。

(4) 摊铺机的操作应不使混合料沿着料斗的两侧堆积,任何原因使冷却至规定温度以下的混合料应予以废弃。

(5) 摊铺机集料斗在刮板尚未露出,尚有约 10 cm 厚的热料时拢料,这些在运料车刚退出时进行,而且做到在料车两翼刚恢复原位时,下一辆车即开始卸料,并严禁送料刮板外露现象的发生。

(6) 在摊铺机的熨平板上,非本机操作人员不得站立和通行,另外要防止浮动的熨平板瞬间下沉,影响路面平整度。

(7) 摊铺过程中,任何人员不得对平衡梁施以外力,距离传感探头不小于 20 cm,摊铺中禁止将铁锹等其他物品置于探头下方,不得随意调节主控器,避免影响摊铺平整度。

(8)应设专人对摊铺温度、虚铺厚度等进行实际测量,并做好记录。

(9)混合料的摊铺温度严格按规定进行,在晚秋季节和初夏,气温较低,摊铺温度控制在140 ℃±5 ℃之间,为确保摊铺质量,气温低于10 ℃时应停止施工。

(10)摊铺过程中不随意改变速度或中途停顿,即要保证均匀连续不间断地摊铺,任何停顿将导致摊铺机内混合料温度下降,使摊铺厚度产生变化,产生折纹,影响平整度的提高。

(11)混合料未压实前施工人员避免进行踩踏,不能用人工不断地整修,在特殊情况下,才允许用人工找补或更换混合料,缺陷严重时应予铲除。

(12)半刚性基层标高往往不易做准,常采取负误差控制,如误差较小时,可采用补料方式补足,故下面层用标高控制(走钢丝);如负误差超过3 cm以上时,则事先用下面层材料人工铺设找平层,经压实后才能摊铺沥青材料。下面层的标高如果准确,中面层及上面层用厚度控制(走滑橇),就可获得较佳的平整度。

(13)摊铺中不应当补料,特别在中、下面层更不应当补料。上面层摊铺中发生了一些不正常情况,如粗颗粒集中需要补料,应使用过筛的细料均匀填缝。

5)沥青混合料的压实与成型

(1)沥青混合料的碾压。

①初压:用10 t左右钢轮压路机,初压温度以110~130 ℃为宜,只要不发生推移,尽可能争取早压,尤其在低气温情况下。

②复压:用16~20 t轮胎压路机,它有搓揉及颗粒重新排列作用,复压温度以90~110 ℃为宜,近年来有些施工经验丰富的承包人采用振动式压路机代替轮胎压路机也取得了一定的效果,甚至初压1~2遍后,即可采用高频低幅的微振动工艺。在复压过程中应及时用3 m直尺检测碾压的平整度,发现平整度有超标准的,应及时用6~8 t双钢双振压路机处理。

③终压:使用钢轮压路机或组合式压路机,终压温度以70~90 ℃为宜;还应配备1~2 t人工手扶小型振动压路机以及人工用热夯等,以便进行边角处理。

(2)初压应在混合料摊铺后较高温度下进行,并不得产生推移、开裂,压实温度应根据沥青稠度、压路机类型、气温、铺筑层厚度、混合料的类型经试验试压确定。初压应从外侧低处向中心(内侧)高处碾压,相邻碾压带应重叠1/3~1/2轮宽,在靠外侧边缘处初次碾压时,可暂预留40~50 cm宽不碾压,等压完第一遍后,将压路机的大部分重量放在压实过的混合料面上再压边缘,以减少向外推移。

(3)碾压应将压路机的驱动轮面向摊铺机,碾压路线和碾压方向不应突然改变,压路机更不应突然加速、急刹车、中途停机、左右摇摆行驶,当压路机来回交替碾压时,前后两次停留地点应相距10 m以上,并应驶出压实起始线3 m以外。在回程过程中应做到慢回程、慢起步、慢行。若为振动压路机,必须停止振动再回程,以防止沥青混合料在碾压过程中形成推移和拥包。

(4)压路机不得在同一断面上回程碾压,每次回程应前后错开成不小于1 m距离阶梯状。初压、复压和终压的回程不准在相同的横断面处,前后应相距不小于1 m。

（5）严禁任何机械车辆停留在尚未碾压成型或已碾压成型但沥青混合料温度又未冷至自然气温以下的路面上。振动压路机在已成型的路面上行驶应关闭振动。

（6）严禁压路机在新铺沥青面层上停车加油加水。当需要时应在头一天施工的路段上，或在当天已铺的沥青混合料温度已降至40℃以下的路段上，以及在桥涵通道顶面处进行；加油时严禁将油滴洒在沥青混凝土路面上。

6）接缝的处理

（1）如摊铺机不能进行全幅摊铺时，必须有两台以上摊铺机，前后按梯阵排列摊铺，纵缝不允许冷接。

（2）相邻两幅及上下层的横向接缝，均应错位1 m以上，横向接缝严禁采用斜接缝，应采用垂直的平接缝。

（3）每天摊铺结束后或因超过规定时间需做横向接缝时，对已压实完成的沥青混合料用3～6 m直尺进行检查，凡厚度不够或不平整形成坡度部分要全部清除，直到找到合适的平接茬，切除长度一般在3 m左右。

（4）碾压接缝时，先纵向碾压，然后用一台转弯方便的振动压路机进行横向碾压，首先从凉茬开始，每次向热茬方向移动20 cm左右（或将转弯方便的振动压路机自冷料面接缝中央，与接缝呈45°角逐渐向两侧平行碾压，使过量的混合料从未压实的料向两侧推挤，然后再纵向碾压）。一般情况下，接茬处仍会高一点，然后重点对这个部位再进行横向碾压，一定要控制好不能振低了，同时继续进行纵向碾压的剩余工作，当终压完成后，再次用3～6 m直尺进行检查，有不合格部位（超2 mm的部位）可用重型压路机找平。

第12节　原型观测工程

1　总则

1.1　依据

发包人与工程承包人签订的工程承包合同文件、招投标文件、设计文件以及有关工程规程、规范。

1.2　适用范围

适用于合同施工图纸所示的观测仪器和设备的采购、安装、埋设与验收。

1.3　引用标准和规程规范（但不限于）

（1）《国家一、二等水准测量规范》（GB 12897）；

（2）《水位观测标准》（GBJ 138）；

（3）《混凝土大坝安全监测技术规范》（试行）（SDJ 336）；

（4）《水利水电工程施工测量规范》（SL 52）；

（5）《国家三角测量规范》（GB/T 17942）。

2　工程质量管理

按本书有关章节执行。

3　施工过程质量控制

按本书有关章节执行。

4　施工过程控制要点

4.1　开工申请

(1)观测人员机构组成。承包人在实施原型观测工作前,应成立观测小组,主要观测人员要有相应的资质(包括测量员证、上岗证、类似工程经验等),具有一定的实践经验和理论知识,能够完成施工期原型观测、资料整编、资料分析等工作,同时对观测仪器设备的选购、测试、率定、安装、观测和维护提供业务指导。

(2)观测仪器设备的采购计划。承包人在观测仪器设备安装前一定时间内,按施工图纸要求和监理单位现场机构指示,提交一份观测仪器设备采购计划,报送监理单位现场机构审批,其内容应包括仪器设备清单、各项仪器设备的采购时间和计划安装时间等。

(3)观测仪器设备的安装和埋设措施计划。承包人应在观测仪器设备安装前规定时间内,提交一份观测仪器设备安装和埋设措施计划,报送监理单位现场机构审批,其内容应包括各工程建筑物埋设观测仪器设备的安装项目、安装方法、安装时间与建筑物施工进度的协调、施工期观测安排和设备维护措施等。

(4)施工期观测规程。承包人在观测工作开始前规定时间内,编制一份施工期观测规程,报送监理单位现场机构审批,其内容应包括:①观测点的位置和埋设时间;②各种观测仪器设备的观测要求、观测程序和方案;③观测仪器设备的维护;④观测资料的整编方法。

(5)施工期观测资料和观测成果分析报告。承包人应在施工过程中与永久观测布置相一致,观测工作应连续,且每月向监理单位现场机构提交包括观测初始数据在内的观测记录,并应按监理单位现场机构指示报送观测成果分析报告。

(6)上述报送文件经承包人项目经理(或其授权代表)签署后报送,监理单位现场机构限时审批。承包人按监理单位现场机构审批意见实施。

(7)除非承包人接到监理单位现场机构审批意见为"修改后重新报送"外,承包人即时向监理单位现场机构申请开工许可证,监理单位现场机构将于接到承包人申请后的24小时内开出许可证或开工批复文件。

4.2　施工过程监理

4.2.1　观测仪器设备的采购、验收、安装和埋设

4.2.1.1　仪器设备的采购和验收

(1)承包人应按监理单位现场机构指示采购性能稳定、质量可靠、耐用、精度符合要求的仪器设备。承包人应在采购合同签订前规定时间内向监理单位现场机构报送拟采购的仪器设备详细资料,经批准后方可采购。若监理单位现场机构认为仪器设备不满足要求时,承包人则应按监理单位现场机构指示立即予以更换,并在规定时间内按下列要求提供更换后的仪器设备资料。承包人应提交的仪器设备资料包括:制造厂家名称、地址;仪器使用说明书;仪器型号、规格、技术参数及工作原理;仪器设备安装方法及技术规程;仪

器测读及操作规程;观测数据处理方法;仪器使用的实例资料。

(2)承包人应要求生产厂家在仪器设备出厂前,检验全部仪器设备,并提供检验合格证书。监理单位现场机构认为有必要时,监理单位现场机构和承包人应派代表赴厂家参加主要仪器设备的检验与验收。

(3)仪器运至现场后,承包人应会同监理单位现场机构对厂家提供的全部仪器设备进行检查和验收,验收合格后方可使用。

(4)承包人必须按产品说明书对全部仪器进行全面测试、校正、率定。测试报告应在安装前规定时间内报送监理单位现场机构审查。

(5)承包人应按合同规定配备必要的备品备件,其费用应包括在仪器设备的采购合同内。

4.2.1.2　观测仪器设备的安装和埋设

(1)承包人必须按施工图纸和制造厂使用说明书的要求,进行仪器设备的安装和埋设。若发现施工图纸存在错误或表达不清楚时,应在收到图纸后的规定时间内,以书面方式通知监理单位现场机构,监理单位现场机构亦应在收到承包人书面通知后规定时间内答复承包人。

(2)承包人应按规定的内容和时限,提交观测仪器设备安装和埋设措施计划,报送监理单位现场机构审批。

(3)仪器埋设中应使用经过批准的编码系统,对各种仪器设备、电缆、观测剖面、控制坐标等进行统一编号,每支仪器均须建立档案卡。

(4)承包人必须严格按批准的安装和埋设措施计划、厂家使用说明书规定的程序与方法,进行仪器设备的安装和埋设。在仪器埋设过程中,应及时向监理单位现场机构报告发生的问题,并提供有关质量记录,若监理单位现场机构在检查中发现承包人违反操作规定或使用已失效的仪器设备,有权指令承包人立即停止埋设,并更换不合格的仪器设备。

(5)由于承包人施工不慎造成观测仪器设备的损坏,应由承包人负责修复或更换,并做好详细记录。

(6)承包人应协调好建筑物施工和观测仪器安装埋设的相互干扰,并将观测仪器设备的埋设计划,列入建筑物施工的进度计划中。

4.2.2　施工期观测及观测资料的整编

4.2.2.1　施工期观测

(1)由承包人负责施工期观测,承包人应在仪器设备安装完毕后及时记录初始读数,并按监理单位现场机构批准的观测规程进行施工期观测,直至向发包人移交观测设施和观测工作为止。承包人还应在其施工中负责保护全部观测仪器设备。

(2)在施工观测期间,承包人应按期向监理单位现场机构提交观测资料。施工期内,承包人除按监理单位现场机构指示负责观测外,还应对工程建筑物进行巡视检查,并做好记录。若发现工程建筑物出现异常情况时,应增加观测仪器的测读次数,并立即报请监理单位现场机构共同研究处理措施。

(3)在施工期观测期间,承包人应按招标文件的相关规定,为发包人人员接收观测仪器设备和顺利进行观测工作的交接做好工作。

4.2.2.2 观测资料的整编

（1）承包人必须使用批准的格式将各项仪器的有关参数、仪器安装埋设后的初始读数和全部仪器设备档案卡等整编成册。

（2）承包人应在施工期及时整理分析全部观测资料，绘制测值变化过程线，并定期将观测成果分析报告报送监理单位现场机构。

（3）承包人应按监理单位现场机构指示，在工程竣工时，或根据工程安全检查的需要，按《水利水电工程施工测量规范》的规定，向监理单位现场机构报送工程建筑物监测报告。

5 质量检查

5.1 仪器设备的检查

承包人采购的全部仪器设备应按本章相关条款的规定，进行检查和交货验收，并应将包括仪器设备出厂的检验测试报告和产品合格证书在内的交货验收资料提交监理单位现场机构审核备案。

5.2 仪器设备安装埋设质量的检查

在工程建筑物施工过程中，每项观测仪器设备安装埋设完毕后，承包人应会同监理单位现场机构立即对仪器设备的安装埋设质量进行检查和检验，必须经监理单位现场机构检查确认其质量合格后，方能继续进行工程建筑物的施工。

6 工程质量评定与验收

工程质量评定与验收按《水利水电建设工程验收规程》、《水利水电工程施工质量评定规程》（试行）、《水位观测标准》和《水利水电工程施工测量规范》执行。

第13节 房屋建筑工程

1 总则

1.1 依据

发包人与工程承包人签订的工程承包合同文件、招投标文件、设计文件以及有关工程规程、规范。

1.2 适用范围

（1）房屋及室外工程等的建筑和安装工程。

（2）也适用于与工程有关的照明、通信、卫生、消防等附属设施的安装工程。

1.3 引用标准和规程规范（但不限于）

（1）《建筑工程施工质量验收统一标准》（GB 50300）；

（2）《建筑地面工程施工质量验收规范》（GB 50209）；

（3）《混凝土结构工程施工质量验收规范》（GB 50204）；

（4）《屋面工程质量验收规范》（GB 50207）。

2 工程质量管理

按本书有关章节执行。

3 施工过程质量控制

按本书有关章节执行。

4 施工过程控制要点

4.1 开工申请

(1)施工措施计划。房屋建筑工程开工前规定时间内,承包人应提交下列内容的施工措施计划,报送监理单位现场机构审批,其内容应包括:①工程施工程序和方法;②施工设备的配置;③场地供排水措施;④质量和安全保证措施;⑤消防措施;⑥施工进度计划。

(2)材料样品和质量证明书。承包人应在提交施工措施计划的同时,向监理单位现场机构报送主要材料的样品和质量证明书。具有外观及色彩要求的材料,必须提供试制成品,经监理单位现场机构批准后方可使用。

(3)质量检查记录和报表。在工程施工过程中,承包人应按监理单位现场机构指示,提交有关施工质量检查记录,其内容包括:①工程材料取样检测成果;②隐蔽部位验收记录;③质量事故处理记录。

(4)上述报送文件经承包人项目经理(或其授权代表)签署后报送,监理单位现场机构限时审批。承包人按监理单位现场机构审批意见实施。

(5)除非承包人接到监理单位现场机构审批意见为"修改后重新报送"外,承包人即时向监理单位现场机构申请开工许可证,监理单位现场机构将于接到承包人申请后的24小时内开出许可证或开工批复文件。

4.2 施工过程监理

4.2.1 一般规定

(1)桥头堡、启闭机房和门机库除符合施工图纸外,还应符合国家和部(委)颁布的有关标准与规定。

(2)附属设施的安装工程施工除要满足施工图纸要求之外,还应参照本节相关规定办理。

(3)施工安全技术、劳动保护、防火设施及抗震要求等,必须按照国家和部(委)颁布的标准与规定执行。

4.2.2 材料

(1)砖块应符合招标文件的相关规定。

(2)混凝土、钢筋混凝土、钢筋、水泥、砂石料及屋面防水隔热等材料须符合国家和部(委)颁布的有关标准与规定,并经监理单位现场机构同意后才能使用,在正式进场前,必须有生产厂家的合格证书。

(3)照明、通信和卫生设备必须有完备的出厂合格证明和使用年限,经监理单位现场机构认可后方可采购进场。

4.2.3　技术要求

(1)承包人所用的材料、施工工艺应满足设计要求及本章的有关标准和规范的要求。

(2)对工程的质量检验、允许误差、检查方法按本节的有关标准、规范、规程的要求执行。

5　质量检查

(1)房屋建筑工程施工前进行测量放样成果的检查和基础面、预埋件质量的检查。

(2)在房屋建筑工程施工过程中,按本节有关规定对房屋建筑工程的各项材料和房屋建筑工程施工质量进行检查。

6　工程质量评定与验收

工程质量评定和验收按《建筑工程施工质量验收统一标准》、《建筑地面工程施工质量验收规范》、《混凝土结构工程施工质量验收规范》和《屋面工程质量验收规范》执行。

工程分项质量评定程序为:承包人在初检、复检和终检三检合格的基础上自评工程质量等级,然后报监理单位现场机构或由联合验收小组检查核定分项工程质量等级。承包人必须及时评定分项工程质量等级,完成一分项,评定一分项。

第14节　钢闸门及其埋件制作

1　总则

1.1　依据

发包人与工程承包人签订的工程承包合同文件、招投标文件、设计文件以及有关工程规程、规范。

1.2　适用范围

工作闸门、检修闸门及其埋件的制造防腐。

1.3　引用标准和规程规范(但不限于)

(1)《水利水电工程钢闸门制造安装及验收规范》(DL/T 5018);

(2)《碳素结构钢》(GB/T 700);

(3)《低合金高强度结构钢》(GB/T 1591);

(4)《优质碳素结构钢钢号及一般技术条件》(GB 699);

(5)《合金结构钢技术条件》(GB 3077);

(6)《碳素结构钢和低合金结构钢热轧厚钢板和钢带》(GB 3274);

(7)《热轧扁钢尺寸、外形、重量及允许偏差》(GB/T 704);

(8)《热轧工字钢尺寸、外形、重量及允许偏差》(GB/T 706);

(9)《热轧槽钢尺寸、外形、重量及允许偏差》(GB/T 707);

(10)《热轧等边角钢尺寸、外形、重量及允许偏差》(GB 9787);

(11)《热轧不等边角钢尺寸、外形、重量及允许偏差》(GB 9788);

(12)《一般工程用铸造碳钢件》(GB/T 11352);

(13)《一般工程与结构用低合金铸钢件》(GB/T 14408);

(14)《灰铸铁件》(GB/T 9439);

(15)《碳钢焊条》(GB/T 5117);

(16)《低合金钢焊条》(GB/T 5118);

(17)《焊接用钢丝》(GB 1300);

(18)《焊条质量管理规程》(JB 3223);

(19)《水工金属结构焊接通用技术条件》(SL 36);

(20)《水工金属结构焊工考试规则》(SL 35);

(21)《火焰切割面质量技术要求》(JB 3092);

(22)《气焊、手工电弧焊及气体保护焊焊缝坡口的基本形式与尺寸》(GB 985);

(23)《钢结构焊缝外形尺寸》(JB/T 7949);

(24)《焊缝符号表示法》(GB/T 324);

(25)《钢熔化焊对接接头射线照相和质量分级》(GB 3323);

(26)《钢焊缝手工超声波探伤方法和探伤结果分级》(GB 11345);

(27)《装配通用技术条件》(JB/ZQ 4000.9);

(28)《形状和位置公差通则、定义、符号和图样表示法》(GB/T 1182);

(29)《形状和位置公差术语和定义》(GB 1183);

(30)《形状和位置公差未注公差值》(GB/T 1184);

(31)《表面粗糙度参数及其数值》(GB/T 1031);

(32)《水工金属结构防腐蚀规范》(SL 105);

(33)《包装储运图示标志》(GB 191)。

2　工程质量管理

按本书有关章节执行。

3　施工过程质量控制

按本书有关章节执行。

4　施工过程控制要点

4.1　材料的通用技术要求

4.1.1　金属材料

闸门制造所用的金属材料,包括黑色金属材料和有色金属材料,必须符合施工图纸规定,其机械性能和化学成分必须符合现行的国家标准或部颁标准,并应具有出厂合格证。

如无出厂合格证、或标号不清、或数据不全、或对数据有疑问者,应每张或每件进行试验,试验合格并取得监理单位现场机构的同意才能使用。

凡钢板表面存在的缺陷超过规范有关规定时,不得使用。

4.1.2　焊接材料

(1)焊条型号或焊丝代号及其焊剂必须符合施工图纸规定,当施工图纸没有规定时,应选用与线材强度相适应的焊接材料;

(2)焊条应符合规范有关规定;

(3)自动焊用的钢丝应符合规范有关规定;

(4)碳素钢埋弧焊用焊剂应符合规范有关规定;

(5)焊接材料都必须具有产品质量合格证;

(6)焊条的贮存与保管遵照规范规定执行。

4.1.3　止水橡皮

(1)止水橡皮的物理机械性能应符合规范规定,其含胶量(新胶)不少于60%;

(2)闸门的侧水封应符合 DL/T 5018 和设计的要求;

(3)止水橡皮用压模法生产,其尺寸的公差应符合施工图纸要求;

(4)止水橡皮的供货数量应比施工图纸的数量多5%,以备安装损耗之用。

4.1.4　防腐、润滑材料

金属结构防腐材料、轴镀层材料以及转动部位灌注的润滑脂应符合合同和施工图纸的规定,其性能应符合有关标准。

4.2　焊接及螺栓连接的一般要求

(1)金属结构的焊接按施工图纸和规范有关规定执行。

(2)持有有效合格证的焊工才能参加相应焊接材料一、二类焊缝的焊接;只有持有平、立、横、仰四个位置有效合格证的焊工才能进行任何位置的焊接。

(3)焊缝坡口的型式与尺寸应符合施工图纸规定。当施工图纸没有标明时,按规范执行。

(4)除施工图纸另有说明者外,所有焊缝均为连续焊缝。

(5)钢板的拼接接头应避开构件应力最大断面,还应避免十字焊缝,相邻的平行焊缝的间距不应小于300 mm。

(6)除施工图纸另有说明者外,焊缝按规范分类,并按该规范进行质量检查和处理。

(7)螺栓的规格、材料、制孔和连接。螺栓的规格、材料、制孔和连接必须符合施工图纸与规范规定。

(8)工艺流程和焊接工艺。对于复杂构件应按事先制作好的样板下料、拼装。各项金属结构的加工、拼装与焊接,应按事先编制好的工艺流程和焊接工艺进行。制作过程中应随时进行检测,严格控制焊接变形和焊缝质量,并根据实践对工艺流程和焊接工艺进行修正。对于焊接变形超差部位和不合格的焊缝,应逐项进行处理,直至合格后才能进行下一道工序。

4.3　零构件的一般要求

4.3.1　单个构件

用于制造闸门或门槽埋件的型钢或组焊而成的单个构件应进行整平和矫正,其偏差应符合规范规定。

4.3.2　铸钢件

(1)铸钢件应符合施工图纸和规范规定。

(2)铸钢件的化学成分和机械性能应符合施工图纸要求。

(3)当铸件的缺陷超出规定时,应经承包人的技术、质量检查等有关部门研究同意,制订可靠的补焊措施,并得到监理人的同意才能补焊。补焊后的质量应符合设计要求。

(4)所有铸件缺陷的补焊,均应按照规范规定执行。

4.3.3　锻件

(1)锻件按施工图纸和规范锻造。

(2)锻件的质量检查按施工图纸及规范规定进行。

(3)吊具、吊轴、轮轴、支铰轴不得补焊。

4.3.4　零部件

零部件的加工和装配按施工图纸球与规范规定执行。装配后应在转动部位灌注润滑脂。轮轴表面均镀铬防腐。

4.4　金属结构防腐的一般要求

4.4.1　防腐项目及防腐方法

防腐项目及防腐方法采用喷锌加涂漆封闭。

4.4.2　喷锌技术条件

(1)闸门锌涂层的厚度为 200 μm,其他锌涂层的厚度为 140 μm,分两次喷完,每层厚度和锌层最小局部厚度以及封闭层、面漆的涂料牌号、涂层道数、每道漆膜厚度和漆膜总厚度必须符合规定,封闭层涂料的颜色为铝色。

(2)表面预处理用喷砂法按规范实施。经处理的钢材表面应达到规范规定的除锈等级 Sa2.5 级,粗糙度对常防腐涂料应在 Ry40～70 μm,对原浆型重防腐涂料及重属热喷涂为 Ry60～100 μm 范围内,且应干燥、无灰尘。

(3)喷涂用的金属锌应符合规范的规定。

(4)喷涂按规范规定执行。

(5)锌涂层的检验:锌涂层的外观、涂层厚度及测量、结合性能、耐腐蚀性、密度等必须符合施工图纸及规范规定,其试验按规范中规定的试验方法实施。

(6)锌涂层检验合格后应尽快涂装封闭层。

(7)油漆的质量及调制应符合规范规定。

(8)涂漆的技术要求遵照规范规定执行。第一道漆层应采用刷涂或高压无气喷涂。

(9)漆膜的外观检查。

(10)漆膜性能的检验。

(11)漆膜的厚度测量。

4.5 闸门及埋件制造的特殊要求

4.5.1 闸门埋件

闸门埋件制造应按施工图纸及规范中埋件制造的规定执行。

4.5.2 工地拼装

闸门制造若需分段(块),应事先征得监理单位现场机构及设计人书面同意。分缝断面的焊缝坡口,应根据焊缝型式由承包人在厂内完成,在分缝处两侧非喷锌面宽度不得大于 100 mm。

特殊情况可由监理单位现场机构、设计人员和承包人派员商定。

4.5.3 包装与运输

(1)各个制造项目的成品应配套运输,并用油漆标明设备或构件的名称或编号。

(2)零部件应装箱运输,连接板等应绑扎成捆运输。

(3)应采取措施防止变形和腐蚀。加工面应加以保护。

(4)产品包装后的尺寸和重量,不能超过既有运输条件的限制。

(5)止水橡皮应妥善包装、运输。

4.6 出厂验收

(1)各单项项目满足下列条件时,承包人应在规定时间之前向监理单位现场机构提出报告,要求验收。①该项产品全部制造、组装完毕,并处于组装状态;②以上所述竣工资料已提交监理单位现场机构。

(2)由发包人、监理单位现场机构组织出厂验收小组进行出厂验收,承包人应给予密切配合。

(3)单项产品已配套、验收合格,并妥善包装、绑扎、加固,经监理单位现场机构认可后才能出厂。

5 工程质量评定与验收

工程质量评定与验收按《水利水电工程钢闸门制造安装及验收规范》执行。

第15节 液压启闭机设计制造

1 总则

1.1 细则

发包人与工程承包人签订的工程承包合同文件、招投标文件、设计文件以及有关工程规程、规范。

1.2 适用范围

适用于液压启闭机设计制造。

1.3 引用标准和规程规范(但不限于)

(1)《水利水电工程启闭机设计规范》(SL 41);

(2)《水利水电工程启闭机制造、安装及验收规范》(DL/T 5019);

(3)《液压系统通用技术条件》(GB/T 3766);

(4)《液压元件通用技术条件》(GB 7935);

(5)《二通插装式液压阀 技术条件》(GB 7934);

(6)《二通插装式液压阀安装连接尺寸》(GB/T 2877)

(7)《液压系统总成出厂检验技术条件》(JB/T 5820)

(8)《大型液压式启闭机》(GB/T 14627);

(9)《液压机 技术条件》(JB/T 3818);

(10)《液压机 安全技术条件》(JB 3915);

(11)《中小型液压闸门启闭机技术条件》(JB/J 4109.2);

(12)《中高压液压缸试验方法》(JB/JQ 20302);

(13)《压力容器无损检测》(JB 4730);

(14)《水工金属结构焊接通用技术条件》(SL 36);

(15)《优质碳素结构钢技术条件》(GB/T 699);

(16)《碳素结构钢》(GB/T 700);

(17)《低合金高强度结构钢》(GB/T 1591);

(18)《一般工程用铸造碳钢件》(GB 11352);

(19)《铸钢件补焊通用技术条件》(JB/T 5000.7);

(20)《合金结构钢技术条件》(GB 3077);

(21)《普通碳素结构钢和低合金结构钢热轧厚钢板和钢带》(GB/T 3274);

(22)《装配通用技术条件》(JB/ZQ 4000.9);

(23)《气焊、手工电弧焊及气体保护焊焊缝坡口基本形式与尺寸》(GB 985);

(24)《埋弧焊焊缝坡口的基本形式和尺寸》(GB 986);

(25)《焊缝符号表示法》(GB/T 324);

(26)《碳钢焊条》(GB/T 5117);

(27)《低合金钢焊条》(GB/T 5118);

(28)《低合金钢埋弧焊剂》(GB 12470);

(29)《碳素钢埋弧用焊剂》(GB 5293);

(30)《火焰切割面质量技术要求》(JB 3092);

(31)《钢结构焊缝外形尺寸》(JB/T 7949);

(32)《金属熔化焊焊缝缺陷分类及说明》(GB 6417);

(33)《钢熔化焊对接接头射线照相和质量分级》(GB 3323);

(34)《钢焊缝手工超声波探伤方法和探伤结果分级》(GB 11345);

(35)《表面粗糙度参数及其数值》(GB/T 1031);

(36)《低压电器外壳防护等级》(GB/T 4942.2)；

(37)《水工金属结构防腐蚀规范》(SL 105)；

(38)《涂装前钢材表面锈蚀等级和除锈等级》(GB 8923)；

(39)《金属覆盖层　工程用铬电镀层》(GB 11379)；

(40)《标准轨距铁路建筑限界》(GB 146.2)；

(41)《德国水工钢结构　设计和计算标准》；

(42)《德国水工钢结构　关于设计、制造和安装的建议》；

(43)《美国国家标准协会标准》；

(44)《美国试验材料协会标准》；

(45)《德国无缝钢管交货技术条件》；

(46)《德国液压传动和控制系统的一般规定》。

以上所列规程规范，在合同执行过程中如有新的版本时，则按新颁发的版本执行。除以上规范外，部颁和国家有关现行规范均应遵守。

2　监理概述

根据监理合同发包人授权范围及监理规划安排，结合制造单位的具体情况制定本细则。

2.1　监理内容

(1)液压启闭机油缸及油缸支承埋件。

(2)液压泵站(含液压控制阀组)及油箱总成。

(3)液压管路及附件。

(4)液压缸行程检测装置。

(5)现地电气控制单元。

(6)试验和工作液压油。

2.2　监理依据

监理工程师将依据合同要求、投标文件、制造图纸及有关的规范及标准对上述监理内容进行检查、验收、监督管理。

3　液压启闭机的监理预控措施

监理预控将从生产制造过程的源头抓起，人、机、料、法、环是影响液压启闭机制造的质量、进度和合同费用的重要因素，也是监理预控的重要工作，监理工程师必须检查和确认制造厂在这些方面能够满足标书、合同文件、技术准备及图样的要求，并始终贯穿于液压启闭机制造的全过程。

3.1　制造厂质量体系的监理预控

制造厂的质量自控体系是保证设备制造质量及进度的基础，监理工程师将重点检查督促制造厂建立和完善自身的质量体系，促使其正常运行，重点检查和督促以下几个方面或环节：

（1）检查制造厂全员的质量意识，要求制造厂的最高管理层召开一次质量动员大会，项目部相关的主要人员必须参加，使其了解工程概况，理解工程的重要性，进一步树立质量意识。

（2）审查制造厂的职能机构设立的合理性及重要部门的隶属关系，质量检验部门必须具有绝对的独立性，它应直属项目部最高管理者领导，生产车间及生产部门不能对其有任何的经济及行政制约，质量检验的仪器设备及检验人员应满足本工程要求。所涉及的检验标准（包括检验工艺标准、质量标准）要齐全并为有效版本。

（3）制造厂针对本工程应设立焊接试验室，负责进行工艺评定试验及其他焊接试验，其焊接工艺评定的合格试验参数应能确保指导生产，要有专门的钢材材料库或堆放区，禁止兼用和混用。焊接材料库应分设焊材一级库和焊材二级库，材料的领用、发放、回收制度应健全。

（4）审查制造厂质量体系的程序文件、工艺传递记录表格、过程及最终质量检验记录和报告是否全面、正确以及具有可操作性，要求必须满足明确的工作程序、明确的工作运行要求。

监理工程师进驻后，结合监理实施细则，及时召开监理工作会议，向制造厂有关各方面介绍监理的工作方式、工作要求，产品质量见证点、验证点的确定等，以便于制造厂在建立、健全和完善自身质量体系过程中充分考虑监理的具体要求，并顺利接轨。

3.2 启闭机制造材料的监理预控

材料是构成液压启闭机制造质量的重要基础，任何情况下的材料混用、错用及不合格品的使用都会造成极大的被动和潜在的风险，液压启闭机制造工程严禁采用不合格的材料。制造厂必须要有材料质量的控制意识，原则要求如下：

（1）要求制造厂对进场的材料及厂内备用材料尽快提交原产厂的材质证明书原件，如果是由经销商所购，提供原件有困难，则应在材料原产厂的材质证明书上加盖经销商红章。

（2）材质证明书经审查合格后，同时进行理化性能复验，钢材内部超声波检验及钢材厚度检验，并将检验报告提交监理工程师确认。

（3）图纸及标书指明材料的供货厂商及产地，也应一并确认。上述工作必须限制在投料前完成。

3.3 特殊过程操作人员资格的监理预控

启闭机制造中的焊接被视为特殊过程，因此标准及招标书中对焊接过程中的焊工、焊接质量检验人员要求其必须持证上岗，焊工必须持有关上级主管部门颁发的与其工作范围相适应的焊工合格证；无损检验人员必须持上级主管部门颁发的与其工作范围相适应的资格证书，其中签署无损检验报告的人员必须持相关专业的 Ⅱ 级资格证书；焊接检查员必须持上级主管部门颁发的资格证书。监理工程师将重点审核上述证书的有效性、合法性，并进行动态考查。

3.4 分包商的监理预控

选定大型铸锻件是启闭机制造质量控制的要点，多数情况下需要专业生产企业分包完成。大型铸锻件造价高，生产周期长，技术难度大，一旦因质量问题报废所引起的损失不可估量,因此它是影响承包商交货期的重要环节,对此,制造厂应有高度的思想准备。

选择分包商是一项严肃而认真的工作,监理工程师将积极协助制造厂做好此项工作。在选择时,应特别注重考查所选单位的资质、相关产品生产业绩、生产设备能力、市场信誉、工艺技术水平以及承担风险的能力。制造厂在与分包商签订合同前必须将分包商资质、业绩等材料报监理工程师审查认可。监理工程师将协助制造厂做好分包项目的技术交底工作,重点交代质量标准、检验方法、检验标准及相关的工艺技术要求。

3.5　施工组织设计的监理预控

施工组织设计是制造厂对启闭机制造项目及所要实现的目标,对技术工艺、资源、措施等进行组织、策划、协调的成果,它是启闭机制造的系统组织文件。施工组织设计一经批准,将成为启闭机制造实施过程中的核心文件,是对启闭机制造过程进行分析、评价、控制、调整的重要依据,监理工程师将在充分理解领会标书、合同文件、标准、规范及设计图纸的基础上对制造厂提交的施工组织设计进行认真细致的审查、分析、对比,确保施工组织设计的切实性、合理性、全面性、符合性以及可操作性。具体审查标准要求如下:

(1)各种工序及作业必须有施工工艺方案,新材料及一、二类焊缝焊接工艺必须经焊接工艺评定试验验证,焊接工艺评定必须按规定程序进行。

(2)投入的人员素质、数量必须满足工程要求,委派的项目管理人员包括质量技术人员、安全专职人员必须能够胜任工作。

(3)审查外协外购件到厂的时间安排,其到货期除满足正常情况下的工期要求外,应考虑各种不利因素发生的可能,并留有余地。

(4)审查设备投入的数量及能力与投标文件的符合性,如果存在设备的数量及能力投入不足或与投标文件存在差异,将建议说明原因及采取的措施,并与业主协调后作出决定。

(5)计划进度与实际进度经检查并确认滞后7日,将要求制造厂提出赶工措施,并向业主报告,采取措施保证工程节点工程目标实现。

4　监理一般规定

4.1　施工组织设计的审批

施工组织设计是制造厂在整个制造周期进行有效控制的重要依据之一,要求制造厂在正式开工前必须提供根据招标文件、施工设计图样及设计联络会的相关精神提出的各项有关要求而编制的施工组织设计文件,并按监理处审批意见及有关要求组织施工。

4.2　监理方式及内容

驻厂监理工程师采用关键工序检测的方式进行监理,监理工程师在质量检查和检验过程中若需抽样试验,所需试件应由制造厂提供,其检查或验收质量的必要设备,仪器制造厂应予以协助。监理工程师有权对“三检”手续不全的工艺、产品拒绝检查、验收、签证。

4.3　监理文件的签发程序与原则

监理工程师根据工程质量、进度的整体情况适时签发各种通知文件,当制造厂的施工质量和进度与整体要求有差异时,一般以口头的形式向项目经理或项目责任人提出,在口头提出后无效的情况下,以监理通知的书面形式签发并责令其整改,在监理通知发出 24 小时内无明显改观或推诿,则监理工程师以暂停指令的书面形式签发责令制造厂停工。由此而造成的损失由制造厂承担。

4.4　资料汇总及审查

资料包括制造厂在项目整个施工期所必需的上报资料,要求各项资料真实可靠、及时,特别是反映工程制造质量的资料。监理工程师对资料的审查签收,并不免除制造厂的质量责任,在进入下道工序施工时发现问题,仍由制造厂承担全部责任。重要工序及质量见证点经监理工程师复验发现与制造厂提供的资料有较大差异时,由监理工程师主持要求制造厂重新检验,若重新检验的结果与制造厂上报的资料仍有较大差异,制造厂的有关人员应承担其相应的责任。

5　质量控制

5.1　原材料质量控制

按本书有关章节执行。

5.2　焊接质量控制

(1)焊接工艺评定。启闭机在制造与组装前应由制造单位根据结构特点及质量要求编制焊接、组装工艺程序文件(焊接组装工艺指导书)。对制造厂尚未验证过的一、二类焊缝的焊接工艺,焊接工艺评定试验报告报送监理处审查,在正式施焊时若焊接与焊接工艺评定不一致,应重新进行焊接工艺评定。

(2)焊工资格。从事一、二类焊缝焊接的焊工必须持有水利部、国家电力公司或劳动人事部门签发的水工钢结构焊工考试合格证书或锅炉、压力容器焊工合格证书,其焊接的钢材种类、焊接方法和焊接位置均应与焊工本人考试合格的项目相符,严禁无证上岗施焊。制造厂应将本工程的焊工资格证书及施焊部位以书面形式提交监理处备案,以利检查。

(3)焊缝按其种类及重要性分类的级别详见《水利水电工程启闭机制造、安装及验收规范》(DL/T 5019—94)中第 4.1.3 条的基本规定。

(4)焊缝检验。所有焊缝均应进行外观检验,外观质量应符合《水利水电工程启闭机制造、安装及验收规范》(DL/T 5019—94)中第 4.1.4 条的规定。无损检测人员必须有国家有关部门签发的并与其工作相适应的资格证书,评定焊缝质量应由 Ⅱ 级或 Ⅱ 级以上的检测人员担任。焊缝内部缺陷探伤由制造厂根据厂内具体情况可选用射线或超声波探伤中任意一种,焊缝的探伤长度百分比应符合规范要求的标准。

5.3　表面防腐蚀

5.3.1　表面预处理

液压启闭机除锈等级应符合《涂装前钢材表面锈蚀等级和除锈等级》(GB 8923—88)中规定的 Sa2.5 级,除锈后,表面粗糙度数值应达到 $60 \sim 100\ \mu m$,用表面粗糙度检测量具或比较样块检测。

5.3.2　表面涂装

除锈后,在涂料涂装前,应用干燥的压缩空气将基体表面吹净并经检查认可后及时涂装,需全层喷涂的表面经除锈后应尽快喷涂。全层喷涂和涂料涂装时要严格控制其厚度及均匀性。涂层表面应均匀,无杂物、起皮、鼓泡、孔洞、凸凹不平、粗颗粒、掉块及裂纹等缺陷,具体质量控制要求按《水工金属结构防腐蚀规范》(SL 105—95)有关规定评定、验收。

5.4 油缸主要部件制造要求

5.4.1 缸体

(1)缸体毛坯尽量采用整段无缝钢管,材质性能应不低于 GB 699 的 45 号钢,热处理状态为正火处理。对缸体母材应进行 100% 超声波探伤,质量检验应符合 JB 4730 Ⅱ级的规定。焊后应热处理以消除内应力。

(2)当分段焊接时,应对焊缝进行 100% 超声波探伤,质量检验应符合 JB 4730 Ⅰ级的规定。焊后应热处理以消除内应力。必要时还要进行射线探伤,达到 JB 4730 Ⅱ级要求。

(3)缸体法兰材料宜采用 GB 699 中的 35 号钢或 45 号钢,热处理状态为正火处理。

(4)缸体与法兰的连接焊缝按照《水利水电工程启闭机制造、安装及验收规范》(DL/T 5019—94)第 4.1.3 条执行。

(5)缸体内径尺寸公差应不低于 GB 1801 中的 H8,圆度公差应不低于 GB 1184 中的 9 级,内表面母线的直线度公差不大于 1 000:0.2。

(6)缸体法兰端面圆跳动公差不低于 GB 1184 中的 9 级,法兰端面与缸体轴线垂直公差不低于 GB 1184 中的 7 级。

5.4.2 活塞

(1)活塞材料性能应不低于 GB 699 中的 45 号钢,热处理状态为正火处理。

(2)活塞外径公差不低于 GB 1801、GB 1802 中的 f8。

(3)活塞外径对内孔的同轴度公差不低于 GB 1184 中的 8 级。

(4)活塞外径圆柱度公差应不低于 GB 1189 中的 7 级。

(5)活塞端面对轴线的垂直度公差不低于 GB 1184 中的 7 级。

(6)活塞外圆柱表面粗糙度 $Ra \leqslant 0.4$ μm。

5.4.3 前后缸盖

(1)缸盖材料性能应不低于 GB 699 中的 45 号钢,热处理状态为正火处理。

(2)母材 100% 超声波探伤,质量检验应符合 JB 4730 Ⅱ级的规定。

(3)缸盖与相关件配合处的圆柱度公差不低于 GB 1184 中的 10 级。

(4)缸盖与相关件配合处的同轴度公差应不低于 GB 1184 中的 7 级。

(5)缸盖与缸体配合的端面与缸盖轴线垂直公差不低于 GB 1184 中的 7 级。

5.4.4 活塞杆

(1)活塞杆材料性能应不低于 GB 699 中的 45 号钢,正火处理。

(2)活塞杆应按照 GB/T 6402 进行 100% 的超声波探伤,等级应达到 Ⅱ级以上。

(3)活塞杆防腐处理采用镀铬防腐,镀铬防腐表面先镀乳白铬 0.04 ~ 0.05 mm,再镀硬铬,镀后应精磨,使其单边镀层厚度为 0.08 ~ 0.10 mm。其检验标准按 GB 11379 有关标准执行,要求单位孔隙数不超过 3 个/cm。

(4)活塞杆导向段外径公差应不低于 GB 1801 中的 f8。

(5)活塞杆导向段圆度公差不低于 GB 1184 中的 9 级;外径母线直线度公差不大于

1 000∶0.1。

(6)与活塞接触之活塞杆端面对轴心线垂直度公差不低于 GB 1184 中的 7 级。

(7)活塞杆两端螺纹采用梯形螺纹,螺纹公差按照 GB/T 5796.4—1986 中的 7 级精度。

(8)活塞杆导向段外径的表面粗糙度 $Ra \leqslant 0.4 \ \mu m$。

5.4.5 导向套

(1)根据设计联络会议确定油缸导向套材料。

(2)导向套的导向面配合尺寸公差不低于 GB 1801 中的 H8 与 f8。

(3)导向套的导向面、配合面的圆柱度公差应不低于 GB 1184 中的 10 级。

(4)导向套的导向面与配合面的同轴度公差不低于 GB 1184 中的 8 级。

(5)导向套的导向面粗糙度 $Ra \leqslant 0.4 \ \mu m$。

5.4.6 吊头

(1)吊头材料性能应不低于 GB 3077 中的 40Cr,并经调质处理。

(2)吊头按照 GB/T 6402 进行 100% 的超声波探伤,等级应达到 Ⅱ 级以上。

(3)根据设计联络会议确定油缸吊头轴承型号。

5.4.7 液压缸中间支承装置及下吊头与闸门连接

液压缸中间支承装置及下吊头与闸门连接均配选用 DEVA、SKF 或三环青铜基镶嵌自润滑球面滑动轴承,并带密封装置。

5.4.8 吊轴

(1)吊轴材料性能应不低于 GB 3077 中的 40Cr,并经调质处理。

(2)吊轴精加工后镀铬防腐,表面先镀乳白铬 0.04 ~ 0.05 mm,再镀硬铬,镀后应精磨,使其单边镀层厚度为 0.08 ~ 0.10 mm。

5.4.9 机架

(1)机架采用钢板焊接结构,材料性能不低于设计和 SL 381—2007 规定的技术性能要求。

(2)机架主要受力焊缝为一类焊缝,超声波探伤范围为 100% 焊缝长度,质量检验应符合 GB 11345B Ⅰ 级的规定。焊后机架整体应进行消除内应力处理。机架的整体机加工应在消除内应力后进行。

5.5 材料和工艺要求

5.5.1 材料采购

(1)为完成本合同项目所需的全部材料,均由承包人负责采购、试验、检测、验收、运输和保管等。

(2)由承包人采购的用于本合同项目的全部材料均应符合图纸和合同有关规定的要求,均具有材质证明、出厂合格证等。无材质证明、出厂合格证的材料不得在工程中使用。

(3)承包人对其采购的材料负全部责任。监理人有权要求承包人提供所有材质证明文件、出厂合格证、材料样品的原件和试验报告等。监理人一旦发现承包人在工程中使用了不合格的材料,承包人应按监理人的指示立即更换,并对由此产生的后果负责。

(4)承包人应采购近两年出厂的材料,锈蚀严重或有缺陷的材料严禁使用。

（5）承包人应遵照制造图和合同技术条件的规定，采用能保证产品质量的工艺。一旦监理人发现工艺不合格，发出书面通知时，承包人应立即更换或更改，并承担由此造成的损失和产生的后果。

5.5.2　材料代用

（1）如果由于某种原因不能提供图纸规定的材料时，承包人应在项目制造前10天向监理人和设备设计单位提出"申请材料代用清单"，说明无法提供材料的品种或规格，申请代用的材料品种、型号、规格和该材料的技术标准及试验资料，并保证代用的材料性能优于原材料。经监理人批准，并报请发包人审查批准后才能代用。

（2）代用材料的质量（指材料的物理、化学和机械性能）由承包人负责。

（3）如果由于材料代用而造成承包人交货的延迟，承包人应承担相应的合同责任。

5.5.3　金属材料

设备制造所需的金属材料，包括黑色金属和有色金属材料，必须符合合同文件的规定，其机械性能和化学成分及其他技术性能必须符合现行的有关国家标准和行业标准，并应具有出厂合格证。如监理人对所用的材料有疑问并要求重新检验时，应由监理人认可具有资质的检验单位进行检验，检验合格并取得监理人同意后才能使用。

5.5.3.1　铸钢件

（1）铸钢件应按图纸 GB/T 3077、SDZ 012、JB/ZQ 4000.5 的规定铸造。

（2）铸钢件的化学成分和机械性能应符合 GB 11352 的规定。铸钢件的探伤、热处理及硬度应符合图纸及合同要求。铸钢件的尺寸公差应符合 GB 6414 的规定。

（3）铸钢件的质量要求和允许焊补范围应按 DL/T 5018 的规定执行。铸钢件需做超声波探伤检查，质量等级应符合 GB/T 7233 中二级要求。

（4）当铸件缺陷经检查在允许焊补的范围内时，应制定可靠的补焊措施，并报监理人同意后才能进行补焊。焊补的质量应达到设计要求，并做好记录。

（5）承包人对铸件如需外协时，须经监理人审查、发包人批准。

5.5.3.2　锻件

（1）锻件的锻造应符合图纸及 DL/T 5018 的规定。

（2）锻件的质量检查应按图纸及 DL/T 5018 的规定执行，锻件探伤、热处理及硬度应符合图纸的要求，并提出相应工艺措施。锻件需做超声波探伤检查，质量标准应符合 GB/T 6402 中二级标准的规定。

（3）吊轴等锻件的缺陷不得补焊。

（4）承包人对锻件如需外协时，须经监理人审查并报发包人批准。

5.5.3.3　焊接材料

（1）焊条型号或焊丝代号及其焊剂必须符合合同技术条件的规定，当合同技术条件没有规定时，应选用与母材强度相适应的焊接材料。不锈钢的焊条应当使用相匹配的不锈钢焊条。

（2）焊条应符合 GB 5117、GB 5118、GB 984、GB 983 的有关规定；自动焊用的焊丝应符合 GB 1300 的有关规定。

（3）碳钢埋弧焊用焊剂应符合 GB 5293 的有关规定。

　　(4)焊接材料必须具有产品质量合格证。

　　(5)焊条的贮存、保管与使用须遵照 JB 3223 的规程执行。

5.5.3.4　制造工艺

　　(1)设备制造开工前承包人应编制设备制造工艺文件报监理人审批,监理人批准后下达开工令。主要制造工艺和组装工艺文件还应报发包人一份备案。

　　(2)监理人对设备制造的全过程进行监督,在设备制造过程中发现有不合格的制造工艺和材料,监理人提出整改、返工处理直至下达停工令并报发包人。

　　(3)设备的表面处理及其涂装工艺必须经监理人批准同意后,才能按要求实施。

　　(4)监理人制造工艺的检验或批准并不意味着可以减免或免除承包人在合同中应负的责任。

5.5.4　连接

5.5.4.1　焊接连接

　　(1)金属结构件的焊接工艺、焊前准备、施焊、焊接矫形、焊后处理、焊缝质检和焊缝修补等技术必须符合 SL 36 和 DL/T 5018 的规定。对一、二类焊缝的焊接工艺和新材料,焊前必须进行焊接工艺评定,评定报告报送监理人审批。

　　(2)焊工的考试按 SL 35 的规定执行,经考试合格并持有效合格证的焊工才能参加相应焊接材料和相应焊接位置的焊接。

　　(3)无损检测人员必须持有国家专业部门签发的资格证书。评定焊缝质量应由Ⅱ级及Ⅱ级以上的检测人员担任。

　　(4)焊缝坡口的型式与尺寸应符合图纸的规定,当图纸没有标明时,按 GB 985 或 GB 986 执行。

　　(5)凡属一、二类焊缝的对接与角接的组合焊缝要求全部焊透,其角焊缝的焊角必须符合图纸的规定,焊缝外形平缓过渡。

　　(6)除非图纸另有说明外,所有焊缝均为连续焊缝。

　　(7)钢板的拼接接头应避开构件应力集中的断面,尽可能避免十字焊缝,相邻平行焊缝的间距应大于 200 mm。

　　(8)对于厚板大断面的焊缝,应采用多层多道焊。

　　(9)焊缝出现裂纹时,焊工不得擅自处理,应查清原因,制订出修补工艺后方可处理。焊缝同一部位的返修次数不宜超过两次,一、二类焊缝的返修应在监理人的监督下进行。

5.5.4.2　螺栓连接

　　(1)紧固件的规格、材料、制孔和连接应符合图纸及 DL/T 5019 的规定。

　　(2)安装所需要的螺栓、螺母、垫圈、连接螺杆均应按图纸中规定的数量提供3%的备件,且备件不少于2件。

5.6　外购件与专业配套件

　　(1)外购件与专业配套件系指各种标准组件、零件,或专业厂生产的产品及标准设备。

　　(2)所采购的外购件应符合合同书、设计图纸的型号、技术参数、性能指标等参数要求,并须随件附有出厂合格证。外购进口件还需附有产品原产地生产厂家的证明。

（3）所采购的专业配套件应严格按照合同书、设计图纸、技术文件规定的专业配套厂制造的零件和组件配套。

（4）外购件采购时应进行必要的检验与测试，认定合格后方可采购。

（5）在所购外购件或专业配套件的使用寿命期限或保管期内，承包人应对其质量负责。

（6）对发包人专门指定的特殊外购件或专业配套件，承包人应予以满足。

（7）所购外购件必须是在同类工程中使用的、性能稳定可靠的优质产品。

5.7　涂漆与防腐要求

（1）启闭机结构件外部涂漆前的表面预处理应达到 GB 8923 中 Sa2 级。

（2）涂装材料要求如下：

①用于合同项目的涂装材料，应选用符合技术条件和图纸规定的经过工程实践证明其综合性能优良的产品。

②使用的涂料质量，必须符合中华人民共和国国家标准或相应行业标准，不合格或过期涂料严禁使用。

③涂料应配套使用，底、中、面涂料须选用同一厂家的产品。

④油缸经喷丸或抛丸表面除锈处理，外露机架经喷砂除锈处理后，涂装涂料的品种、层数、涂膜厚度按表 6-3 执行，干膜总厚度不小于 270 μm。

表 6-3　油缸及外露机架涂料品种、层数及涂膜厚度要求

涂层系统	涂料名称	道数	干膜厚度（μm）
底漆	GZH 204 无机磷酸盐富锌涂料底漆	2	100
中间漆	GZH 206 改性环氧云铁防锈漆	2	100
面漆	TH－HM 206 改性环氧耐磨涂料	1	70

⑤非外露机架、埋件与混凝土接触的表面，应均匀涂刷两道特种水泥浆，干膜厚度不小于 300 μm。涂层应注意养护，保证在存放、运输过程中涂层无脱落，且与混凝土黏结良好。

⑥油箱表面经喷丸后涂装。涂装涂料的品种、层数、涂膜厚度按表 6-4 执行，干膜总厚度不小于 110 μm。

表 6-4　油箱涂装涂料品种、层数及涂膜厚度要求

涂层系统	涂料名称	道数	干膜厚度（μm）
底漆	GZH 204 无机磷酸盐富锌涂料底漆	1	40
面漆	TH－HM 206 改性环氧耐磨涂料	1	70

（3）涂装技术要求应符合 SD 315 的规定。

（4）涂漆颜色：高压油管色环为大红色，低压油管色环为深黄色。油缸、机架、泵站颜色另行商定。

（5）设备运输及吊装过程中的涂层碰损，由承包人修补。安装焊缝区涂装和现场整体面漆的涂装由安装承包人负责，但承包人应提供涂装工艺参数、产品说明书、机械性能

指标及涂装要求等。

（6）应做好所有外露加工面的涂油防腐工作，所有液压元件外露油口用耐油塞子封口。

5.8 成套性

应符合 SD 315 第 3.19 节和 GB 3766 第 1.6.3 条的规定。

5.9 组装

5.9.1 液压缸

（1）液压缸在组装前应将零件表面的铁锈、氧化物、焊渣、油污、灰尘等彻底清洗干净。

（2）装配时不应碰伤、擦毛零件表面，禁止用铁棍直接敲击零件，各紧固件必须顺序拧紧。

（3）密封圈应压缩到设计尺寸，相邻两圈的油封接头应错开 90°以上。

（4）液压缸上的安全阀、截止阀等可根据情况进行分解清洗。阀内弹簧不得有断裂，阀体应能自由升降而无卡阻现象。

5.9.2 液压泵站

（1）液压元件均应有产品合格证并具有质量证明书和厂内试压记录，外形整洁美观，无损坏现象。

（2）泵站组装前所有液压阀件、油泵应单独通过出厂试验。

（3）油箱表面彻底清除铁锈、氧化物、焊渣、油污、灰尘。

（4）油箱应进行密闭性试验并满足要求。

（5）液压泵站应采用高位油箱低位油泵布置。

5.9.3 液压管道

（1）组装前，管道应进行清洗，清洗后内壁不得有任何焊渣等异物。

（2）液压管道采用氩弧焊接，禁止热弯。

（3）液压管道布置应整齐，并便于安装与测试。

5.10 出厂验收

5.10.1 承包人准备工作

5.10.1.1 编制出厂试验与验收大纲

出厂试验与验收大纲的内容应包括：设备概况、设备的主要技术参数、供货范围、检验的依据、检验项目及允许值和实测值、检验方法及工具仪器、竣工图样、完整而且有效的质量证明文件及安装使用维护说明书和必要的列表与说明等部分。

承包人在出厂前 28 天将出厂试验与验收大纲交监理人审签后报发包人批准。

5.10.1.2 出厂竣工资料按要求整理成册。

（1）设备质量证明文件及资料一式八份，按 A4 幅面分别袋装或盒装。

（2）设备质量证明文件及资料包括如下内容：①完整的设备（包括结构件和机构）自检记录；②主要外购件的质量检测记录；③主要外协件的质量检测记录；④主要构件及关键零部件的材质检验证明；⑤设备出厂前的试验或检测报告；⑥重要焊缝的焊接检验记录；⑦设备的外观及涂装质量检测记录；⑧重大缺陷处理记录和有关的会议记录；⑨机电液系统的调试报告；⑩设备的预拼装检验记录；⑪产品合格证及外购件合格证；⑫重大质

量缺陷处理记录,有关会议纪要和设计通知单;⑬易损件清单(含规格、数量、用途、使用部位、生产厂家、通信地址);⑭专用工具、附属设备和备品备件清单;⑮试验和调试大纲。

5.10.1.3 竣工图

(1)竣工图的规程和数量必须满足招标及通用合同文件5.15条的要求。

(2)竣工图包括的内容如下:①设备总布置图;②泵站总布置图;③设备的所有部件图、装配图和总成图;④液压管路布置图;⑤液压系统原理图;⑥设备的吊装、运转、存放示意图;⑦设备的相应埋件图。

5.10.1.4 安装、使用、维护说明书

(1)安装、使用、维护说明书一式八份,按A4幅面装订。

(2)安装、使用、维护说明书要求如下:①在安装、使用和维护说明书中,承包人应将其他与自己的设备相关的供应商和分包商的有关说明包括在内;②在设备出厂前,如果因任何原因对合同设备进行了改进并因此而改变了安装、使用和维护要求,承包人应相应修改其安装、使用和维护说明书;③说明书应包括设备的性能与功能说明,包括总成和部件的组装以及安装、使用、保养、故障检修说明;④安装与使用资料应包括必要的调试与操作程序;⑤维护资料应包括承包人产品的正确运行检查、清理、润滑、调节、修理、大修、拆卸和重新装配的方法与程序,并应包括所需要的专用工具。

承包人的质检部门根据图纸、合同和有关规范完成设备自检并达到合格,设备整体组装检测指标满足合同技术条件和DL/T 5019的规定。设备组装和总装应处于待验状态。

承包人在完成以上准备工作后,提出设备自检合格报告和出厂试验与验收申请报告,经监理人审签后报发包人组织出厂制造验收。

5.10.2 试验与验收的要求

设备的试验应按照合同技术条件和DL/T 5019的规定执行。

5.10.2.1 油缸

(1)空载试验:在无负荷情况下,液压缸往复运动两次,不得出现外部漏油及爬行、抖动等不正常现象。

(2)最低动作压力试验:不加负荷,液压从零增到活塞杆平稳移动时的最低启动压力,其值应不大于0.5 MPa。

(3)耐压试验:对于工作压力低于16 MPa的系统,试验压力为工作压力的1.5倍;对于工作压力高于16 MPa的系统,试验压力为工作压力的1.25倍。达到试验压力后,保压10分钟,外部不应有渗漏、永久变形或损坏。对于橡胶软管,在2~3倍的常用工作压力下,应无异常,在3~5倍的常用工作压力下,应不破坏。

(4)试验压力应逐渐升高,每升高一级宜稳压2~3分钟,达到试验压力后,持压10分钟,然后降至工作压力,进行全面检查。以系统所有焊缝和连接口无漏油,管道无永久变形为合格。

(5)油缸出厂前应进行泄漏试验。试验结果为内泄漏不超过表6-5的规定,其他应符合JB/JQ 20302的规定。

表 6-5　内泄漏试验漏油量允许值

油缸内径 （mm）	漏油量 （mL/min）	油缸内径 （mm）	漏油量 （mL/min）
900	31.80	280	3.10
820	26.40	250	2.50
710	19.80	220	1.90
630	15.60	200	1.55
560	12.30	180	1.25
500	9.80	160	1.00
450	8.00	140	0.75
400	6.50	125	0.55
360	5.10	110	0.45
320	4.00	100	0.40

5.10.2.2　液压泵站

（1）空载试验：液压泵站应进行至少两次空载运行，每次运行时间不少于 3 分钟。要求电动机、油泵、阀件等元件空载运行平稳、无异常。

（2）保压试验：在 1.1 倍额定压力下，液压泵站保压 30 分钟，泵站无外泄漏。

（3）耐压试验：对于工作压力低于 16 MPa 的系统，试验压力为工作压力的 1.5 倍；对于工作压力高于 16 MPa 的系统，试验压力为工作压力的 1.25 倍。在试验压力下，液压泵站保压 10 分钟，泵站无外泄漏，油管无永久变形。

（4）泵站清洁度为 NAS1638 标准 8 级。

（5）泵站运行噪音≤85 dB(A)。

（6）模拟油缸上升和下降，各阀件操作正常。

5.10.2.3　机、电、液联调

1）油缸动作试验

（1）空载启动试验：电动机、油泵空载运行平稳、无异常。

（2）启门（或闭门）动作试验：油缸无抖动、爬行，液压系统运行平稳、无异常，油缸行程测量显示与实际相符，要求综合测量误差不大于 2 mm。

2）启门（或闭门）到位试验

（1）油缸位移测量系统发讯测试及有关阀件动作检验。

（2）接近开关发讯测试及有关阀件动作检验。

3）双缸同步试验

双吊点液压启闭机还应进行双缸同步纠偏功能试验，检验其纠偏能力是否灵敏、准确。

5.10.2.4　功能保护试验

（1）油泵故障：当泵站开始运行，工作油泵出现故障时自动切换到备用油泵。

（2）系统超压保护：当系统压力超过 1.1 倍额定压力时报警并停机。

（3）启门超压保护：当工作压力超过启门额定压力时发讯并停机。

（4）启门失压保护：当工作压力低于 1.5 MPa 时发讯并停机。

（5）闭门超压保护：当工作压力超过闭门额定压力时发讯并停机。

（6）系统压力监视：与压力表显示数据相同。

（7）滤油器堵塞：模拟滤油器堵塞，压力大于 0.3 MPa 时报警。

（8）油箱液位控制：模拟油箱油位超高、偏低位报警，超低位停机。

（9）油箱温度控制：检验油箱温度加热器性能，要求≤10 ℃时加热，≥55 ℃时失电。

（10）闸门下滑复位：①模拟闸门下滑 150 mm，工作泵启动，闸门回位，停泵。②模拟闸门下滑 200 mm，备用泵启动。若闸门下滑 150 mm，工作泵未运行，闸站下滑至 200 mm，自动报警并启动备用泵，闸门回位，停泵。③模拟闸门下滑 250 mm，备用泵未启动时故障报警。

5.10.2.5　设备油液清洁度

设备油液清洁度按照 NAS1638 标准 8 级检验。

5.10.3　出厂验收

（1）承包人对验收检查发现的制造质量缺陷，必须采取措施使其达到合格，并经监理人审签后才能出厂。

（2）设备经出厂验收合格，其包装状况和发货清单及竣工资料等，必须符合招标及合同文件有关条款的规定，并经监理人签署出厂验收证书后，设备方可发运。

（3）设备出厂验收并不是设备的最终验收。承包人仍需承担设备的全部责任。

5.10.4　交接验收

（1）工地交接验收由监理人主持并组织发包人、安装承包人和承包人组成验收小组进行验收和签证工作。

（2）工地交接验收主要包括：数量清点、外观检查、资料的审核以及发包人认为必要的抽检等。

（3）设备在运输过程中造成的损伤由承包人负责限期处理或赔偿。

5.10.5　包装、设备标志和标牌、运输及存放

承包人应对设备进行包装、运输、吊装设计，并报监理人批准后方可实施。

5.10.5.1　包装

（1）大型金属结构在分解成运输单元后必须对每个运输单元进行切实的加固，避免吊运中产生变形，若在吊运中产生变形，承包人应负全部责任。

（2）小型结构件按最大运输吊装单元合并捆扎包装后供货。

（3）大型零部件应包装后整体装箱供货，小部件应分类装箱供货。

（4）各类标准件分类装箱供货。

（5）供货的同时必须具备设备清单。

5.10.5.2　设备标志和标牌

（1）结构件和零部件应在其明显处做出能见度高的编号和标志以及工地组装的定位板及控制点。

（2）启闭机的标牌内容包括：制造厂家、设计单位、设备名称、设备型号或主要技术参数、制造日期等。标牌尺寸不得大于 0.4 m×0.6 m。

5.10.5.3 运输及存放

（1）启闭机的运输和存放应符合 DL/T 5019 规范的规定。

（2）运输时，运输单元刚度不足的部位应采取措施加固。机械加工面应采取保护措施。为防止运输过程中设备锈蚀，应涂刷合适的涂料或黄油，或粘贴防锈纸。

（3）管接头等零星小件应装箱以免丢失。缸体活塞、活塞杆等应装配在一起采用架装运输，并应采取措施防止活塞杆、轴承及密封件的变形与损坏。

6 进度控制

制造厂编制的进度网络计划应能满足工程施工进度总目标网络计划的要求，其资源配备应足以保证进度计划的实现，监理工程师将根据制造厂的进度控制计划检查实际进度与计划进度的差异。在差异较大的情况下以监理通知的书面形式下达赶工指令。制造厂为工程召开的各种施工进度、组织、协调会议在监理工程师认为有必要时可以列席参加。

当制造厂计划进度与实际进度有较大差异时，应积极主动地找出原因，并及时向监理工程师汇报，监理工程师可在权限范围内认真协助制造厂共同分析，并尽力给予协调解决。

7 投资控制

资金是保证工期按期完工的重要措施之一，制造厂应根据合同中工程预付款及进度款支付的要求提供相关的资料，报监理工程师审批。

工程进度款的审批要求如下：

（1）外购件、外协件应提供与本工程相关的合同复印件，其协作厂家应报监理工程师审查认可。

（2）审核工程进度月报表、审核制造厂月进度付款申请单、签认月进度付款证书及相关的"三检"资料、质量证明。

（3）工程款的拨付以监理工程师实际审核的工程进度为准。

（4）对工程预付款、进度款，制造厂应做到专款专用，以确保工程质量、进度目标的顺利实现。严禁其他项目挪用专款。

（5）监理工程师审核月进度付款申请时，予以支付的工程量应满足如下条件：①是合同工程量清单中的项目；②是监理工程师批准的新增项目；③必须是监理工程师检验质量合格的项目；④按照合同规定的计量方法确定制造厂完成的工程量。

8 合同管理

制造厂与建设单位签订的合同是监理工程师开展监理工作并对该工程进行监理的重要依据。

（1）合同文件的解释原则：合同文件的解释权属工程建管处。

（2）监理工程师负责对工程的合同进行管理与协调，其合同中的技术条款、图纸、已标价的工程量清单、质量、价款或者报酬、履行期限、违约责任以及解决争议的方法是监理工程师的具体工作内容。

第16节　闸门及启闭机安装工程

1　总则

1.1　依据

发包人与工程承包人签订的工程承包合同文件、招投标文件、设计文件以及有关工程规程、规范。

1.2　适用范围

闸门及启闭机的安装。全部安装项目包括闸门门叶、门槽埋件、其他金属结构、液压启闭机(含油缸总成、液压站等)、门式启闭机(含自动挂脱梁等)、轨道,以及与合同项目有关的基础埋件、电缆及埋管等附属设施等。

安装工程还包括合同规定的各项设备调试和试运转工作,以及试运转所必需的各种临时设施的安装。

1.3　引用标准和规程规范(但不限于)

(1)《起重设备安装工程施工及验收规范》(GB 50278);

(2)《电气装置安装工程起重机电气装置施工及验收规范》(GB 50254);

(3)《钢焊缝手工超声波探伤方法和探伤结果分析》(GB 11345);

(4)《涂装前钢材表面锈蚀等级和除锈等级》(GB 8923);

(5)《钢熔化焊对接接头射线照相和质量分级》(GB 3323);

(6)《钢结构高强螺栓连接的设计、施工及验收规程》(JGJ 82);

(7)《水工金属结构防腐蚀规范》(SL 105);

(8)《水利水电工程启闭机制造、安装及验收规范》(DL/T 5019);

(9)《水利水电工程钢闸门制造、安装及验收规范》(DL/T 5018)。

2　工程质量管理

按本书有关章节执行。

3　施工过程质量控制

按本书有关章节执行。

4　施工过程控制要点

4.1　开工申请

承包人应在安装工作开始前规定时间内,向监理单位现场机构提交合同安装项目的安装措施计划,报送监理单位现场机构审批。其内容应包括:

(1)安装场地布置及说明、主要临时建筑设施布置及说明;

（2）设备的运输和吊装方案；

（3）闸门安装方法和安装质量控制措施；

（4）预埋件安装方法和安装质量控制措施；

（5）启闭机安装方法和安装质量控制措施；

（6）焊接工艺及焊接变形控制和矫正措施；

（7）闸门和启闭机的调试、试运转及试验工作计划；

（8）通油管的安装方法和质量控制措施；

（9）安装进度计划；

（10）质量保证措施和安全措施。

4.2　施工过程监理

4.2.1　设备安装程序及其工艺要求

4.2.1.1　一般要求

（1）合同各项目安装前应具备的资料有：①设备总图、部件总图、重要的零件图等施工安装图纸及安装技术说明书；②设备出厂合格证和技术说明书；③制造验收资料和质量证书；④安装用控制点位置图。

（2）安装使用的基准线，应能控制门槽的总尺寸、埋件各部位构件的安装尺寸和安装精度。为设置安装基准线用的基准点应牢固、可靠、便于使用，并必须保留到安装验收合格后方能拆除。

（3）安装检测必须选用满足精度要求，并经国家批准的计量检定机构检定合格的仪器设备。

（4）承包人在安装工作中使用的所有材料，应有产品质量证明书，并必须符合施工图纸和国家有关现行标准的要求。

4.2.1.2　设备起吊和运输

1）起吊和运输措施

承包人应按招标文件的有关规定，根据设备总成及零部件的不同情况和要求，制定详细的吊装和运输方案，其内容包括采用的起重和运输设备、大件吊装和运输方法以及防止吊运过程中构件变形和设备损坏的保护措施。

2）超大件设备的吊装和运输

超大件设备的吊装和运输应按招标文件的有关规定执行。

4.2.1.3　安装前的检查和清理

1）安装前的检查

承包人在进行合同各项设备安装前，应按施工图纸规定的内容，全面检查安装部位的情况、设备构件以及零部件的完整性和完好性。对重要构件和部件应通过预拼装进行检查。具体内容为：

（1）埋件埋设部位一、二期混凝土结合面是否已进行凿毛处理并冲洗干净；预留插筋的位置、数量是否符合施工图纸要求。

（2）按施工图纸逐项检查各安装设备的完整性。

（3）逐项检查设备的构件、零部件的损坏和变形情况。

（4）对上述检查中发现的缺件、构件损坏和变形等情况，承包人应书面报送监理单位现场机构，并负责按施工图纸要求进行修复和补齐处理。

2）清理

设备安装前，承包人应对发包人提供的设备，按施工图纸和制造厂技术说明书的要求，进行必要的清理和保养。

4.2.1.4　焊接

1）焊工和无损检验人员资格

（1）从事现场安装焊缝的焊工，必须持有有关部门签发的有效合格证书。焊工中断焊接工作 6 个月以上者，应重新进行考试。

（2）无损检测人员必须持有国家专业部门签发的资格证书。评定焊缝质量应由Ⅱ级或Ⅱ级以上的检测人员担任。

2）焊接材料

（1）承包人采购的每批焊接材料，必须具有产品质量证明书和使用说明书，并按监理单位现场机构的指示进行抽样检验，检验成果应报送监理单位现场机构。

（2）焊接材料的保管和烘焙应符合规范规定。

3）焊接工艺评定

（1）在进行合同项目各构件的一、二类焊缝焊接前，应按规范规定进行焊接工艺评定，承包人应将焊接工艺评定报告报送监理单位现场机构审批。若承包人需要改变原评定的焊接方法时，必须按监理单位现场机构指示重新进行焊接工艺评定。

（2）承包人应根据批准的焊接工艺评定报告和规范规定编制焊接工艺规程报送监理单位现场机构审批。

4）焊接质量检验

（1）所有焊缝均应按规范规定进行外观检查。

（2）焊缝的无损探伤应按规范规定进行。

（3）焊缝无损探伤的抽查率，除应符合规范规定外，还应按监理单位现场机构指定，抽查容易发生缺陷的部位，并应抽查到每个焊工的施焊部位。

5）焊缝缺陷的返修和处理

焊缝缺陷的返修和处理应按规范规定进行。

6）消除应力处理

监理单位现场机构根据设备结构情况，有权要求承包人对重要焊缝进行消除应力处理，并制定消除应力的技术措施，报送监理单位现场机构批准后实施。

4.2.1.5　螺栓连接

（1）承包人采购的螺栓连接必须具有质量证明书或试验报告。

（2）螺栓、螺母和垫圈应分类存放，妥善保管，防止锈蚀和损伤。使用高强度螺栓时应做好专用标记，以防与普通螺栓相互混用。

（3）钢构件连接用普通螺栓的最终合适紧度为螺栓拧断力矩的 50% ~ 60% ，并应使所有螺栓拧紧力矩保持均匀。

（4）高强度螺栓连接的安装应符合规范规定。

4.2.1.6　涂装

1）涂装范围

（1）施工图纸明确规定由合同承包人完成的涂装部位。

（2）现场安装焊缝两侧未涂装的钢材表面。

（3）承包人在接收所移交的设备时,对全部设备表面涂装情况进行检查后所发现的损坏部位。上述检查结果应报送监理单位现场机构,需要修复的涂装损坏部位必须经监理单位现场机构确认后实施。

（4）安装施工中设备表面涂装损坏的部位。

2）涂装材料

承包人采购的涂装材料,其品种、性能和颜色应与制造厂最终使用的涂装材料一致。若承包人要求采用其他代用材料时,必须进行试涂,证明其合格及与主体色调协调一致,并经监理单位现场机构批准后方能使用。

3）涂装工艺措施报告

承包人在涂装施工开始前规定时间内,应按施工图纸和制造厂使用说明书的要求提交现场涂装的工艺措施报告,报送监理单位现场机构审批。工艺措施应说明环境条件及保证措施,表面预处理措施,各种涂装材料的喷涂方法、采用设备、质量检验和损坏的修补措施等。

4）表面预处理

（1）涂装前,应将涂装部位的铁锈、氧化皮、油污、焊渣、灰尘、水分等污物清除干净。闸门、门架、机架等表面的除锈等级应达到规范规定的标准。

（2）涂装开始时,若检查发现钢材表面出现污染或返锈,应重新处理,直到监理单位现场机构认可为止。

（3）当空气相对湿度超过 85%,钢材表面温度低于露点以上 3 ℃时,不得进行表面预处理。

5）涂装施工

（1）经预处理合格的钢材表面应尽快涂装底漆（或喷涂金属）。在潮湿气候条件下,底漆涂装应在 4 小时内（金属喷涂 2 小时内）完成;在晴天或较好的气候条件下,最长不应超过 12 小时（金属喷涂为 8 小时）。

（2）承包人应严格按批准的涂装材料和工艺进行涂装作业,涂装的层数、每层厚度、逐层涂装的间隔时间和涂装材料的配方等,必须满足施工图纸和制造厂使用说明书的要求。

（3）涂装时的工作环境与表面预处理要求相同,若制造厂的使用说明书中另有规定时,则应按其要求施工。

6）涂装质量检验

漆膜涂装的外观检查、湿膜和干膜厚度测定、附着力和针孔检查、金属喷涂的外观检查和厚度测定以及结合性能检查应按规范要求进行。

4.2.1.7　橡胶黏合

（1）所有闸门橡胶水封接头的黏结,应由承包人通过试验选定黏结方法,并必须经监理单位现场机构批准执行。

（2）采用热胶合时，应按橡胶水封厂提供的操作规程进行黏结和硫化，并必须提供与橡胶水封形状和断面一致的加热压模。

（3）采用冷黏结时，承包人必须提交一份包括冷胶剂的技术性能和有关参数、黏结工艺及其试验数据的冷黏结措施报告，报送监理单位现场机构批准后实施。

4.2.1.8　埋件安装

（1）埋件安装包括平板闸门主轨、副轨、侧轨、底槛、门楣（或胸墙）、护角、启闭机机械和电气设备基础埋件等，弧形闸门的支铰预埋件、底槛、门楣、门机轨道及检修闸门主轨、反轨、底槛埋件、液压启闭机机械和通气管等。

（2）承包人必须按施工图纸的要求和以下各项条款的规定，进行埋件的安装施工。

（3）埋件就位调整完毕，应与一期混凝土中的预留锚栓或锚筋焊牢。严禁将加固材料直接焊接在预埋件的工作面上或水封座板上。

（4）埋件上所有不锈钢材料的焊接接头，必须使用相应的不锈钢焊条进行焊接。

（5）埋件所有工作面上的连接焊缝，应在安装工作完毕和浇筑二期混凝土后仔细进行打磨，其表面粗糙度应与焊接构件一致。

（6）埋件安装完毕后，应对所有的工作表面进行清理，门槽范围内影响闸门安全运行的外露物必须清除干净，并对埋件的最终安装精度进行复测，做好记录报监理人。

（7）安装好的埋件，除了铸钢及铸铁件、水封座的不锈钢表面外，其余外露表面，均应按有关施工图纸或制造厂技术说明书中的规定，进行防腐处理。

4.2.2　平面闸门的安装

4.2.2.1　安装技术要求

（1）平面闸门及其门槽埋设件的安装，应按施工图纸的规定进行。

（2）平面闸门的埋设件安装，应符合规范规定。

（3）闸门主支承部件的安装调整工作应在门叶结构拼装焊接完毕，经过测量校正合格后方能进行。所有主支承面应当调整到同一平面上，其误差不得大于施工图纸的规定。

（4）平面闸门水封装置的安装技术要求，应按本节有关的规定执行。

（5）平面闸门安装完毕后，应清除埋件表面和门叶上的所有杂物，特别应注意清除水封座底板表面的水泥浆。在滑道支承面和滚轮轴套涂抹或灌注润滑脂。

（6）经监理单位现场机构检查合格的平面闸门及门槽埋件，方能按本章有关规定进行涂装修补。

（7）平面闸门安装完毕，应做静平衡试验。试验方法为：将闸门自由地吊离地面 100 mm，通过滚轮或滑道的中心测量上、下游方向与左、右方向的倾斜，单吊点平面闸门的倾斜不得超过门高的 1/1 000，且不得大于 8 mm；平面定轮闸门的倾斜不得超过门高的 1/1 500，且不得大于 3 mm；当超过上述规定时，应予配重调整。

4.2.2.2　平面闸门的试验

闸门安装完毕后，承包人应会同监理单位现场机构对平面闸门进行试验和检查。试验前应检查密封是否良好。

平面闸门的试验项目包括以下内容：

（1）无水情况下全行程启闭试验。试验过程中滑道或滚轮的运行无卡阻现象。在闸门全关位置，水封橡皮无损伤，漏光检查合格，止水严密。在本项试验的全过程中，必须对水封橡皮与钢水封座板的接触面采用清水冲淋润滑，以防损坏水封橡皮。

（2）静水情况下的全行程启闭试验。本项试验必须在无水试验合格后进行。试验、检查内容与无水试验相同（水封装置漏光检查除外）。

（3）动水启闭试验。对于工作闸门应按施工图纸要求进行动水条件下的启闭试验，试验水头应尽可能与设计水头相一致。动水试验前，承包人必须根据施工图纸及现场条件，编制试验大纲报送监理单位现场机构批准后实施。

4.2.3 弧形闸门的安装

4.2.3.1 安装技术要求

（1）弧形闸门及其埋件的安装，应按施工图纸的规定进行。

（2）弧形闸门埋件安装应符合规范规定。

（3）弧形闸门及其铰座应按规范规定进行安装。弧形闸门的安装允许偏差，应符合规范要求。

（4）弧形闸门应首先安装支铰座或支铰。支铰安装工作结束，必须经监理单位现场机构检查认可后，才允许浇筑支铰座的二期混凝土。在二期混凝土的强度达到施工图纸的要求后，必须检查左右铰座中心孔同心度符合规定后，才允许将弧形闸门的支臂与支铰座连接。

（5）弧形闸门面板拼装就位完毕，应用样板检查其弧面的准确性。样板弦长不得小于1.5 m。检查结果符合施工图纸要求后方能进行安装焊缝的焊接。

（6）弧形闸门安装焊缝的焊接，应尽量避免仰焊，难以避免时，必须由具备相应资格的合格焊工施焊。

（7）弧形闸门的水封装置安装允许偏差和水封橡皮的质量要求，应符合规范规定。安装时，必须先将橡皮按需要的长度黏结好，再与水封压板一起配合螺栓孔。橡胶水封的螺栓孔，必须采用专用钻头使用旋转法加工，不准采用冲压法和热烫法加工。其孔径应比螺栓直径小1 mm。

（8）弧形闸门安装完毕后，必须拆除所有安装用的临时焊件，修整好焊缝，清除埋件表面和门叶上的所有杂物，在各转动部位按施工图纸要求灌注润滑脂。

（9）弧形闸门及埋件安装必须经监理单位现场机构检查合格后，承包人方能按本节有关规定进行涂装修补。

4.2.3.2 弧形闸门的试验

闸门安装完毕后，承包人应会同监理单位现场机构对弧形闸门进行以下项目的试验和检查：

（1）无水情况下全行程启闭试验。检查支铰转动情况，应做到启闭过程平稳无卡阻、水封橡皮无损伤。在本项试验的全过程中，必须对水封橡皮与不锈钢水封座板的接触面采用清水冲淋润滑，以防损坏水封橡皮。

（2）采用膨胀式水封的闸门，必须按施工图纸要求做压力腔密封试验。不论何种水封型式，在闸门全关位置，水封橡皮无损伤，漏光检查合格，止水严密。

（3）动水启闭试验。试验水头应尽量接近设计操作水头。承包人必须根据施工图纸要求及现场条件，编制试验大纲，报送监理单位现场机构批准后实施。动水启闭试验包括全程启闭试验和施工图纸规定的局部开启试验，检查支铰转动、闸门振动、水封密封等应无异常情况。

4.2.4 叠梁式检修闸门的安装

4.2.4.1 安装技术要求

（1）闸门及其门槽埋设件的安装，应按施工图纸的规定进行。

（2）闸门的埋设件安装，应符合规范规定及施工图纸要求。

（3）闸门中每一节闸门应视为独立的平面闸门，按平面闸门的要求进行安装。闸门拼装安装应满足施工图纸及规范要求。

（4）闸门主支承部件的安装调整工作应在门叶结构拼装焊接完毕，经过测量校正合格后方能进行。所有主支承面应当调整到同一平面上，其误差不得大于施工图纸的规定。

（5）充水装置和自动挂脱梁定位装置的安装，除应按施工图纸要求外，还须注意与自动挂脱梁的配合，以确保安全可靠地动作。

（6）闸门水封装置的安装技术要求，应按本节的有关规定执行。

（7）闸门安装完毕后，必须清除埋件表面和门叶上的所有杂物，特别应注意清除不锈钢水封座板表面的水泥浆。在滑道支承面和滚轮轴套涂抹或灌注润滑脂。

（8）经监理单位现场机构检查合格的闸门及门槽埋件，方能按本节有关规定进行涂装修补。

（9）闸门及自动挂脱梁安装完毕，应做静平衡试验。试验方法为：将闸门自由地吊离地面 100 mm，通过滚轮或滑道的中心测量上、下游方向与左、右方向的倾斜，其倾斜不应超过门高的 1/1 000，且不大于 8 mm，当超过上述规定时，必须重新对启闭机及利用配重加以调整。

4.2.4.2 叠梁式检修闸门的试验

闸门安装完毕后，承包人应会同监理单位现场机构对闸门进行试验和检查。试验前必须检查并确认启闭设备运转正常；自动挂脱梁挂脱钩动作灵活可靠；充水装置在其行程内升降自如、密封良好；吊杆连接情况良好。

闸门的试验项目包括：

（1）无水情况下全行程启闭试验。试验过程检查滑道或滚轮的运行无卡阻现象，双吊点闸门的同步应达到设计要求。在闸门全关位置，水封橡皮无损伤，漏光检查合格，止水严密。在本项试验的全过程中，必须对水封橡皮与不锈钢水封座板的接触面采用清水冲淋润滑，以防损坏水封橡皮。

（2）静水情况下的全行程启闭试验。本项试验必须在无水试验合格后进行。试验、检查内容与无水试验相同（水封装置漏光检查除外）。

（3）动水启闭试验。应按施工图纸要求进行动水条件下的启闭试验，试验水头应尽可能与设计水头相一致。动水试验前，承包人必须根据施工图纸及现场条件，编制试验大纲报送监理单位现场机构批准后实施。

（4）通用性试验。对一门多槽使用的平面闸门，必须分别在每个门槽中进行无水情况下的全行程启闭试验,并经检查合格;对利用一套自动挂脱梁操作多孔和多扇闸门的情况,则应逐孔、逐扇进行配合操作试验,并确保挂脱钩动作100%可靠。

4.2.5 固定卷扬式启闭机的安装

4.2.5.1 安装技术要求

(1)承包人必须按制造厂提供的图纸及技术说明书要求进行安装、调试和试运转。安装好的启闭机,其机械和电气设备等的各项性能应符合施工图纸及制造厂技术说明书的要求。

(2)安装启闭机的基础建筑物,必须稳固安全。机座和基础构件的混凝土,必须按施工图纸的规定浇筑,在混凝土强度尚未达到设计强度时,不准拆除和改变启闭机的临时支撑,更不得进行调试和试运转。

(3)启闭机机械设备的安装应按规范有关规定进行。

(4)启闭机的安装,必须符合施工图纸及制造厂技术说明书的规定。全部电气设备应可靠接地。

(5)每台启闭机安装完毕,承包人必须对启闭机进行清理,修补已损坏的保护油漆,并根据制造厂技术说明书的要求,灌注润滑脂。

4.2.5.2 固定卷扬式启闭机的试运转

固定卷扬式启闭机安装完成后,承包人应会同监理单位现场机构进行以下项目的试验:

(1)电气设备的试验要求按规范规定执行。对采用PLC控制的电气控制设备应首先对程序软件进行模拟信号调试,正常无误后,再进行联机调试。

(2)空载试验。空载试验是在启闭机不与闸门连接的情况下进行的空载运行试验。空载试验必须符合施工图纸和规范各项规定。

(3)带荷载试验。带荷载试验是在启闭机与闸门连接后,在设计操作水头的情况下进行的启闭试验,带荷载试验应针对不同性质闸门的启闭机分别按规范有关规定进行。

(4)承包人在进行动水启闭工况的带荷载试验前,必须编制试验大纲,报送监理单位现场机构批准后实施。

4.2.6 移动式启闭机的安装

4.2.6.1 轨道安装

轨道安装应符合施工图纸要求,并应符合下列规定:

(1)移动式启闭机轨道安装前,承包人必须对钢轨的形状、尺寸进行检查,发现有超值弯曲、扭曲等变形时,应进行矫正,并经监理单位现场机构检查合格后方可安装。

(2)吊装轨道前,应测量和标定轨道的安装基准线。轨道实际中心线与安装基准线的水平位置偏差:当跨度小于或等于10 m时,不得超过2 mm;当跨度大于10 m时,不得超过3 mm。

(3)轨距偏差:当跨度(S)小于或等于10 m时,不得超过±3 mm;当跨度(S)大于10 m时,轨距偏差应按下式计算,但最大不得超过±15 mm。

$$\Delta S = \pm \left[3 + 0.25(S - 10) \right]$$

(4)轨道顶面的纵向倾斜度:门式启闭机不得大于3/1 000,每2 m测一点,在全行程上最高点与最低点之差不得大于 10 mm。

（5）同跨两平行轨道在同一截面内的标高相对差：当跨度小于或等于 10 m 时，不得大于 5 mm；当跨度大于 10 m 时，不得大于 8 mm。

（6）两平行轨道的接头位置应错开，其错开距离不应等于前后车轮的轮距。接头用连接板连接时，两轨道接头处左、右偏移和轨面高低差均不得大于 1 mm，接头间隙不得大于 2 mm。伸缩缝处轨道间隙的允许偏差为 ±1 mm。

（7）轨道安装符合要求后，必须全面复查各螺栓的紧固情况。

（8）轨道两端的车挡必须在吊装移动式启闭机前装妥；同跨同端的两车挡与缓冲器应接触良好，有偏差时应进行调整。

4.2.6.2 启闭机安装技术要求

（1）承包人必须按照制造厂提供的图纸及技术要求进行安装、调试和试运转。安装好的启闭机，其机械和电气设备的各项性能按施工图纸、制造厂技术说明书的要求及规范有关规定进行。

（2）安装启闭机的基础建筑物，必须稳固安全。机座和基础构件的混凝土，应按施工图纸的规定，在混凝土强度尚未达到设计强度时，不准拆除和改变启闭机的临时支撑，更不得进行调试和试运转。

（3）起升机构部分安装、门架的安装、小车轨道安装、移动式启闭机运行机构安装应参照本节的有关规定。

（4）电气设备的安装，必须按施工图纸、制造厂技术说明书和规范规定执行。全部电气设备必须可靠接地。

4.2.6.3 移动式启闭机的试运转

移动式启闭机安装完毕后，承包人应会同监理单位现场机构进行以下项目的试验。

（1）试运转前应按规范要求进行检查合格。

（2）空载试验。起升机构和行走机构（小车和大车）按规范规定检查机械和电气设备的运行情况，必须做到动作正确可靠、运行平稳、无冲击声和其他异常现象。

（3）静荷载试验。承包人应按施工图纸要求，对各机构进行静荷载试验，以检验启闭机的机械和金属结构的承载能力。试验荷载依次采用额定荷载的 70%、100% 和 125%。本项试验必须按规范有关规定进行。

（4）动荷载试验。承包人应按施工图纸要求，对各机构进行动荷载试验，以检验各机构的工作性能及门架的动态刚度。试验荷载依次采用额定荷载的 100% 和 110%。试验时各机构应分别进行。试验时，做重复的启动、运转、停车、正转、反转等动作，延续时间至少 1 小时。各机构应动作灵活，工作平稳可靠，各限位开关、安全保护连锁装置、防爬装置等的动作应正确可靠，各零部件应无裂纹等损坏现象，各连接处不得松动。

4.2.7 液压启闭机的安装

4.2.7.1 安装技术要求

（1）液压启闭机的油缸总成、液压站及液控系统、电气系统、管道和基础埋件等，必须按施工图纸及制造厂技术说明书进行安装、调试和试运转。

（2）液压启闭机油缸支承机架的安装偏差应符合施工图纸的规定。若施工图纸未规定,油缸支承中心点坐标偏差不得大于 ±2 mm;高程偏差不得大于 ±5 mm。双吊点液压启闭机的两支承面或支承中心点相对高差不得超过 ±0.5 mm。

(3)安装前承包人应对油缸总成进行外观检查,并对照制造厂技术说明书的规定时限,确定是否应进行解体清洗。如因超期存放,经检查需解体清洗时,承包人必须将解体清洗方案报送监理单位现场机构批准后实施。现场解体清洗必须在制造厂技术服务人员的全面指导下进行。

(4)承包人必须严格按照下列步骤和要求进行管路的配置与安装:

①配管前,油缸总成、液压站及液控系统设备已正确就位,所有的管夹基础埋件完好。

②按施工图纸要求进行配管和弯管,管路凑合段长度应根据现场实际情况确定。管路布置应尽量减少阻力,布局应清晰合理,排列整齐。

③预安装合适后,拆下管路,正式焊接好管接头或法兰,清除管路的氧化皮和焊渣,并对管路进行酸洗、中和、干燥及钝化处理。

④液压管路系统安装完毕后,应使用冲洗泵进行油液循环冲洗。循环冲洗时将管路系统与液压缸、阀组、泵组隔离(或短接),循环冲洗流速应大于 5 m/s。循环冲洗后,最终应使管路系统的清洁度达到规范标准。

⑤管材下料应采用锯割方法,不锈钢管的焊接应采用氩弧焊,弯管应使用专用弯管机,采用冷弯加工。

⑥高压软管的安装应符合施工图纸的要求,其长度、弯曲半径、接头方向和位置均应正确。

(5)液压系统用油牌号应符合施工图纸要求。油液在注入系统以前必须过滤,使其清洁度达到标准要求。其成分经化验符合相关标准。

(6)液压站油箱在安装前必须检查其清洁度,并符合制造厂技术说明书的要求,所有的压力表、压力控制器、压力变送器等均必须校验准确。

(7)液压启闭机电气控制及检测设备的安装必须符合施工图纸和制造厂技术说明书的规定。电缆安装应排列整齐。全部电气设备必须可靠接地。

4.2.7.2　液压启闭机的试运转

液压启闭机安装完毕后,承包人应会同监理单位现场机构进行以下项目的试验。

(1)对液压系统进行耐压试验。液压管路试验压力:$P_{额} \leqslant 16$ MPa 时,$P_{试} = 1.5P_{额}$;$P_{额} > 16$ MPa 时,$P_{试} = 1.25P_{额}$。其余试验压力分别按各种设计工况选定。在各试验压力下保压 10 分钟,检查压力变化和管路系统漏油、渗油情况,整定好各溢流阀的溢流压力。

(2)在活塞杆吊头不与闸门连接的情况下,做全行程空载往复动作试验三次,用以排除油缸和管路中的空气,检验泵组、阀组及电气操作系统的正确性,检测油缸启动压力和系统阻力、活塞杆运动应无爬行现象。

(3)在活塞杆吊头与闸门连接而闸门不承受水压力的情况下,进行启门和闭门工况的全行程往复动作试验三次,整定和调整好闸门开度传感器、行程极限开关及电、液元件的设定值,检测电动机的电流、电压和油压的数据及全行程启、闭的运行时间。

(4)在闸门承受水压力的情况下,进行液压启闭机额定负荷下的启闭运行试验。检测电动机的电流、电压和系统压力及全行程启、闭运行时间;检查启闭过程应无超常振动,启停应无剧烈冲击现象。

（5）电气控制设备必须先进行模拟动作试验正确后，再做联机试验。

4.3　施工过程质量检查要点

4.3.1　埋件

（1）埋件安装前，应对安装基准线和基准点进行复核检查，并经监理单位现场机构确认合格后，才能进行安装。

（2）埋件安装就位并固定后，应在一、二期混凝土浇筑前，对埋件的安装位置和尺寸进行测量检查，必须经监理单位现场机构确认合格后，才能进行混凝土浇筑，测量记录应提交监理单位现场机构。

（3）一、二期混凝土浇筑后，应重新对埋件的安装位置和尺寸进行复测检查，经监理确认合格后，共同对埋件进行中间验收，其验收记录应作为闸门及启闭机单项验收的资料。

若经检查发现埋件的安装质量不合格时，必须按监理单位现场机构的指示进行返工处理，其处理的措施和方法应经监理单位现场机构批准后执行。

4.3.2　闸门及启闭机安装

（1）在闸门及启闭机安装过程中，承包人应会同监理单位现场机构按本章规定的安装技术条件，对合同所有闸门及启闭机项目安装的焊接质量、涂装质量、安装偏差以及试验和试运转成果等的安装质量进行检查与质量评定，并做好记录。安装质量评定记录经监理单位现场机构签认后，作为合同各项目验收的资料。

（2）闸门及启闭机验收后，在尚未移交给发包人使用前，承包人仍应负责对设备进行保管、维护和保养。

5　工程质量评定与验收

闸门及启闭机安装完成，并经试验和试运转合格后，承包人可向监理单位现场机构申请对闸门、启闭机进行各项设备的评定与验收，工程评定与验收按《起重设备安装工程施工及验收规范》、《电气装置安装工程起重机电气装置施工及验收规范》、《钢结构高强螺栓连接的设计、施工及验收规程》、《水利水电工程启闭机制造、安装及验收规范》、《水利水电工程钢闸门制造安装及验收规范》执行。

第17节　电气设备采购与安装工程

1　总则

1.1　依据

发包人与工程承包人签订的工程承包合同文件、招投标文件、设计文件以及有关工程规程、规范。

1.2　适用范围

用电系统设备采购与安装，电缆采购与安装，接地的制作、安装，照明系统安装，变压器、柴油发电机组、低压配电屏、电容补偿屏、照明配电箱、动力配电箱、零序电流互感器、直线型电导管、输电导管集线器、电缆桥架、控制电缆、电力电缆、接地装置、户外跌落式熔断器、避雷器和防雷装置及其辅助材料的采购、安装、调试及有关试验等。

1.3　引用标准和规程规范(但不限于)

(1)《电气装置安装工程高压电器施工及验收规范》(GBJ 147);

(2)《电气装置安装工程电力变压器、油浸电抗器、互感器施工及验收规范》(GBJ 148);

(3)《电气装置安装工程母线装置施工及验收规范》(GBJ 149);

(4)《电气装置安装工程电气设备交接试验标准》(GB 50150);

(5)《电气装置安装工程电缆线路施工及验收规范》(GB 50168);

(6)《电气装置安装工程接地装置施工及验收规范》(GB 50169);

(7)《电气装置安装工程旋转电机施工及验收规范》(GB 50170);

(8)《电气装置安装工程盘、柜及二次回路接线施工及验收规范》(GB 50171);

(9)《电气装置安装工程低压电器施工及验收规范》(GB 50254);

(10)《电气装置安装工程起重机电气装置施工及验收规范》(GB 50256);

(11)《电气装置安装工程爆炸和火灾危险环境电气装置施工及验收规范》(GB 50257);

(12)《电气装置安装工程 1 kV 及以下配线工程施工及验收规范》(GB 50258);

(13)《电气装置安装工程电气照明装置施工及验收规范》(GB 50259)。

2　工程质量管理

按本书有关章节执行。

3　施工过程质量控制

按本书有关章节执行。

4　施工过程质量控制要点

4.1　开工申请

4.1.1　电气设备的采购计划

承包人应在电气设备安装前规定时间内,按施工图纸要求和监理单位现场机构指示,提交一份电气设备采购计划,报送监理单位现场机构审批,其内容应包括电气设备清单、各项设备的采购时间和计划安装时间等。

4.1.2　电气设备的安装和调试措施计划

承包人应在电气设备安装前规定时间内,提交一份电气设备安装和调试措施计划,报送监理单位现场机构审批,其内容应包括各电气设备的安装项目、安装方法、安装时间与建筑物施工进度的协调、调试时间安排和设备维护措施等。

4.1.3　调试操作规程

承包人应在调试工作开始前规定时间内,编制一份调试操作规程,报送监理单位现场机构审批,其内容应包括:

（1）调试时间；

（2）各种电气设备的调试要求、程序和方法；

（3）电气设备的维护；

（4）调试资料的整编方法。

4.1.4 调试资料和调试成果分析报告

承包人应在施工过程中，向监理单位现场机构提交包括调试数据记录在内的调试资料，并应按监理单位现场机构指示报送调试成果分析报告。

4.2 设备、电缆的运输和保管

设备在搬运（场内二次转运等）和安装时应采取防震、防潮、防止框架变形和漆面受损等措施，必要时可将易损件拆下。当产品有特殊要求时，必须符合产品要求。

设备应根据其要求采取保管工作，对有特殊保管要求的电气元件，必须按规定妥善保管。

4.3 电气设备采购及现场验收

（1）承包人应按监理单位现场机构指示采购性能稳定、质量可靠、耐用、符合要求的电气设备。承包人应在采购合同签订前规定时间内向监理单位现场机构报送拟采购的电气设备详细资料，经批准后方可采购。若监理单位现场机构认为电气设备不满足要求，承包人则应按监理单位现场机构指示立即予以更换，并在规定时间内按下列要求提供更换后的电气设备资料。承包人应提交的仪器设备资料包括：①制造厂家名称地址；②使用说明书；③型号、规格、技术参数及工作原理；④设备安装方法及技术规程；⑤操作规程；⑥处理方法；⑦ 设备使用的实例资料。

（2）承包人应要求生产厂家在电气设备出厂前，检验全部电气设备，并提供检验合格证书。监理单位现场机构认为有必要时，应和承包人派代表赴厂家参加主要电气设备的检验和验收。

（3）仪器运至现场后，承包人应会同监理单位现场机构对厂家提供的全部电气设备进行检查和验收，验收合格后方可使用。

（4）承包人应按产品说明书对全部电气设备进行全面测试、校正、率定。测试报告应在安装前规定时间内报送监理单位现场机构审查。

（5）承包人应按合同规定配备必要的备品备件，其费用应包括在电气设备的采购合同内。

4.4 电气设备安装控制要点

4.4.1 一般要求

对所使用的设备和器材，均应按图纸进行检查，要求符合现行标准且有合格证件。

对所有设备和器材到达现场后应及时作下列检查：

（1）开箱后检查清点，规格或尺寸应符合设计要求，附件、备件齐全。

（2）生产厂的技术文件齐全。

（3）根据有关规范要求进行外观检查。

（4）施工中的安全技术措施应遵守有关规范的规定。

4.4.2　高低压配电柜、配电盘的安装

(1)设备安装用的紧固件,除地脚螺栓外必须用镀锌制品。

(2)基础型钢安装要符合图纸要求,且直度和水平度应小于 1 mm/m,全长 5 mm,接地必须可靠,安装后其顶部宜高出抹平地面 10 mm。

(3)盘、柜本体及盘、柜内设备与各构件间焊接必须牢固。主控制盘、继电保护盘和自动装置等不宜与基础型钢焊死。

(4)盘、柜内电气设备安装应符合相应的规范规定,并按规范进行试验,柜内电器、仪表应符合设计要求,保护继电器应进行整定并调整合格,仪表应进行校验。

(5)端子箱安装必须牢固、封闭良好,并应能防潮、防尘。安装位置应便于检查。

(6)盘、柜、台、箱的接地必须牢固良好,装有电器的可开启的盘、柜门,应用裸铜软线与接地的金属构架可靠地连接。

4.4.3　电缆线路安装

电缆敷设前应进行下列检查:

(1)电缆型号、电压、规格必须符合设计图纸的要求,焊接符合规范规定。

(2)外观无损伤、电缆绝缘好,直埋电缆应经直流耐压试验检验合格。

电缆敷设时,在电缆终端头与电缆接头附近可留有备用裕度,直埋电缆应在全长上留有少量裕度,并作波浪形敷设。

4.4.4　接地装置

(1)所有电气装置中,由于绝缘损坏而可传带的电气装置,其金属部分均应有保护接地。接地电阻值应符合规范及设计要求。

(2)接地装置的敷设还应符合规范规定及技术条款有关规定。

(3)整个接地网外露部分的连接可靠,防腐层完好,标志齐全。

(4)接地装置的隐蔽部分必须在覆盖前进行中间检查及验收签证。

4.4.5　照明、安装

(1)线管的加工、敷设、连接和固定应符合规范要求。暗敷线管应进行中间检查验收。

(2)导线截面及负荷分配须符合设计要求。

(3)照明灯具配件应齐全,无机械损伤、变形、油漆剥落、灯罩破裂等现象。

(4)在砖或混凝土结构上安装灯具时,应预埋吊钩、螺栓(或螺钉)或采用膨胀螺栓、尼龙塞等。

(5)照明装置的接线必须牢固,接触良好。

(6)配电箱安装垂直偏差不应大于 3 mm,暗设时,其面板四周边缘应紧贴墙面,安装箱件底边距离地面不得小于 1.5 m。

(7)管内导线总截面应小于或等于管截面的 40%。

(8)应测量导线间及对地的绝缘电阻。

(9)照明配电箱(板)安装位置应符合设计要求,固定牢固。所有照明配电箱金属外壳、穿线钢管必须可靠接地。各照明回路标志正确,并用 1 000 V 兆欧表检查绝缘电阻。

(10)一般灯具及开关、插座安装应平整、牢固、位置正确、高度一致,成排灯具、开关、插座的位置偏差应符合规范要求。

(11)必须接地或接零的灯具金属外壳与接地(接零)网之间应连接牢固。

(12)整个照明系统的灯具试亮,有90%以上能达到正常照明要求。

4.4.6　监控系统

(1)监控系统的机柜、传感器及线缆安装应符合相应的规范要求,室外的线缆应穿管敷设。

(2)系统结构及配置应符合投标文件有关要求,主要设备的产品合格证、说明书、质保证书等资料必须齐全。

(3)逐项检查系统功能,必须满足投标文件有关要求。

(4)界面美观,操作方便。

(5)动作正确可靠。

(6)系统的可利用率在交接前的试运行期间不低于标书及规范要求。

(7)验收时除一些基本资料外,还应提供系统的操作使用及维护手册。

4.4.7　电视监视系统安装

(1)电视监视系统的机柜、摄像头及线缆安装应符合相应的规范要求,室外的线缆应穿管敷设。

(2)系统结构及配置应符合投标文件有关要求,主要设备的产品合格证、说明书、质保证书等资料必须齐全。

(3)逐项检查系统功能,必须满足投标文件相关要求。

(4)图像清晰,操作方便。

(5)动作正确可靠。

(6)系统的可利用率在交接前的试运行期间不低于标书及规范要求。

(7)验收时除一些基本资料外,还应提供系统的操作使用及维护手册。

4.4.8　变压器安装

(1)设备到现场后,应按规范进行检查验收。

(2)外观检查:密封情况,各部件清洁,油漆完整,放油阀动作灵活,套管无裂纹和损坏,接地符合设计要求。

(3)按规范规定必须吊芯检查的变压器应按规范要求进行器身检查,吊芯时应注意环境条件的影响。

(4)需干燥的变压器,应进行干燥,并做好干燥记录。

(5)气体继电器应经有资质的单位检验合格后才能安装。

(6)变压器本体及附件安装应符合规范要求。

(7)变压器须按规范进行试验。

(8)变压器试运行前,按规范规定的项目进行检查,合格后方可投入试运行,试运行时仍按规范规定项目进行检查。

(9)逐台检查。

4.4.9　水力测量仪表安装(若有)

(1)各种水力仪表设计位置应与图纸相符。

(2)仪表盘安装位置应符合设计要求。

(3)仪表盘安装水平度及垂直度应用符合规范要求。

(4)各取压管安装位置符合设计要求,偏差应在允许范围内。

(5)各压力表的量程应能满足测量要求,最大测量值一般在2/3刻度内为宜。

(6)按标准抽检。

4.4.10 控制系统的调试和试运行

(1)承包人应在运行后,对电气设备试运转若干次,以显示设备的各部件工作正常。以上工作应有监理单位现场机构人员在场进行。

(2)以上所有安装工程的交接验收参照各自相应的规范有关章节规定执行。

5 工程质量检查与验收

5.1 工程质量检查

(1)检查工程质量(包括安装、调试、试验)是否符合设计及招标文件中相关技术要求。

(2)承包人应提交下列资料文件:①竣工图纸和说明文件;②变更设计的证明文件及图纸;③制造厂提供的产品说明书、试验记录、合格证件及安装图纸等技术文件;④安装技术记录;⑤调整、试验记录;⑥设备质量检验报告。

(3)制造厂提供的说明书、试验记录、合格证件及安装图纸。

(4)变更设计的证明文件及施工详图或实际竣工图纸。

(5)安装技术记录,包括设备检查安装、质量检查记录等。

(6)安装及验收应符合规范要求。

5.2 工程评定和验收

按《电气装置安装工程高压电器施工及验收规范》、《电气装置安装工程电力变压器、油浸电抗器、互感器施工及验收规范》、《电气装置安装工程母线装置施工及验收规范》、《电气装置安装工程电缆线路施工及验收规范》、《电气装置安装工程接地装置施工及验收规范》、《电气装置安装工程旋转电机施工及验收规范》、《电气装置安装工程盘、柜及二次回路接线施工及验收规范》、《电气装置安装工程低压电器施工及验收规范》、《电气装置安装工程起重机电气装置施工及验收规范》、《电气装置安装工程爆炸和火灾危险环境电气装置施工及验收规范》、《电气装置安装工程1 kV 及以下配线工程施工及验收规范》、《电气装置安装工程电气照明装置施工及验收规范》执行。

第 7 章　进度控制监理细则

第 1 节　总　则

（1）本细则依据工程承建合同文件，以及现行有关工程建设管理文件和技术规范要求编制。

（2）本细则适用于监理项目范围内所有工程项目的施工进度监理。

（3）承包人应依据承建合同文件规定的合同总工期目标和阶段性工期控制目标，合理安排施工进度，确保施工资源投入，做好施工准备，提高设备完好率和台时利用率，做到均衡施工、按章施工、文明施工，避免出现突击抢工、赶工局面。

（4）承包人应切实做到以安全施工促进工程进展，以工程质量促进施工进度，以施工进度求经济效益，确保合同工期的按期实现。

第 2 节　施工进度控制性工期目标

（1）编制主体工程要求完工日期及主要措施。

（2）编制工程建设完工日期及主要措施。

（3）编制阶段性工期及主要措施。

第 3 节　进度计划的编制

1　进度计划编制的原则

工程进度计划必须真实、可靠并符合实际；清楚、明了并便于管理；表达施工中的全部活动及其他相关联系；反映施工组织及施工方法；充分使用人力和设备；预料可能的施工障碍及所有变化；贯彻合同条款及其技术规范。

2　进度计划编制的依据

（1）施工合同中规定的总工期、开工日期及竣工日期；

（2）投标书中确认的工程进度计划及施工方案；

（3）主要材料和设备的采购合同及气候条件；

（4）施工人员的技术素质及设备能力；

（5）已建成的同类工程的施工进度及经济指标等。

3 进度计划的划分

工程进度计划,可根据项目实施的不同阶段,分别编制总体进度计划及年、月进度计划;对于起控制作用的重点工程项目应单独编制单位工程或单项工程进度计划。

4 进度计划的表示方式

总体进度计划及特殊项目的单位工程进度计划,采用横道图、斜率图或进度曲线等方式表示,当合同有规定或监理工程师认为必要时采用网络方式表示;月进度计划可采用横道图、进度曲线及有关形象进度图表示。

5 总体进度计划的内容

(1)工程项目的总工期,即合同工期或指令工期;
(2)完成各分部(分项)工程及各施工阶段所需要的工期、最早开始和最迟结束的时间;
(3)各分部(分项)工程及各施工阶段需要完成的工程量和现金流动估计;
(4)各分部(分项)工程及各施工阶段所需要配备的人力、设备数量和材料供应计划;
(5)各单位或分部工程的施工方案和施工方法(及施工组织设计)等。

6 月进度计划的内容

(1)本月计划完成的分项工程内容及顺序安排;
(2)完成本月及各分项工程的工程数量和时间,材料供应计划;
(3)不同季度及气温条件下的时间安排;
(4)在总体计划下对各单位工程或分项工程进行局部调整或修改的详细说明等。

7 单项工程进度计划的内容

(1)本项目的具体施工方案和施工方法;
(2)本项目的总体进度计划及各道工序(或检验批)的控制日期;
(3)本项目的现金流动计划;
(4)本项目的施工准备及结束清场的时间安排;
(5)对总体进度计划及其他相关工程的控制、依赖关系和说明等。

第4节 进度计划文件的申报和审批

1 进度计划文件申报

承包人在收到开工通知后的规定时间内,采用关键线路网络图编制工程施工总进度计划(包括网络图电子计算软件)报送监理现场机构审批。监理现场机构在签收后规定时间内批复承包人。经监理现场机构批准的施工总进度计划是控制合同工程进度的依据,并据此编制年、季和月进度计划报监理现场机构批准。在施工总进度计划批准前,按协议书中商定的进度计划和监理现场机构的指示控制工程进展。

2 施工总进度

承包人编制的施工总进度应满足合同《专用合同条款》关于工程开工日及全部工程、单位工程和分部工程完工日期的规定。网络图的编制应以下列各项数据和内容来表述全部工程的施工作业与各单位工程的相互关系。

(1)作业和相应节点编号;

(2)持续时间;

(3)最早开工及最早完工日期;

(4)最迟开工及最迟完工日期;

(5)需要资源和说明。

3 施工总进度应表明事项

施工总进度必须表明各项作业计划程序及各项工程的开工、完工日期,还须表明材料和设备的订货、交货日期的安排。

4 进度会议

(1)监理现场机构在每周的规定时间和每月末规定时间定期召开每周、月进度会议,检查承包人的合同进度计划执行情况和工程质量状况,协调解决工程施工中发生的工程变更、质量缺陷处理、支付结算等问题以及与其他承包人的相互干扰和矛盾。

(2)要求承包人的项目部经理、技术负责人、项目部副经理、各专业科室主要负责人参加每次进度会议。

(3)承包人应在周、月进度会议上按规定的格式提交周、月进度报表,进度报表的内容包括:①上周(或上月)之前合同进度计划要求和实际完成的累计工程量统计;②本周(或本月)实际完成工程量统计;③下周(或下月)计划完成的工程量;④工程质量情况;⑤要求发包人和监理现场机构协调解决的主要问题。

5 钢筋、水泥材料的交货计划

(1)由发包人提供的主要工程材料为除临时工程以外需要的钢筋与水泥。承包人应根据工程进度、质量检验等因素逐月编制材料交货计划,报送监理现场机构审批。工程材料交货计划应附上计算清单与说明及该项材料本月的出库入库台账与出入库总量统计表。

(2)水泥的供应量包括水泥用量和仓储及施工等损耗量。水泥用量为施工图混凝土工程量乘以经监理现场机构批准的混凝土配合比。

(3)钢筋的供应量为施工净用量、仓储及施工损耗量和施工附加量。施工净用量为施工图纸所列钢筋的净长度乘以理论重量。

6 工程设备的交货计划

(1)合同进度计划批准后,承包人应按招标文件《通用合同条款》的规定,提交一份工程设备安装要求的交货日期计划,报送监理现场机构审批。监理现场机构将与发包人和承包人协商确定设备交货日期,并在收到承包人交货日期计划后 28 天内批复承包人。

(2)承包人允许提前交货的期限:①由发包人提供而由承包人安装的工程设备,应按照批准的交货日期交货,承包人应允许发包人可比计划提前 56 天内到货。提前超过 56 天承包人可以向发包人申请保管费用。②监理现场机构或发包人应提前 7 天,将工程设备预计到货日期通知承包人,并在设备到达卸货地点的 24 小时前通知承包人,承包人应在接到监理现场机构通知后 24 小时以内卸货;否则,应由承包人支付逾期保管的费用。

(3)交货日期的变更:按招标文件《通用合同条款》修订的合同进度计划,经监理现场机构批准后,承包人可根据修订后的进度计划,要求变更工程设备的交货日期,但由于承包人原因造成的进度计划延误而变更交货日期时,承包人除应免费保管外,还应承担因延迟交货导致设备制造(供应)商向发包人索赔的费用。由于发包人原因,要求变更交货日期而影响承包人的安装工作进度时,承包人有权要求延长工期或获得费用补偿。

7 月进度计划

承包人应在每月的规定日期前递交逐月修正的施工进度计划(必要时应增报旬进度计划),其内容包括:

(1)按合同进度计划,列出计划完成月工程量及其施工面貌、材料用量和劳动力安排;

(2)列出该月所需施工设备数量及材料计划;

(3)列出该月发包人应提供的施工图纸目录等;

(4)提出发包人和其他承包人提供工程设备、预埋件的计划要求。

8 月进度实施报告

承包人必须于次月规定日期前按批准的格式,向监理现场机构提交月进度实施报告,其内容包括:

(1)月完成工程量和累计完成工程量(包括永久工程和临时工程);

(2)月完成的工程面貌简图;

(3)材料实际进货、消耗和库存量;

(4)现场施工设备的投运数量和运行状况;

(5)工程设备的到货情况及材料供应计划(水泥、钢材);

(6)劳动力数量(本月及预计未来三个月劳动力的数量);

(7)当前影响施工进度计划的因素和采取的改进措施;

(8)进度计划调整及其说明;

(9)质量事故和质量缺陷记录,以及处理结果;

(10)安全事故以及人员伤亡和财产损失情况;

(11)月进度报告应附有一组充分显示工程施工面貌与实际进度相对应的定点摄影照片。

9　季进度计划

承包人在季末规定日期前提交下季进度计划,其内容和要求包括:

(1)按合同进度计划,列出计划完成季工程量及其施工面貌、材料用量和劳动力安排;

(2)列出该季所需施工设备数量及材料计划;

(3)列出该季发包人应提供的施工图纸目录等;

(4)提出发包人和其他承包人提供工程设备、预埋件的计划要求。

10　年进度计划

承包人在每年开始规定日期前向监理现场机构报送年进度计划,其内容和要求包括:

(1)按合同计划要求,列出计划完成的年工程数量及其施工面貌、材料用量和劳动力安排;

(2)列出该年施工所需的机具、设备、材料的数量和需要采购的计划要求;

(3)提出发包人提供施工图纸的计划要求;

(4)提出发包人和其他承包人提供工程设备、预埋件的计划要求;

(5)列出该年施工的各工程项目的试验检验和验收计划,并说明工程试验和验收应完成的各项准备工作。

11　计划报批

(1)必须报送批准的文件连同审签意见单均一式四份,经承包人项目经理(或其授权代表)签署后递交。监理现场机构将在报送文件送达后的规定时间内完成审阅并退回审签意见单二份。审签意见包括"同意按此执行"、"按修改意见执行"、"修改后重新递交"或"不予批准"四种。

(2)施工措施计划审签将被作为承包人申请的单位、分部、单元(或分项)工程开工许可证的审批依据之一。

(3)如果承包人未能按期向监理现场机构报送上述文件,因此造成施工工期延误,由承包人承担合同责任。

(4)对于必须报批的进度计划报告,若承包人在14日内未收到监理现场机构退回的审签或批复意见,可视为已报经审阅。

第5节　进度计划的检查

1　进度计划检查的要点

在进度控制的计划管理中,监理现场机构着重检查承包人的下列工作:

（1）认真分析研究承包人所提交进度计划和施工组织设计的合理性、可靠性，是否满足合同文件的要求，同时还应注意与相邻合同段施工进度计划的衔接，避免冲突。

（2）分部工程施工进度计划是否与总体施工进度计划相符，同时还应注意征地拆迁等外界环境与施工进度计划是否协调，施工环境、外界干扰影响进度计划，及时对计划进行调整或报总监理工程师，请求发包人协调解决。

（3）承包人所配备的机械设备的品种和型号，是否与承包人投标时承诺的进场机械一致；是否适合施工现场的地形、地貌、地质、水文和工程状况；施工设备的技术状况是否良好；维修保养措施是否落实。

（4）承包人配备的技术人员、管理人员、试验人员、测量人员、机械设备驾驶人员、维修保养人员是否与投标书承诺一致，是否能保证工程按计划进度进行。

（5）施工便道、水、电等临时设施是否妥善合理。

（6）材料供应是否落实，库存材料数量是否能满足工程需要。

2　每日进度计划检查记录

由监理工程师制定每日进度检查记录，按单位工程、分部工程、单元（或分项）工程、分项工程或工点对实际进度进行记录，定期（日、周、旬、月）汇总报告，并作为对工程进度进行掌握和决策的依据。每日进度检查记录主要记录并报告以下事项：

（1）当日实际完成及累计完成的工程量；

（2）当日实际参加施工的人力、机械数量及生产效率；

（3）当日施工停滞的人力、机械数量及其原因；

（4）当日承包人的主管及技术人员到达现场的情况；

（5）当日发生的影响工程进度的特殊事件或原因；

（6）当日的天气情况等。

3　每月工程进度报告

由监理工程师对每日施工进度记录，及时进行统计和标记，报监理现场机构，监理现场机构通过分析和整理，作为监理月报的一部分，上报给发包人，包括以下主要内容：

（1）概括或总说明：以记事方式对计划进度执行情况提出分析；

（2）工程进度：以工程数量清单所列项目为单位，编制出工程进度累计曲线；

（3）工程图片：显示关键线路上一些主要工程的施工活动及进展情况；

（4））其他特殊事项：主要记述影响工程进度或造成延误的因素及解决措施。

4　进度监理图表

监理工程师编制和建立各种用于记录、统计、标记、反映实际工程进度与计划工程进度差距的进度图及进度统计表，以便随时对工程进度进行分析和评价，并作为要求承包人加快工程进度、调整进度计划或采取其他合同措施的依据。

第6节 施工进度的过程控制

监理现场机构主要从以下几个方面对施工进度的过程进行控制:

(1)监理现场机构在施工合同协议书签署后规定时间内向承包人发出开工通知。

(2)承包人在接到开工令后及时调遣人员和调配施工设备、材料投入施工,并从开工日起按合同进度计划进行施工(临时设施经监理现场机构批准后可单独开工)。

(3)承包人在接到开工通知后14天内未及时组织施工,监理现场机构通知承包人立即采取有效措施赶上进度,承包人必须在接到通知后的7天内提交补救措施报告报监理现场机构审批。补救措施报告应详细说明原因和补救办法。

(4)在工程施工过程中,承包人应按照报经监理现场机构批准的施工措施计划和施工实施进度计划,做好施工准备,合理安排资源投入,做到安全生产、均衡生产、按章作业、文明施工。

(5)每月不定期召开月进度会议,检查承包人的合同进度计划执行情况和工程质量状况,协调解决工程施工中发生的工程变更、质量缺陷处理、支付结算等问题以及与其他承包人的相互干扰和矛盾。承包人应在月进度会议上按规定的格式提交月进度报表,进度报表的内容包括:①上月之前合同进度计划要求和实际完成的累计工程量统计;②本月实际完成工程量统计;③下月计划完成的工程量;④工程质量情况;⑤要求监理现场机构协调解决的主要问题。

(6)由于各种合理的或不合理的原因,致使施工实施进度计划在执行中必须进行实质性修改,承包人应提出修改的详细说明,并须在修改计划实施的14天前提出修改的进度计划报送监理现场机构批准。批准后的修订进度计划作为合同进度计划的补充文件。必要时,监理现场机构按施工承建合同文件规定,直接向承包人提出修改指示,由承包人调整实施进度计划,报监理现场机构批准。

(7)不论何种原因造成施工进度计划的延误,承包人应采取有效措施赶上进度。承包人在提交修订的进度计划的同时,必须附赶工措施报告,赶工措施必须保证工程按期完工或提前完工。

(8)由于承包人的责任或原因,施工进度发生严重拖延,致使工程进展可能影响到合同工期目标的按期实现,或发包人为提前实现合同工期目标而要求承包人加快施工进度,监理现场机构将根据施工承建合同规定发出要求承包人加速赶工的指令,承包人应予以执行并做出调整安排。

(9)因加速赶工所增加的费用,属于承包人合同责任与风险的,由承包人承担;属于发包人责任、风险与要求的,因加速赶工所增加的费用,由承包人申报,监理现场机构审核并经发包人确认后列入合同支付。

(10)承包人未能执行监理现场机构发出的加速赶工指令,或因执行不力造成合同工期延误,由承包人承担合同责任。

第 7 节　进度计划的调整

1　进度符合计划

在工程实施期间,如果实际进度(尤其是关键线路上的实际进度)与计划进度基本相符,监理工程师不得干预承包人对进度计划的执行,并应提供和创造各种外部条件,及时调查处理影响和妨碍工程进展的不利因素,促进工程按计划进行。

2　进度计划的调整

监理工程师发现工程现场的组织安排、施工程序或人力和设备与进度计划上的方案有较大不一致时,可要求承包人对原工程进展计划及现金流动计划予以调整,调整后的工程进度计划应符合工程现场实际,并保证在合同工期内完成。调整工期进度计划,主要是调整关键线路上的施工安排,对于非关键线路,如果实际进度与计划进度的差距并不对关键线路上的实际进度产生不利影响,监理工程师可不必要求承包人对整个工程进度计划进行调整。

但施工进度计划的调整使总工期目标、阶段目标、资金使用等发生较大变化时,监理现场机构将提出处理意见报发包人批准。

3　加快工程进度

承包人在无任何理由取得合理延期的情况下,监理工程师认为实际工程进度过慢,将不能按照进度计划预定的竣工期完成工程时,可要求承包人采取加快工程进度的措施,以赶上工程进度计划中的阶段目标和总目标,承包人提出和采取的加快工程进度的措施必须经过监理工程师批准,批准时应注意以下事项:

(1)只要承包人提出的加快工程进度的措施符合施工程序并能确保工程质量,监理工程师应予以批准;

(2)因采取加快工程进度措施而增加的施工费用应由承包人自负。

4　进度计划的延期

由于发包人或监理工程师的责任,或承包人在实施过程中遇到不可预见或不可抗力的因素,而使工程进度延误时,监理工程师可依据合同的规定批准承包人延长工期,批准延期后,监理工程师应要求承包人对原来的工程进度计划及现金流动计划予以调整,并按调整后的进度计划实施工程建设。

5　对承包人延误的处理

由于承包人的责任造成工程进度的延误,而且承包人接受了监理工程师加快工程进度的指令,或虽采取了加快工程进度的措施,但仍然不能赶上预期的工程进度并将使工程在合同工期内难以完成时,监理工程师应对承包人的施工能力重新进行审查和评价,必要时向发包人提出书面报告,建议对工程的一部分实行指令分包或考虑更换承包人。

第8节　停工及复工

(1)总监理工程师在签发暂停施工通知时,将根据暂停工程的影响范围和影响程度,确定工程项目停工的范围,并按照施工合同和委托监理合同的约定签发暂停施工通知。

(2)在发生下列情况之一时,总监理工程师将签发暂停施工通知:①发包人要求暂停施工且工程需要暂停施工;②为了保证工程质量而需要进行停工处理;③施工出现了安全隐患,总监理工程师认为有必要停工以消除隐患;④发生了必须暂时停止施工的紧急事件;⑤承包人未经许可擅自施工,或拒绝监理现场机构管理,不执行监理现场机构指示,从而将对工程质量、进度和投资控制产生严重影响时;⑥工程继续施工将会对第三者或社会公共利益造成损害时。

(3)由于非承包人且非上述第②、③、④、⑤、⑥条原因时,总监理工程师在签发暂停施工通知之前,将就有关工期和费用的事宜与发包人、承包人进行协商。

(4)由于发包人原因,或非承包人原因导致工程暂停时,监理工程师将如实记录所发生的实际情况。由总监理工程师在施工暂停原因消失、具备复工条件时,及时签署复工通知,指令承包人继续施工。

(5)由于承包人原因导致工程暂停,在具备复工施工条件时,将审查承包人报送的复工通知申请表及有关材料,符合要求时,由总监理工程师签署复工通知,指令承包人继续施工。

(6)总监理工程师在签发暂停施工通知到签发复工通知之间的时间内,将会同有关各方按照施工合同的约定,处理因工程暂停引起的工期、费用等有关问题。

第9节　合同工期管理

(1)编制索赔处理程序框图。

(2)属于下列任何一种情况所造成的工期延误,承包人均不能提出延长工期的要求,发包人也不因此而给予费用补偿:①由于承包人失误或违规、违约引起的,或因此而被监理现场机构指令的暂停施工;②由于现场非异常恶劣气候条件引起的正常停工;③为工程的合理施工和保证安全所必需的,或因此而被监理现场机构指令的暂停施工;④承包人未得到监理现场机构批准的擅自停工;⑤合同中另有规定的。

(3)监理现场机构认为有必要时,可向承包人发布暂停工程或部分工程施工的指示,承包人应按指示的要求立即暂停施工。不论由于何种原因引起的暂停施工,承包人在妥善保护、照管工程和提供安全保障的同时,必须采取有效措施,积极消除停工因素的影响,创造早日复工条件。当工程具备复工条件且承包人提出申请后,监理现场机构将立即发出复工通知,承包人必须在复工通知送达的3天内复工,若承包人无故拖延或拒绝复工,由此增加的费用和工期延误责任由承包人承担。

(4)由于发包人的责任发生暂停施工的情况时,监理现场机构未及时下达暂停施工指示,承包人可向监理现场机构提出暂停施工的书面请求,监理现场机构应在接到请求后的 48 小时内予以答复,若不按期答复,可视为承包人请求已获同意。

(5)在施工过程中,若造成工期延误属于发包人的合同责任与风险,承包人必须立即通知监理现场机构,并且在发出该通知后的 14 天内向监理现场机构提交一份详细报告,详细申述发生工期延误事件的细节和对工期的影响程度。此后的 14 天内,承包人可按合同文件规定和监理文件要求修订进度计划和编制赶工措施提交监理现场机构审批。

若承包人未按合同文件规定的程序及时限要求向监理现场机构提出顺延合同工期申报的,由承包人承担合同责任。

(6)承包人施工进度计划的审查和批准,并不意味着可以改变或减轻承包人对合同工期应承担的义务和责任。

第 10 节　工程验收计划

承包人应编制详细的验收计划,报有关部门批准后,按此验收计划执行,若执行过程中发生变化,应及时与有关单位商定,调整验收计划,并及时告知相关单位。

第8章 投资控制监理细则

第1节 总 则

1 编制依据

本监理细则编制依据为:工程施工承建合同、招标文件、水利水电工程建设管理文件、水利水电工程概预算编制方法,以及水利水电工程施工技术规程(规范)。

2 合同支付及计量依据

(1)工程施工承建合同及其他有效的合同组成文件;

(2)经监理现场机构签发的工程施工详图(技术要求、设计变更通知)及其他有效设计文件;

(3)经发包人或监理现场机构确认并有文字依据的有关工程量与量测图件等资料。

3 本细则适用范围

3.1 承包人完成的永久工程(但不限于)

(1)建筑工程,包括:①土石方工程;②砌石工程;③混凝土工程;④观测设施的采购、安装、调试及施工期观测;⑤房屋建筑工程;⑥交通工程;⑦水土保持工程;⑧景观绿化工程。

(2)金属结构、泵站设备等制造与安装工程。

(3)电气设备与安装工程。

(4)自动化监控设备与安装。

3.2 承包人应完成的临时工程项目(但不限于)

承包人应完成的临时工程项目包括:①导流工程;②围堰填筑、维护及拆除;③施工期排水;④施工度汛;⑤施工场地平整及场内交通道路;⑥施工风、水、电供应系统;⑦施工照明、通信和动力系统;⑧施工仓库,木材、金属构件等加工制作厂;⑨施工生产、生活设施;⑩其他临时工程(按合同规定投标人认为应考虑的其他临时设施)及按监理现场机构要求完成的竣工后场地清理。

4 合同支付计量与签证依据

只有按设计文件施工并完成、工程质量检验合格、按合同文件规定计量,并按合同规定程序和监理文件要求进行的已完工程项目与工作量,才能列入计量与合同支付申报。

5　工程质量的合格认证依据

依据工程承建合同技术规范和《水利水电基本建设工程单元（或分项）工程质量等级评定标准》（SDJ 249）进行。

第 2 节　工程计量

1　主要计量依据

（1）招标文件；
（2）合同条款；
（3）技术规范；
（4）合同图纸及监理工程师批准的施工图；
（5）修订的工程量清单及工程变更令；
（6）工程量清单及说明；
（7）费用索赔审批书；
（8）有关计量的补充协议。

2　计量原则

（1）必须严格按照主要计量依据计量。

（2）按设计图给定的净值及实际完成并经监理工程师认可的数量计量；隐蔽工程在覆盖前计量应得到确认，否则应视为承包人应做的附属工作不予计量。

（3）所有计量项目（变更工程除外）应该是工程量清单中所列项目。

（4）承包人必须完成了计量项目的各项工序（或检验批），并经中间交工验收质量合格的"产品"，才予以计量；工程未经质量验收或验收不合格的项目，不能组织计量工作。

（5）计量的主要文件及附件的签认手续不完备、资料不齐全的，不予计量。

（6）计量不排除承包人应尽的任何义务，尽管要求计量的对象是合格品，但如事后发现已计量的工程有缺陷或发生质量事故，仍不能免除承包人无偿返工和承担事故赔偿的责任。

3　工程量

投标书工程量报价表中所列的工程量，不能作为合同支付结算的工程量。承包人申报支付结算的工程量，应是监理工程师验收合格、符合计量要求的已完工程量。按合同报价单中支付分类单价计量，并按单位、分部、分项、单元（或分项）工程分类进行量测与度量。

工程量结算按照承包人实际完成的并按有关规定计量的工程量进行。

4　完成工程量的计量

（1）承包人每月规定日期前对已完成的质量合格的工程进行准确计量，并进行计量申请，按工程量清单的项目分项向监理现场机构提交完成工程量的每月报表和有关计量资料。

（2）监理现场机构对承包人提交的工程量每月报表有疑问时，承包人必须派员与监理现场机构共同复核，监理现场机构可要求承包人按规定进行抽样复测。

（3）若承包人未按监理现场机构的要求派代表参加复核，则监理现场机构复核修正的工程量应被视为该部分工程的准确工程量。

（4）监理现场机构认为有必要时，可要求与承包人联合进行测量计量，承包人应遵照执行。

（5）承包人完成了工程量清单中每个项目的全部工程量后，监理现场机构要求承包人派员共同对每个项目的历次计量报表进行汇总和核实，并可要求承包人提供补充计量资料，以确定该项目最后一次进度付款的准确工程量。如承包人未按监理现场机构的要求派员参加，则监理现场机构最终核实的工程量被视为该项目完成的准确工程量。

5　合同支付与量测

（1）所有工程项目的计量方法均应符合施工招标文件中的技术条款各章的规定，承包人应自供一切计量设备和用具，并保证计量设备和用具符合国家度量衡标准的精度要求。

（2）承包人对某项工程（或部位）进行支付工程量量测时，应在量测前 24 小时向监理现场机构递交收方量测申请报告。

报告内容应包括工程名称，工程分部、单元（或分项）工程编号，量测方法和实施措施，经监理现场机构审查同意后，即可进行工程量量测工作。必要时，监理现场机构将派出监理测量或计量工程师参加和监督量测工作的进行。

（3）监理工程师要求对收方工程任何部位进行补充或对照量测时，承包人应立即派出代表和测量人员按要求进行量测，并及时按监理工程师要求提供测量成果资料。

如果承包人未按指定时间和要求派出上述代表和测量人员，则由监理工程师主持的量测成果被视为对该部分工程合同支付工程量的正确量测，除非承包人在被告知量测成果后 3 天内，向监理现场机构提出书面复查、复测申请，总监理工程师接受。

（4）土方开挖前，承包人应对开挖区域的地形进行复测。石方开挖前承包人还应对完成土方开挖后的地形再进行测量，并将测量成果报监理现场机构，以便监理现场机构进行校测复核。

土方开挖的合同支付工程量，按施工详图或经设计调整最终确认的开挖线（或坡面线），以自然方（m^3）为单位进行量测和计量。

（5）所有为合同支付所进行的量测与度量（包括计算书、测图等）成果，都必须事先报经监理现场机构认可。

（6）除非合同文件另有规定，否则合同支付计量以有效设计文件所确定的已完工程项目或构筑物边线,按净值计量与度量。

(7)计量精度。各类项目计量精度与招标文件中所列工程量精度一致。

6　工程量的计量方法

6.1　说明

(1)合同的工程项目应按招标文件《通用合同条款》规定进行计量。

(2)所有工程项目的计量方法均应符合本技术条款各章的规定,承包人应自供一切计量设备和用具,并保证计量设备和用具符合国家度量衡标准的精度要求。

(3)凡超出施工图纸和施工招标文件中技术条款规定的计量范围以外的长度、面积或体积,均不予计量或计算。

(4)实物工程量的计量,应由承包人应用标准的计量设备进行称量或计算,并经监理现场机构签认后,列入承包人的每月工程量报表。

6.2　重量计量的计算

(1)凡以重量计量的材料,应由承包人方合格的称量人员使用经国家计量监督部门检验合格的称量器,在规定的地点进行称量,由此发生的一切费用由承包人承担并计入报价中。

(2)钢材的计量应按施工图纸所示的净值计量。预应力钢绞线、预应力钢筋、预应力钢丝的工程量,按锚固长度与工作长度之和的净重量计算;钢板和型钢钢材按制成件的成型净尺寸和使用钢材规格的标准单位重量计算其工程量,不计其下料损耗量和施工安装等所需的附加钢材用量。施工附加量均不单独计量,而应包括在有关预应力钢筋、钢材等各自的单价中。

(3)钢筋应按监理现场机构批准的施工图纸净用量,以直径和长度计算,不计入钢筋损耗、搭接和架设定位的附加钢筋量。

(4)水泥应按施工图纸混凝土量和经监理现场机构批准的混凝土配合比计算。

6.3　面积计量的计算

结构面积的计算,按施工图纸所示结构物尺寸线或按监理现场机构指示在现场实际量测的结构物净尺寸线进行计算。

6.4　体积计量的计算

(1)结构物体积计量的计算,应按施工图纸所示轮廓线内的实际工程量或按监理现场机构指示在现场量测的净尺寸线进行计算。经监理现场机构批准,大体积混凝土中所设体积小于 $0.1\ m^3$ 的孔洞、排水管、预埋管和凹槽等工程量不予扣除,按施工图纸和指示要求对临时孔洞进行回填的工程量不重复计量。

(2)混凝土工程量的计量,应按监理现场机构签认的已完工程的净尺寸计算;土方填筑工程量的计量,应按施工图纸所示各种填筑体的尺寸(该尺寸是沉降稳定后最终的外形尺寸和高程)和基础开挖清理完成后的实测地形,计算各种填筑体的工程量。

6.5　长度计量的计算

所有以延米计量的结构物,除非施工图纸另有规定,应按平行于结构物位置的纵向轴线或基础方向的长度计算。

7　总价承包项目的分解

承包人必须将工程量清单中的总价承包项目进行分解,并在签订协议书后的 28 天内将该项目的分解表提交监理现场机构审批。分解表应标明其所属子项或分阶段需支付的金额。

8　进场费

除招标文件另有规定外,承包人为进行施工准备所需的人员和施工设备的调遣费及进场开办费,已包含在各工程单价中,发包人不再另行支付。

9　临时设施建设费

招标文件中所列的各项临时设施,应由承包人按《工程量清单》所列的总价项目分项列报。各项目总价中应包括各项临时设施的设计与施工所需人工、材料和试验检验以及临时设施设备的安装与调试等全部费用。

10　保险费

由发包人按招标文件中的有关规定和《工程量清单》所列项目,按承包人提交的保险费付款凭证按实支付。

11　退场费

工程完工验收后,承包人进行完工清场、撤退人员和设备、撤离临时工程、场地平整和环境恢复等所需的费用,已包含在各工程单价中,发包人不再另行支付。

12　其他费用

除《工程量清单》所列的全部总价和单价项目所包含的工程项目及其工作内容外,承包人按本章规定进行的各项工作,其所需费用均应分摊在各项目的报价中,发包人不再另行支付。

第 3 节　合同支付申报

(1)监理现场机构只承认工程施工中的合格工程量,并据此以合同文件工程量报价单分类、分项进行支付计量结算。

(2)承包人应于当月规定日期前,向监理现场机构递交合同支付结算申请报告(或报表)。

(3)监理现场机构只接受符合下述条件的工程量按合同支付申报:①当月完成,或当月以前完成尚未进行支付结算的;②属于监理范围,工程承建合同规定必须进行支付结算的;③有相应的开工指令、施工质量终检合格证和单元(或分项)工程、工序(或检验批)质量评定表(属于某分部或单位工程最后一个单元(或分项)工程者,尚必须同时具备该分部或单位工程质量评定表)等完整的监理认证文件的;④有监理确认签证的合同索赔支付。

(4)承包人向监理现场机构递交的合同支付申报(或报表),必须包括下列内容:①申请支付工程项目的单位工程名称,分部、分项或单元(或分项)工程名称及其编号;②施工作业时段及设计文件文图号;③申请支付工程项目施工中的质量事故、安全事故、停(返)工或违规警告记录,以及施工过程处理说明;④由监理工程师签署的支付工程量确认签证;⑤必须进行施工地质测绘(或编录)工作的工程项目,还必须同时提供地质测绘(或编录)工作已经完成的认证记录;⑥发包人或监理现场机构要求报送或补充报送的其他资料。

(5)如果因为承包人报送资料不全,或不符合要求,引起合同支付审签的延误,由承包人承担责任。

(6)支付要求。办理支付过程中应满足下列要求:①质量合格的已完工程的质量检测及评定资料和工程量计算表是支付的必备条件;②变更项目必须有监理工程师的变更指令;③各项支付款项必须符合合同条款的规定;④任何工程款项的支付必须经监理工程师的审批;⑤支付不解除承包人应尽的任何合同义务。

(7)不予结算的规定。包括以下情况:①质量不合格;②超出设计及合同外,未经发包人或监理现场机构认可的工程量;③结算应提交的资料不齐全,如开工、检验等签证手续不全,单元评定资料不全等;④合同规定的不予结算的项目。

(8)监理现场机构对承包人递交的合同支付申请的签证意见,包括下述三种:①全部或部分申报工程量准予结算;②全部或部分申报工程量暂缓结算;③全部或部分申报工程量不予结算。

(9)对于暂缓结算或不予结算的工程量,在接到监理现场机构审签意见后的规定时间内,承包人项目经理可书面提请总监理工程师重新予以确认,也可在下次支付申报中再次申报。

第4节　计量与支付

1　临时工程

承包人对临时工程项目费用进行分解,报监理现场机构批准后予以支付。

2　施工导流工程(若有)

施工合同中,施工围堰、基坑排水、基坑截渗工程、安全度汛、场内交通设施、供电、供水、临时房屋建筑及完工后施工场地恢复等按《工程量清单》所列项目的总价进行支付。

总价支付应包括上述工程项目的设计、施工、试验、工程运行和维护以及质量检查、验收等所需的全部人工、材料和使用设备等一切费用。

3　土方明挖

(1)土方明挖的计量和支付应按不同工程项目以及施工图纸所示的不同区域和不同高程分别列项,以立方米(m³)为单位计量,并按《工程量清单》中各相应项目的每立方米单价进行计量和支付。

(2)招标文件中所列的植被清理工作内容,其所需的全部清理费用应分摊在《工程量清单》相应的土方明挖项目的每立方米单价中,不再单独进行计量和支付。

(3)上述土方明挖的单价应包括土方的开挖、装卸、运输及其表土开挖、植被清理、边坡整治、基础和边坡面的检查与验收以及地面平整等全部费用。

(4)土方明挖开始前,承包人应按监理现场机构指示测量开挖区的地形和计量剖面,报监理现场机构复核,并按施工图纸或监理现场机构批准的开挖线进行工程量的计量。承包人所有计量测量成果都必须经监理现场机构签认。超出支付线的任何超挖工程量的费用均应包括在《工程量清单》所列工程量的每立方米单价中,发包人不再另行支付。

(5)在施工前或在开挖过程中,监理现场机构对施工图纸做出的修改,其相应工程量应按监理现场机构签发的设计修改图进行计算,属于变更范畴的应按招标文件《通用合同条款》规定办理。

(6)除施工图纸中标明或监理现场机构指定作为永久性排水工程的设施外,一切为土方明挖所需的临时性排水费用(包括排水设备的采购、安装、运行和维修费用等),均应包括在《工程量清单》各土方明挖项目的单价中。

(7)除合同另有规定外,承包人对土料场进行复核和重新勘测的费用以及取样试验的所需费用,均已包括在《工程量清单》各开挖项目的每立方米单价中。

(8)除合同另有规定外,开采土料而使用开采设施和设备的全部人工及使用设备的费用包括取土、含水量调整、弃土处理、土料运输与堆放等,均应包含在《工程量清单》相应项目的单价中。

(9)除合同另有规定外,料场开采结束后,承包人根据合同规定进行的开采区清理的费用,已包括在《工程量清单》所列项目的单价中。

4　石方明挖

(1)若按发包人要求将表土覆盖层和石方明挖分别开挖,应以现场实际的地形和断面测量成果,分别以立方米为单位计算表土覆盖层及石方明挖工程量,分别按工程量清单所列项目的每立方米单价支付。其单价中包括表土覆盖层和石方明挖的开挖、地基清理及平整、运输、堆存、检测试验和质量检查、验收等全部人工、材料和使用设备等一切费用。

(2)若发包人不要求对表土和岩石分开开挖,其土石方开挖的支付应以现场实际的地形和断面测量成果,经监理现场机构对地形测量和地质情况进行鉴定后确定的土石方比例,以立方米(m³)为单位计量,并分别按《工程量清单》所列项目的土方和石方的每立方米单价进行计量和支付。

(3)利用开挖料作为永久或临时工程填筑料时,进入存料场以前的开挖运输费用不应重复计算。利用开挖料直接上坝时,还应扣除至存料场的运输及堆存费用。

（4）基础清理的费用应包含在相应的开挖费用中,不单独列项支付。

（5）除施工图纸中已标明或监理现场机构指定作为永久性工程排水设施外,一切为石方明挖所需的临时性排水设施(包括排水设备的采购、安装、运行和维修、拆除等)均包括在《工程量清单》的相应开挖项目的单价中,不单独列项支付。

5 地基加固工程(以人工挖孔桩为例)

（1）人工挖孔灌注桩工程施工的计量和支付,按施工图纸桩径和桩长计算造孔及混凝土工程量,以立方米(m³)为单位计量,并按《工程量清单》所列项目的每立方米单价进行支付。

（2）钢筋计量与支付按本章第 2 节 6.2 第(3)条执行。

（3）每立方米混凝土单价包括材料的采购、运输、存放、成桩检验、试桩、混凝土配制、灌注桩混凝土、桩头混凝土及拆除、质量检查和验收等所需的全部人工、材料、使用设备及其他辅助设施等一切费用。

6 土方填筑工程

（1）填筑工程量的计量,应按招标文件相关规定和施工图纸所示各种填筑体的尺寸和基础开挖清理完成后的实测地形,计算各种填筑体的工程量,以《工程量清单》所列项目的各种土料填筑的每立方米单价支付。进度支付的计量,应按施工图纸外轮廓尺寸边线和实测施工期各填筑体的高程计算其工程量,以《工程量清单》所列项目的各种土料填筑的每立方米单价支付。

（2）土方填筑的每立方米单价中,应包括推平、刨毛、压实、削坡、洒水、补夯、试验以及质量检查和验收等工作所需的全部人工、材料及使用设备和辅助设施等一切费用。

（3）土料制备和加工由承包人进行的料场复查所需的费用包括在《工程量清单》各有关土料的单价中,发包人不再另行支付。

（4）经监理现场机构批准改变料场引起土料单价的调整,应按招标文件《通用合同条款》规定办理。

7 混凝土工程

7.1 模板

混凝土浇筑模板不单独计量和支付。

混凝土模板费用应分摊在每立方米混凝土单价中,不单独计量和支付。单价中包括模板及其支撑材料的提供,以及模板的制作、安装、维护、拆除、质量检查和检验等所需的全部人工、材料及其使用设备和辅助设施等一切费用。

7.2 钢筋

钢筋按合同施工图纸的钢筋计算,每项钢筋以施工图纸所列的钢筋直径和净长度换算成重量进行计量(施工净用量)。承包人为施工需要设置的架立筋、在切割和弯曲等施工中的附加钢筋及钢筋搭接、圆钢末端弯钩等钢筋重量,不予计量,钢筋按《工程量清单》所列项目的每吨(t)单价支付,单价中包括钢筋材料的加工、运输、贮存、安装、试验以及质量检查和验收等所需全部人工、材料以及使用设备和辅助设施等一切费用。

7.3 现浇混凝土(含钢筋混凝土、沥青混凝土)

（1）混凝土以立方米(m^3)为单位，按施工图纸或监理现场机构签认的建筑物轮廓线或构件边线内实际浇筑的混凝土进行工程量计量，按《工程量清单》所列项目的每立方米单价支付。施工图纸所示或监理现场机构指示边线以外超挖部分的回填混凝土及其他混凝土，以及招标文件中规定进行质量检查和验收的费用，均包括在每立方米混凝土单价中，发包人不再另行支付。

（2）凡圆角或斜角金属件占用的空间，或体积小于 0.1 m^3，或截面积小于 0.1 m^2 的预埋件占去的空间，在混凝土计量中不予扣除。

（3）混凝土浇筑所用材料(包括掺和料、集料、外加剂等)的采购、运输、保管、贮存，以及混凝土的生产、浇筑、养护、表面保护、试验和辅助工作等所需的人工、材料及使用设备和辅助设施等一切费用均包括在混凝土每立方米单价中。

（4）根据要求完成的混凝土配合比试验，费用包括在混凝土每立方米单价中。

（5）混凝土表面的修整费用不予单列，应包括在混凝土每立方米单价中。

（6）混凝土钢筋的计量和支付按招标文件规定执行。

（7）预埋件的计量和支付按招标文件中的相关规定执行。

（8）止水、伸缩缝所用的各种材料的供应和制作安装，应按《工程量清单》所列各种材料的计量单位计量，并按《工程量清单》所列项目的相应单价进行支付。

（9）排水管的计量和支付，应根据施工图纸和监理现场机构指示实际安装长度计量，并按《工程量清单》所列项目长度单价进行支付。

（10）沥青混凝土以立方米(m^3)为单位，按施工图纸或监理现场机构签认的建筑物轮廓线或构件边线内实际浇筑的沥青混凝土进行工程量计量，按《工程量清单》所列项目的每立方米单价支付。

（11）混凝土道路以米(m)为单位，按施工图纸或监理现场机构签认的混凝土路面长度进行工程量计量，按《工程量清单》所列项目的每米单价支付。每米单价中包括路基整平、压实，基层、路肩和面层混凝土浇筑所需的人工费、材料费和机械使用费。

7.4 预制混凝土

（1）预制混凝土的计量和支付按施工图纸所示的构件尺寸，以立方米(m^3)为单位进行计量，并按《工程量清单》所列项目的每立方米单价进行支付。预制混凝土每立方米单价中应包括原材料的采购、运输、贮存，混凝土的浇筑，预制混凝土构件的运输、安装、焊接和二期混凝土填筑等所需的全部人工、材料及使用设备和辅助设施，以及试验检验和验收等一切费用。

（2）模板的计量与支付、预制混凝土的钢筋的计量和支付、预埋件的计量和支付按招标文件中的规定执行。

7.5 预应力混凝土

（1）预应力混凝土的预应力筋应按施工图纸所示的预应力筋型号和尺寸进行计算，并采用经监理现场机构签认的实际预应力筋用量，以吨(t)为单位进行计量，并按《工程量清单》所列项目的每吨单价进行支付。单价中包括预应力筋张拉所需的材料，锚固件和固定埋设件等的提供、制作、安装、张拉,以及试验检验和质量验收等所需的人工、材料及使用设备和辅助设施等一切费用。

预应力钢绞线和钢丝以施加预应力吨(t)为单位进行计量,按《工程量清单》所列项目的每吨单价进行支付。单价中包括预应力钢绞线和钢丝张拉施工所需的材料,锚固件、套管和固定埋设件等的提供、制作、安装、张拉,以及试验检验和质量验收等所需的人工、材料及使用设备和辅助设施等一切费用。

(2)预应力混凝土预制构件的混凝土和常规钢筋的计量与支付按规定执行。

(3)灌浆所用的人工、材料及使用设备和辅助设施的费用,均包括在预应力钢筋、钢绞线和钢丝的单价中。

8 砌体工程

(1)砌石以施工图纸所示的建筑物轮廓线或经监理现场机构批准实施的砌体建筑物尺寸量测计算工程量,以立方米(m³)为单位计量,并按《工程量清单》所列项目的每立方米单价进行支付。

(2)砌石所用的材料的采购、运输、保管,材料的加工、砌筑、试验、养护、质量检查和验收等所需的人工、材料以及使用设备和辅助设施等一切费用均包括在砌体分项应付金额中。

(3)因施工需要所进行砌体基础面的清理和施工排水等费用,均应包括在砌筑体工程项目的砌体分项应付金额中,不单独计量支付。

(4)砌砖所用的材料的采购、运输、保管,材料的加工、砌筑、试验、养护、质量检查和验收等所需的人工、材料以及使用设备和辅助设施等一切费用均包括在砌砖有关分项应付金额中。

9 原型观测工程

(1)各项观测仪器设备,应按《工程量清单》中所列各项目规定的单位计量。其支付工程量,应按施工图纸和监理现场机构签认的现场安装埋设数量计算,并按《工程量清单》中所列的各项目单价进行支付。该单价应包括观测仪器设备(包括备品备件)的采购、运输、保管和率定,为完成全部观测仪器设备的安装埋设作业所需的人工、材料、使用设备和辅助设施及仪器设备的检验、校正、施工期观测和设备维护、质量检查和验收以及观测成果整理分析和编制工程监测报告等各项工作所需的全部费用。

(2)测压管、电缆管、保护管等应按施工图纸所示和监理现场机构签认的数量计量,以《工程量清单》所列项目的计量单位和单价进行计量支付。

(3)观测墩、水准点及其他测量标志,应按施工图纸或监理现场机构签认的现场埋设数量,以"个"为单位进行计量,并按《工程量清单》所列项目的单价进行支付。该单价应包括为完成上述项目所需的人工、材料及使用设备和辅助设施等一切费用。

(4)观测仪器的电缆,应按施工图纸和监理现场机构签认的现场实际埋设数量,以米(m)为单位计量,并按《工程量清单》所列项目的单价进行支付。该单价包括电缆材料的采购、运输和保管以及现场敷设等所需的人工、材料和使用设备及辅助设施等一切费用。

10　房屋建筑工程

（1）房屋建筑基础工程的工程量按有关规定进行计量，按《工程量清单》所列项目的单价进行支付。

（2）正负零（相对高程，桥头堡和门机库指基础梁顶面，启闭机房指房顶顶面）以上工程费用为明标，只作为评标使用，实际结算根据施工图纸、发包人和监理现场机构认可的合格工程量，按有关定额计价方式进行计价与支付。

（3）基础工程的单价和按有关定额计价方式进行的计价包括各种材料的采购、运输、贮存、保管、试验、施工、养护以及质量检查、检验和验收等所需的全部人工、材料、使用设备和辅助设施等一切费用。

11　土工合成材料工程

土工合成材料工程量应以完工时实际测量的铺设面积计算，以平方米（m^2）为单位计量，并按《工程量清单》所列项目的每平方米单价进行支付，其中接缝搭接的面积和折皱面积不计量。该单价中包括土工合成材料的提供及土工合成材料的拼接、铺设、保护等施工作业以及质量检查和验收所需的全部人工、材料、使用设备和辅助设施等一切费用。土工合成材料拼接所用的黏结剂、焊接剂和缝合细线等材料的提供及其抽样检验等所需的全部费用应包括在土工合成材料的每平方米单价中，发包人不再另行支付。

12　金属结构

（1）钢闸门及埋件制作的计量和支付，应按施工图纸所示的内容计算重量，以吨（t）为单位进行计量，并按《工程量清单》所列项目的每吨单价支付。其单价应包括材料采购、运输和存放及制作、检验和试验，以及质量检查和验收等所需的全部人工、材料、使用设备和辅助设施等一切费用。

（2）喷锌及涂漆封闭的计量和支付，应按施工图纸所示的内容计算防腐面积，以平方米（m^2）为单位进行计量。

（3）估算工程量是指工程量报价表中各单项工程的估算工程量，系招标设计阶段的估算工程量，不作为承包人最终交付的工程量。施工工程量是指某制造项目的施工图纸工程量与该项设计修改所引起的工程量增减之和。发包人按施工工程量对该项目进行验收。

（4）上述估算工程量和施工工程量均不计入材料损耗、焊接材料、防腐材料、临时定位板、临时吊耳、为防止运输变形而在各运输单元加焊的型钢以及包装、捆扎等材料的重量。对于这些材料的重量，承包人应自行估计，其费用已计入报价单价中。

（5）各单项项目结算时，均按监理现场机构签署认可的施工工程量进行支付。其合价等于施工工程量乘以工程量报价表中的该项单价，单价不作任何调整。

（6）闸门及启闭机的安装工程量。①金属结构安装工程项目将按《工程量清单》中所列各个项目规定的单位，按施工图纸和监理现场机构书面通知修正的数量进行计量，并按《工程量清单》所列对应单价进行支付。②单价中已包括所有安装设备（包括附属设备），从出厂验收、接货、运输、保管、安装、涂装、现场试验、场内吊装及运输和试运转、质量检查和验收,到完工验收前的维护等所需的全部人工、材料、使用设备和辅助设施等一切费用。

13　电气设备采购与安装

(1)招标文件规定的所有安装施工项目的支付,将分别按《工程量清单》所列该项目的单价及实际发生并经监理工程师确认的工程量进行支付。

(2)承包人采购的设备和材料,其单价中已包括所有安装设备(包括附属设备),从出厂验收、接货、运输、保管、安装、现场试验、调试、试运转、质量检查和验收,到完工验收前的维护等所需的全部人工、材料、使用设备和辅助设施等一切费用。

(3)承包人负责施工安装、调试的电气设备等,其单价中已包括所有安装设备从保管、安装、现场试验、调试、试运转、质量检查和验收,到完工验收前的维护等所需的全部人工、材料、使用设备和辅助设施等一切费用。

(4)用电系统安装、电缆的敷设、接地的制作安装、照明灯具等的安装,按施工图及监理现场机构认可的工程量和《工程量清单》中的合同单价支付。合同单价中已包括完成以上工作内容所需的人工、安装材料、机械设备等费用。如监理现场机构提供的施工图纸所规定的设备型号、数量与招标图纸有少量变更,合同价格将不予调整。

第 5 节　工程付款

1　预付款

1.1　工程预付款

(1)工程预付款的总金额为合同价格的 15%(不含备用金),分两次支付给承包人。第一次支付金额为该预付款总额的 40%,第二次支付金额为该预付款总额的 60%。

(2)第一次预付款在协议书签订后 21 天内,承包人先向发包人提交了经发包人认可的工程预付款保函,并在预付款保函复印件送监理现场机构,监理现场机构出具付款证书提交发包人批准后予以办理支付手续。工程预付款保函在预付款被发包人扣回前一直有效,担保金额为本次预付款金额,但可根据以后预付款扣回的金额相应递减。

(3)第二次预付款需待承包人主要设备进入工地后,其估算价值已达到本次预付款金额时,由承包人提出书面申请,经监理现场机构核实后出具付款证书报送发包人,发包人收到监理现场机构出具的付款证书后 14 天内办理支付手续。

(4)工程预付款由发包人从月进度付款中扣回。在合同累计完成金额达到 20% 时开始扣款,直至合同累计金额达到 80% 时全部扣清。

1.2　工程材料预付款

发包人不支付工程材料预付款。

2 工程进度付款

2.1 月进度付款申请单

承包人在每月末按监理现场机构批准的格式提交月进度付款申请单,并附有按规定完成工程量的月报表。该申请单应包括以下内容:

(1)已完成的工程量清单中永久工程及其他项目的应付金额。

(2)经监理现场机构签认的当月计日工支付凭证标明的应付金额。

(3)根据合同规定承包人应有权得到的其他金额。

(4)扣除按规定由发包人扣还的工程预付款。

(5)扣除按规定由发包人扣留的保留金金额。

(6)扣除按合同规定由承包人付给发包人的其他金额。

2.2 月进度付款证书

监理现场机构在收到月进度付款申请单后的 14 天内进行核查,并向发包人出具月进度付款证书,提出应当到期支付给承包人的金额。

2.3 工程进度付款的修正和更改

监理现场机构有权通过对以往历次已签证的月进度付款证书进行汇总,对复核中发现的错、漏或重复进行修正或更改;承包人亦有权提出此类修正或更改,经双方复核同意的此类修正或更改,应列入月进度付款证书中予以支付或扣除。

2.4 支付时间

发包人收到监理现场机构签证的月进度付款证书并审批后办理支付申请手续,办理支付申请手续的时间不超过监理现场机构收到月进度付款申请单后 28 天。若不按期办理支付申请手续,则应从逾期第一天起,按中国人民银行同期贷款最高利率计算逾期违约金加付给承包人。

3 保留金

(1)监理现场机构从第一个月开始,在给承包人的月进度付款中扣留 5% 的金额作为保留金(其计算额度不包括预付款),直至扣留的保留金总额达到合同价格的 5% 为止。

(2)在签发合同工程移交证书后 14 天内,监理现场机构出具保留金付款证书,发包人将办理保留金的一半的支付手续。

(3)在单位工程验收并签发移交证书后,将其相应的保留金总额的一半在月进度付款中支付给承包人。

(4)监理现场机构在合同全部工程的保修期满时,出具为支付剩余保留金的付款证书。发包人在收到上述付款证书后 14 天内办理剩余保留金的支付手续。若保修期满时尚需承包人完成剩余工作,则监理现场机构有权在付款证书中扣留与剩余工作所需金额相应的保留金余额。

4　完工结算

4.1　完工付款申请单

在工程移交证书颁发后的 28 天内,承包人按监理现场机构批准的格式提交一份完工付款申请单,并附有下述内容的详细证明文件:

(1)至移交证书注明的完工日期止,根据合同所累计完成的全部工程价款金额。

(2)承包人认为根据合同应支付给自己的追加金额和其他金额。

4.2　完工付款证书及支付时间

监理现场机构在收到承包人提交的完工付款申请单后的 28 天内完成复核,并与承包人协商修改后,在完工付款申请单上签字并出具完工付款证书报送发包人审批。发包人在收到上述完工付款证书后的 42 天内审批后办理支付手续。若发包人不按期办理支付申请手续,则应从逾期第一天起,按中国人民银行同期贷款最高利率计算逾期违约金加付给承包人。

5　最终结清

5.1　最终付款申请单

(1)承包人在收到保修责任终止证书后的 28 天内,按监理现场机构批准的格式向监理现场机构提交一份最终付款申请单,该申请单包括以下内容,并附有关的证明文件:①按合同规定已经完成的全部工程价款金额;②按合同规定应付给承包人的追加金额;③承包人认为应付给自己的其他金额。

(2)若监理现场机构对最终付款申请单中的某些内容有异议,有权要求承包人进行修改和补充资料,直至监理现场机构同意后,由承包人再次提交经修改后的最终付款申请单。

5.2　结清单

承包人向监理现场机构提交最终付款申请单的同时,向发包人提交一份结清单,并将结清单的副本提交监理现场机构。结清单证实最终付款申请单的总金额是根据合同规定应付给承包人的全部款项的最终结算金额。但结清单只在承包人收到退还履约担保证件和发包人已向承包人付清监理现场机构出具的最终付款证书中应付的金额后才生效。

5.3　最终付款证书和支付时间

监理现场机构收到最终付款申请单和结清单副本后的 14 天内,出具一份最终付款证书报送发包人审批。最终付款证书应说明:

(1)按合同规定和其他情况最终支付给承包人的合同总金额;

(2)发包人已支付的所有金额以及发包人有权得到的全部金额。

发包人审查最终付款证书后,若确认还应向承包人付款,则在收到该证书后的 42 天内办理支付手续。若确认承包人向发包人付款,则发包人应通知承包人,承包人在收到通知后的 42 天内将款项还给发包人。

若承包人和发包人始终未能就最终付款的内容和额度取得一致意见,监理现场机构对双方已同意的部分出具临时付款证书,双方按上述规定执行。对于未取得一致的部分,双方有权按招标文件中有关规定提出按合同争议处理的要求。

6　物价波动对价格的影响

物价波动时,工程价格不予调整。

第6节　变　更

1　变更的范围和内容

(1)在履行合同过程中,监理现场机构根据工程的需要指示承包人进行以下各种类型的变更。没有监理现场机构的指示,承包人不得擅自变更。变更类型包括以下内容:①增加或减少合同中任何一项工作内容;②增加或减少合同中任何项目的工程量超过15%;③取消合同中任何一项工作;④改变合同中任何一项工作的标准或性质;⑤改变工程建筑物的形式、基线、标高、位置或尺寸;⑥改变合同中任何一项工程的完工日期或改变已批准的施工顺序;⑦追加为完成工程所需的任何额外工作。

(2)变更项目未引起工程施工组织和进度计划发生实质性变动及不影响其原定的价格时,不予调整该项目的单价。

2　变更的处理原则

(1)任何变更不得延长工期;若变更使合同工作量减少,监理现场机构认为需要提前变更项目的工期时,监理现场机构与承包人协商确定。

(2)变更需要调整合同价格时,按以下原则确定其单价或合价:①《工程量清单》中有适用于变更工作的项目时,应采用该项目的单价;②《工程量清单》中无适用于变更工作的项目时,则在合理的范围内参考类似项目的单价或合价作为变更估价的基础,监理现场机构与承包人协商确定变更后的单价或合价;③《工程量清单》中无类似项目的单价或合价可供参考,则监理现场机构与发包人和承包人协商确定新的单价或合价。

3　变更指示

(1)监理现场机构在发包人授权范围内,按规定及时向承包人发出变更指示。

(2)承包人收到监理现场机构发出的图纸和文件后,经检查后认为其中存在变更而监理现场机构未按规定发出变更指示,则应在收到上述图纸和文件后14天内或在开始执行前(以日期早者为准)通知监理现场机构,并提供必要的依据。监理现场机构在收到承包人通知14天内予以答复,若同意作出变更,按规定补发变更指示;若不同意作出变更,亦在上述时限内答复承包人。若监理现场机构未在14天内答复承包人,则视为监理现场机构已同意承包人提出的作出变更的要求。

4　变更的报价

(1)承包人收到监理现场机构发出的变更指示后28天内,向监理现场机构提交一份变更报价书,并抄送发包人,其内容包括承包人确认的变更处理原则和变更工程量及其变更项目的报价单。监理现场机构认为必要时,承包人应提交重大变更项目的施工措施、进度计划和单价分析等。

(2)承包人对监理现场机构提出的变更处理原则持有异议时,可在收到变更指示后7天内通知监理现场机构,监理现场机构在收到通知后7天内答复承包人。

5 变更决定

监理现场机构在收到承包人变更报价书后28天内对变更报价书进行审核后作出变更决定,并通知承包人。

6 承包人原因引起的变更

(1)若承包人根据工程施工的需要,要求监理现场机构对合同的任一项目或任一项工作作出变更,承包人应提交一份详细的变更申请报告报送监理现场机构审批,并不得延误工期。未经监理现场机构批准,承包人不得擅自变更。

(2)由于承包人违约而必须作出的变更,除按有关规定办理外,由于变更增加的费用和工期延误责任由承包人承担。

第7节 违约和索赔

1 违约

违约行为、对承包人违约的警告及停业整顿见第1章第5节相关内容。

2 索赔

2.1 索赔的提出

承包人根据合同任何条款及其他有关规定,向发包人索取追加付款,在索赔事件发生后的28天内,将索赔意向书提交监理现场机构,并抄送发包人。在上述意向书发出后的28天内,再向监理现场机构提交索赔申请报告,详细说明索赔理由和索赔费用的计算依据,并应附必要的当时记录和证明材料。如果索赔事件继续产生影响,承包人应按监理现场机构要求的合理时间间隔列出索赔累计金额和提出中期索赔申请报告,并在索赔事件影响结束后的28天内,向监理现场机构提交包括最终索赔金额、延续记录、证明材料在内的最终索赔申请报告,并抄送发包人。

2.2 索赔的处理

(1)监理现场机构收到承包人提交的索赔意向书后,核查承包人的当时记录,指示承包人继续做好延续记录以备核查,并向监理现场机构提交全部记录的副本。

(2)监理现场机构收到承包人提交的索赔申请报告和最终索赔申请报告后,立即依据当时记录进行审核,并在承包人提交上述报告后的42天内与发包人和承包人充分协商后作出决定,在上述时限内将索赔处理决定通知承包人,并抄送发包人。

（3）发包人和承包人在收到监理现场机构的索赔处理决定后 14 天内,将其是否同意索赔处理决定的意见通知监理现场机构。若双方均接受监理现场机构的决定,则监理现场机构在收到上述通知后的 14 天内,将确定的索赔金额列入规定的付款证书中支付。

2.3　提出索赔的期限

（1）承包人按规定提交了完工付款申请单后,已无权再提出在合同工程移交证书颁发前所发生的任何索赔。

（2）承包人按规定提交的最终付款申请单中,只限于提出合同工程移交证书颁发后发生的新的索赔。提交最终付款申请单的时间是终止提出索赔的期限。

第 9 章　合同管理监理细则

第 1 节　总　则

在学习合同、熟悉合同、准确理解合同的前提下,认真履行监理职责,做到两个"一",即"一切按程序办事、一切凭数据说话",以计划与进度控制为基础,抓住计量与支付这一核心,认真解决好分包、工程变更、索赔这一难点,充分利用工地会议这一必要手段,对工程合同进行管理。

第 2 节　工程变更管理

1　变更处理的监理工作的主要内容

监理现场机构根据工程需要并经发包人同意,指示承包人实施下列各种类型的变更:

(1)增加或减少施工合同中的任何一项工作内容。

(2)取消施工合同中任何一项工作(但被取消的工作不能转由发包人或其他承包人实施)。

(3)改变施工合同中任何一项工作的标准或性质。

(4)改变工程建筑物的形式、基线、标高、位置或尺寸。

(5)改变施工合同中任何一项工程经批准的施工计划、施工方案。

(6)追加为完成工程所需的任何额外工作。

(7)增加或减少合同项目的工程量超过合同约定的百分比。

2　工程变更的提出

(1)发包人依据施工合同约定或工程需要提出工程变更建议。

(2)设计人依据有关规定或设计合同约定在其职责与权限范围内提出对工程设计文件的变更建议。

(3)承包人可依据监理现场机构的指示,或根据工程现场实际施工情况提出变更建议。

(4)监理现场机构依据有关规定、规范,或根据现场实际情况提出变更建议。

3　工程变更建议书的提交

(1)工程变更建议书提出时,应考虑留有发包人与监理现场机构对变更建议进行审查、批准,设计人进行变更设计以及承包人进行施工准备的合理时间。

（2）在特殊情况下，如出现危及人身、工程安全或财产受到严重损失的紧急事件，工程变更不受时间限制，但监理现场机构仍应督促变更提出单位及时补办相关手续。

4　工程变更审查

（1）监理现场机构对工程变更建议书审查按下列要求进行：①变更后不降低工程质量标准，不影响工程完建后的功能和使用寿命；②工程变更在施工技术上可行、可靠；③工程变更引起的费用及工期变化经济合理；④工程变更不对后续施工产生不良影响。

（2）监理现场机构审核承包人提交的工程变更报价时，按下述原则处理：①如果施工合同《工程量清单》中有适用于变更工作内容的项目，采用该项目的单价或合价；②如果施工合同《工程量清单》中无适用于变更工作内容的项目，可引用施工合同《工程量清单》中类似项目的单价或合价作为合同双方变更议价的基础；③如果施工合同《工程量清单》中无此类似项目的单价或合价，或单价或合价明显不合理和不适用的，经协商后，由承包人依照招标文件确定的原则和编制依据，重新编制单价或合价，经监理现场机构审核后，报发包人确认。

（3）当发包人与承包人协商不能一致时，监理现场机构确定合适的暂定单价或合价，通知承包人执行。

5　工程变更的实施

（1）经监理现场机构审查同意的工程变更建议书需报发包人批准。

（2）经发包人批准的工程变更，由发包人委托原设计人负责完成具体的工程变更设计工作。

（3）监理现场机构核查工程变更设计文件、图纸后，向承包人下达工程变更指示，承包人据此组织工程变更的实施。

（4）监理现场机构根据工程的具体情况，为避免耽误施工，将工程变更两次向承包人下达：先发布变更指示（变更设计文件、图纸），指示其实施变更工作；待合同双方进一步协商确定工程变更的单价或合价后，再发出变更通知（变更工程的单价或合价）。

第3节　变更程序

1　意向通知

监理工程师根据合同规定对工程进行变更时，应向承包人发出变更意向通知。变更意向通知的主要内容包括：

（1）变更的工程项目、部位或合同某文件内容。

（2）变更的原因、依据及有关的文件、图纸、资料。

（3）要求承包人据此安排变更工程的施工等事宜。

（4）要求承包人提交此项变更给其费用带来影响的估价报告。

2 资料搜集

变更意向通知发出的同时,监理工程师将着手搜集有关资料。包括:变更前后的图纸(或合同、文件),技术变更洽商记录,技术研讨记录,来自发包人、承包人、监理工程师方面的文件与会谈记录,行业部门涉及该变更方面的规定与文件,上级主管部门的指令性文件等。

3 费用评估

监理工程师必须根据掌握的文件资料和实际情况,按照合同的有关条款,考虑综合影响,完成下列工作之后对变更费用做出评估:

(1)监理工程师依据变更通知及变更图纸或现场计量的结果审核变更工程数量。

(2)确定变更工程的单价。

4 协商价格

监理工程师与承包人和发包人就工程变更费用评估的结果进行磋商,在意见难以统一时,监理工程师暂定合适价格。

5 变更资料

变更资料齐全、变更费用确定之后,监理工程师即根据合同规定签发变更通知。

第4节 索赔管理

1 索赔管理的监理工作内容

(1)监理现场机构受理承包人和发包人提出的合同索赔,但不接受未按施工合同约定的索赔程序和时限提出的索赔要求。

(2)监理现场机构在收到承包人的索赔意向通知后,核查承包人的当时记录,指示承包人做好延续记录,并要求承包人提供进一步的支持性资料。

(3)监理现场机构在收到承包人的中期索赔申请报告或最终索赔申请报告后,进行以下工作:①依据施工合同约定,对索赔的有效性、合理性进行分析和评价;②对索赔支持性资料的真实性逐一进行分析和审核;③对索赔的计算依据、计算方法、计算过程、计算结果及其合理性逐项进行审查;④对于由施工合同双方共同责任造成的经济损失或工期延误,通过协商一致,公平合理地确定双方分担的比例;⑤必要时要求承包人再提供进一步的支持性资料。

(4)监理现场机构在施工合同约定的时间内做出对索赔申请报告的处理决定,报送发包人并抄送承包人。若合同双方或其中任一方不接受监理现场机构的处理决定,则按争议解决的有关约定或诉讼程序进行解决。

(5)监理现场机构在承包人提交了完工付款申请后,不再接受承包人提出的工程移交证书颁发前所发生的任何索赔事项；在承包人提交了最终付款申请后，不再接受承包人提出的任何索赔事项。

2　索赔管理的程序

（1）收集资料、做好记录。监理工程师在收到承包人的索赔意向后，立即通知有关的现场监理人员，做好工地实际情况的调查和日常记录，同时授权有关人员受理该索赔，并负责收集来自现场以外的各种文件资料与信息。

（2）审查承包人的索赔申请。收到承包人正式索赔申请，主要从以下几个方面进行审查：①索赔申请的格式是否满足监理工程师的要求；②索赔申请的内容是否符合规定，即列明索赔的项目及编号，阐明索赔发生、发展的原因及申请所依据的合同条款，附有索赔计算方法及计算细节和索赔涉及的有关证明、文件、资料、图纸等。

审查通过后，可开始下一步的评估，否则对承包人的申请予以退回。

（3）索赔评估。主要从以下几个方面进行评定：①承包人提交的申请资料必须真实、齐全，满足评审的需要；②申请索赔的合同依据必须准确；③申请索赔的理由必须正当与充分；④申请索赔的计算原则与方法必须正确（根据现场监理人员的现场记录和有关资料，对计算方法进行修订并就修订的结果与发包人和承包人进行协商）。

（4）审查索赔报告。

（5）确定索赔。

第5节　违约管理

1　承包人的违约

对于承包人的违约，监理人依据施工合同约定进行下列工作：

（1）在及时进行查证和认定事实的基础上，对违约事件的后果做出判断。

（2）及时向承包人发出书面警告，限其在收到书面警告的规定时限内予以弥补和纠正。

（3）承包人在收到书面警告的规定时限内仍不采取有效措施纠正其违约行为或继续违约，严重影响工程质量、进度，甚至危及工程安全时，监理现场机构限令其停工整改，并要求承包人在规定时限内提交整改报告。

（4）承包人继续严重违约时，监理现场机构及时向发包人报告，说明承包人违约情况及其可能造成的影响。

（5）发包人向承包人发出解除合同通知后，监理现场机构协助发包人按照合同约定派员进驻现场接收工程，处理解除合同后的有关合同事宜。

2　发包人的违约

对于发包人违约，监理人依据施工合同约定进行下列工作：

（1）由于发包人违约，致使工程施工无法正常进行时，在收到承包人书面要求后，监理现场机构及时与发包人协商,解决违约行为,赔偿承包人的损失,并促使承包人尽快恢复正常施工。

(2)在承包人提出解除施工合同要求后,监理现场机构协助发包人尽快进行调查、认证和澄清工作,并在此基础上,按有关规定和施工合同约定处理解除施工合同后的有关合同事宜。

第6节 工程担保

(1)监理现场机构根据施工合同约定,督促承包人办理各类担保,并审核承包人提交的担保证件。

(2)在签发工程预付款证书前,监理现场机构依据有关法律、法规及施工合同的约定,审核工程预付款担保的有效性。

(3)监理现场机构定期向发包人报告工程预付款扣回的情况,当工程预付款已全部扣回时,督促发包人在约定的时间内退还工程预付款担保证件。

(4)在施工过程中和保修期,监理现场机构督促承包人全面履行施工合同约定的义务。当承包人违约,发包人要求保证人履行担保义务时,监理现场机构协助发包人按要求及时向保证人提供全面、准确的书面文件和证明资料。

(5)监理现场机构在签发保修责任终止证书后,督促发包人在施工合同约定的时间内退还履约担保证件。

第7节 工程保险

(1)监理现场机构督促承包人按施工合同约定的险种办理应由承包人投保的保险,并要求承包人在向发包人提交各项保险单副本的同时抄报监理现场机构。

(2)监理现场机构按施工合同约定对承包人投保的保险种类、保险额度、保险有效期等进行检查。

(3)监理现场机构确认承包人未按施工合同约定办理保险时,采取下列措施:①指示承包人尽快补办保险手续;②当承包人拒绝办理保险时,协助发包人代为办理保险,并从应支付给承包人的金额中扣除相应投保费用。

(4)当承包人已按施工合同约定办理了保险,其为履行合同义务所遭受的损失不能从承保人处获得足额赔偿时,监理现场机构在接到承包人申请后,依据施工合同约定界定风险与责任,确认责任者或合理划分合同双方分担保险赔偿不足部分费用的比例。

第8节 工程分包

1 工程分包的监理工作内容

(1)监理现场机构在施工合同约定允许分包的工程项目范围内,对承包人的分包申请进行审核,并报发包人批准。

（2）只有在分包项目最终获得发包人批准,承包人与分包人签订了分包合同后,监理现场机构才允许分包人进入工地。

2　分包的管理

（1）监理现场机构要求承包人加强对分包人和分包工程项目的管理,加强对分包人履行合同的监督。

（2）分包工程项目的施工技术方案、开工申请、工程质量检验、工程变更和合同支付等,应通过承包人向监理现场机构申报。

（3）分包工程只有在承包人检验合格后,才可由承包人向监理现场机构提交验收申请报告。

第9节　争议的解决

1　争议的调解原则

（1）坚持依法协商的原则;

（2）尊重客观事实的原则;

（3）当事人平等一致的原则。

2　争议的调解方法

争议的调解方法有协商、调解、仲裁和诉讼。

第10节　农民工工资支付的审查

拖欠农民工工资作为一种非常行为,不仅影响到了农民工个人及其家庭的生活,而且成为影响社会稳定的一个不可忽视的因素,这种肆意侵害农民工权益的现象在一定程度上制约了社会经济的发展和依法治国的进度。近年来,党中央、国务院高度重视农民工问题,制定了一系列如《中华人民共和国劳动法》、《国务院关于解决农民工问题的若干意见》(国发〔2006〕5号)、《工资支付暂行规定》(劳部发〔1994〕489号)和《建设领域农民工工资支付管理暂行办法》(劳社部发〔2004〕22号)等有关规定保障农民工权益。有些地方政府也出台了相关政策和地方法规,如《安徽省水利建设工程农民工工资支付保障暂行办法》,来切实保障农民工的合法权益。

本着以人为本、构建和谐社会的原则,作为监理单位应从以下方面监督检查承包人的农民工工资落实情况:

（1）检查承包人是否到各级劳动保障部门为农民工办理工资支付保障手续。

（2）检查落实承包人是否按照相关法律、法规和相关要求,按月足额将工资支付给农民工本人。

（3）若发现承包人恶意拖欠和克扣农民工工资的情况，应及时要求承包人项目经理立即采取措施进行清偿，并同时上报发包人。

（4）对继续恶意拖欠和克扣农民工工资的，建议发包人在当月的工程进度款中扣除相应费用，用于直接支付给农民工。

第 11 节　清场与撤离

1　完工清场

监理现场机构依据有关规定或施工合同约定，在签发工程移交证书前或在保修期满前，监督承包人完成施工场地的清理，做好环境恢复工作，并经监理现场机构检验合格为止。主要内容见第 5 章第 6 节所述。

2　承包人撤离

监理现场机构在工程移交证书颁发后的约定时间内，检查承包人在保修期内为完成尾工的修复缺陷应留在现场的人员、材料和施工设备情况，承包人其余的人员、材料和施工设备均应按批准的计划退场。

第10章　安全生产管理监理细则

第1节　总　则

（1）为加强工程安全生产监督管理，防止和减少安全生产事故，保障工程安全和建设顺利进行，依照国家有关规定和水利部令第26号文，并结合工程实际情况，特制定本实施细则。

（2）工程建设全过程必须坚持"安全第一，预防为主"的方针，认真贯彻国家有关安全生产的法律、法规、政策，以及行业和省、部颁发的安全技术、劳动安全等规范、规程。

（3）服从工程安全生产领导小组的领导、监督，与参建各方相互协作，依靠科学管理，提高安全生产管理水平，使工程建设安全、顺利地进行。

第2节　监理现场机构安全生产制度

1　安全生产会议制度

（1）首次安全监理工作会议；

（2）安全生产管理例会；

（3）安全生产现场会议。

2　安全施工方案报审制度

（1）要求承包人对所确定的工程重大危险源书面专项项目施工方案进行报审，重点审查承包人内部有关职能部门是否会签，总工程师是否审批和有无企业盖章。

（2）对重大危险源专项安全技术方案的审批，应组织安全监理人员和专项工程专业监理工程师进行会审，重点审查专项方案是否符合工程建设强制性标准。总监理工程师的审批意见应有针对性，审批资料应收集备案。

（3）重大危险源工程内容按《关于加强危险性较大的分部分项工程安全管理的意见》确定。

（4）凡涉及施工工艺变更，专项安全技术措施审批手续应参照第（2）条要求重新审批。

（5）对存在较大危险性和重大技术难度以及监理项目部难以把握的施工方案，可上报公司，由公司组织专家进行会审，并向项目部提供审查意见。

3　重大危险源安全监控制度

（1）监理项目部应对重大危险源工程实施过程进行控制。

（2）督促检查承包人对施工技术人员进行安全交底,并提供相应交底记录。

（3）重大危险源工程施工方案编制后,应监督承包人检查实施前的落实情况,并对检查验收情况留有书面记录。其中涉及塔吊、人货电梯、脚手架、吊兰等必须经检测单位检测,经发放合格证或准用证和持牌后才能准许使用。

（4）对重大危险源工程在施工过程中监理应按制度的规定进行巡视、旁站和检查工作,对关键部位、关键工序应按照施工方案及工程建设强制性标准执行,一旦在搭设过程中发现有违章情况应立即阻止,开具安全监理工作通知给单位,纠正后方可进行下一道工序。

4　重大危险源交底与验收制度

（1）总监理工程师、专职安全监理人员必须熟悉本工程的重大危险源,以及新编制的专项安全技术措施实施和安全监理细则的内容要求,向全体监理人员进行交底,必要时由承包人作安全监理工作交底,以使全体监理人员明确安全监理工作要求,严格监督承包人按照施工组织设计要求和安全技术措施规定开展施工作业活动。

（2）重大危险源工程施工前,督促承包人编制方案的技术人员参与首次交底工作（交底后内容要做记录）,交底与被交底双方履行签字手续,交底后资料收集备案。

（3）重大危险源工程施工安全措施实施后,应督促承包人及时进行验收,符合验收要求后,由承包人技术员、项目负责人、安全员履行签字手续,安全监理应对有关资料收集备案。

（4）施工过程中如施工措施有所变更或属重新恢复使用,应按上述第（3）条规定,重新要求承包人组织验收工作。

（5）对大型钢结构工程施工完成、工程竣工阶段拆除塔吊、人货电梯、井架、脚手架等被列入重大危险源工程项目完成后,监理人员应督促承包人及时填写危险源部位销号单,监理项目部对备查相关资料收集备案。

5　安全工作检查制度

（1）监理项目部应制定书面安全生产定期检查制度,并获得发包人和承包人的共同确认。

（2）安全监理人员应按制度规定做好日常检查,重点督促对施工安全措施的落实,了解施工现场安全状况,及时发现安全隐患,确保施工全过程处于受控状态。

（3）安全监理人员可视情况参加承包人组织的定期的安全生产检查活动,了解和督促承包人及时消除安全隐患。

（4）对在日常巡视检查过程中发现的安全事故隐患及违反《工程建设施工安全标准强制性条文》规定的情况,安全监理人员应及时向承包人开具"安全监理工程师通知单",要求限期整改。"安全监理工程师通知单"必须经项目总监理工程师或其授权人员签字才能发出。在承包人按通知单要求定时、定人、定措施整改完毕后,安全监理人员应及时组织验收,并签署整改验收意见。

(5)在施工过程中出现可能直接影响质量和人员生命安全的情况时,应由总监理工程师下达工程暂停令,要求承包人立即对指定部位停工整改。情况严重的,应当要求承包人暂时停止施工,并及时报告发包人。

工程暂停令应及时抄送发包人和项目经理部相关负责人,必要时应抄报负责工程施工监督的质量与安全监督站,情况严重时应向公司主管部门报告。

(6)承包人拒不整改或者不停止施工的,监理单位应当及时向有关水行政主管部门或者流域管理机构报告。

6　重大危险源安全监理旁站工作制度

(1)监理项目部针对重大危险源工程制定安全监理细则,应明确建立有针对性的安全旁站工作计划和要求。

(2)在重大危险源工程实施过程中,监理项目部应安排监理人员开展旁站监理工作,对具体的分部分项工程作业面的监理检查应每天不少于一次,并按规定填写"安全监理工作旁站检查记录",旁站检查记录应经安全监理人员签字确认。

(3)对重大危险源工程实施旁站监理工作的重点内容是:施工单位现场安保体系的落实情况(包括施工安全员到岗,开展安全检查和监督工作情况)、特殊工种施工操作人员持证上岗情况、施工操作人员劳动防护用品准确使用情况、施工区域范围内安全防护和警戒标识设置情况等。

(4)根据不同专业工程施工特点对施工作业实施过程开展安全巡视旁站监理。

7　安全事故上报制度

(1)施工现场一旦发生死亡事故(无论是发包人、承包人和监理人方人员),监理项目部总监理工程师或总监理工程师代表应在2小时以内向监理公司报告,同时签发工程暂停令并督促承包人及时向有关部门报告。

(2)及时收集整理安全事故资料。

(3)由总监理工程师填写《事故快报表》,在事故发生24小时内向公司报告。

8　安全监理资料管理制度

(1)监理项目部应由安全监理工程师负责日常资料登录和管理工作。项目总监理工程师应每月不少于一次对安全监理工作资料的及时性和有效性进行检查。

(2)监理项目部对承包人需提供的安全生产验收资料及相关要求应于工程开工前书面通知承包人。安全监理工程师在日常监理工作中应做到外业和内业资料同步,必要时应要求承包人停工补齐相关的安全工作资料。

(3)监理项目部在日常工作中应对相关资料按实际情况及时进行调整,对所使用的各类规范和标准应注意检查其有效性,如有作废应明确标识,并回收作废文本予以销毁。

(4)对已生成的工程项目安全监理工作资料应确保签字和盖章正确,不得出现无权和越级签字的现象,同时做好文件收发记录。各类资料应编号,并建立文件资料目录。

(5)承包人按相关要求须报请项目监理机构审核的相关资料应请承包人履行必要的书面报验手续,相关资料应齐全并且责任人员签字盖章完整。

(6)涉及安全监理工作的各项审批材料、按规定要求所需的各项证明材料、关键性的资料应有现场原始的检验记录,必要时按规定留存相关影像资料。

9　安全监理及生产安全事故应急预案

(1)为应急处理施工现场因设施、设备、人员操作及其他意外原因造成的工程安全事故,以及监理人员在施工现场突发的伤亡事故,积极妥善地处理善后工作,监理项目部应根据工程建设特点和安全监理工作管理要求,制定必要的安全监理及生产安全事故应急预案。

(2)预案的制定可参照安全规范及安全手册的相关要求进行。

第 3 节　施工安全措施

1　工程承包人的安全措施

工程项目开工前,承包人必须按承建合同文件规定,建立施工安全管理机构和施工安全保障体系。同时,设立专职施工安全人员以全部工作时间用于施工过程中的安全检查、指导和管理,并及时向监理现场机构反馈施工作业中的安全事项。

承包人应当建立健全安全生产责任制度和安全生产教育培训制度,制定安全生产规章制度和操作规程,保证建立和完善安全生产条件所需资金的投入。

承包人的项目经理对工程的安全施工负责,落实安全生产责任制度、安全生产规章制度和操作规程,确保安全生产费用的有效使用,并根据工程的特点组织制定安全施工措施,消除安全事故隐患,及时、如实报告生产安全事故。

承包人的专职安全生产管理人员负责对安全生产进行现场监督检查。发现生产安全事故隐患,应当及时向项目负责人和工程安全生产领导小组报告;对违章指挥、违章操作的,应当立即制止。

垂直运输机械作业人员、安装拆卸工、爆破作业人员、起重信号工、登高架设作业人员等特种作业人员,必须按照国家有关规定经过专门的安全作业培训,并取得特种作业操作资格证书后,方可上岗作业。

承包人应当对管理人员和作业人员每年至少进行一次安全生产教育培训,安全生产教育培训考核不合格的人员,不得上岗。

承包人在采用新技术、新工艺、新设备、新材料时,应当对作业人员进行相应的安全生产教育培训。

2　监理现场机构的安全监督

监理现场机构根据工程监理有关规定,按照法律、法规和工程建设强制性标准对施工安全作业行为进行检查、指导和监督。

在实施监理过程中,若发现存在生产安全事故隐患,应立即要求承包人进行整改;对情况严重的,立即要求承包人暂时停止施工,并及时上报工程安全生产领导小组。

3 施工安全措施计划审批

监理现场机构要求承包人按国家或国家有关部门关于施工安全的有关法令、法规和承建合同文件规定,在工程开工后14天内编制一份保证安全生产的措施方案和施工作业安全防护手册并报送监理现场机构审批和备案。

(1)保证安全生产的措施方案应包括以下内容:①项目概况;②编制依据;③安全生产管理机构及相关负责人;④安全生产的有关规章制度制定情况;⑤安全生产管理人员及特种作业人员上岗情况等;⑥生产安全事故的紧急救援预案;⑦工程度汛方案、措施;⑧其他有关事项。

(2)施工作业安全防护手册的内容应包括(不限于):①防护衣、安全帽、防护鞋袜及防护用品的使用;②升降机和起重机的使用;③各种施工机械的使用;④炸药的贮存、运输和使用;⑤汽车驾驶安全;⑥用电安全;⑦模板、脚手架作业的安全;⑧混凝土浇筑作业的安全;⑨钢结构制造和安装作业的安全;⑩闸门和启闭机安装作业的安全;⑪机修作业的安全;⑫压缩空气作业的安全;⑬高空作业的安全;⑭焊接作业的安全和防护;⑮油漆作业的安全和防护;⑯意外事故和火灾的救护程序;⑰防洪和防气象灾害措施;⑱信号和告警知识;⑲其他有关规定。工程实施过程中,监理现场机构对承包人安全作业措施和安全防护规程手册的学习、培训及施工安全教育情况进行不定期检查。

(3)在拆除工程或爆破工程施工前14日内,承包人应将下列资料报送监理现场机构审批和备案:①承包人资质等级证明;②拟拆除或拟爆破的工程及可能危及毗邻建筑物的说明;③施工组织方案;④堆放、清除废弃物的措施;⑤生产安全事故的应急救援预案。

(4)承包人对下列达到一定规模的危险性较大的工程应当编制专项施工方案,并附安全验算结果,经承包人的技术负责人签字以及总监理工程师核签后实施,由专职安全生产管理人员进行现场监督:①基坑支护与降水工程;②土石方开挖工程;③模板工程;④起重吊装工程;⑤脚手架工程;⑥拆除、爆破工程;⑦围堰工程;⑧其他危险性较大的工程。对上述所列工程中涉及高边坡、深基坑、地下暗挖工程、高大模板工程的专项施工方案,承包人还应当组织专家进行论证、审查。

4 施工安全检查

工程施工过程中,监理现场机构应对施工安全措施的执行情况进行经常性的检查。与此同时,还应派遣人员(包括施工安全监理人员)加强对高空、地下、高压、爆破以及其他安全事故多发施工区域、作业环境和施工环节的施工安全进行检查与监督。

5 施工安全事故处理

监理现场机构应根据工程承建合同文件规定和发包人授权,参加施工安全事故的调查和处理。

6　防汛度汛措施检查

每年汛前,监理现场机构协助发包人审查承包人制定的防洪度汛方案和防洪度汛措施,协助发包人组织安全度汛大检查。监理现场机构及时掌握汛期水文、气象预报,协助发包人做好安全度汛和防汛防灾工作。

第 4 节　安全隐患的控制

1　施工现场临时用电安全控制

(1)施工现场临时用电必须执行《施工现场临时用电安全技术规范》(JGJ 46)。

(2)安装、维修或拆除临时用电工程,必须由电工完成。电工等级必须与工程的难易程度和复杂性相适应。

(3)在建工程不得在高、低压线路下方施工,高低压线路下方不得搭设作业棚、建设生活设施,或堆放构件、架具、材料及其他杂物等。

(4)在建工程(含脚手架具)的外侧边缘与外用电架空线路的边线之间必须保持安全操作距离。最小安全操作距离应不小于表 10-1 所列数值。

表 10-1　不同外电线路电压下的最小安全操作距离

外电线路电压(kV)	1 以下	1~10	35~110	154~220	330~500
最小安全 操作距离(m)	4	6	8	10	15

注:上、下脚手架的斜道严禁搭设在有外电线的一侧。

当达不到上述规定的最小距离时,必须采取防护措施,增设屏障、遮栏、围栏或保护网,并悬挂醒目的警告标志牌。在架设防护设施时,应有电气工程技术人员或专职安全人员负责监护。对防护措施无法实现时,必须与有关部门协商,采取停电、迁移外电线路或改变工程位置等措施,否则不得施工。

(5)在外电架空线路附近开挖沟槽时,必须防止外电架空线路的电杆倾斜、悬倒,或会同有关部门采取加固措施。

(6)在施工现场专用的中性点直接接地的电力线路中必须采用 TN－S 接零保护系统。电气设备的金属外壳必须与专用保护零线连接。专用保护零线(简称保护零线)应由工作接地线、配电室的零线或第一级漏电保护器电源侧的零线引出。

(7)潮湿或条件特别恶劣施工现场的电气设备必须采用保护接零。

(8)当施工现场与外电线路共用同一供电系统时,电气设备应根据当地的要求作保护接零,或作保护接地。不得一部分设备作保护接零,另一部分设备作保护接地。

(9)作防雷接地的电气设备,必须同时作重复接地。

(10)在只允许做保护接地的系统中,因条件限制接地有困难时,应设置操作和维修电气装备的绝缘台,并必须使操作人员不至于偶然触及外物。

（11）施工现场的电力系统严禁利用大地作相线或零线。

（12）正常情况下，下列电气设备不带电的外露导电部分，应做保护接线：①电动机、变压器、电器、照明器具、手持电动工具的金属外壳；②电气设备传动装置的金属部件；③配电屏与控制屏的金属框架；④室内、外配电装置的金属框架及靠近带电部分的金属围栏和金属门；⑤电力线路的金属保护管、敷线的钢索、起重机轧道、滑升模板金属操作平台等；⑥安装在电力线路杆（塔）上的开关、电容器等电气装置的金属外壳及支架。

（13）施工现场所有用电设备，除非保持接零外，必须在设备负荷线的首端处设置漏电保护装置。

（14）施工现场内的起重机、井字架及龙门等机械设备，若在相邻建筑物、构筑物的防雷装置的保护范围以外，并在有关规定范围内，则应安装防雷装置。

（15）配电屏（盘）或配电线路维修时，应悬挂停电标志牌。停、送电必须由专人负责。

（16）架空线必须设在专用电杆上，严禁架设在树木、脚手架上。

（17）经常过负荷的线路、易燃易爆物邻近的线路、照明线路，必须有过负荷保护。

（18）室内配线必须采用绝缘导线。

（19）配电箱和开关箱的金属箱体、金属电器安装板以及箱内电器的不应带电金属底座不应处于液体浸溅及热源烘烤的场所；否则，须作特殊防护处理。

（20）配电箱和开关箱的金属箱体、金属电器安装板以及箱内电器的不应带电金属底座、外壳等必须作保护接零。保护零线应通过接线端子板连接。

（21）配电箱、开关箱必须防雨、防尘。

（22）配电器、开关箱内的电器必须可靠完好，不准使用破损、不合格的电器。

（23）每台用电设备应有各自专用的开关箱，必须实行"一机一闸"制，严禁用同一个开关电器直接控制两台及两台以上用电设备（含插座）。

（24）开关箱中必须装设漏电保护器。

（25）开关箱内的漏电保护器的额定漏电动作电流应不大于 30 mA，额定漏电动作时间应小于 0.1 秒。使用于潮湿和有腐蚀介质场所的漏电保护器应采用防溅型产品，其额定漏电动作电流应不大于 15 mA，额定漏电动作时间应小于 0.1 秒。

（26）配电箱、开关箱中导线的进口导线的进线口和出线口应设在箱体的下底面，严禁设在箱体的上顶面、侧面、后面或箱门处。进、出线应加护套分路或成束并作防水弯，导线束不得与箱体进、出口直接接触。移动式配电箱和开关箱的进、出线必须采用橡皮绝缘电缆。

（27）进入开关箱进行检查、维修时，必须将其前一级相应的电源开关分闸断电，并悬挂停电标志牌，严禁带电作业。送电操作顺序为：总配电箱—分配电箱—开关箱；停电操作顺序为：开关箱—分配电箱—总配电箱（出现电气设备故障的紧急情况除外）。

（28）熔断器的熔体更换时，严禁用不符合原规格的熔体代替。

（29）施工现场中一切电动建筑机械和手持电动工具的选购、使用、检查与维修必须遵守下列规定：①选购的电动建筑机械、手持电动工具和用电安全装置，符合相应的国家标准、专业标准和安全技术规程，并且有产品合格证和使用说明书；②建立和执行专人专机负责制，并定期检查和查看使用说明；③保护零线的电气连接符合有关要求，对产生振动的设备其保护零线的连接点不少于两处;④在做好接零的同时,还要按要求装设漏电保护器。

(30)焊接机械应放置在防雨和通风良好的地方,焊接现场不准堆放易燃易爆物品。

(31)使用焊接机械必须按规定穿戴防护用品,对发电机式直流弧焊机的换向器,应经常检查和维护。

(32)在坑洞内作业,夜间施工或自然采光的场所,作业厂房、料具堆放场、道路、仓库、办公室、食堂、宿舍等应设一般照明、局部照明或混合照明。在一个工作场所内,不得只装设局部照明。停电后,操作人员需要及时撤离现场的特殊工程,必须装设自备电源的应急照明。

(33)对有爆炸和火灾危险的场所,必须按危险场所等级选择相应的照明器。

(34)照明器具和器材的质量均应符合有关标准、规范的规定,不得使用绝缘老化或破损的器具和器材。

(35)一般场所宜选用额定电压为 220 V 的照明器。对特殊场所应使用安全电压照明器。

(36)照明变压器必须使用双绕组型,严禁使用自耦变压器。

(37)对于夜间影响车辆通行的在建工程或机械设备,必须安装设置醒目的红色信号灯。其电源应设在施工现场电源总开关的前侧。

2 建筑施工高处作业安全管理

(1)建筑施工高处作业安全设施必须执行《建筑施工高处作业安全技术规范》(JGJ 80)。

(2)高处作业的安全技术措施及其所需料具,必须列入工程的施工组织设计。

(3)施工前,应逐级进行安全技术教育及交底,落实所有安全技术措施和人身防护用品,未经落实不得进行施工。

(4)高处作业中的安全标志、工具、仪表、电气设施和各种设备,必须在施工前加以检查,确认其完好,方能投入使用。

(5)攀登和悬空高处作业人员及搭设高处作业安全设施的人员,必须经过专业技术培训及专业考试合格,持证上岗,并必须定期进行体格检查。

(6)施工中对高处作业的安全技术设施,发现有缺陷和隐患时,必须及时解决;危及人身安全时,必须停止作业。

(7)雨天和雪天进行高处作业时,必须采取可靠的防滑、防寒和防冻措施。凡水、冰、霜、雪均应及时清除。对进行高处作业的高耸建筑物,应事先设置避雷设施,遇有六级以上强风、浓雾等恶劣气候,不得进行露天攀登与悬空高处作业。暴风雪及台风暴雨后,应对高处作业安全设施逐一加以检查,发现有松动、变形、损坏或脱落等现象时,应立即修理完善。

(8)防护栅设置与拆除时,应设警戒区,并应派专人监护,严禁上下同时拆除。

(9)模板支撑和拆卸时的悬空作业,必须遵守下列规定:①立模应按规定的作业程序进行,模板未固定前不得进行下一道工序(或检验批)。严禁在连接件和支撑件上攀登上下，并严禁在上下同一垂直面上装、拆模板。结构复杂的模板，装配、拆除应严格按照施工组织设计的措施进行。②架设高度在 3 m 以上的柱模板，四周应设斜撑，并应设立操作平台。低于 3 m 的可使用马凳操作。③架设悬挑形式的模板时，应有稳固的立足点。架设临空构筑物模板时，应搭设支架或脚手架。模板上有预留洞时，应在安装后将洞盖实。混凝土板上拆模后形成的临边或洞口，应按本规范有关章节进行防护。④拆模高处作业，应配置登高用具或搭设支架。

（10）钢筋绑扎时的悬空作业，必须遵守下列规定：①绑扎钢筋和安装钢筋骨架时，必须搭设脚手架和马道。②绑扎立柱和墙体钢筋时，不得站在钢筋骨架上或攀登骨架上下。

（11）混凝土浇筑时的悬空作业，必须遵守下列规定：①浇筑离地面 2 m 以上的结构时，应设操作平台，不得直接站在模板或支撑件上操作，并搭设脚手架以防人员坠落。②特殊情况下如无可靠的安全设施，必须系好安全带并扣好保险钩，或架设安全网。

（12）悬空进行门窗作业时，必须遵守下列规定：①安装门、窗，油漆及安装玻璃时，严禁操作人员站在樘子、阳台栏板上操作。门、窗临时固定，封填填料未达到强度要求，以及电焊时，严禁手拉门、窗进行攀登。②在高处外墙安装门、窗，无外脚手架时，应张挂安全网。无安全网时，操作人员应系好安全带，其保险钩应挂在操作人员上方的可靠物件上。③进行各项窗口作业时，操作人员的重心应位于室内，不得在窗台上站立，必要时应系好安全带进行操作。

（13）进行预应力张拉时，必须遵守下列规定：预应力张拉区域应标示明显的安全标志，禁止非操作人员进入。张拉钢筋的两端必须设置挡板。挡板应距所张拉钢筋的端部 1.5 ~ 2 m，且应高出最上一组张拉钢筋 0.5 m，其宽度应距张拉钢筋两外侧各不小于 1 m。

（14）移动式操作平台，必须符合下列规定：①操作平台应由专业技术人员按现行的相应规范进行设计。②操作平台的面积不应超过 10 m^2，高度不应超过 5 m，还应进行稳定验算，并采取措施减小立柱的长细比。③装设轮子的移动式操作平台，轮子与平台的接合处应牢固可靠，立柱底端离地面不得超过 80 mm。④操作平台可采用 Φ(48 ~ 51) × 3.5 mm 钢管以扣件连接，亦可采用门架式或承插式钢管脚手架部件，按产品使用要求进行组装。平台的次梁，间距不应大于 40 cm；台面应满铺 3 cm 厚的木板或竹笆。⑤操作平台四周必须按临边作业要求设置防护栏杆，并应布置登高扶梯。

（15）悬挑式钢平台，必须符合下列规定：①悬挑式操作钢平台应按现行的相应规范进行设计，其结构构造应能防止左右晃动。②悬挑式钢平台的搁支点与上部拉结点，必须位于建筑物上，不得设置在脚手架等施工设备上。③斜拉杆或钢丝绳，构造上宜两边各设前后两道，两道中的每一道均应作单道受力计算。④应设置 4 个经过验算的吊环。吊运平台时应使用卡环，不得使吊钩直接钩挂吊环。吊环应用甲类 3 号沸腾钢制作。⑤钢平台安装时，钢丝绳应采用专用的挂钩挂牢，采取其他方式时卡头的卡子不得少于 3 个。建筑物锐角利口围系钢丝绳处应加衬软垫物，钢平台外口应略高于内口。⑥钢平台左右两侧必须装置固定的防护栏杆。⑦钢平台吊装，需待横梁支撑点电焊固定，接好钢丝绳，调整完毕，经过检查验收，方可松卸起重吊钩，上下操作。⑧钢平台使用时，应有专人进行检查，发现钢丝绳有锈蚀损坏应及时调换，焊缝应及时修复。

（16）操作平台上应显著地标明容许荷载值。操作平台上人员和物料的总重量，严禁超过设计的容许荷载。应配备专人加以监督。

(17)支撑、粉刷、砌墙等各工种进行上下立体交叉作业时,不得在同一垂直方向上操作。下层作业的位置,必须处于依上层高度确定的可能坠落范围半径之外。不符合以上条件时,应设置安全防护层。

3　建筑机械使用安全控制

(1)建筑机械使用安全必须执行《建筑机械使用安全技术规程》(JGJ 33)。所有机械设备必须制定安全操作规程,并报监理现场机构备案,固定式机械设备必须在显著位置明示安全操作规程。

(2)严禁拆除机械设备上的自动控制机构、力矩限位器等安全装置,以及监测、指示、仪表、警报器等自动报警、信号装置。其调试和故障的排除应由专业人员负责进行。

(3)新购或经过大修、改装和拆卸后重新安装的机构设备,必须按原厂说明书的要求进行测试和试运转。

(4)处在运行和运转中的机械严禁对其进行维修、保养或调整等作业。

(5)机械设备的操作人员必须身体健康,并经过专业培训考试合格,在取得有关部门颁发的操作证或驾驶执照、特殊工种操作证后,方可独立操作。学员必须在师傅的指导下进行操作。

(6)高空作业必须系安全带。严禁从高处往下投掷物件。

(7)现场施工负责人应为机械作业提供道路、水电、临时机棚或场地等必需的条件,并消除对机械作业有妨碍或不安全的因素。夜间作业必须设置充足的照明。

(8)在有碍机械安全和人身健康场所作业时,机械设备必须采取相应的安全措施。操作人员必须配备适用的安全防护用品,并严格贯彻执行《中华人民共和国环境保护法(试行)》。

(9)变配电所、乙炔站、氧气站、空压机房、发电机房、锅炉房等场所应按消防规定的要求设置各种防火消防器材及工具,其周围不得堆放物品。

(10)电气设备每个接地点应以单独的接地线与接地干线相连接。严禁在一个接地线中串接几个接地点。

(11)在低压线路装置中,严禁利用大地作零线供电。不得借用机械本身金属结构作工作零线。

(12)严禁带电作业或采用预约停送电时间的方式进行电气检修。检修电气设备前必须切断电源并在电源开关上挂"禁止合闸有人工作"的警告牌。警告牌的挂、取应有专人负责。

(13)发生人身触电时,应立即切断电源,然后对触电者作紧急救护。严禁在未切断电源之前与触电者接触。

(14)移动式机械的电源导线(或临时电源)必须采用绝缘良好的橡皮护套铜芯软电缆(俗称橡皮软线),其中必须有一根专用的接地(接零)线。电源导线不得直接绑扎在金属架上。

(15)土石方机械施工区内有地下电缆和供排水管道时,必须查明走向,用明显记号标示,严禁在离电缆 1 m 距离以内作业。

（16）配合土石方机械作业的清底、平地、修坡等人员,应在机械的回转半径以外工作,如必须在回转半径内工作,必须停止机械回转并制动好后方可作业。机上、机下人员应随时取得密切联系,确保安全生产。

（17）挖掘机行走时,主动轮应在后面,臂杆与履带平行,制动回转机构,铲斗离地面 1 m 左右。上下坡道不得超过本机允许最大坡度,下坡用慢速行驶,严禁在坡道上变速和空挡滑行。

（18）铲运机在坡道上不得进行保修作业,在走坡上严禁倒车和停车。在坡上熄火时应将铲斗落地,制动牢靠后,再行启动。

（19）铲运机非作业行驶时,铲斗必须用锁紧链条挂牢在运输行驶位置上。铲运机上任何部位均不得载人或装载易燃及爆炸物品等。

（20）载重汽车不得人货混装。因工作必须搭人时,人所在位置不得在货物之间或货物与前车厢板间隙内,严禁攀爬或坐卧在货物上面。

（21）载重汽车装载易燃品、危险品或爆炸品时应按《爆炸物品管理条例》执行。除必要的行车人员外,不得搭乘其他人员。

（22）自卸汽车卸料时,车厢上空和附近应无障碍物,向基础坑等地卸料时,必须和坑边保持安全距离,防止塌方翻车。严禁在斜坡侧向倾卸。

（23）自卸汽车卸料后,车厢必须及时复位,不得在倾卸情况下行驶。严禁在车厢内载人。

（24）拖车组（全挂、半挂）上下坡道时,均应提前换低速挡,避免中途换挡和紧急制动。严禁下坡脱挡滑行。

（25）轮胎式无驾驶室的拖拉机司机座两侧不得乘坐人。牵引无人操作的机械时,严禁有人乘坐在被牵引机械的机架上。

（26）机动翻斗车严禁翻斗内载人。翻斗在卸料状态下不得行驶或做平土作业。

（27）潜水泵放入水中,或提出水面,应先切断电源,严禁拉拽出水管。

（28）混凝土振捣器作业转移时,电动机的导线应保持足够的长度和松度,严禁用电源线拖拉振捣器。

（29）混凝土振捣器操作人员必须穿戴绝缘胶鞋或绝缘手套。

（30）木工机械工作场所应备有齐全可靠的消防器材。严禁在工作场所吸烟和有其他明火,并不得存放油、棉纱等易燃品。

（31）木工带锯机作业中,操作人员应站在带锯机的两侧,跑车开动后,行程范围内的轨道周围不准站人,严禁在运行中上、下跑车。

（32）卷板机被刨木料的厚度小于 30 mm、长度小于 400 mm 时,应用压板或压棍推进。厚度在 15 mm、长度在 250 mm 以下的木料,不得在平刨上加工。

（33）电弧焊焊接时,焊接和配合人员必须采取防止触电、高空坠落、瓦斯中毒和火灾等事故的安全措施。

（34）电弧焊接地线及手把线都不得搭在易燃、易爆和带有热源的物品上,接地线不得接在管道、机床设备及建筑物和金属构架或轧道上,接地电阻不大于 4 Ω。

（35）电弧焊接现场的 10 m 范围内，不得堆放氧化瓶、乙炔发生器、木材等易燃物。

（36）气焊严禁使用未安装减压器的氧化瓶进行作业。

（37）电动凿岩机电缆线不得敷设在水中或在金属管道上通过，施工现场要设标志，严禁机械、车辆等在电缆上通过。

（38）风动凿岩机严禁在废炮眼上钻孔和骑马式操作，钻孔时钻杆与钻孔中心线应保持一致。

（39）风动凿岩机在装完炸药的炮眼 5 m 以内，不准钻孔。

（40）严禁在通风机和通风管上放置或悬挂任何物件。

4　爆破作业安全规定

（1）从事爆破作业的施工人员上岗前必须进行培训。特殊工种应持有相关部门颁发的工作证。

（2）每项工程爆破前，必须对作业工人进行安全技术交底，各工程作业时应遵守各自的安全操作规程。

（3）爆破材料的采购、运输及保管应按《爆破物品管理条例》相关条款执行。

（4）爆破前必须做好重点防护，特别是对变压器、加油站等的防护，同时对外侧的爆源实行近体防护，防止飞石。

（5）爆破材料应用专车运输，并按公安部门指定的路线运输。

（6）地下构筑物的爆破，在一侧或多侧挖防震沟，用来减弱地震波对周边建筑物的影响。

（7）对瞎炮处理，可重新起爆或采用小孔爆破的方法处理，如果未爆炸药与埋下的岩石混合，必须将爆炸的炸药浸湿后再进行清除。

（8）在处理瞎炮时，不准把带有雷管的药包从炮孔内拉出来，或者拉住电雷管上的导线从药包内拔出来。

（9）爆破作业前，必须确定危险区的边界，并设置明显的标志。

（10）爆破作业前必须在危险区的边界设置岗哨，使所有通路经常处于监视之下。每个岗哨应在相邻岗哨视线之内。

（11）爆破前必须同时发出音响和视觉信号，使危险区内的人员都能清楚地听到和看到。

（12）爆破作业后，爆破员必须按规定的等待时间进入爆破地点，检查有无危石和盲炮等现象。爆破员如发现危石和盲炮现象，应及时处理，在处理前应在现场设立危险警戒或标志。只有确认爆破地点完全安全后，经当班爆破班长同意，方允许其他人员进入爆破地点。每次爆破后，爆破员应认真填写爆破记录。

（13）爆破作业必须有专人负责，并设置距爆源 150 m 警戒范围，在确保其区域内无危险时方可起爆。

（14）爆破作业必须在白天进行，最迟起爆时间不得超过下午 5：00。

5　基坑支护安全控制

5.1　临边防护

（1）深度超过 2 m 的基坑施工，必须进行临边防护。

（2）临边防护栏杆离基坑边口的距离不得小于 50 cm。

5.2　坑壁支护

（1）坑槽开挖时设置的边坡应符合安全要求。

（2）坑壁支护的做法以及对重要地下管线的加固措施必须符合专项施工方案和基坑支护结构设计方案的要求。

（3）支护设施产生局部变形，应会同设计人员提出方案并及时采取相应措施进行调整加固。

5.3　排水措施

（1）基坑施工应根据施工方案设置有效的排水、降水措施。

（2）深基坑施工采用坑外降水的，必须有防止临近建筑物危险沉降的措施。

5.4　坑边荷载

（1）坑边堆放弃土、材料及施工机械时应保持 5 m 以上安全距离，且堆放高度不超过 1.5 m。

（2）机械设备施工与基坑（槽）边距离不符合有关要求的，应根据施工方案对机械施工作业范围内的基坑壁支护、地面等采取有效措施。

5.5　上下通道

（1）基坑施工必须有专用通道供作业人员上下。

（2）设置的通道，在结构上必须牢固可靠，数量、位置满足施工要求并符合有关安全防护规定。

5.6　土方开挖

按本书有关章节执行。

5.7　变形监测

基坑支护结构应按照方案进行变形监测，并有监测记录。对毗邻建筑物和重要管线、道路应进行沉降观测，并有观测记录。

5.8　作业环境

（1）基坑内作业人员应有稳定、安全的立足处。

（2）垂直、交叉作业时应设置安全隔离防护措施。

（3）夜间或光线较暗的施工应设置足够的照明，不得在一个作业场所只装设局部照明。

6　起重吊装安全控制

6.1　吊装前的准备

（1）吊装前应编制施工组织设计或制订施工方案，明确起重吊装安全技术要点和保证安全的技术措施。

（2）应根据结构的跨度、吊装高度、构件重量以及作业条件和现有起重机类型、起重机的起重量、起升高度、工作半径、起重臂长度等工作参数选择起重机。

（3）吊车司机必须经过专业培训，持证上岗，参加吊装的人员应经体格检查合格。在开始吊装前应进行安全技术教育和安全技术交底。

（4）吊装工作开始前，应做以下工作：①正确佩戴个人防护用品，包括安全帽、工作服、工作鞋和手套。②对起重运输和吊装设备以及所用索具、卡环、夹具、卡具、锚碇等的规格、技术性能进行细致的检查或试验，发现有损坏或松动现象，应立即调换或修好。③起重设备应进行试运转，发现转动不灵活、有磨损的应及时修理；重要构件吊装前应进行试吊，经检查各部位正常后才可进行正式吊装。④检查施工现场是否符合操作要求。⑤检查待吊装的设备是否符合吊装要求。⑥检查其他的准备工作如保卫、救护、生活供应、接待等是否落实。

（5）伸缩臂汽车起重机在准备起吊前应做以下工作：①确保各安全保护装置和指示仪器（表）齐全。②钢丝绳及连接部位符合规定。③燃油、润滑油、液压油及冷却水添加充足。④各连接件无松动。⑤轮胎气压符合标准。⑥吊钩、伸缩臂、起重机外观无损伤或碰瘪等情况。⑦启动前应将各操纵机构放在空挡位置，按照内燃发动机启动要求进行启动，启动后检查各仪表指示值，运转正常后将动力输出轴与液压泵结合，待液压油温达到30 ℃以上，方可开始工作。⑧伸缩臂起重机，严禁在它的正前方吊装物件（产品说明书允许者例外）。

（6）设备吊装如采用捆绑吊耳时，应垫以厚木板以增大受力面积和增大摩擦力。

（7）混凝土构件运输、吊装时混凝土强度，一般构件不得低于设计强度的75%。

（8）当起重机吊物做短距离行走时，吊重不得超过额定起重量的70%，且吊物必须位于行车的正前方，用拉绳保持吊物的相对稳定。

（9）当采用一个吊点起吊时，吊点必须选择在构件重心以上，使吊点与构件重心的连线和构件的横截面垂直；当采用多个吊点起吊时，应使各吊点吊索拉力的合力作用点置于构件的重心以上，使各吊索的交汇点（起重机的吊钩位置）与构件重心的连线和构件的支座面垂直。

6.2　吊装过程中的检查要点

（1）吊装工作区应有明显标志，并设专人警戒，与吊装无关人员严禁入内。在起吊过程中，未经现场指挥人员许可，不得在起吊重物下面及受力索具附近停留和通过。

（2）运输、吊装构件时，严禁在被运输、吊装的构件上站人指挥和放置材料、工具。吊装时，不得在构件上堆放或悬挂零星物件。零星材料和物件必须用吊笼或钢丝绳、保险绳捆扎牢固后才能吊运和传递，不得随意抛掷材料、工具，防止滑脱伤人或意外事故。

（3）构件必须绑扎牢固，起吊点应通过构件的重心位置，吊升时应平稳，避免振动或摆动。

（4）起吊构件时，速度不应太快，不得在高空停留过久，严禁猛升猛降，以防构件脱落。

（5）构件就位后临时固定前，不得松钩、解开吊装索具。构件固定后，应检查连接牢固和稳定情况，当确定连接安全可靠，才可拆除临时固定工具和进行下一步吊装。

（6）伸缩臂汽车起重机在起吊过程中应注意以下事项：①起重机行驶和工作的场地应保持平坦坚实，保证在工作时不沉陷，离沟渠、基坑应有必要的安全距离。②作业时支腿必须全伸，在撑脚下垫方木或路基箱，调整机体，使回转平台支承面与水平面的倾斜度在无负荷时不大于1/1 000（水准泡居中），支腿有定位销的必须插上，底盘为弹性悬挂的起重机，放支腿前先收紧稳定器。③作业中严禁扳动支腿操纵机构阀，如需调整支腿，必须将重物放置在地面，将伸缩臂转至正前或正后再进行调整。④起重机变幅、回转应平衡，严禁伸缩臂猛起猛落及回转平台突然制动使吊物晃动不定。⑤伸缩臂伸缩时，应按规定顺序，在伸臂的同时要相应下降吊钩，当限制器发出警报时，应立即停止伸缩，伸缩臂伸缩时，角度不得太大或太小。⑥伸缩臂伸出后，出现前节长度大于后节长度时，须经过调整，消除不正常情况。⑦伸缩臂伸出后，伸缩臂下降时不得小于各长度规定的角度。⑧机械传动的汽车起重机作业时，必须用低速挡。⑨作业中发现起重机倾斜、支腿变形等不正常情况时，应立即放下重物，空载进行调整，正常后方可继续作业。⑩汽车起重机作业时，下部驾驶室不得有人，吊物不得超越驾驶室上方。⑪起重机行驶前必须按规定收回伸缩臂、吊钩及支腿。行驶时严禁在底盘走台上站立或蹲坐，严禁堆放散装物件。⑫作业完毕后，停妥，应将伸缩臂式的起重机的伸缩臂全部缩回，放在支架上，吊钩挂在保险杠的挂钩上，并将钢丝绳稍微拉紧。

（7）采用双机台吊装时，应统一指挥，相互配合。

（8）进入施工现场的钢构件，应按照钢结构安装图纸的要求进行检查，包括截面规格、连接板、高强螺栓、垫板等均应符合设计要求。

（9）钢结构吊装，必须按照施工方案要求搭设高处作业的安全防护设施。严禁作业人员攀爬构件上下和在无防护措施的情况下在钢构件上作业、行走。

（10）风雪天、霜雾天和雨天吊装应采取必要的防滑措施，夜间作业应有充分的照明。

（11）一旦吊装过程中发生意外，各操作岗位应坚守岗位，严格保持现场秩序，并做好记录，以便分析原因。

第 11 章　信息管理监理细则

第 1 节　总　则

（1）为了切实做好工程监理信息的管理工作，依据工程信息管理的有关规定，结合工程的实际情况制定本细则。

（2）工程信息管理在监理工作中具有十分重要的作用，它是监理人员控制建设项目三大目标的基础，为解决合同实施过程中有关各方的责、权、利关系，促进工程承建合同的全面履行，进一步促进工程信息的传递、反馈、处理的标准化、规范化、程序化和数据化，各方应认真贯彻本细则，完成各自职责范围内及合同规定的信息管理工作。

（3）工程信息产生于工程建设全过程，它包括设计、招投标、施工、工程验收等工程在形成的文字、图纸、声像等不同载体上的各种文件、材料。

（4）信息管理工作按总监理工程师负责、分级管理的原则实施。

第 2 节　工程信息的管理工作

1　工程信息的载体

监理现场机构采用合同规定的载体与传递方式，做好对工程信息的管理。重要的工程信息必须形成书面文件。

2　工程信息文件的分类

监理现场机构依据工程信息文件的来源，按发包人文件、设计文件、施工文件和监理文件等划分，做好分类管理。

3　工程信息管理的主要工作内容

（1）在工程开工前，完成合同工程项目编码的划分和编码系统编制；

（2）根据工程建设监理合同文件规定，建立信息文件目录，完善工程信息、文件的传递流程及各项信息管理制度；

（3）补充和完善工程管理报表的格式；

（4）建立监理信息文件的编码方式；

（5）建立或完善信息贮存、检索、统计分析等计算机管理系统；

（6）采集、整理工程施工中关于施工进度、工程质量、合同支付目标控制，以及合同商务和工程进展过程信息，并向有关方反馈；

（7）督促承包人按工程承建合同文件规定和监理现场机构要求，及时编制并向监理现场机构报送工程报表和工程信息文件；

（8）监理人员及时、全面、准确地做好监理记录，并定期进行整编和反馈；

（9）工程信息文件和工程报表的编发。

第3节　信息处理、发布、存储

1　信息处理

信息处理采取人工决策加以计算机辅助管理的方法。

1.1　计算机辅助管理系统的流程模式

计算机辅助管理系统与监理组织机构相对应，其主要内容包括工程施工的进度管理、质量管理、费用管理、合同管理。它们分别拥有各自相应的子系统。各子系统包容各业务子系统，根据工程需要进一步进行详细的细目管理。

1.2　原始信息的校核

各监理工程师对收集到的原始数据进行校核，由计算机辅助管理人员输入计算机数据库。

1.3　计算机中央处理系统对信息的分析处理

（1）质量控制子程序系统。质量控制子程序系统推行全员质量管理，提供各主要分项工程和施工工序（或检验批）的质量控制子程序。各子程序通过对各监理工程师提供的材料、检测数据及工程质量检测数据的分析、测算，判断出各施工工序（或检验批）的质量状况是否合格，提供给监理工程师作为准确的判断依据。

（2）进度控制子程序系统。进度控制子程序提供工程进度计划网络图的绘制系统，包括对时间参数的计算、进度计划的调整、进度计划变化趋势的预测分析等，供监理工程师决策。

（3）投资控制子系统程序。投资控制的目的是控制费用不超过预算。

系统按工程合同和分项工程两种进行分块，以实施工程计量与具体支付的计算机管理。程序包括对价格的调整、费用索赔、工程最终结算的业务子程序，对人工、材料价格调整进行计算，对变更设计及额外工程、合同价格调整进行计算，并打印相应的结论表格，同时编制完整的工程计量支付表。

（4）整个中央处理系统具有多种方便灵活的查询功能，并能自动将各项目完成的工程量与合同清单数量相比较，避免错误的计量与支付。同时系统具备多种统计图形显示功能，为监理工程师的决策提供及时、准确的依据。

2　信息发布

经过计算机辅助管理和监理工程师决策处理的各项信息结论，由总监理工程师下达给各承包人和监理工程师，反馈给发包人，并保证其及时性和准确性。

3　信息存储

信息存储采取文档管理和计算机存储管理两种方式。

第 4 节　监理文件的管理

1　监理文件的目录组成

监理文件的目录组成包括以下文件：①对承包人的"批复文件"；②施工过程"指示（令）文件"；③施工质量或合同支付"认证文件"；④工程建设施工"协调文件"；⑤工程完工及工程验收"签证文件"；⑥提交给发包人的"函件"；⑦提交给设计人的"函件"；⑧工程"表报"与"记录文件"；⑨监理"工作报告"；⑩监理"管理文件"；⑪其他文件。

2　监理文件编写要求及编制

2.1　监理文件编写的要求

一切监理文件均采用书面文件。编写要求如下：

（1）在施工监理实施过程中，由监理现场机构提交的监理报告包括监理月报、监理专题报告、监理工作报告和监理工作总结报告。

（2）监理月报全面反映当月的监理工作情况，在下月规定时间前发出。

（3）监理专题报告针对施工监理中某项特定的专题撰写。若专题事件持续时间较长时，监理现场机构将提交该专题事件的中期报告。

（4）在进行监理范围内各类工程验收时，监理现场机构将按规定提交相应的监理工作报告。

（5）监理工作结束后，监理现场机构将在以前各类监理报告的基础上编制全面反映监理项目情况的监理工作总结报告。监理工作总结报告将在结清监理费用后规定时间内发出。

（6）总监理工程师负责组织编写监理报告，审核签字、盖章后，报送发包人和监理公司。

（7）监理报告真实反映工程或事件状况、监理工作情况，做到内容全面、重点突出、语言简练、数据准确，并附必要的图表、照片和音像片。

2.2　监理文件的编制

（1）填写监理日志，包括工程进展情况、承包人当日投入的人力和设备、当日现场检查或者验收情况、现场施工中出现的问题和监理人员的处理经过及结论意见、与有关各方的联系情况和现场每天的天气情况记录及因天气而造成的损失情况等。

（2）采集、处理工程施工和设备制造过程中关于进度、质量、支付以及工程进展的信息，并以监理简报的形式反馈给有关方。

（3）根据信息管理制度，做好工程信息（文件）的管理工作，施工期定期地向有关单位发送监理月报、季报、年报；不定期地向有关单位报送监理通讯、会议纪要、备忘录、设计变更建议、其他合理化建议和文件等。

（4）建设监理任务完成后，提交工程建设监理工作总结报告和档案资料。

3　工程监理月报

监理现场机构根据工程进展情况，按监理合同文件及规范规定的格式与内容要求，编报工程监理月报。其内容应包括：

（1）本月工程描述。

（2）工程质量控制。包括工程质量状况及影响因素分析、工程质量问题处理过程及采取的控制措施等。

（3）工程进度控制。包括本月施工资源投入、实际进度与计划进度比较、对进度完成情况的分析、存在的问题及采取的措施等。

（4）工程投资控制。包括本月工程计量、工程款支付情况及分析、本月合同支付中存在的问题及采取的措施等。

（5）合同管理其他事项。包括本月施工合同双方提出的问题、监理现场机构的答复意见和工程分包、变更、索赔、争议等处理情况，以及对存在的问题采取的措施等。

（6）施工安全和环境保护。包括本月施工安全措施执行情况、安全事故及处理情况、环境保护情况、对存在的问题采取的措施等。

（7）监理现场机构运行状况。包括本月监理现场机构的人员及设施、设备情况，尚需发包人提供的条件或解决的情况等。

（8）本月监理小结。包括对本月工程质量、进度、计量与支付、合同管理其他事项、施工安全、监理现场机构运行状况的综合评价。

（9）下月监理工作计划。包括监理工作重点，在质量、进度、投资、合同其他事项和施工安全等方面需采取的预控措施。

（10）本月工程监理大事记。

（11）其他应提交的资料和说明事项等。

4　监理专题报告

（1）事件描述。

（2）事件分析，包括：①事件发生的原因及责任分析；②事件对工程质量与安全影响分析；③事件对施工进度影响分析；④事件对工程费用影响分析。

（3）事件处理，包括：①承包人对事件处理的意见；②发包人对事件处理的意见；③设计人对事件处理的意见；④其他单位或部门对事件处理的意见；⑤监理现场机构对事件处理的意见；⑥事件最后处理方案或结果（若为中期报告，应描述截至目前事件处理的现状）。

（4）对策与措施。为避免此类事件再次发生或其他影响合同目标实现事件的发生，监理现场机构的意见和建议。

（5）其他应提交的资料和说明事项等。

5　监理工作报告

（1）验收工程概况：工程特性、合同目标、工程项目组成等。

（2）监理规划：监理制度的建立、监理现场机构的设置与主要工作人员、检测采用的方法和主要设备等。

（3）监理过程：监理合同履行情况和监理过程情况。

（4）监理效果，包括：①质量控制监理工作成效及综合评价；②投资控制监理工作成效及综合评价；③进度控制监理工作成效及综合评价；④施工安全与环境保护监理工作成效及综合评价。

（5）经验与建议。

（6）其他需要说明或报告的事项。

（7）其他应提交的资料和说明事项等。

（8）附件，包括：①监理现场机构的设置与主要人员情况表；②工程建设监理大事记。

6　监理工作总结报告

（1）监理工程项目概况：工程特性、合同目标、工程项目组成等。

（2）监理工作综述：监理现场机构机构设置与主要工作人员，监理工作内容、程序、方法，监理设备情况等。

（3）监理规划执行、修订情况的总结评价。

（4）监理合同履行情况和监理过程情况简述。

（5）对质量控制的监理工作成效进行综合评价。

（6）对投资控制的监理工作成效进行综合评价。

（7）对施工进度控制的监理工作成效进行综合评价。

（8）对施工安全与环境保护的监理工作成效进行综合评价。

（9）经验与建议。

（10）工程建设监理大事记。

（11）其他需要说明或报告的事项。

（12）其他应提交的资料和说明事项等。

7　监理文件的过程管理

（1）监理文件的送达时间以承包人授权部门与机构负责人或指定签收人的签收时间为准。

（2）承包人对收到的监理文件有异议，于接到该监理文件的规定期限内，向监理现场机构提出确认或要求变更的申请。监理现场机构在规定期限内对承包人提出的确认或变更要求做出书面回复，逾期未予回复视为监理现场机构予以确认。

（3）承包人如对监理文件或监理现场机构的确认意见有异议，于该文件或确认意见送达后的规定期限内向发包人申请复议，并承担由此而产生的一切费用与损失。

（4）若承包人对监理文件（包括监理现场机构的确认意见）或发包人的指示（包括其

复议意见)有异议,首先在总监理工程师的协调下,通过友好协商寻求合理解决。

(5)如经协商仍未能取得一致意见,发包人和承包人任何一方均可以书面形式提请合同争议,并将提请争议决定抄送对方和监理现场机构。

(6)除非监理现场机构或发包人复议指示或通过合同争议程序对监理文件做出撤销、变更或修改,否则在确认、复议、争议期间原已送达的监理文件继续有效。

第5节　工程文件的传递与受理

1　工程文件的传递

监理现场机构根据工程承建合同文件和规定,建立工程文件传递流程。

2　工程文件的受理

在合同文件或发包人未明确规定情况下,监理现场机构通过监理文件明确以下内容:

(1)除非发包人另有指示或工程承建合同文件另有规定,否则承包人向发包人报送的施工文件都必须主送监理现场机构,并经监理现场机构审核和转达。

(2)除非发包人另有指示或工程承建合同文件另有规定,否则发包人关于工程项目施工的主要意见和决策,都将通过监理现场机构向承包人下达实施。

(3)属紧急工程文件,必须在其左上角一个明显位置加盖"紧急"章,受理方在一个合理的短时间内做出处理。在非常情况下,还可以先通过电话或口头传递文件内容要点,并在随后的4小时内补充书面正式文件。

(4)为促进工程建设的顺利进展和工程建设合同的切实履行,一般文件是在7日内,紧急事项、变更文件在3日内,发包人就监理现场机构书面提交并要求发包人做出决定的事宜做出书面决定,送达监理现场机构。

若超过期限监理现场机构未收到发包人的意见,可理解为发包人对监理现场机构的明确建议无异议,并将该建议视为发包人的决定。

(5)除非发包人另有指示或工程承建合同文件另有规定,否则不符合文件传递程序而来往的文件,可视为非正式文件或无效文件而不具备合同效力。由此所造成的工期延误,由责任方承担。

第6节　监理档案资料管理

1　建立监理档案资料管理制度

监理现场机构在合同工程项目开工前,建立监理档案资料管理制度(包括归档范围、要求,以及档案资料的收集、整编、查阅、复制、利用、移交、保密等各项内容)。指定专门人员随工程施工和监理工程进展,加强监理资料的收集、整理和管理工作。

总监理工程师定期对监理档案资料管理工作进行检查。同时,督促承包人按合同规定做好工程档案资料管理工作。

2　监理档案资料的组成

监理现场机构按国家或国家有关部门颁布的关于工程档案管理的规定、发包人和监理合同文件规定,做好包括合同文本文件、发包人和发包人指示文件、施工文件、设计文件和监理文件等必须归档的档案资料的分类建档与管理。

3　监理档案的移交

监理现场机构按发包人要求和工程承建合同文件规定,在委托监理的合同工程项目完成或监理服务期满后,对应由监理现场机构归档的工程档案逐项清点、整编、登记造册,并向发包人移交。

第 12 章　水土保持监理细则

第 1 节　总　则

1　依据

发包人与工程承包人签订的工程承包合同文件、招投标文件、设计文件以及有关工程规程、规范及强制性标准。

2　适用范围

本细则适用于水利工程中的植物防护项目、水土保持生态建设及综合治理项目。

3　引用标准和规程规范(但不限于)

(1)《中华人民共和国水土保持法》(国务院令第 120 号,1993);

(2)《水利水电建设工程验收规程》(SL 223);

(3)《建设工程监理规范》(GB 50319);

(4)《水利工程建设项目施工监理规范》(SL 288);

(5)《水土保持工程质量评定规程》(SL 336);

(6)《水土保持综合治理验收规范》(GB/T 15773);

(7)《水土保持治沟骨干工程技术规范》(SL 289);

(8)《水土保持监测技术规程》(SL 277)。

第 2 节　开工前的准备

(1)审查承包商的资质和工程等级是否相符。

(2)审查确认进入施工现场的施工单位的工程负责人、技术负责人、质量管理人员以及质量保证体系是否真正到位和参加施工人员的业务素质情况。

(3)审查承包商提交的施工组织设计和施工方案。

(4)审查承包人的技术措施和安全保证措施。

(5)组织或参加由各方参加的施工图会审并提出监理意见,形成结论性图纸会审纪要,发送有关单位执行。

(6)审查施工单位的开工报告并签字确认。

第 3 节　质量管理

1　质量检验

1.1　综合治理材料质量的控制

主要对造林种草使用的苗木及种子的质量进行控制。监理工程师对经济林、用材林、水土保持防护林等施工所用各种苗木,要求承建单位尽量调用当地苗木或气候条件相近地区的苗木,苗木的生长年龄、苗高与地径等必须符合设计和有关标准的要求。在苗木出圃前,应由监理工程师或当地有关专业部门对苗木的质量进行测定,并出具检验合格证。苗木出圃起运至施工场地,监理工程师或施工技术人员应及时对苗木的根系和枝梢进行抽样检查,检查合格的苗木才能用于造林。

对育苗、直播造林和种草使用的种子,应有当地种子检验部门出具的合格证。播种前,应进行纯度测定和发芽率试验,符合设计和有关标准要求时,监理工程师签发合格证,再进行播种。

1.2　治沟骨干工程材料质量的控制

治沟骨干工程(淤地坝)使用的主要建筑材料有水泥、砂石料、钢筋、防水材料等,成品主要有混凝土预制件(涵管、盖板等)。按照国家规定,建筑材料、预制件的供应商应对供应的产品质量负责。供应的产品必须达到国家有关法规、技术标准和购销合同规定的质量要求,要有产品检验合格证、说明书及有关技术资料。

1.3　植物防护工程材料质量的控制

植物防护工程中的材料主要是草种、草皮及风景树。要求树木干茎挺直、树冠完整、无病虫害、土球完好、包扎牢固、裸根根系完整;草皮草块大小一致,厚度不小于 1.5~2 cm,厚度均匀,无病虫杂草;花苗及地被植物生长良好、发育均齐、根系发达,无病虫害、无损伤。

1.4　不合格材料的处理

(1)由于材料供应商供应了不合格材料造成了工程损害,监理人可以随时发出指示,要求材料供应商立即采取措施进行补救,直至彻底清除工程的不合格材料。

(2)若材料供应商无故拖延或拒绝执行监理人的上述指示,则发包人有权委托其他材料供应商执行该项指示。

2　质量缺陷

对工程建设中出现的可以不作处理或一般处理就能达到规范、规程和标准要求的,不作为工程质量事故,定为质量缺陷。在单元工程质量检查验收表中做记录备案,在施工质量评定中进行统计分析。

2.1　问题处理

(1)不合格部位或工序,由监理人提出处理意见,承包人整改后,经监理人检验合格后方能继续下面的施工。

（2）存在重大隐患可能造成事故的，由总监理工程师下达暂停令，承包人进行整改，符合标准后方可签署复工令。

（3）需返工或补强加固的事故，总监理工程师责令承包人报送调查报告和处理方案，监理工程师全程检查处理过程。

2.2　缺陷责任期质量控制的任务

（1）对工程质量状况进行检查分析。

（2）对工程质量问题责任进行鉴定。包括以下内容：①凡是承包人未按有关规范、标准或合同、协议、设计要求施工，造成的质量问题由承包人负责；②凡是由于设计原因造成的质量问题，承包人不承担责任；③凡是因材料或构件的质量不合格造成的质量问题，属承包人采购的，由承包人负责，属建设单位采购的，承包人提出异议的，建设单位坚持的，承包人不承担责任；④因干旱、洪水等自然灾害造成的事故，承包人不承担责任，在缺陷责任期内，不管由谁承担责任，承包人均有义务进行修补。

3　质量事故

3.1　事故划分

3.1.1　一般事故

（1）工程质量经返工、修补处理，满足设计要求的。

（2）质量事故造成的直接经济损失，土石方工程在 1 万元以下、2 000 元以上的。

（3）国家重点生态工程事故面积在 33.3 hm^2 以下，其他造林质量事故面积在 66.7 hm^2 以下的。

3.1.2　重大质量事故

（1）质量事故发生在主体工程，但经返工修补后基本达到设计要求，对工程安全性、使用寿命有一定影响，但仍可正常运行并发挥效益的。

（2）因质量事故检查处理，影响工程建设工期在 1 个月以上的。

（3）质量事故造成的直接经济损失，土石方工程在 5 万元以下、1 万元以上的。

（4）国家重点生态工程事故面积在 33.4 ~ 66.7 hm^2，其他造林事故面积在 66.8 ~ 333.3 hm^2 的。

3.1.3　特大质量事故

（1）质量事故发生在主体工程，且无法修补或修补后仍达不到设计要求的，有的需对结构做重新设计。如水土保持治沟骨干工程坝体、泄洪等建筑物出现质量事故，对工程安全运行、下游安全有重要影响。

（2）由于质量事故的检查处理，影响工程建设工期在 3 个月以上的。生态工程的实施季节性很强，一旦耽误往往只能等第二年再组织施工。

（3）质量事故造成的直接经济损失，土石方工程在 5 万元以上的。

（4）国家重点林业生态工程事故面积在 66.8 hm^2 以上，其他造林事故面积在 333.4 hm^2 以上的。

3.2　处理的一般步骤

处理的一般步骤为：下达工程暂停令—事故调查—原因分析—事故处理和检查

验收—下达复工令。

3.3 质量事故处理的原则

(1)坚持"三不放过"原则：事故不查清不放过，事故主要责任者和职工未受到教育不放过，补救措施不落实不放过。

(2)由质量事故造成的损失费用，坚持谁承担事故责任，由谁负责的原则。

(3)质量事故的责任者是承包人，则事故分析和处理的费用全部由承包人承担；若非承包人的责任，则事故分析处理发生的费用不能由承包人承担，可向发包人提出索赔；若是设计人或监理人的责任，应按合同规定的有关条款，对责任者给予必要处理。

3.4 质量事故处理的方法

(1)修补。这种方法适用于通过修补可以不影响工程的外观和正常运行的质量事故。这种方法在施工中是经常发生的。如造林成活率低，需进行补植，土坝坝坡的小冲沟可以通过人工修补达到要求等。

(2)返工。对未达到规范或标准要求，严重影响到工程使用与安全，且又无法通过修补的方式予以纠正的质量事故，必须采取返工的措施。

(3)有的工程质量问题，已具有质量事故的性质，但可针对工程的具体情况，通过分析论证，不需专门处理，常有以下几种情况：①不影响结构安全、生产、工艺和使用要求；②有一些轻微的缺陷，通过后续工序可弥补的，可不做处理；③对出现的事故，经反复验算，仍能够满足设计要求者，可不做处理。

第4节 监理质量控制方式和控制要点

1 控制方式

监理人质量控制方式为巡视式监理、检测式监理、旁站式监理。

1.1 旁站式监理

旁站式监理的内容有：①治沟骨干工程的关键工序；②梯田的表土剥离和堆放；③混凝土、浆砌石工程；④北方造林后的浇水；⑤隐蔽工程覆盖前。

1.2 检测式监理

检测式监理的内容有：①材料；②机械设备；③生产产品。

1.3 巡视式监理

巡视式监理的内容有：①蓄水整地工程；②造林种草工程；③治沟土方工程；④土地平整工程。

2 控制要点

2.1 水土保持工程待检点

水土保持工程待检点有：①混凝土工程中的钢筋、伸缩缝、坝下排水管等工序；②施工放线；③治沟工程的基础处理；④苗木、草籽的进场检验；⑤梯田地埂、坝体碾压工序；⑥骨干坝达到一定高度后的检验。

2.2　水土保持工程见证点

水土保持工程见证点有:①造林整地工程的开挖;②苗木种植;③水平梯田田面平整;④大面积造林;⑤大面积种草;⑥等高耕作等。

2.3　保证植被成活率的措施

(1)苗木质量的好坏是影响苗木成活的重要因素之一。在选苗时,除根据设计要求的苗木规格、树型外,还要选择根系发达、生长健壮、无病虫害、无机械损伤和树型端正的苗木。

(2)起掘苗木的运输与工地栽植的密切配合是保证成活率的重要环节之一,实践证明,"随掘、随运、随栽"对苗木成活率最有保障。

(3)运输主要在清晨,以减少植物水分蒸发,如必须在中午时分运输,则加盖遮阳网或篷布,或者对植物进行喷水处理,以确保苗木的成活。

(4)土质的好坏,直接影响苗木的成活率,要求满足植物生长的最小土层厚度。

(5)种植穴挖掘的质量,对苗木以后的生长有很大的影响,除按设计确定位置外,应根据根系或泥球大小(一般应较根盘或泥团大0.5~1 m)。

(6)加强缺陷责任期内苗木的养护管理。

第5节　进度控制

1　事前控制

(1)编制工程进度网络计划;

(2)审核承包人提交的进度计划;

(3)检查施工前承包人的人员、机械、设备、环境、技术资料和资金情况,签发开工报告。

2　事中控制

(1)建立反映工程进度状况的监理日志;

(2)对工程进度进行定期检查;

(3)对有关工程进度计量方面的签证;

(4)建立工程进度动态管理的盘点报告;

(5)为承包人工程进度款的支付进行签证;

(6)组织或参加施工现场协调会,并提出监理意见;

(7)定期(季度)向发包人提交有关工程进度情况报告。

3　事后控制

(1)制定工期突破后的补救措施;

(2)组织承包人进行新的协调与平衡。

4 进度检查的主要内容

(1)当期实际完成及累计完成的工程量、工作量占计划值的百分率；

(2)当期实际参加工程的劳力、机械台班数量及生产效率；

(3)当期停止生产的人力、机械台班数量及原因；

(4)当期发生影响工程进度的特殊事件及原因；

(5)每日天气情况及其他问题。

5 进度计划检查的方法

(1)标牌法；

(2)实际记录法；

(3)工程进度曲线法；

(4)网络计划技术法；

(5)双线横道图法。

6 进度计划的调整

(1)进度基本符合计划,不应干预承包人对进度计划的执行；

(2)进度有较大偏差,应要求承包人对原定工程进度计划进行调整；

(3)进度严重滞后,应要求计划执行者采取有效的赶工措施；

(4)不能按期竣工,应对承包人施工能力重新进行审查和评价,同时,向发包人提出书面报告,建议采取有效措施等。

第6节 投资控制

1 投资控制内容

(1)按施工合同范围编制相应的费用划分；

(2)审定承包人提出的施工图预算,提交发包人作为费用控制的依据；

(3)建立各承包人各种费用台账(工作量、设备费、完成投资)；

(4)审定承包人提交的月度完成投资情况(月报)并签字；

(5)审定工程设计变更和变更设计产生的费用增加；

(6)协助发包人进行不可预见费和概算调整的预审查；

(7)协助发包人制定年度、季度投资使用方向计划和投资运筹计划并监督执行情况；

(8)协助发包人召开投资使用分析会,并针对存在问题采取相应的措施；

(9)审定承包人报送的价款结算申请或按合同规定的应支付的费用并提出监理意见；

(10)定期(每季)向发包人报告工程投资动态情况。

2　主要措施

(1)制定资金投入计划和投资控制规划;

(2)审批承包商的现金流量估算;

(3)工程计量和计价控制;

(4)工程价款支付;

(5)索赔控制。

3　工程计量的原则

(1)所计量的工程项目必须是建设合同中规定的项目,项目的申报资料和验收手续齐全。

(2)计量的项目,其质量必须达到合同规定的标准,并且是已完工项目或项目的已完成部分。

第7节　工程验收

1　验收依据

(1)有关施工合同或协议条款;

(2)批准的设计文件和图纸;

(3)批准的工程变更和相应文件;

(4)被应用的各种技术规范、标准和规定;

(5)项目实施计划和年度实施计划。

2　验收目的

(1)检查工程施工是否达到批准的设计要求(质量与进度要求);

(2)检查工程施工中有何缺陷或问题,如何处理;

(3)检查工程是否具有使用条件;

(4)检查设计提出的管理手段是否具备;

(5)总结经验教训,为管理和技术进步服务;

(6)检查可否办理有关交接手续。

3　检查中间验收资料

(1)已完工程的设计文件、设计变更和施工要求;

(2)已完和未完工程的清单;

(3)施工原始记录;

(4)质量检查、试验、测量、观测等记录;

(5)已完工单项工程实际耗用的投资及主要材料数量和规格、耗用劳力情况。

4　竣工验收资料

（1）工程竣工报告（包括设计与施工）；

（2）竣工图纸及竣工项目清单（隐蔽工程应标明位置、高程）；

（3）竣工决算及经济效益分析、投资分析；

（4）施工记录和质量检验记录；

（5）阶段验收和单项工程验收鉴定书；

（6）工程施工合同；

（7）工程建设大事记和主要会议记录；

（8）全部工程设计文件、设计变更以及有关批准文件；

（9）有关迁建赔偿协议和批准文件；

（10）工程质量事故处理资料；

（11）工程使用管护制度等其他有关文件、资料。

第 13 章　环境保护监理细则

第 1 节　总　则

1　适用范围

适用于主体工程承包人的施工现场、办公场所、生活营地、施工道路、附属设施等,以及在上述范围内的生产活动可能造成周边环境污染和生态破坏的区域,环境保护专项设施区域。

2　编制依据

(1)与环境保护有关的法律、法规、规章和标准;

(2)建设项目环境影响评价报告和环境保护设计文件等;

(3)施工区、生活区、移民迁出和安置区等区域环境基本情况及环境保护要求;

(4)施工组织设计、施工措施计划中有关水污染、大气污染、固体废弃物处置、水土流失、生态影响等的基本资料和经批准的环境保护措施;

(5)经环境保护部门确认的环境标准、污染物排放标准及环境质量标准;

(6)施工设备、材料等的出厂技术资料中有关环境保护的文件和资料。

3　监理目标

(1)以适当的环境保护投资充分发挥本工程潜在的效益;

(2)将在环境影响报告书中所确认的不利影响得到缓解或消除;

(3)落实招标文件中环境保护条款及与环境有关的合同条款;

(4)保护人群健康,避免施工区内传染病暴发和流行;

(5)实现工程建设的环境、社会效益与经济效益的统一。

第 2 节　监理职责

1　监理人职责

(1)审核承包人编制的施工组织设计中有关环境保护的措施计划和专项环境保护措施计划。

(2)参与工程监理机构组织的开工准备情况检查和开工申请审批等工作,检查开工阶段环境保护措施方案的落实情况。

（3）审核承包人编报的环境保护规章制度和环境保护责任制。

（4）审核承包人的环境保护培训计划，并监督承包人对其工作人员进行环境保护知识培训。

（5）督促、检查承包人严格执行工程承包合同中有关环境保护的条款和国家环境保护的法律法规。

（6）监督承包人的环境保护措施的落实情况。

（7）检查施工现场环境保护情况，制止环境破坏行为。

（8）根据现场检查和环境监测单位提供的环境监测报告，对存在的环境影响问题及时要求承包人采取措施，必要时应要求承包人进行整改。

（9）主持环境保护专题会议，协调施工活动与环境保护之间的冲突，参与工程建设中的重大环境问题的分析研究与处理。

（10）进行环境保护监理的文件档案管理。

2 总监理工程师职责

（1）主持编制环境保护监理规划，制定环境保护监理机构规章制度，审批环境保护监理实施细则，签发环境保护监理机构内部文件。

（2）确定环境保护监理机构各部门职责分工及各级环境保护监理人员职责权限，协调环境保护监理机构内部工作。

（3）指导环境保护监理工程师开展监理工作。负责环境保护监理人员的工作考核，调换不称职的监理人员；根据工程建设进展情况，调整监理人员。

（4）审核承包人施工组织设计中的环境保护措施和专项环境保护措施计划。

（5）主持环境保护第一次工地会议，主持或授权环境保护监理工程师主持环境保护监理例会和专题会议。

（6）签发环境保护监理文件，对存在的重要环境问题的处理，商工程总总监理工程师后，签发指示（有些项目称《环境行动通知》）。

（7）主持重要环境问题的处理。

（8）主持或参与工程施工与环境保护的协调工作。

（9）检查环境保护监理日志；组织编写并签发环境保护监理月报、环境保护监理专题报告、环境保护监理工作报告；组织整理环境保护监理合同文件和档案资料。

3 监理工程师职责

（1）参与编制环境保护监理规划，编制或组织编制环境保护监理实施细则。

（2）预审承包人施工组织设计中的环境保护措施和专项环境保护措施计划。

（3）检查负责范围内承包人的环境保护措施的落实情况。

（4）检查负责范围内的环境影响情况，对发现的环境问题及时通知承包人，并有权要求提出处理措施。

（5）协助环境保护的总监理工程师协调施工活动安排与环境保护的关系，按照职责权限处理发生的现场环境问题，商工程总监理工程师后签发《环境问题通知》。

（6）收集、汇总、整理环境保护监理资料，参与编写环境保护监理月报，填写环境保护监理日志。

（7）当现场发生重大环境问题或遇到突发性环境影响事件时，及时向环境保护总监理工程师报告、请示。

（8）指导、检查环境保护监理员的工作。必要时可向环境保护总监理工程师建议调换环境保护监理员。

4 监理员职责

（1）检查负责范围内承包人的环境保护措施的现场落实情况。

（2）检查负责范围内的环境影响情况，并做好现场监理记录。

（3）对发现的现场环境问题，及时向环境保护监理工程师报告。

（4）核实承包人环境保护相关原始记录。

第3节 监理内容与措施

1 水污染防治

1.1 生活饮用水安全

（1）承包人的生活饮用水必须执行《国家饮用水卫生标准》。

（2）生活饮用水水源为地面水，则在取水点上游1 000 m至下游100 m的水域不准排入生产废水和生活污水。

（3）生活饮用水水源为地下水，除防止地下水源污染外，水井口应高出周围地面30～50 cm，并设置井台、井盖，以防雨污水等进入。

（4）水源地（包括水厂）附近应设置明显的卫生防护带，防护带内严禁堆放垃圾、粪便、废渣，不得修建渗水坑、渗水厕所，不得铺设污水管道，不准居住工人。

（5）定期监测有代表性的供水龙头的游离余氯和粪大肠菌群。

（6）检查供水单位对用氯量、余氯量以及加氯系统运行情况的记录。

（7）为保障生活供水系统的卫生，承包人必须按照《国家饮用水卫生标准》对生活供水系统进行净化。

（8）定期与不定期地检查承包人的水处理落实情况。

1.2 生活污水处理

（1）生活污水要先经过化粪池发酵杀菌后，由地下管网输送到无危害水域。化粪池的有效容积应能满足生活污水停留一天的要求。同时，化粪池要定期清理，以保证它的有效容积。

（2）要求承包人对排污口排出的生活污水进行内部监测。

1.3 生产废水处理

（1）承包人排出的生产废水不得超过《污水综合排放标准》（GB 8978）一级标准。生产废水处理措施为沉淀池、油水分离器等。

(2)混凝土拌和废水、混凝土浇筑、基坑等废水含有大量的悬浮物,要经沉淀池沉淀后排出。

(3)施工车辆多,洗车台废水含油量大,要求含油废水必须经过油水分离器处理或隔油池处理以后方可排出。

(4)防渗工程中会产生大量的废泥浆,则必须挖沉浆池且严格监督及时清池,确保沉淀后清水排放;另外应确保沉浆池、储浆池质量,以防漏浆现象发生。

1.4 水体防治

(1)严禁向水体排放油类、酸液、碱液及其他有毒废液和放入清洗装储过油类或其他有毒污染物的容器。

(2)严禁向水体倾倒生产废渣、生活垃圾及其他废物。

(3)严禁向水体排放或倾倒任何放射性强度超标的废水、废渣。

(4)燃料库、化学药品库等应按照设计和合同要求,采取保护措施,避免污染水体。

(5)为防止地下水污染,严禁利用渗坑、渗井、裂隙排放、倾倒废水。

(6)防渗工程施工中加入的化学物质不得污染地下水。

(7)水质保护区内不得设医疗点、畜禽饲养场、渗水厕所、渗水坑且严禁堆放垃圾、粪便、废渣和设置污水沟或污水管道。

(8)应预防暴雨、洪水等造成污染物质、垃圾、污水处理池的冲刷、漫渍。

(9)严格按照规范要求进行蓄水前的库区清理,防止水库水质污染。

2 大气污染防治

(1)施工区大气污染主要来源于施工与生产过程中产生的废气和粉尘。为防止运输扬尘污染,要求承包人在装运水泥、石灰、垃圾、土石料等一切易扬尘的车辆时,必须覆盖封闭。

(2)砂石料加工及拌和工序必须采取防尘措施。

(3)对道路产生的扬尘,要求承包人采取定期洒水措施。

(4)大型燃油机械设备应装置消烟除尘设备。

(5)严禁在施工区焚烧会产生有毒有害或恶臭气体的物质。

(6)焚烧处理清除物严禁使用石油类和其他化学助燃剂。

(7)涵闸除锈施工面积大于 $100 \, m^2$ 的应设隔尘幕帘。

(8)拆除旧建筑物时应随时洒水抑制扬尘。

3 噪声控制

(1)应明确工程施工期所采用的噪声标准。

(2)为防止噪声危害,对产生强烈噪声或振动的设备,应选用低噪弱振设备和工艺。

(3)对接触移动噪声源如钻机、振动碾、风钻等的人员,必须发放和要求佩戴耳塞等隔音器具。

(4)对学校、医院、机关等噪声敏感区应在施工场界或噪声接受点设置隔声设施,并明确隔声设施的建设用材、高度和长度。

(5)要求承包人合理安排作业时间,广播宣传或音响设备要合理安排时间,不得影响公众办公、学习和休息,减少和避免噪声扰民。

(6)工程爆破应采用低噪声爆破工艺,并避免夜间施工扰民。

(7)应避免其他噪声和电锯、电钻等扰民。

(8)必须考虑施工活动对周围环境的影响,如粉尘、噪声、爆破等的影响。

(9)进入营地和施工区的车辆严禁使用高音或怪音喇叭。

(10)在交通干线两侧、营地、生活区周围应结合绿化种植隔音林带,减轻噪声危害。

(11)加强工人文明施工教育,在营地、村镇不得喧哗、吵闹。

4 固体废弃物处理

(1)生产、生活垃圾和生产废渣要运送到指定或设计的场所进行处理。

(2)承包人要合理地保持现场不出现不必要的障碍物,存放并处置好承包人的任何设备和多余的材料。

(3)贮存弃渣、固体废弃物的场所,必须采取工程防范措施,避免边坡失稳和弃渣流失。

(4)应在施工区和生活营地设置临时垃圾贮存设施,防止垃圾流失,定期将垃圾清走并进行覆土掩埋。

(5)医院或其他医疗单位的含菌垃圾应送焚烧炉焚烧。

(6)严禁将含有重金属和病原体等有害有毒成分的废渣随意倾倒或直接埋入地下。

(7)在饮用水源保护区、基本农田保护区,严禁建设工业固体废物集中贮存、处置的设施、场所和生活垃圾填埋场。

(8)当主体工程竣工时,承包人应从现场清除运走任何废料、垃圾,拆除和清理不再需要的临时工程,保持移交工程及工程所在现场清洁、整齐。

5 土地利用

(1)严格按设计和合同要求利用土地,严禁占用合同以外的土地。

(2)妥善保存作业面表层的土壤,以便施工结束后进行迹地恢复时使用。

(3)施工中机械、人员踏压的农田,应在施工结束后进行翻耕,恢复其疏松能耕状态。

(4)工程完工后,督促承包人按合同要求清场和进行施工场地的平整。

6 生态保护

(1)要求承包人加强野生动植物保护的宣传教育。

(2)督促检查承包人野生动植物保护措施落实情况。

(3)要求施工中尽量减轻损坏现有生态的行为。

(4)严禁乱砍滥伐和捕捉野生动物的行为。

(5)若发现或疑为珍稀动植物及其栖息生长地,应立即采取保护措施,并及时上报有关部门。

7　健康与安全

（1）要求承包人对其雇员进行进场前体检，不合格者不得入内。对进场雇员应每年至少进行一次体检，并建立个人档案。

（2）食品从业人员应按《食品卫生法》要求持证上岗。

（3）工地食堂应卫生、整洁，定期消毒；食品、刀具等应生熟分开。

（4）承包人应按操作要求提供有益于工人身心健康和有安全保障的生产条件。

（5）生活饮用水必须执行《国家饮用水卫生标准》。

（6）承包人在工地人员中设有一名或多名专门负责有关人身安全和防止事故的人员。

（7）承包人在整个合同的执行期间在营地住房区和工地采取适当的措施以预防传染病，并提供必要的福利及卫生条件。

（8）要求承包人采取必要的预防措施，保护现场所雇用的职员和工人免受昆虫、老鼠及其他害虫的侵害，以免影响健康和患寄生虫病。

（9）施工区内若有病疫区，应要求加强防范措施，并经常检查、核实和督促预防性药物与防护用品的发放情况。

（10）为了有效地对付和克服传染病及职业病，承包人应遵守并执行政府或当地医疗卫生部门制定的有关规定、条例和要求。

第4节　监理工作

1　事前控制

（1）检查承包人建立环境保护体系的合理性。

（2）组织工程环境保护与环境监理交底会，向承包人提出应特别注意的环境敏感因子和有关环境保护要求及环境监理的工作程序。

（3）在单位工程开工前，应对承包人报送的单位工程和分部工程施工组织设计中有关环境保护的内容进行审核，将从环境保护的角度提出优化施工方案与方法的建议并签署意见，作为工程监理单位对施工组织设计审核意见的一部分。

（4）检查登记承包人主要设备与工艺、材料的环境指标，按环境保护要求向承包人提出使用操作要求。

（5）检查承包人环境保护准备工作的落实情况，主要内容包括：①宿营地水源卫生；②排污与生活垃圾收集处理设施；③疾病预防措施和环境卫生清理与消毒；④临时道路的修建情况及防尘措施；⑤机修停放厂排水系统及处理池；⑥料场、拌和场和预制场排污处理及防噪、防尘设施；⑦弃土区防护设施与措施；⑧防渗工程制浆场防漏措施、导流设施、储浆池；⑨检查承包人的取样断面设置、监测因子和监测频率。

2 事中控制

(1)检查承包人环境保护管理机构的运行情况。

(2)督促承包人加强环境保护管理,做好施工中有关环境的原始资料收集、记录、整理和总结工作。

(3)主要采取巡视检查的方式,并辅以一定的监测手段,对承包人的环境保护进行跟踪检查和控制,并作出定性和定量的评价。

(4)检查施工过程中承包人的环境保护条款执行与环境保护措施落实情况,主要内容为:①监督检查施工区生活饮用水质保护;②检查生活与生产污水处理情况;③检查大气污染、噪声污染控制情况;④检查固体废弃物处理是否符合规定要求;⑤检查保护野生动植物措施落实情况;⑥检查施工现场环境卫生的维护与清理情况;⑦检查承包人的卫生、疾病预防措施落实情况;⑧检查工程占地的复耕和植被恢复措施的落实情况。

(5)对巡视过程中发现的环境污染问题,口头通知承包人限期处理,然后以书面函件形式予以确认。对要求限期处理的环境问题,环境监理工程师按期进行检查验收,并将检查结果形成检查纪要下发承包人。

(6)若发现重大环境问题,承包人对环境保护监理机构提出的整改要求或处理意见执行不严,或执行后不满足要求时,环境保护监理机构有权作出停工整改的决定,并将处罚决定抄送发包人和工程监理机构。

(7)定期或不定期地召开与环境保护有关的会议,对有关环境方面的意见进行汇总,并审核承包人提出的处理措施。

(8)协调建设各方有关环境保护的工作关系和有关环境保护问题的争议。

3 事后控制

(1)审查承包人报送的有关工程验收的环境保护资料。

(2)通过观感和利用环境监测单位监测的资料与数据对工程区环境质量进行检查。

(3)现场监督检查承包人对遗留环境问题的处理情况。

(4)对承包人执行合同环境保护条款与落实各项环境保护措施的情况和效果进行综合评估。

(5)整理验收所需要的环境保护监理资料。

(6)参加工程验收,并签署环境保护监理意见。

第5节 工程验收

1 验收范围

1.1 与水利工程项目有关的各项环境保护设施和生态保护设施

(1)污水处理设施。

(2)垃圾处理设施。

　　(3)烟气净化设施。

　　(4)污水截流管线。

　　(5)大型泵站的噪声污染防治设施。

　　(6)具有防护功能的生态林建设。

　　(7)保护生态湿地的水利设施。

　　(8)绿化补偿措施。

1.2　环境影响报告书(表)或环境影响登记表和有关项目设计文件规定应采取的其他各项环境保护措施

　　(1)施工期各类营地的有序安排及控制。

　　(2)施工中废气排放、扬尘控制、污水处理、噪声控制、废渣处理、林木保护、耕地保护、排泥场等各项环境保护措施。

　　(3)施工结束时的清库措施。

　　(4)受扰动土地的平整、复耕措施。

　　(5)农田水利设施恢复措施。

　　(6)绿化恢复措施。

　　(7)水土保持措施。

　　(8)施工活动的范围限制措施。

　　(9)移民安置中的环境保护措施。

　　(10)人群健康保障措施。

　　(11)饮用水安全保障措施。

2　验收条件

　　(1)建设前期环境保护审查、审批手续完备,技术资料与环境保护档案资料齐全。

　　(2)环境保护设施及其他措施等已按批准的环境影响报告书(表)或环境影响登记表和设计文件的要求建成或落实,环境保护设施经负荷试车检测合格,其防治污染能力适应主体工程的需要。

　　(3)环境保护设施安装质量符合国家和有关部门颁发的专业工程验收规范、规程及检验评定标准。

　　(4)具备环境保护设施施工正常运转的条件。

　　(5)污染物排放符合环境影响报告书(表)或环境影响登记表和设计文件中提出的标准及核定的污染物排放总量控制指标的要求。

　　(6)各项生态保护措施按环境影响报告书(表)规定的要求落实,建设项目建设过程中受到破坏并可恢复的环境已按规定采取了恢复措施。

　　(7)环境监测项目、点位、机构设置及人员配备,符合环境影响报告书(表)和有关规定的要求。

　　(8)环境影响报告书(表)提出需要对环境保护敏感点进行环境影响验证,对清洁生产进行指标考核,对施工期环境保护措施落实情况进行工程环境保护监理的,已按规定要求完成。

（9）环境影响报告书（表）要求发包人采取措施削减其他设施污染物排放量，或要求建设项目所在地地方政府或有关部门采取"区域削减"措施满足污染物排放总量控制要求的，其相应措施已得到落实。

3　验收资料

（1）工程环境影响报告书。

（2）环境保护行政主管部门对环境影响报告书的批复意见。

（3）工程可行性研究报告。

（4）工程初步设计报告。

（5）环境保护初步设计报告。

（6）工程水土保持方案、水土保持验收报告。

（7）工程建设征地补偿及移民安置报告。

（8）工程水源保护规划报告。

（9）单项合同完工验收报告。

（10）工程建设管理工作报告。

（11）合同文件。

（12）施工期环境保护监测数据、记录、资料及阶段总结报告。

（13）施工期环境监测机构提供的监测数据、资料及报告。

（14）环境管理机构。

（15）环境保护投资。

（16）工程建设环境保护大事记。

第6节　其　他

1　价款支付

（1）在《环境问题通知》中要求解决的环境问题，承包人未采取有效措施处理存在的环境问题，则发包人或其聘请的合格人员进驻现场进行处理，由此发生的一切费用均由承包人承担。

（2）在环境保护整改期间，应暂停对承包人的付款。

（3）环境监理人员与工程监理人员一起参加工程的检查或验收，并将环境保护工作作为工程检查或验收通过的一项指标，若环境保护工作做得不好，则通过工程监理从工程款中扣除。

（4）对承包人的进度款支付，环境保护监理签署对承包人实施环境保护措施的评价意见，作为计量支付的依据之一。

2　信息管理

2.1　环境保护监理信息分类

2.1.1　信息分类的原则

信息分类的原则为：①稳定性；②兼容性；③可扩展性；④逻辑性；⑤实用性。

2.1.2　信息分类的方法

信息分类的方法有线分类法和面分类法。

2.2　按专业内容分类

按专业内容分类如下：①水污染防治信息；② 大气污染防治信息；③噪声污染防治信息。

2.3　按空间区段分类

按空间区段分类如下：①施工区环境信息；②生活区环境信息；③移民区环境信息。

2.4　按信息来源分类

按信息来源分类如下：①发包人来函；②承包人来函；③发函；④环境保护监理机构内部通知、报告；⑤环境保护监理机构现场记录、调查表、监测数据、会议纪要、监理月报、监理工作总结报告等；⑥行政管理部门文件；⑦其他单位来函。

2.5　按信息功能分类

按信息功能分类如下：①日记、日志、调查表、监测数据；②会议纪要；③月报、年报、工作报告；④专题报告；⑤发包人文件；⑥承包人申报文件；⑦监理人批复文件；⑧其他单位联络文件。

第 14 章 工程验收监理细则

第 1 节 总 则

1 适用范围

适用于水利水电工程的验收工作。

2 编制依据

(1) 工程施工合同文件。

(2) 已签发的工程设计文件,包括设计图纸、设计变更、修改通知等。

(3) 国家和部颁的现行法规、规程规范、标准。

(4) 发包人制定的有关工程建设和验收的规定。

3 阶段划分

工程验收按阶段和范围不同划分为:

(1) 工序和单元工程验收。

(2) 分部工程验收。

(3) 阶段 (中间) 验收。

(4) 单位工程验收。

(5) 合同项目竣工验收。

4 其他

(1) 工程验收是合同项目工程建设中的重要程序,承包人重视并做好施工过程中工程资料 (包括工程施工质量检查和检测试验资料、材料和设备等的检查试验资料、工序和单元工程验收签证资料、质量等级评定资料等) 的收集、整理和总结工作,建立健全技术档案制度,以确保工程验收的顺利进行。

(2) 各类验收工作均应及时进行,工程验收合格后才能进行后续阶段的施工,未经验收或验收不合格的工程,不能列入完工项目和进行工程结算。合同项目工程全部完工后,承包人必须在合同或验收规程限定的时间内,申请该合同项目竣工验收。凡因承包人未按规定时限申请工程验收而造成工程验收延误,由此引起的一切合同责任和经济损失,均由承包人承担。

第 2 节　工程质量验收与评定组织

1　工序与一般单元

各工序的检查验收和一般单元工程的验收和签证,由监理工程师负责进行。

2　重要单元及分部工程验收

(1)重要单元工程(涉及隐蔽工程、关键部位和重要工序)的检查验收签证,由监理人组织设计人、承包人、发包人、质量监督、运行管理单位参加的联合验收小组进行联合验收。

(2)分部工程的验收,由发包人或监理人组织参建各方参加的联合验收小组进行验收。

3　阶段验收、单位工程验收、项目竣工验收

(1)阶段(中间)验收阶段验收委员会由验收主持单位、该项目的质量监督机构和安全监督机构、运行管理单位的代表以及有关专家组成;必要时,应当邀请项目所在地的地方人民政府以及有关部门参加。工程参建单位是被验收单位,应当派代表参加竣工验收工作。

(2)单位工程验收由发包人主持并组织验收委员会(或验收领导小组)进行。验收委员会(或验收领导小组)由发包人、设计人、监理人、承包人和其他有关单位、部门的代表组成。监理人协助发包人进行工程验收的组织工作。

(3)合同项目工程的竣工验收委员会由竣工验收主持单位、有关水行政主管部门和流域管理机构、有关地方人民政府和部门、该项目的质量监督机构和安全监督机构、工程运行管理单位的代表以及有关专家组成。工程投资方代表可以加入竣工验收委员会。工程参建单位是被验收单位,应当派代表参加竣工验收工作。

第 3 节　工程验收的程序

1　工程验收的一般程序

(1)工序验收和单元工程验收,是所有后续各项验收的基础,承包人和监理人应按规定的程序和要求,认真做好工序和单元工程的验收签证工作。

(2)各类验收的一般程序为:承包人经过自检,认为已达到相应的验收条件要求,并做好各项验收准备工作,即可按合同文件和各方协商确定的时限,向监理人或发包人提交验收申请。发包人或监理人在接到验收申请后,应在规定的时间内对工程的完成情况、验收所需资料和其他准备工作进行检查,必要时应组织初验,经审查认为具备验收条件后,除工序验收和一般单元工程验收由监理工程师验收签证外,其余均应组织相应的验收委

员会(验收小组)进行验收。

(3)承包人申请工程验收时,应提交的工程验收资料包括施工报告以及质量记录、原材料试验资料、质量等级评定资料、检查验收签证资料等。阶段(中间)验收、单位工程验收和合同项目竣工验收前,监理人应提交相应的施工监理报告。

(4)各种验收均以前一阶段的验收签证为基础,相互衔接,依次进行。对前一阶段验收已签证部分,除有特殊情况外,一般不再复验。

(5)工程验收报告中所发现的问题,由验收委员会(验收小组)与有关方面协商解决,验收主持单位对有争议的问题有最终裁决权,同时应对裁决意见负有相应的责任。验收中遗留的问题,各有关单位应按验收委员会(验收小组)的意见按期处理完成。

(6)建筑物已按合同完成,但未通过竣工验收正式移交发包人以前,应由承包人管理、维护和保养,直至竣工验收和合同规定的所有责任期满。

2　基础验收的程序

(1)基础验收由监理人组织发包人、设计人、地质及承包人联合验收小组进行验收。基础验收分承包人自检、联合验收小组初验和终验三个阶段进行,承包人应负责执行各检查验收阶段提出的处理措施和要求。

(2)基础验收准备工作完成后,承包人向监理人提交下列资料,方可申请基础验收:①经自检合格;②建基面无欠挖,完成竣工测量,提供测量记录初步成果;③地质单位已完成地质编录;④如需要,岩石地基还应完成弹性波测试。

(3)建基面清理干净,岩石地基相邻单元或区段无爆破作业要求后,承包人填报《基础验收申报表》,监理人接到申请报告后,在规定时间内察看验收现场、做好资料准备,组织验收小组对所申请的区段进行基础初验,确定是否存在需要处理的地质缺陷和施工缺陷。

(4)在基础初验完成后,承包人必须及时对基础初验提出的待处理的问题进行认真的处理,在处理完成并将建基面清理干净后再向监理人提交基础终验申请,并填报《基础验收申报表》,监理人接到申请后,组织联合验收小组各方进行基础终验,并签发《基础单元工程质量验收合格证》。

第4节　工序和单元工程检查验收

(1)工序验收是指按规定的施工程序、在下一道工序开工(如混凝土浇筑、灌浆等)前,对所有前道工序所完成的施工结果进行的验收。其目的是确保各工种每道工序都能按规定工艺和技术要求进行施工,判断下一道工序能否进行施工,并对工序质量等级进行评定。

有关工序验收的程序、检查内容、质量标准、验收表格等,按各专业监理细则或专业监理工程师制定的相应的"验收办法"执行。对于施工过程相对简单的项目,工序验收也可和单元工程验收合并进行。

(2)工序均在施工现场进行,首先必须经承包人"三级质检"合格后,填写好三级质检表,交监理工程师申请工序验收。监理工程师在接到验收申请后 8 小时内赴现场对工序进行检查验收,特殊情况(如控制爆破的装药和连网)则在现场立即进行检查验收。在确认施工质量和原材料等符合设计要求后签发开仓(开钻、开灌)证,允许进入下一道工序施工。

(3)单元工程验收以工序检查验收为依据。只有在组成该单元工程的所有工序均已完成,且工序验收资料、原材料材质证明和抽检试验成果、测量资料等所有验收资料都齐全的情况下,才能进行单元工程验收。

各种单元工程验收报告所需的"三检"表、质量检查和评定表、施工质量合格证(开仓证、准灌证等)的式样,按有关专业监理实施细则或监理工程师编制的"验收办法"执行。

(4)一般单元工程由专业监理工程师会同承包人"三级"质检人员进行验收和质量评定。通常单元工程验收和质量评定,可配合月进度款结算每月进行一次。未经验收或质量评定为不合格的单元工程,不给予质量签证。对于当月评为不合格的单元工程,承包人应按监理工程师的处理意见(必要时还应征求设计人的意见)进行处理。处理完毕,经监理工程师验收合格,填写缺陷处理验收签证,则该单元工程可列入下个月验收的范围内。

(5)隐蔽工程、关键单位或重要单元工程的检查验收,须特别给予重视,其验收程序如下:①基础验收参见本章第 3 节相关内容。②其余隐蔽工程、关键部位或重要单元工程的检查验收,由监理人组织设计人、发包人、承包人、质量监督、运行管理单位有关人员组成验收小组进行验收和质量评定,承包人"三级质检"合格后,填写好三级质检表,填报验收申请报监理人申请验收。监理人在接到验收申请后,审查工序验收资料、原材料材质证明和抽检试验成果、测量资料等是否符合要求,如符合要求,则组织联合验收小组进行现场检查及验收签证。

(6)对于有质量缺陷或发生施工事故的单元工程,应记录出现缺陷和事故的情况、原因、处理意见、处理情况和对处理结果的鉴定意见,作为单元工程验收资料的一部分。出现质量缺陷,或发生质量事故的单元工程质量,不得评为优良。

(7)对于出现质量事故的单元工程,则应按照事故处理程序的有关规定执行,在最终完成质量事故处理后,由发包人主持召开质量事故处理专题验收会,验收合格后,由专题验收组会签"质量事故处理专题验收签证书"。

(8)单元工程验收资料的原件、复印件份数及其移交时间等,按发包人资料室的归档要求执行。

第 5 节　分部工程验收

1　验收签证

分部工程验收签证是工程阶段验收、单位工程及合同项目竣工(交工)验收的基础。

分部工程验收应具备的条件是:该分部工程所有单元工程全部完建且质量全部合格。

当合同项目施工达到某一关键阶段(如截流、蓄水等),在进行阶段(中间)验收前,发包人或监理人应及时组织联合验收小组,主持分部工程的验收签证工作。

2　主要任务

分部工程检查验收的主要任务是检查施工质量是否符合设计要求,并在单元工程验收基础上,按有关规程和标准评定分部工程质量等级。

3　验收资料

分部工程验收前,承包人至少应提交以下资料:

(1)分部工程的竣工图纸、设计要求和变更说明。

(2)施工原始记录、原材料和半成品的试验鉴定资料及出厂合格证。

(3)工程质量检查、试验、测量、观测等记录。

(4)单元工程验收签证及质量评定资料。

(5)承包人对分部工程自检合格的资料。

(6)特殊问题处理说明书和有关技术会议纪要。

(7)其他与验收签证有关的文件和资料。

4　施工报告

上述验收资料需经发包人或监理工程师审查,承包人应在限定的时间内,按照审查意见完成资料的修改、补充和完善,并编写施工报告,报告内容包括(但不限于):

(1)工程概况,包括工程条件等。

(2)施工依据。

(3)施工概况,包括施工总布置、施工方法、施工进度等。

(4)施工质量保证措施,包括测量放样、开挖、爆破、锚杆、混凝土浇筑等质量保证措施。

(5)施工质量评价,包括对单元工程的检测试验成果分析和单元工程质量评定以及分部工程质量自评结果。

(6)完工工程量清单。

(7)尾工项目清单。

承包人在完成验收资料整理和施工报告编写之后,即向发包人或监理人提交分部工程验收申请报告,并提交施工报告和全部验收资料。

发包人或监理人在接到承包人的验收申请之后,应及时做好对资料的再审查,组织联合验收组进行现场检查,并主持进行分部工程验收签证。

5　现场检查的主要内容

联合验收组进行现场检查的主要内容有:

(1)建筑物部位、高程、轮廓尺寸、外观是否与设计相符。

(2)建筑物运行环境是否与设计情况相符。

(3)各项施工记录是否与实际情况相符。

(4)建筑物是否存在缺陷,施工过程中出现质量缺陷或事故处理是否符合要求。

大型水利枢纽工程主体建筑物的分部工程质量等级应由质量监督机构核定。

分部工程验收签证,原件不少于 4 份,暂由发包人保存,待竣工验收后,分送有关单位。

对分部工程验收的有关资料和签证书,承包人及监理人应按发包人要求进行归档。

第 6 节　阶段(中间)验收

(1)当合同施工项目达到某一关键阶段,如截流、蓄水、机组启动前,均应进行阶段(中间)验收。

(2)阶段(中间)验收委员会由验收主持单位、该项目的质量监督机构和安全监督机构、运行管理单位的代表以及有关专家组成;必要时,应当邀请项目所在地的地方人民政府以及有关部门参加。工程参建单位是被验收单位,应当派代表参加阶段验收工作。

(3)阶段(中间)验收前 28 天,承包人应向监理人提出验收申请,并提交下述资料:①阶段验收申请报告;②分部工程的验收签证;③待验收工程的施工报告(包括施工大事记);④已完、未完的工程量清单;⑤质量事故或重大缺陷处理及处理后检查记录;⑥建筑物应用及度汛方案;⑦发包人或监理人要求报送的其他资料。

(4)截流前验收。工程截流前,应进行截流前验收。

验收具备的条件如下:① 导流工程已基本完成,投入运用后不影响(包括采取措施后)其他未完工程继续施工;②满足截流要求的水下隐蔽工程已经完成;③导流建筑物已具备过水条件;④截流设计已获批准,并做好各项准备工作;⑤截流后的度汛方案已经有关部门审查,措施基本落实;⑥截流后壅高水位以下的建设征地已落实,移民已迁移安置,库底已清理;⑦碍航问题已得到妥善解决。

验收工作内容如下:①检查已完成的水下工程、隐蔽工程、导流截流工程的建设情况,鉴定工程质量;②审查截流方案,检查截流措施和准备工作落实情况;③检查建设征地、移民迁移安置和库底清理情况,以及为解决碍航等问题而采取的临时措施落实情况;④研究验收中发现的其他问题,并提出处理要求。

(5)蓄引水验收。水库等工程蓄引水前,必须进行蓄引水验收,验收前,应按照有关规定,对工程进行蓄引水安全鉴定。

验收具备的条件如下:①挡水、引水建筑物的形象面貌满足蓄引水位要求;②蓄引水后未完工程施工措施已落实;③引水控制设施已基本完成;④蓄水后需要投入运行的泄水建筑物已基本建成;⑤有关观测仪器、设备已按设计要求安装和调试,并已测得初始值;⑥下游引水工程基本完成;⑦蓄引水位以下的建设征地及移民迁移安置已经完成;⑧蓄引水位以下的库区清理已经完成;⑨蓄引水后影响工程安全运行的问题已按设计要求进行处理,有关重大技术问题已有结论;⑩下闸蓄水的施工方案已经形成;⑪蓄引水调度、运用、度汛方案已经编制,措施基本落实。

验收工作主要内容如下:①检查已完工程的建设情况,鉴定工程质量;②审查蓄引水方案,检查蓄引水措施和准备工作落实情况;③检查库区清理、建设征地及移民迁移安置情况;④研究验收中发现的问题,特别是影响蓄引水工程安全的问题,并提出处理要求;⑤确定可以进行交接的工程项目。

（6）机组启动验收。机组启动验收包括电站水轮发电机组和泵站水泵机组。根据工程完成情况，机组可以单台单独验收，也可以多台同时验收。

验收具备的条件如下：①与机组启动运行有关的建筑物基本完成；②与机组启动运行有关的金属结构及启闭设备安装完成，并经过试运行；③暂不运行使用的压力管道等已进行必要的处理；④过水建筑物已具备过水条件；⑤机组和附属设备以及油、水、气等辅助设备安装完成，经调整试验合格并经分部试运行，满足机组启动运行要求；⑥必需的输配电设备安装完成，送（供）电准备工作已就绪，通信系统满足机组启动运行要求；⑦机组启动运行的测量、监视、控制和保护等电气设备已安装完成并调试合格；⑧有关机组启动运行的安全防护和厂房消防措施已落实，并准备就绪；⑨按设计要求配备的仪器、仪表、工具及其他机电设备已能满足机组启动运行的需要；⑩运行操作规程已经编制；⑪运行人员的组织配备可满足启动运行要求；⑫水位和引水量满足机组运行最低要求。

验收工作主要内容如下：①检查有关工程建设及设备安装情况，鉴定质量；②审查机组启动运行计划以及机组是否具备启动试运行条件，确定机组启动时间；③审查机组启动应具备的条件。

机组启动运行的主要试验程序和内容应按国家现行标准中的有关机组试运行要求进行。

水电站机组启动验收的各台机组运行时间为投入系统带额定出力连续运行 72 小时。由于负荷不足或库水位不够等造成机组不能达到额定出力时，验收委员会可根据当时的具体情况，确定机组应带的最大负荷。

泵站水泵机组启动验收可参照发电机组启动验收的有关要求进行。水泵机组的各台机组运行时间为带额定负载连续运行 24 小时（含无故障停机）或 7 天内累计运行 48 小时（含全站机组联合运行小时数），全站机组联合运行时间一般为 6 小时，且机组无故障停机次数不少于 3 次。执行机组运行时间确有困难时，可由验收委员会或上级主管部门根据具体情况适当减少，但最少不宜少于 2 小时。

（7）阶段（中间）验收的验收委员会工作主要包括：①听取承包人、设计人、监理人、运行管理单位的工作汇报；②审查验收文件、资料；③检查已完工程的质量和形象面貌；④检查待建工程的计划安排和主要技术措施落实情况，以及是否具备施工条件；⑤检查拟投入使用工程是否具备运用条件；⑥对验收遗留问题及缺陷提出处理要求并责成承包人限期进行处理；⑦根据检查和验收结果，签署阶段（中间）验收鉴定书。

（8）阶段（中间）验收鉴定书原件不少于 5 份。验收主持单位应当自阶段验收通过之日起 30 个工作日内，制作阶段验收鉴定书，发送给参加验收的单位并报送竣工验收主持单位备案。

第 7 节　单位工程验收

1　单位工程投入使用验收

在竣工验收前已经建成并能够发挥效益，需要提前投入使用的单位工程，在投入使用前应进行投入使用验收。

1.1 验收具备的条件

(1)该单位工程已按合同文件、设计图纸的要求基本完成,并已完成了分部、分项工程验收,阶段(中间)验收,质量符合要求,施工现场已清理。

(2)工程投入使用后,不影响其他工程正常施工,且其他工程施工不影响该单位工程安全运行(或防护措施已落实)。

(3)设备的制作安装已调试和试运行,安全可靠,符合设计和规范要求。

(4)观测仪器、设备均已按设计要求埋设,并能正常观测。

(5)工程质量缺陷已经妥善处理,能保证工程安全运行。

(6)少量尾工已妥善安排。

(7)需移交运行管理单位时,发包人与运行管理单位已签订单位工程提前启动协议书,同时运行管理单位已做好接收、运行准备。

(8)有关验收的文件、资料齐全。

1.2 验收工作组组成

投入使用验收由发包人主持,验收工作组由发包人、设计人、承包人、监理等单位的代表组成;必要时可以邀请工程运行管理单位等参建单位以外的代表及专家参加。

1.3 验收工作的主要内容

(1)检查工程是否已按批准设计完建。

(2)进行工程质量鉴定并对工程缺陷提出处理要求。

(3)检查工程是否已具备安全运行条件。

(4)对验收遗留问题提出处理要求。

(5)主持单位工程移交。

2 单位工程完工验收

单位工程应在工程完成后及时进行完工验收。

2.1 验收具备的条件

完工验收应具备的条件是所有分部工程已经完建并验收合格。

2.2 验收委员会组成

完工验收由发包人主持,验收委员会由监理、设计人、承包人、运行管理等单位专业技术人员组成,每个单位一般以 2~3 人为宜。

2.3 验收工作的主要内容

(1)检查工程是否按批准设计完成。

(2)检查工程质量,评定质量等级,对工程缺陷提出处理要求。

(3)对验收遗留问题提出处理要求。

(4)按照合同规定,承包人向发包人移交工程。

3 验收资料

单位工程验收前 28 天,承包人应向监理人提交单位工程验收申请报告,同时提交下列验收文件资料。

（1）施工报告。

（2）竣工图纸和设计文件。

（3）试验、质量检验、测量成果，调试与运行成果和主要原材料、设备的出厂合格证、技术说明资料。

（4）隐蔽工程、分部工程验收签证和质量等级评定资料。

（5）质量与安全事故记录、分析及处理结果。

（6）施工大事记和施工原始记录。

（7）发包人或监理人要求报送的其他资料。

经发包人及监理人审核验收资料的数量和质量已满足验收要求后，由发包人组织验收委员会（领导小组）进行验收。

单位工程验收通过之日起 30 个工作日内，验收主持单位应制作单位工程验收鉴定书，发送给参加验收单位并报送法人验收监督管理机关备案。

第8节　竣工验收

1　初步验收

工程竣工验收前应进行初步验收。不进行初步验收的必须经过竣工验收主持单位批准。

1.1　验收具备的条件

（1）工程主要建设内容已按批准设计全部完成。

（2）工程投资已基本到位，并具备财务决算条件。

（3）有关验收报告已准备就绪。

1.2　验收成员

初步验收由竣工验收主持单位以及有关专家组成的技术预验收专家组负责。工程参建单位的代表应当参加验收，汇报并解答有关问题。

1.3　验收工作的主要内容

（1）审查有关单位的工作报告。

（2）审查工程建设情况，鉴定工程质量。

（3）检查历次验收中遗留问题和已投入使用单位工程在运行中所发现问题的处理情况。

（4）确定尾工内容清单、完成期限和责任单位等。

（5）对重大技术问题作出评价。

（6）检查工程档案资料的准备情况。

（7）根据专业技术组的要求，对工程质量做必要的抽检。

（8）提出竣工验收的建议日期。

（9）起草"竣工验收鉴定书"初稿。

1.4　验收会工作程序

（1）召开预备会，确定初步验收工作组成员，成立初步验收各专业技术组。

（2）召开全体验收人员参加的会议,内容包括:①宣布验收会议程;②宣布初步验收工作组和各专业技术组成员名单;③听取发包人、设计人、监理、承包人、建设征地补偿及移民安置、质量监督等单位的工作报告;④看工程声像、文字资料。

（3）分专业技术组检查工程,讨论并形成各专业技术组工作报告。

（4）召开初步验收工作组会议,听取各专业技术组工作报告。讨论并形成"初步验收工作报告",讨论并修改"竣工验收鉴定书"初稿。

（5）召开初步验收工作组成员会议,内容包括:①宣读"初步验收工作报告";②验收工作组成员在"初步验收工作报告"上签字。

2 竣工验收

竣工验收应当在工程建设项目全部完成并满足一定运行条件后1年内进行。不能按期进行竣工验收的,经竣工验收主持单位同意,可以适当延长期限,但最长不得超过6个月。逾期仍不能进行竣工验收的,项目法人应当向竣工验收主持单位作出专题报告。

竣工验收分为竣工技术预验收和竣工验收两个阶段。

2.1 竣工技术预验收

大型水利工程在竣工技术预验收前,项目法人应当按照有关规定对工程建设情况进行竣工验收技术鉴定。中型水利工程在竣工技术预验收前,竣工验收主持单位可以根据需要决定是否进行竣工验收技术鉴定。

竣工技术预验收由竣工验收主持单位以及有关专家组成的技术预验收专家组负责。

工程参建单位的代表应当参加竣工技术预验收,汇报并解答有关问题。

2.2 竣工验收

2.2.1 验收具备的条件

（1）工程已按批准设计规定的内容全部建成。

（2）各单位工程能正常运行。

（3）历次验收所发现的问题已基本处理完毕。

（4）归档资料符合工程档案资料管理的有关规定。

（5）工程建设征地补偿及移民安置等问题已基本处理完毕,工程主要建筑物安全保护范围内的迁建和工程管理土地征用已经完成。

（6）工程投资已经全部到位。

（7）竣工决算已经完成并通过竣工审计。

（8）虽然有的工程尚未完全具备规定的条件,但属于下列情况者仍可进行竣工验收:①个别单位工程尚未建成,但不影响主体工程正常运行和效益发挥。验收时应给该单位工程留足投资,并作出完建的安排。②由于特殊原因致使少量尾工不能完成,但不影响工程正常安全运用。验收时应对尾工进行审核,责成有关单位限期完成。

2.2.2 竣工验收成员

2.2.2.1 确定原则

（1）以中央投资为主的,由水利部或流域管理机构主持。

（2）以地方投资为主的,由省级人民政府（或者其委托的单位）或者省级人民政府水行政主管部门(或者其委托的单位)主持。

(3)竣工验收主持单位为水利部或者流域管理机构的,可以根据工程实际情况,会同省级人民政府或者有关部门共同主持。

(4)地方负责初步设计审批的项目,由省级人民政府水行政主管部门(或者其委托的单位)主持。

(5)地方与地方合资建设的项目,由合资各方共同主持,原则上由主要投资方代表担任验收委员会主任委员。

(6)多种渠道集资兴建的甲类项目由当地水行政主管部门主持;乙类项目由主要出资方主持,水行政主管部门派员参加。大型项目的验收主持单位要报省级水行政主管部门批准。

(7)国家重点工程按国家有关规定执行。

2.2.2.2　验收成员组成

(1)竣工验收工作由竣工验收委员会负责。竣工验收委员会由竣工验收主持单位、有关水行政主管部门和流域管理机构、有关地方人民政府和部门、该项目的质量监督机构和安全监督机构、工程运行管理单位的代表以及有关专家组成。工程投资方代表可以参加竣工验收委员会。

竣工验收委员会设主任委员1名(由主持单位代表担任),副主任委员若干名。

(2)发包人、设计人、监理、承包人作为被验收单位不参加验收委员会,但应列席验收委员会会议,负责解答验收委员的质疑。

2.2.3　竣工验收主要工作内容

(1)审查发包人的"工程建设管理工作报告"和初步验收工作组"初步验收工作报告"。

(2)检查工程建设和运行情况。

(3)协调处理有关问题。

(4)讨论并通过"竣工验收鉴定书"。

2.2.4　竣工验收会工作程序

(1)召开预备会,听取发包人有关验收会准备情况汇报,确定竣工验收委员会成员名单。

(2)召开大会。内容包括:①宣布验收会议程;②宣布竣工验收委员会委员名单;③听取发包人的"工程建设管理工作报告";④听取初步验收工作组的"初步验收工作报告";⑤看工程声像、文字资料。

(3)检查工程。

(4)召开验收委员会会议,协调处理有关问题,讨论并通过"竣工验收鉴定书"。

(5)召开大会。内容包括:①宣读"竣工验收鉴定书";②竣工验收委员会委员在"竣工验收鉴定书"上签字;③被验收单位代表在"竣工验收鉴定书"上签字。

(6)如果在验收过程中发现重大问题,验收委员会可采取停止验收移交或部分验收等措施,并及时报上级主管部门。

(7)竣工验收的成果是"竣工验收鉴定书"。自竣工验收通过之日起30个工作日内,竣工验收主持单位应当将"竣工验收鉴定书"发送有关单位。

3　验收资料

竣工验收前 90 天,承包人应向监理人和发包人提交工程竣工验收申请报告,并随同报告提交或准备下列主要验收文件。

（1）工程施工报告。

（2）验收应提供及备查的资料。

（3）发包人或监理人根据合同文件规定要求报送的其他资料。

4　其他

"竣工验收鉴定书"原件的份数,应满足验收主持单位以及发包人、设计人、监理、运行管理及承包人等单位各 1 份的需要。

竣工验收遗留问题,由竣工验收委员会责成有关单位妥善处理。发包人应负责督促和检查遗留问题的处理,及时将处理结果报告竣工验收主持单位。

第 9 节　其　他

（1）竣工资料的整理及编制按发包人有关竣工资料整编规定及《水利水电建设工程验收规程》（SL 223）执行。

（2）各阶段（中间）验收、单位工程验收、竣工验收鉴定书格式,参照《水利水电建设工程验收规程》（SL 223）执行。

（3）本细则未尽事宜,按照《水利水电建设工程验收规程》（SL 223）和《水利工程建设项目验收管理规定》（水利部令第 30 号,2006）及施工合同文件有关规定执行。

第 15 章　工程监理工作报告示例

第 1 节　总　则

根据《水利水电建设工程验收规程》（SL 223）和《水利工程建设项目施工监理规范》（SL 288）的规定,工程建设监理工作报告主要包括以下内容:

(1)验收工程概况。包括工程特性、合同目标、工程项目组成等。

(2)监理规划。包括监理制度的建立、组织机构的设置与主要工作人员、检测采用的方法和主要设备等。

(3)监理过程。包括监理合同履行情况和"三控制、两管理、一协调"情况。

(4)监理效果。对工程投资、质量、进度控制和施工安全进行综合评价(项目有水土保持、环境保护内容的须增加此部分监理效果内容)。

(5)经验与建议。

(6)附件。包括:①监理机构的设置与主要工作人员情况表;②工程建设监理大事记。

下面从工程施工(临淮岗洪水控制工程临淮岗船闸与城西湖船闸)、设备监造(荆山湖进洪闸闸门监造)、水土保持(临淮岗洪水控制工程临淮岗船闸与城西湖船闸)、环境保护(刘家道口枢纽工程)四个专业给出监理工作报告示例。

第 2 节　工程施工监理工作报告

1　工程概况

临淮岗洪水控制工程位于淮河干流中游的安徽省霍邱、颍上两县。主体工程建设内容包括:填筑主、副坝土坝,加固改建副坝穿坝建筑物,加固 49 孔浅孔闸,新建深孔闸、临淮岗船闸及姜唐湖进洪闸,加固城西湖船闸下闸首,新建封闭堤,扩挖上下游引河。工程的主要任务是,当淮河上、中游发生 50 年一遇以上大洪水时,配合淮河其他防洪工程,调蓄洪峰,控泄洪水,使淮河中游防洪标准提高到 100 年一遇。

按临淮岗枢纽工程总体布置,将现有深孔闸拆除,在此位置新建临淮岗船闸。临淮岗船闸是临淮岗洪水控制工程主要通航建筑物,它沟通淮河上下游航运,船闸设计等级为Ⅳ(3)级。船闸通航设计水位:上游最低 17.6 m,下游最低 17.4 m;上游最高 26.9 m,下游最高 26.7 m。临淮岗船闸下闸首位于主坝上,参与主坝防洪,为 1 级建筑物,按照 100 年一遇洪水标准设计,1 000 年一遇洪水标准校核。100 年一遇洪水时坝上设计洪水位为 28.41 m 高程(1985 国家高程基准,以下同),坝下设计洪水位为 26.75 m 高程。临淮岗船闸闸室净宽 12.0 m,长 130 m,U 形槽结构,底板顶高程 14.8 m,边墙顶 28.5 m。闸室底板厚 2.1 m,边墙厚 0.7~2.1 m。上、下闸首均采用整体式结构,人字门,短廊道输水。上闸首顺水流向长 16.5 m,下闸首顺水流向长 18.5 m,上、下闸首通航净宽 12 m,两侧空箱边墙,闸坎高程 14.8 m。下闸首的下游侧设公路桥,桥面高程 35.6 m,桥宽 7 m +2 × 1.5 m。上、下闸首两侧空箱对称布置桥头堡(兼启闭机房),桥头堡为框架结构。船闸上下游引航道布设导航墙、靠船墩,导航墙为钢筋混凝土扶臂式结构,两岸不对称布置,主导航墙长 130 m,墙顶高程 28.5 m。在上游右岸、下游左岸布置重力式靠船墩。

在船闸上游,临淮岗船闸与城西湖船闸之间筑 800 m 长新堤与主坝封闭。封闭堤设计堤顶高程为 28.9 m,顶宽 8.0 m,建筑物附近堤段加高。一般堤段按标准断面填筑,老河道封堵段在内外侧加设 10 m 宽平台。在新筑堤段按现有堤顶路面标准建堤顶泥结石道路,堤外干砌块石护坡。

临淮岗船闸上、下闸首各设一套人字门和一套检修门,两侧输水廊道各设一套工作门和拦污栅。城西湖船闸下闸首采用直升式双扉门。船闸电气设计包括船闸用主变、一次电及集中控制等。

2001 年 6 月 10 日水利部《关于临淮岗控制工程初步设计报告的批复》(水总[2001] 187 号)批准临淮岗船闸初设概算 6 685 万元。

本工程项目法人单位为水利部淮委临淮岗洪水控制工程建设管理局;项目法人现场代表为临淮岗洪水控制工程安徽省建设管理局;质量监督单位为安徽省水利工程质量监督中心站;设计单位为安徽省水利水电勘测设计院;主体工程承包人为安徽省水利建筑安装总公司;甲供材料供应商为安徽省水利厅物资供应总站;计算机监控系统设计、制造承包人为深圳市东深电子技术有限公司—安徽省·水利部淮委水利科学研究院联合体;液压启闭机设计、制造承包人为博世力士乐(常州)有限公司;城西湖船闸平面闸门启闭机设计制造承包人为山东水总机械工程有限公司;电气设备采购承包人是许继集团通用电气销售有限公司;液压锁定装置制造承包人为扬州楚门机电设备制造有限公司;无机房电梯分包人为安徽华夏楼宇设备有限公司。

根据水利部淮委临淮岗洪水控制工程建设管理局 2002 年 8 月《临淮岗洪水控制工程临淮岗船闸及城西湖船闸下闸首加固工程建设监理招标文件》的要求,安徽省大禹工程建设监理咨询有限公司对监理招标文件进行了认真研究,并提交了《临淮岗洪水控制工程临淮岗船闸及城西湖船闸下闸首加固工程建设监理投标文件》,中标承担了临淮岗船闸及城西湖船闸下闸首加固工程的建设监理工作,并于 2002 年 9 月 2 日签订了监理合同。依据安徽省大禹工程建设监理咨询有限公司《关于成立"临淮岗船闸工程监理处"的通知》(皖大禹[2003]33 号)要求,成立了驻现场机构"临淮岗船闸工程监理处"。

2 监理规划

2.1 组织机构

监理处实行总监理工程师负责制,总监理工程师代表监理部全面履行工程建设监理合同中确定的全部责任和义务。根据本工程的规模和特点,为确保工程进度、质量和投资目标的实现,现场监理机构采用直线制的监理组织形式。监理处设总监理工程师 1 人,副总监理工程师2人,下设4个项目监理科,即工程技术科、质量安全科、计划合同管理科、综合协调科,实施纵向管理。其中,工程技术科主要负责进度控制、测量、施工技术方案审查、施工图和工程变更会审等;质量安全科主要负责质量控制、质量事故处理、施工安全督察和环境保护等;计划合同管理科主要负责合同管理、工程量计量、计价支付和索赔处理等;综合协调科主要负责信息管理、监理机构内部协调、后勤管理以及协助总监理工程师进行有关建设方的协调工作。

另根据需要由总监理工程师聘请有关专业的专家为本工程的技术顾问,负责对工程建设和施工监理中发生的某些重大技术与疑难问题进行咨询。

2.2　监理人员

根据本工程的具体项目、工期进度和施工特点,监理处共投入18名监理人员,专业配置包括:工程检测、试验、工程地质、水工及工民建、金属结构、机电、监造及其自动化控制、合同管理、工程造价等。

2.3　监理制度

在监理工作实施过程中,依据国家关于工程建设管理的有关规定及本工程的特征,监理处制订了有关工程"三控制、两管理、一协调"等各项控制制度以及一系列的监理组织内部制度。通过监理制度的制订,使监理工作更具规范化、程序化,同时明确了各类监理人员的职责与分工,强调了各专业之间的分工合作。监理处主要监理制度如下:

(1)施工图会审及设计交底制度。

(2)施工组织设计审核制度。

(3)开工申请制度。

(4)原材料、半成品检验制度。

(5)重要隐蔽工程、单元(分项)工程、分部工程质量验收评定制度。

(6)单位工程中间验收制度。

(7)设计变更处理制度。

(8)技术协调会及工地会议记录签发制度。

(9)工程计量支付签证制度。

(10)工程索赔签审制度。

(11)工地会议制度。

(12)对外行文审批制度。

(13)监理工作日记制度。

(14)监理月报制度。

(15)技术资料及档案管理制度。

(16)各监理科、总监理工程师、副总监理工程师、监理工程师及监理员岗位制度。

2.4　监理依据

(1)经批准的工程建设管理文件。

(2)国家有关法律、法规。

(3)国家、行业及地方有关规范、规程和技术性文件。

(4)工程监理合同、施工合同。

　　(5)设计图纸及设计变更。

　　(6)有关设备的技术文件。

2.5　监理工作内容

　　按合同要求,本工程的监理为全过程的施工阶段监理。主要工作内容包括:参与工程施工招标工作,甲供材料采购供应的控制,建筑工程和金属结构及机电设备安装、闸门及启闭机设备设计制造、电气及计算机监控系统等工程施工阶段的"三控制、两管理、一协调"。

2.6　检测采用的方法和主要设备

　　监理质量检查是监理过程控制及单元工程质量等级评定的必要手段,它贯穿于工程施工的全过程。为满足工程检查需要,保证原始数据的公正、准确、独立、科学与及时性,给工程一个公正的评价,监理处委托六安市水利工程质量检测站进行工程各项质量检测。在监理过程中,主要采用的检测方法有下列三种:

　　(1)外观检查。包括观察、目测等观感检查。如地基基础清理和处理;材料的品种、规格和质量;混凝土成型面出现的麻面、蜂窝、狗洞、露筋情况;模板表面的光洁情况;施工操作是否符合规程等项目的检查。

　　(2)量测检查。采用测量仪器和工具进行检查。如建筑物的轴线、标高、轮廓尺寸,混凝土拌和物温度,混凝土密实度,混凝土结构的厚度、表面平整度,填筑坡度、厚度,平面闸门两侧止水中心线距离、止水橡皮顶面平度、止水橡皮与滚轮距离、铰座轴孔倾斜度、门体焊缝探伤等项目的检查等。

　　(3)材料试验与工程质量抽样检验。采用试验设备进行抽检,如用于工程的原材料的性能的检查;成品、半成品的性能的检查;混凝土、砂浆配合比的确定及强度的抽样;回填土的干密度的检查等。

3　监理过程

3.1　质量控制

　　本工程共分钢筋混凝土工程、土方工程、砌体工程、金属结构制造及安装工程、电气一次与二次设备制造及安装工程、建筑与装修工程、原型观测工程等几个部分。质量控制实行质量负责制,要求监理工程师对工程质量检查具体全面,对工程质量严格负责,严格按施工监理程序进行监理,加强事前控制和事中控制,重点抓住影响质量的五大因素(即4M1E),把好工程检查验收关,同时验收人要对工程质量终身负责。

3.1.1　制定各项监理细则,使工程施工质量有据可依

　　监理细则是根据工程建设项目的具体情况制定的具有可实施性和可操作性的业务文件,监理处根据有关规程、规范、施工合同、设计图纸、监理规划等制定了一系列监理实施细则及工作规程,内容包括围堰填筑工程、拆除工程、土方工程、砌石工程、混凝土工程、电气及计算机监控系统工程、金属结构及机电设备安装工程、闸首上部结构工程等专业监理细则,对工程质量标准和检查程序均作了严格规定。本工程共制定监理规划 1 份,监理细则 13 份,以及若干监理制度、岗位职责等方面的文件。

3.1.2 审查设计文件和设计图纸,按程序处理设计变更

工程设计图纸是工程项目的法律性文件,是工程施工的依据。监理处在收到图纸后,由相应专业监理工程师重点审查设计文件,认真细致审查施工图纸和设计变更,并与设代交换意见后,加盖监理专用章,作为监理工程图纸,交付承包人使用,并组织设计交底会,如发现问题或对设计意图不明,请现场设代进行设计交底或解释,保证工程顺利实施。施工中,如承包人要求对设计方案作局部修改或优化,需事先书面请监理工程师审查并经发包方批准后,商设计单位作出设计修改通知,再由监理工程师签发给承包人执行。监理工程师在审图的同时,做好质量控制点的选择和设置工作,避免和减少质量问题的发生。

3.1.3 加强质量横向比较,提高承包人的质量管理意识和水平

承包人对质量方面的控制通常仅进行纵向比较,即施工质量以已经完成并通过验收的工程为标准。为克服承包人的自满心态,提高质量控制意识和水平,监理处组织承包人对临淮岗洪水控制工程临淮岗深、浅孔闸工程及城西湖退水闸工程参观学习,使承包人认识到自身的缺陷和不足,并学习成功控制质量的宝贵施工经验。在施工过程中,不断组织承包人与周围正在施工的工地学习交流,取长补短,进行工程质量比较。事实证明,工程质量横向类比是提高工程质量的有效途径。

3.1.4 审查施工文件、施工方案和施工计划

施工组织设计和施工方案是承包人按照程序和规范要求开展施工的有力保证,是杜绝施工随意性的重要文件。监理处要求承包人及时报送施工文件和施工方案,监理处着重审查其施工程序、工艺、方案等对工程质量、施工工期和工程支付的影响,督促承包人建立健全质量保证体系并检查其落实措施。经监理处审查实施的施工方案共 37 个。通过严格执行合同规范,促进了承包人的质量意识,确保了工程质量目标的实现。

3.1.5 施工原材料控制

把好原材料的质量关是质量控制的基础。采购原材料时要求定购大型企业、信誉好、产品质量高的生产厂家的产品,定厂定点供应,要求三证(生产许可证、检验合格证和出厂证)俱全;不允许采购市面上劣质或非正规渠道进场的材料。对于进场的原材料或半成品都要按照相应试验验收规范抽样检验,不合格的产品不允许进场,更不允许用于工程。对于就地取用的原材料都必须经检验合格后方允许使用。如搅拌混凝土用水就送经安徽省水利科学研究院进行检验。

3.1.6 施工机械设备控制

本工程施工机械化程度较高,施工机械设备的能力及其效率是保证施工强度和施工质量的主要手段。在机械设备进场前,监理工程师要求承包人提交施工机械设备清单及机械设备进场计划,根据机械设备清单分析设备的工作情况能否满足工程施工的要求,若能够满足要求,即按照机械设备清单逐一检查对号,准确无误时才能作为开工的必要条件之一。监理人员经常检查机械设备的数量及完好率,发现不能满足工程施工需要时,立即要求承包人增添或更换机械设备,没有监理工程师的批准,不允许任何进场机械设备出场。

3.1.7 施工过程管理

施工质量控制实行以"单元工程为基础,工序控制为手段"的标准化、程序化管理。

单元工程质量检查实行承包人自检、监理抽检双控制度。承包人首先必须对工序质量进行自检,并及时报验自检资料,监理现场抽查,对存在问题要求承包人及时进行整改,对达不到相应规范质量要求或设计标准的指示承包人及时进行调整或返工处理。在施工过程中,监理人员现场进行巡视检查,重点部位及薄弱环节工序则采用现场旁站的办法,以确保工程质量达到预期目标。主要项目如钢筋混凝土工程、土方工程、砌体工程、金属结构制造及安装工程、电气一次与二次设备和监控系统制造及安装工程、建筑与装修工程的过程监理及其监理要点如下。

3.1.7.1　钢筋混凝土工程

混凝土工程施工一次性成型,质量要求高,稍有不慎即造成缺陷,难以进行修补;即使进行补强加固,也将花费相当多的人力和物力,而且达不到预期的效果。为确保产品质量,达到"优良"质量目标的要求,监理处主要从以下几个方面进行控制。

1)钢筋混凝土原材料的试验与审批

承包人必须按设计和施工规程要求,对施工过程中采用的水泥、外加剂、止水材料、钢筋以及混凝土集料等原材料进行取样试验,并将试验报告及出厂合格证书、材料材质证明报送监理工程师审核。为了更好地把住原材料质量关,监理工程师对工程所使用的原材料进行抽查。

2)混凝土配合比的确定及拌和站的检查

(1)混凝土配合比设计应依据《普通配合比设计规程》(JGJ/T 55—96)和《混凝土结构施工及验收规范》(GB 50204—92)(GB 50204—2002 颁布后按新规范实行)的规定要求,并符合《水工混凝土施工规范》(SDJ 207—82)的规定,采用计算与试验相结合的方法。首先按各设计等级强度计算理论配合比,再用选定的材料,通过试配与强度等级的检验,然后进行调整,得出施工所需要的混凝土配合比。

(2)本工程中拌和楼对材料的计量均采用电子计量,监理工程师首先检查计量器具是否合格,是否按规定送有关法定部门进行检定;其次检查拌和过程中拌和机是否设定了足够的搅拌时间。此外,在每次现场浇筑中均进行旁站,严格检查配料是否符合批准的配合比,以确保混凝土的施工质量。

3)支撑、模板、钢筋、止水等工序检查

(1)检查支撑时,主要检查支撑基础是否牢固、扣件是否拧紧、剪刀撑是否足够。

(2)对于模板工序,首先检查模板材料的质量,模板的尺寸,是否有足够的强度和刚度,以保证在混凝土浇筑过程中模板牢固且无明显变形;其次待模板安装后再检查其各项允许偏差是否满足规范要求。

(3)在钢筋检查中,检查钢筋规格与设计是否一致,有无遗漏,钢筋表面是否洁净,需要焊接的钢筋是否已做了焊接工艺试验,并严格控制保护层厚度,检测钢筋的搭接长度或焊缝长度等是否满足要求。

(4)对止水工序注意其安装位置偏差处,埋件除检测其安装位置偏差外,还检查其数量是否与设计一致等。

4)混凝土浇筑质量控制

在本工程混凝土浇筑中,监理工程师均进行了全过程旁站监理,跟班检查浇筑过程中的施工工艺。每次浇筑时均多次测定砂的含水率,以调整用水量;同时,严格控制配合比、入仓温度、混凝土浇筑速度以及入仓高度和振捣情况,并抽测混凝土的坍落度、预留混凝土试块。在重要结构部位监理工程师要求承包人增设观测点,以便在浇筑过程中发现模板变形走样时及时采取纠正措施。

5)混凝土的养护控制

混凝土浇筑完毕后,监理工程师即督促并检查承包人对混凝土的养护工作,主要包括:混凝土表面应保持湿润;高温季节施工时,混凝土早期应避免太阳光暴晒,表面加遮盖;气温较低时混凝土表面应以草帘覆盖;养护时间应不少于14天,薄壁混凝土养护不少于28天;混凝土养护由专人负责,并做好养护记录。

6)混凝土成品质量检查

监理工程师对混凝土强度以及拆模后外观进行检查,主要检查内容包括:标高是否与设计相符,外观尺寸是否合格,表面有无蜂窝、麻面、跑模、漏浆等现象;外露部分颜色是否一致,钢筋有无外露;表面平整度是否满足规范要求等。

3.1.7.2　土方工程

1)土方开挖

(1)开挖范围的确定。开挖前,要求对开挖范围进行测量放样,根据基础范围、预留工作面及边坡比例,确定开挖范围。

(2)开挖方式的选择。为保持基础原状土的完整性,在土方开挖的过程中采用机械与人工开挖相结合的方式。即上部采用挖掘机开挖,预留30~50 cm保护层,在混凝土浇筑前,方可利用人工进行开挖与整平。

(3)基础排水。为降低基础地下水位,保持基础原状土的原始密实状态,在基础预留工作面四周开挖1.0 m×1.5 m排水沟,同时在拐弯处设置一排水井用做抽排水(施工期排水)。

2)土方填筑

(1)清基。填筑前必须清除坝基范围内的草皮、树根、石头等,清基范围要求超过设计边线50 cm,然后对原状土进行碾压,干密度要求不小于设计干密度。对于和原状土接合部位的清基应根据填土进度施以缓坡进行逐层清理,以保证接合处清基质量。

(2)击实试验、碾压试验。为保证土方填筑质量,监理处要求对取土区土源进行击实试验,通过试验,分析得到土料的最大干密度及其对应的最优含水率。为确保所选土料填筑干密度达到设计干密度的要求,在大面积填筑以前,要求承包人选取不同的机械(120型推土机、振动平碾)、不同的铺土厚度(30 cm、40 cm、50 cm)、不同的碾压遍数(3遍、4遍、5遍)、不同的机械行走速度进行了碾压试验。通过反复试验,最后选定采用120型推土机或振动平碾进行碾压,铺土厚度不超过40 cm,要求碾压遍数不少于3遍。

(3)填筑过程控制。为了保证碾压效果,又不致发生剪力破坏,采用进占法顺堤轴线进行铺土,铺土至堤边时在设计边线外超填30 cm,作为修坡余量;铺填厚度、碾压遍数严格按碾压试验结果进行控制,碾压方向与堤轴线平行,检查碾迹是否相互搭接以防漏压;以每一层作为一个验收面,抽测填土干密度,同时还控制含水量及结合面质量,出现异常及时要求进行处理。接合处碾压遍数要求增加至4遍。建筑物周边回填在建筑物混凝土强度达到设计强度的 60% 时进行,填筑采用人工铺土,要求铺土厚度不超过 20 cm,采用蛙夯及人工相结合的方式碾压,碾压遍数要求不少于 4 遍,并保持均衡上升。

3.1.7.3 砌体工程

1)原材料控制

严格检查进场石料、砌筑砂浆的种类和强度;对预制混凝土块,主要检查模具尺寸及平整度、混凝土强度、现场振捣方式等。

2)砌筑过程控制

在砌筑过程中,主要控制建基面、垫层厚度、坡度等是否符合设计要求,砌体间缝隙、表面平整度等是否满足规范要求。

3.1.7.4 金属结构制造及安装工程

1)金属结构制作工程

在闸门制作过程中,首先严把原材料质量关,然后按照规范要求,重点检查焊缝、咬边、夹渣、门体尺寸偏差、组件尺寸偏差及组合尺寸偏差、门体扭曲、平整度、折痕等是否满足要求,在防腐喷锌过程中严格控制闸门表面除锈程度、涂层厚度、均匀度等。对启闭机的制作,着重控制和审查启闭机设计要求和施工图纸,查验原材料和外购组件的质量。

2)金属结构安装工程

在闸门安装工程中,首先检查埋件(如底槛、门楣、主轨、反轨、侧止水座板、顶底轴座板)安装质量,对其埋件尺寸(长度、宽度)、各埋件与中心线相对距离、各埋件间相对距离、埋件工作表面扭曲、工作表面错位以及竖直埋件的垂直度等相关项目进行严格检查,符合要求后才同意闸门就位;在闸门的调试过程中,监造工程师始终在现场旁站,监督检查安装单位使用的仪器设备、调试方法是否符合规定要求,发现问题及时指正。对启闭机安装的质量控制,首先检查基础螺栓预埋长度、外露长度是否满足要求,启闭机就位吊装的轴线偏差、高程偏差、机架平整度等是否满足要求;在安装调试阶段,注意与相关专业协调,并针对现场实际情况进行调整。

3.1.7.5 电气一次与二次设备和监控系统制造与安装工程

对设备原材料进行仔细检查,查看其"三证"是否齐全,规格是否满足设计要求。在出厂前,组织相关单位相关专业人员进行出厂验收,并进行现场模拟调试,直至达到设计要求为止。在安装调试过程中,重点解决各相关专业之间的协调统一,使其与设计要求相吻合。

3.1.7.6 建筑与装修工程

建筑与装修工程是船闸质量控制的重点之一。按照设计要求,监理人员主要对轴线位置、标高、梁柱的断面尺寸、钢筋制安、砖砌体平整度、砂浆强度与饱满度等指标进行控制,同时按照设计与规范要求严格控制屋面防水、内外装修工程的施工质量。

3.1.8 施工质量检验及验收

每个单元工程或重要工序开工前,承包人必须在"自检"合格的基础上,报送自检资料,提出验收申请。监理处在收到各种验收资料后,首先按规范和图纸要求进行核对与审查,并在规定时间内赴现场进行复验检查,验收合格方可进入下一道工序,不合格重新处理,再行验收,直到合格为止,然后再核定工序或单元工程质量等级。对隐蔽工程或重要工程部位,由监理处组织质量监督、建管局、设计单位、承包人和管理单位有关人员到现场进行联合检查验收,这样既保证了工程质量和工程安全,又保证了验收资料的真实性、可靠性。

工程质量的检查验收是检验工程是否达到设计和相关规程、规范要求的质量标准的必要手段,也是工程质量等级评定的重要依据。每一位检查验收人员都必须认真负责,仔细检查,不能走过场、流于形式。因为稍不注意,将留下重大质量隐患。如在上闸首底板土基联合检查中,检查人员就发现在地质勘察阶段留下的两个地质钻孔,经有关地质专家论证提出处理方案后,工程才得以继续实施,保证了工程质量。

3.1.9　实行质量一票否决权,出现质量事故按"三不放过"处理

合同是工程管理的依据,工程合同条款中写入的质量保证内容,使监理工程师在管理上始终处于主动、积极的地位。本工程在管理上把质量问题与计量支付相挂钩,运用这个核心手段来强化对承包人的质量管理。工程月结算时,必须先通过质量认证,实行质量一票否决。

出现质量缺陷和质量问题,要求及时召开质量分析会,查明产生质量事故的原因,教育处罚责任人,研究制定杜绝质量事故措施,并作出书面检查报告。在整个施工过程中,强化用人的质量保证施工质量,用施工质量保证工程质量。对不注重工程质量、违规操作的施工技术人员,以书面形式通知承包人撤消其施工员资格并坚决调离本工地。如在闸室外侧填土时,发现5号闸室左侧墙下游侧施工缝处出现渗水现象这一质量缺陷,监理处本着质量事故"三不放过"的原则,按照事故处理监理程序,及时组织有关施工技术负责人召开了质量分析会,分析主要原因是现场作业面小、沥青井在施工缝处局部冲洗不干净、混凝土振捣不密实,要求承包人提交处理报告,并经监理处批准后,按要求进行修复。处理后,经现场测试,处理效果达到了要求。

实行工程质量签证与月工程款支付相结合后,对调动承包人搞好质量管理起到了积极作用,改变了工程质量只靠监理人员管理的被动局面,提高了工程质量和单元工程一次报验合格率。

3.1.10　监理质量检测成果

本工程原材料及中间产品质量抽检情况见表15-1。

3.2　进度控制

本工程周期长,影响因素多,由于设计方案变更、外围环境复杂等,给监理工作带来了较大的难度和工作强度。特别是在施工高峰期时出现了2003年5月"非典"疫情、6~7月淮河大洪水、7月龙卷风及2003年全年降雨频繁等不可抗力因素的影响,同时按安徽省委省政府要求,临淮岗洪水控制工程提前一年发挥效益,船闸工程通航工期提前,使工期异常紧张。监理处采用了主动控制与动态控制相结合的方法,严格按施工进度控制程序进行监督、管理,保证了临淮岗船闸于2004年2月8日通航。

船闸通航后,剩余工程,特别是闸首上部结构装饰装修工程由于各种原因开工较晚,导致工期滞后较多。

表 15-1　原材料及中间产品抽检成果统计

单位工程名称	检测内容	抽检数量(组)	质量情况
临淮岗船闸工程	钢筋	29	全部合格
	钢筋焊接	14	全部合格
	水泥	43	全部合格
	砂	24	全部合格
	碎石	18	全部合格
	MU10 黏土烧结砖	1	合格
	土样	617	全部合格
	砂浆	4	全部合格
	混凝土抗压强度	108	全部合格

3.2.1　网络控制、时段控制及工序控制是施工进度控制的基础

根据施工总进度和各工序间的关系,监理处编制了网络总进度计划,进一步细化关键线路,对关键线路上的施工项目、施工工序严格控制,并随工程的进展实施动态控制,及时调整施工网络计划,确保工程按期完建。

依据总进度计划,监理处编制了单位工程施工进度,把各单位工程施工进度分解为年、月、旬进度进行控制,每旬、每月、每年检查施工进展,发现问题及时解决,确保了施工进度阶段性控制目标的实现。同时,根据工程的施工进展,编制分项工程资源和工序控制计划。

3.2.2　发布开工通知

监理处根据合同条款规定,在约定的时间内发布工程开工通知,督促承包人及时调遣人员和调配施工设备、材料进入工地,并从开工日起按计划进行施工准备。

3.2.3　督促承包人编制工程总进度计划及分解计划,并进行审批

督促承包人按合同技术条款规定的内容和时限,用网络图形式编制施工总进度计划,施工总进度计划中要求说明承包人施工场地、道路利用的时间和范围、临时工程和辅助设施的利用计划以及机械需用计划、主要材料需求计划、劳动力计划、财务资金计划等,并督促承包人根据本工程特点和难点,对总进度计划进行合理分解,以保证其可操作性。

进度控制中监理工程师对报送的进度实施计划进行审查。监理处从人力、资金、设备、技术方案及相关工序的影响上重点审查其逻辑关系、施工程序、资源的均衡投入以及施工进度安排对工程支付、施工质量和合同工期目标的影响等方面。将批准的施工总进度计划作为合同进度计划以及控制本合同工程进度的依据,并找出关键路线及阶段性控制点,作为进度控制的工作重点来抓。

3.2.4　施工进度的监督、分析与调整

在合同实施过程中，为了解工程实际进展情况，监理工程师随时监督、检查和分析承包人的月、季施工进度报表与作业状况表；为避免承包人超报完工数量，监理工程师每日至施工现场实地检查进度执行情况，做好监理日记，并注意工程变更对进度实施的影响；另外，监理处还经常组织现场施工负责人召开现场生产会议，通过这种面对面的交谈，监理人员可以获得现场施工信息，还可以从中了解到施工活动潜在的问题，以便及时采取相应措施。对这些获取的数据进行必要的处理和汇总，并利用这些经整理和处理的数据，编制单位工程施工形象进度图，将工程实际进展（包括工程量和时间）以形象进度表示，并与原计划的数据进行比较，从而对施工现状及未来进度动向加以分析和预测。

3.2.5　工程设备和材料供应的进度控制

审查设备制造、加工单位的资质能力和社会信誉，落实主要设备的订货情况，核查交货日期与安装时间的衔接，以提高设备按期供货的可靠度，为现场安装工作创造良好的外部环境，确保了安装施工的顺利进行，如闸门及其埋件、启闭机及电气监控设备等的供应。

依据工程承建合同、进度计划及现场工程进展情况，认真审查承包人申报的甲供材料计划，要求供货单位严格按照审批过的计划进行供应，不得因故延误供应时间。通过严格的控制，避免了工地窝工现象，保证了施工按计划实施。

3.2.6　要求落实按合同规定应由项目法人提供的施工条件

监理工程师除了监督承包人的施工进度外，还及时要求项目法人落实按合同规定应由项目法人提供的施工条件，如施工图纸、技术资料、施工征地等内容，以保证给施工提供良好的外围环境。

3.3　投资控制

投资控制是整个工程建设项目主要控制项目之一，也是保证整个工程顺利实施、按期完成以及投资目标实现的关键。本工程根据合同规定对承包人按实际完成工程量逐月结算。每月由承包人提出工程结算及支付申请，经监理工程师审核批准、交建管局复核，这是协助项目法人控制资金使用的有效措施，是一件相当复杂的工作。监理处坚持"以承包合同为依据，以单元工程为基础，以施工质量为保证，以量测核定为手段"的支付原则，严格按合同支付结算程序执行，经过大量认真细致的工作，工程投资得到了有效控制。具体操作如下。

3.3.1　了解、掌握招投标文件，加强合同管理

本工程通过招投标的方式与承包商签订的合同主要部分是单价承包合同，由于设计原因、环境条件的变化、不可抗力因素影响都可能导致标书的工程漏项和施工设计变更，因此在施工中的投资控制不仅有合同内项目的投资控制，还有大量合同外工程的投资控制。监理处介入工程后，即组织有关人员掌握招投标文件的详细内容，如工程概况、主要材料供应情况、中标标书中各项费率、询标时承包人的承诺等。在认真熟悉招投标文件、有关合同、相关定额标准之后，编制了《临淮岗船闸及城西湖船闸下闸首加固工程投资控制监理细则》，使投资控制有据可依。这些都直接关系到以后工程费用的计量和支付问题，为后续投资控制打下了良好的基础。

3.3.2　严格控制价款支付

一般情况下,项目法人每月支付一次进度款。承包人由于施工期间支出较大,总想尽快得到较多的进度款,所以往往在月进度款支付申请中易出现高报、虚报现象,监理在进行结算审核中坚持价款支付原则,认真审核,合理支付。

对凡未按设计要求完成施工,或开工、检验等签证手续不全,或施工质量不合格,或合同文件规定项目法人不另行予以支付的项目,一律不予计量支付。

投标书工程量报价表中所列的工程量,不能作为合同支付结算的工程量。承包人申报支付结算的工程量,应以经监理工程师验收合格、符合支付计量要求的已完工程量为准,按合同报价单中支付单价,按单位、分部、单元工程分类进行量测与计算。对图纸中不能确定的项目,则由项目法人、监理处、承包人三方联合进行现场量测,然后签证认可,方可进行支付。例如土方开挖前,要求承包人对所有开挖区域的原始地形在监理工程师的监督下进行复测;施工场内临时施工道路,承包人上报测量成果后,监理处再次组织项目法人、监理处、承包人进行联合测量,经核对无误后,方可进行支付。

3.3.3　变更设计的控制

施工过程中的变更设计总是难免的。由于它的不可预见性,很大程度上是引发施工索赔的主要原因之一,故变更设计的控制成了施工阶段投资控制工作的关键。在工作中,监理工程师严格按照工程变更程序进行工程变更处理。首先监理工程师收集有关工程的详细资料,结合工程施工特点和施工条件,审核变更的必要性、可行性及对工程投资的影响,通过技术经济比较后向项目法人提出建议供项目法人慎重决策,对确定过的变更需通过监理颁发工程变更令;其次对于变更需要调整合同价格时,按以下原则确定其单价或合价:①工程量清单中有适用于变更工作的项目时,应采用该项目的单价或合价;②工程量清单中无适用于变更工作的项目时,则在合理的范围内参考类似项目的单价或合价执行;③如果没有类似的项目,由承包人按国家定额编报预算,报监理审核,并经项目法人、监理处、承包人三方协商一致后确定单价。

3.3.4　甲供材料的控制

本工程钢筋、水泥两大主材属甲供材料,按照图纸和合同文件计算甲供材料总量,项目法人、监理处、承包方、甲供材料供应商进行认可签证。监理处要求承包人按进度计划制定材料物资供应计划,监理处进行审批,对每次进场的具体材料数量要求承包人提前申请,监理处予以协调解决。同时监理处及时进行实际已供应量、需求量及设计供应量(包括材料损耗)的对比分析,对甲供材料进行有效的控制,避免供应不及时、少供或重复供应现象的发生,避免了各合同之间的争议。本工程共审批材料需求计划 103 份。

3.3.5　充分发挥技术优势,对设计及施工进行优化

在设计方面,充分了解项目法人意图,掌握设计情况,并自始至终掌握施工现场和工程实施过程中各方面的情况,据此对设计提出改进意见,促进和支持设计优化,以提高工程质量、降低工程成本、节省工程投资。监理处在原设计基础上,结合工程实际情况,共提出 6 项合理化建议,其中有 5 项被采纳,共节约工程投资 183 万余元。

在承包人方面,充分注意技术方案的选择问题。由于施工技术方案直接关系到投资,故对认为有可能进一步优化的工程项目,要求承包人提供多个施工方案,监理处对提出的

方案进行技术经济分析,甚至组织有关专家组进行审查论证,选择那些技术可行、安全可靠、投资较省的方案;另外,促进和支持承包人采用新技术、新工艺。例如,在闸首底板与闸室墙浇筑、主坝回填土等方案选择上,即组织了相关专业专家进行讨论,确定了最优施工方案,确保了工程的顺利实施,达到了预期的目标。

3.4 信息管理辅助系统

本工程建设项目投资大、建设周期长、质量要求高;建设环境复杂,不可预见的因素影响大,变更因素多;合同的种类多,内容复杂,合同实施过程中有关各方的责、权、利关系复杂。为了更好地进行"三控制"及促进工程承建合同的全面履行,进一步促进工程信息传递、反馈、处理的标准化、规范化、程序化和数据化,并确保工程档案的完整、准确、系统和有效利用,制定了工程资料管理办法,建立了较完善的计算机信息管理辅助系统。

3.4.1 制定管理办法,规范档案管理

监理处将档案工作纳入工程建设的全过程,按总监理工程师负责制、分级管理的原则,建立监理信息管理小组,派专人进行档案管理工作。监理处依据工程监理合同、工程承建合同,国家、部门颁发的工程建设管理法规(《水利基本建设项目(工程)档案资料管理规定》水利部水办[1997]275号)、项目法人下发的《关于印发〈临淮岗洪水控制工程与引河有关的主体工程档案管理办法〉的通知》(皖临建[2002]06号)、水利部最新监理施工规范用表、施工技术规程规范、工程验收规程、工程质量检验和评定标准等文件,要求在合同实施过程中,合同三方的一切联系、通知等均以书面形式为准,且应按照相应格式进行,否则,监理处视为无效文件。

3.4.2 工程资料过程管理

首先建立工程资料处理制度,包括收文、发文制度。收文、发文必须进行登记、统一编码;所有发文必须签署监理工程师姓名、文件处理日期,并加盖监理处公章,严格按照收、发文处理流程进行收、发文;重要或有合同时限规定的监理文件在送达签收时,应注明签收人、签收日期和签收时间;工程档案必须做到完整、准确、系统,并做到字迹清楚、图面整洁、装订整齐、签字手续完备,所有归档材料必须用油笔、黑色钢笔填写(包括拟写、修改、补充、注释或签名等),做到及时进行收集、整理、入盒、维护,定期对存档文件进行清理、汇总,编写卷内目录,直至立卷;并对与工程有关的资料严格做好保密工作;同时要求各承包人资料实行专人管理,文件资料按规定编号。工程施工过程中定期对承包人资料的归档情况进行监督、检查,保证资料的及时性、准确性、真实性。

3.5 合同管理

在本工程施工过程中,合同管理是监理工作的核心之一,它和技术管理互为补充,构成了监理工作不可分割的两大部分。合同管理工作的成败,直接关系到监理工程师能否进行有效的技术管理,直接关系到监理工作的成败。监理工程师在学习合同、熟悉合同、准确理解合同的前提下,认真履行各自监理职责,坚持做到两个"一",即"一切按程序办事,一切凭数据说话",以计划与进度控制为基础,抓住计量与支付这一核心,认真解决好分包、工程变更、延期和费用索赔等难点,充分利用工地会议这一必要手段,对工程合同进行了较好的管理。

3.5.1　合同管理的依据

合同管理的依据按优先顺序排列如下：合同协议书（包括补充协议）、中标通知书、投标报价书、专用合同条款、通用合同条款、技术条款、设计图纸、中标价的工程量清单、经双方确认进入合同的其他文件。

3.5.2　合同管理的主要内容

3.5.2.1　施工合同数量

监理工作中共有 6 个施工管理合同，包括：主体工程土建及安装施工承包合同（LH-GCZ－02－094）；计算机监控系统设计、制造承包合同（LHGCZ－06－155）；液压启闭机设计、制造承包合同（LHGCZ－04－117）；电气设备采购承包合同（LHGCZ－05－154）；甲供材料供货合同（LHGCZ－03－108）；爱登堡电梯供货与安装合同（HS20030824）。

3.5.2.2　合同管理的基础——计划与进度的控制

计划与进度的控制是合同管理的基础。计划与进度是否得到有效的控制，不仅关系到工程能否按期完成，也直接影响到其他一些问题的处理。例如延期和费用索赔的处理，都直接与计划、进度有关。

本工程中，监理工程师对计划与进度的控制主要包括两方面内容：对承包人工程计划的审查和对进度计划执行情况的监督。在合同条款中，充分赋予了监理工程师在这方面的权力。但是，要做好这一工作并不容易，监理工程师只有在熟悉、掌握合同条款、熟悉工程的各道工序的前提下，利用合同所赋予的权力督促承包人按计划完成工程，才能对承包人的进度和计划进行有效的控制。

3.5.2.3　合同管理的核心——计量与支付

计量与支付工作不仅是合同管理的核心，也是整个监理工作的核心。它是监理工程师行使权力和履行职责的根本保证，也是监理工作的最终成果。合同明确规定，承包人的每一道工序、每一单元工程必须得到监理工程师的认可后才给予计量与支付。监理工程师充分利用了这一权力，严格执行了计量与支付监理制度和程序，牢把月计量支付关，较好地控制了工程质量、进度、造价与支付。

3.5.2.4　合同管理的难点——工程变更

本工程合同主要为单价合同，工程变更内容多、新增项目种类繁杂，而承包人往往易寄希望于通过变更工程单价来获取更多利润。这都给监理工作带来很大工作量和工作难度，监理工程师通过严格掌握变更工程的单价原则，公平合理地确定变更单价，保证了项目法人的利益。

3.5.2.5　合同管理的必要手段——工地会议

工地会议是项目法人、监理单位、承包人三方就合同执行过程中所出现的各类问题相互交流、讨论、研究、决定的重要场所，也是监理工程师进行技术管理和合同管理不可缺少的必要手段。在工地会议上，监理工程师可以全面了解承包人的合同执行情况，并可就执行过程中的一些合同管理问题向承包人询问和发出指示。由于工地会议一般都要形成书面纪要，而工地会议纪要是合同执行过程中的重要书面文件，因此监理工程师充分利用工地会议，解决了合同管理中的很大一部分问题。

3.6　施工关系协调

施工过程中参建各方关系的协调是总监理工程师与各专业监理工程师的一项重要工作。总监理工程师(监理工程师)充分运用项目法人授予监理协调权限,根据实际情况及时协调工程建设各方以及施工质量、工期进度与合同支付之间的矛盾,及时发现问题和解决问题,尽力避免可能造成的延误、损失和合同纠纷。为此,监理处专门建立监理例会和专题会、协调会制度。例会和专题会主要内容包括:对本期工程进展、施工进度、安全生产、工程形象、施工质量、资源供应、设计供图、工程支付以及外部条件等各项工作进行检查,对下期工作作出安排。协调会由总(副总)监理工程师主持召开,监理处专人负责签到和记录,并于会后及时编报会议纪要,发送给有关各方,会议所作出的决定,有关各方需按合同文件的有关规定予以执行。

3.7　施工安全管理

3.7.1　安全监理工作程序

安全监理工作程序见图 15-1。

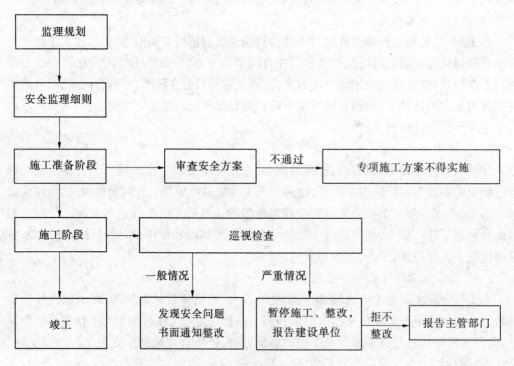

图 15-1　安全监理工作程序

3.7.2　施工准备阶段安全监理

(1)编制包括安全监理内容的项目规划细则。

(2)对危险性较大的专项工程编制监理实施细则。

(3)审查制造单位编制的施工组织设计中的安全技术措施和危险性较大的分部分项工程安全专项施工方案是否符合工程建设强制性标准要求,内容如下:

①基坑防护、土方开挖与高边坡防护、模板、起重吊装、脚手架拆除等分项工程。

②施工现场临时用电施工组织设计、安全用电技术措施、电气防火措施。

③冬季、雨季等季节性施工方案。

④施工总平面布置图是否符合安全生产的要求,办公、宿舍、食堂、道路等临时设施以及排水、防火措施是否满足要求。

⑤审查制造单位资质和安全生产许可证是否合法有效。

⑥审查项目经理和专职安全生产管理人员是否具备合法资格。

⑦审核特种作业人员的特种作业操作资格证书是否合法有效。

⑧审核制造单位应急救援预案和安全防护措施费用使用计划。

3.7.3　施工阶段安全监理

(1)监督制造单位按照施工组织设计中的安全技术措施和专项施工方案组织施工,及时制止违规施工作业。

(2)定期巡视检查施工过程中的危险性较大工程的作业情况。

(3)核查施工现场施工起重机械、脚手架、模板的架设安装与拆除和安全设施的验收手续。

(4)检查施工现场各种安全标志和安全防护措施是否符合强制性标准要求,并检查安全生产费用的使用情况。

(5)督促制造单位进行安全自查工作,并对制造单位自查情况进行抽查,参加建设单位组织的安全生产专项检查。

3.7.4　安全监理制度措施

(1)监理部设置安全监理工程师,同时监理部按照法律、法规和工程建设强制性标准实施工程监理。

(2)监理工程师应牢固树立"安全生产,人人有责"的思想,积极参加有关安全生产的学习教育,熟悉施工安全操作技术要求,并监督检查承包人的施工行为,发现违反安全操作规程的行为责令其立即整改。

(3)在审查施工组织设计和有关施工方案时,应认真审查承包人建立的安全组织机构和采取的有关安全防范措施。

(4)监理工程师应切实提高自我防护意识,进入施工现场必须佩戴个人防护用品,并自觉遵守施工现场安全防护规定。

(5)监理部必须审查承包人的施工组织设计中的安全技术措施或专项施工方案是否符合工程建设强制性标准。

3.7.5　汛期施工的安全监理

协助发包人审查设计人制订的防洪度汛方案和工程承包人编写的防洪度汛措施,协助发包人组织安全度汛大检查。及时掌握汛期水文、气象预报,协助发包人做好安全度汛准备和防汛防灾工作。

4　监理效果

在各级领导的关心和支持下,在工程各参建单位的共同努力下,主要监理效果如下。

4.1 质量

本次验收共涉及临淮岗船闸 13 个分部工程的全部单元。监理抽检的原材料及中间产品质量统计评定结果如下：

(1)水泥：抽检结果全部符合质量标准，合格。

(2)细集料：抽检结果全部符合质量标准，合格。

(3)粗集料：抽检结果全部符合质量标准，合格。

(4)掺和料：检测结果全部符合质量标准，合格。

(5)钢筋：抽检结果全部符合质量标准，合格。

(6)MU10 黏土烧结砖：抽检结果全部符合质量标准，合格。

(7)土样：抽检结果全部符合质量标准，合格。

(8)砂浆：抽检结果全部符合质量标准，合格。

(9)混凝土。

①C10：共抽检 8 组，根据《水闸施工规范》(SL 27—91)相关规定，其试块平均强度 $R_n = 12.95$ MPa，强度标准差 $S_n = 1.42$ MPa，按规定取 $S_n = 1.5$ MPa，因同时满足公式 $R_n - 0.7S_n = 11.9$ MPa $> R_标 = 10.0$ MPa；$R_n - 1.60S_n = 10.55$ MPa $> 0.80R_标 = 8.0$ MPa，判定合格。

②C20：共抽检 63 组，根据《水工混凝土施工规范》(SDJ 207—82)相关规定，其试块 28 天龄期抗压强度离差系数 C_v 值为 0.11，保证率系数 $u = 1.77$，相应强度保证值 $P = 96.65\%$。

③C25：共抽检 13 组，根据《水闸施工规范》(SL 27—91)相关规定，其试块平均强度 $R_n = 29.87$ MPa，强度标准差 $S_n = 3.79$ MPa，因同时满足公式 $R_n - 0.7S_n = 27.22$ MPa $> R_标 = 25.0$ MPa；$R_n - 1.60S_n = 23.81$ MPa $> 0.83R_标 = 20.75$ MPa，判定合格。

④C30：共抽检 3 组，根据《混凝土强度检验评定标准》(GBJ 107—87)相关规定，因同时满足 $R_均 = 38.87$ MPa $> 1.15R_标 = 34.5$ MPa 与 $R_{min} = 35.2$ MPa $> 0.95R_标 = 28.5$ MPa，判定合格。

⑤C40：共抽检 21 组，根据《水闸施工规范》(SL 27—91)相关规定，其试块平均强度 $R_n = 44.59$ MPa，强度标准差 $S_n = 2.84$ MPa，因同时满足公式 $R_n - 0.7S_n = 42.60$ MPa $> R_标 = 40.0$ MPa；$R_n - 1.60S_n = 40.04$ MPa $> 0.83R_标 = 33.2$ MPa，判定合格。

工程质量情况详见表 15-2。

临淮岗船闸单位工程共 13 个分部工程，分部工程质量全部合格，其中优良分部工程 12 个，分部工程优良率 92.3%，大于 50%，且主要分部工程质量优良；中间产品符合合格或优良质量标准；观感质量得分 89.3 分，大于 85；档案资料齐全；且工程未发生任何质量安全事故。该单位工程质量等级为优良。

4.2 投资

本工程共完成 7 个合同的工程款结算工作。在投资控制工作中，监理处及时投入大量的人力和时间，严格执行合同支付结算程序，严格按合同文件要求、设计图纸及工程情

表 15-2　单元工程质量情况表

单位工程名称	分部工程名称	单元数量	合格单元数量	其中优良单元数量	单元优良品率（％）	质量等级	监理抽检数量	抽检率（％）
临淮岗船闸	上引航道	104	104	75	72.1	优良	52	50.0
	上闸首	60	60	47	78.3	优良	8	13.3
	闸室段*	83	83	56	67.5	优良	57	68.7
	下闸首*	52	52	37	71.2	优良	38	73.1
	下引航道	106	106	71	67.0	优良	48	45.3
	主坝*	31	31	25	80.6	优良	22	71.0
	公路桥	85	85	77	90.6	优良	48	56.5
	上闸首金属结构及启闭机设备安装*	20	20	20	100	优良	16	80.0
	下闸首金属结构及启闭机设备安装*	20	20	20	100	优良	16	80.0
	封闭堤	34	34	31	91.2	优良	12	35.3
	闸首上部结构	111	111	—	—	合格	—	—
	电控设备安装	22	22	19	86.4	优良	8	36.3
	观测设施	10	10	8	80	优良	—	—

注：加*号为主要分部。

况进行计量，本着客观、公正和实事求是的原则，经过大量调查研究、认真细致的工作，工程投资得到了有效控制，完成的各项主要工程量见表 15-3，工程结算情况见竣工决算表（略）。

4.3　进度

虽然工程竣工日期有所推迟，但在参建各方努力下，工程前期各主要阶段性工期基本得到了有效控制，主要阶段性工期完成的情况为：2002 年 11 月 19 日，下游围堰完成并通车；2003 年 12 月 31 日，公路桥通车；2004 年 2 月 8 日，临淮岗船闸投入通航。

表 15-3　主要工程量表

序号	工程项目	单位	工程量	说明
1	拆除工程	元	2 899 271	包干
2	土方开挖	万 m³	23.2	
3	土方回填	万 m³	48.9	
4	钢筋制安	t	2 108	
5	混凝土及钢筋混凝土	m³	37 877	
6	砌石	m³	4 029	
7	反滤料	m³	888	
8	混凝土预制块	m³	1 805	
9	测压管	m³	366	
10	桥头堡	m²	2 700	
11	人字闸门制安	t	325	
12	启闭机	台套	4	
13	检修门制安	扇	2	
14	高压配电柜(箱)	台	7	
15	电线电缆	m	21 407	
16	控制屏	台	8	
17	铝塑板	m²	5 211	
18	玻璃幕墙	m²	508	
19	花岗岩	m²	407	
20	地面板	m²	723	
21	乳胶漆	m²	2 978	

4.4　安全

监理部按照安全监理要求审查了制造单位的施工现场临时用电安全、建筑施工高处作业、建筑机械使用安全、爆破作业安全、危险源分析和描述、起重吊装工程及模板工程等专项工程的安全施工方案;监督了制造单位按照施工组织设计中的安全技术措施和专项施工方案组织施工,及时制止违规施工作业;旁站监督了施工过程中的危险性较大工程的作业过程;核查了大型模板、脚手架和吊装工程等施工作业的安全设施的验收手续;检查了施工现场各种安全标志和安全防护措施是否符合强制性标准要求;定期对制造单位进行安全抽查;参加了建设单位组织的安全专项检查。临淮岗洪水控制工程临淮岗船闸与城西湖船闸在整个施工过程中没有发生一起人员和机械的安全生产事故。

5　经验与建议

5.1　做好基础工作是检验监理工作好坏的前提

工程质量的监理与检查,不能只限于外表的质量检验,还要做好质量监理的基础工作。如施工技术资料的整理,各项施工的原始记录、变更设计手续、各种材料试验报告,诸如混凝土的拌和生产记录、土样试验记录等,都是工程质量的写实,都是基础工作。这些内容都应认真地填写在规定的表格或记录在监理工作日记上,这些基础资料是记录和反映工程建设技术活动的依据,是工程验收的凭证,只有这样才能真正做到及时、准确、真实地反映工程的质量状况,这也是检验监理工作好坏的重要前提。

5.2　加强事前控制、主动监理是质量控制的重点

监理人员主动地参与承包人制定施工技术措施的过程,是保证将质量隐患消灭在正式施工之前的有效手段。监理人员积极参与施工技术方案的制定工作,使每项具体的施工细节既满足设计、规范要求,又符合工程的现有条件;同时,在工程实施过程中监理人员主动进行质量控制与监理,而不是等到工程完工后验收时才去检查工程是否存在缺陷,避免了一些本来可以及早发现和解决的质量隐患变成既成事实,造成不必要的返工。由于监理人员的积极参与,本工程施工方案的质量明显提高,施工过程质量得到了较好控制,避免了拖沓现象,也减少了质量隐患。

5.3　妥善协调各方关系是促进工程进度的有力保障

妥善处理与项目法人、设计人、承包人的关系,做好协调工作是监理工作的一项主要内容。本工程的实践证明,要使工程顺利实施,必须项目法人、设计人、监理、承包人四位一体密切配合,而监理单位从中要做大量的协调工作,要做好协调工作,必须在严格执行合同的前提下结合工程的实际情况灵活处理好各方的关系。

5.3.1　在与项目法人的关系上

受项目法人的委托,对合同进行综合管理,工作中监理工程师本着对项目法人负责、严格履行合同的宗旨,同时,在项目法人与承包人、设计单位意见不一致,或设想与现实不相符时,注意上下沟通情况,向项目法人提出建议,使项目法人做出正确决策。如在土方平衡问题上,监理处一方面根据现场情况随时向项目法人报告土源情况,一方面组织各方进行料场查勘,经综合考虑,统一了认识,为项目法人在土方平衡决策上提供了大量有效的依据。

5.3.2　在与设计单位关系上

工作中充分尊重设计意见,支持设计代表的工作,督促承包人按合同、设计图纸、有关规程和规范施工。对有关各方及承包人提出的合理化建议引起的设计变更,按设计审核权限与设计单位协商处理。

5.3.3 在与承包人关系上

监理是受项目法人委托代表其对工程全过程实行全面监督管理,因而在工作中既要维护合同的严肃性,督促承包人按合同条款保质、保量、按期完成工程项目,又要实事求是地处理好合同变更和协调解决有关技术、资金问题,保持公正的立场,不使承包人利益受损。工作中注意平等待人,尊重承包人的特点和施工经验,听取承包人对工程的改进意见,并主动协调承包人与有关各方的关系。工程开展期间,监理人员根据合同、规范及有关法律、法规编制了各单项工程的监理实施细则及操作规程,规范了监理程序,明确了质量要求,并以书面形式发送给相关承包人;在空闲时间,还向施工技术人员讲解监理要求,沟通信息,交流经验。所有这一切,不仅对保证工程质量、避免工程质量缺陷起到了良好的作用,同时也加深了监理处和承包人之间的理解。

5.4 信息管理是工程监理进行"三控制、两管理、一协调"的依据

信息资料是记录和反映工程建设技术活动的依据,是工程验收的凭证,也是各有关单位把该项工作看做是检验监理工作好坏的重要标准之一。将工程建设活动过程中直接形成的,具有保存价值的工程技术资料,依照国家、行业和地方的标准进行归档,这既是项目法人的要求,也是国家对工程档案事业的要求。在工程一开始,监理处就很注意做好本身的信息管理工作,始终保持工程资料与工程进度的同步一致,以保证信息资料的快速、准确、真实性。因为信息管理是进行工程监理活动的依据,也是检查承包人归档资料是否齐全的依据,还是发现质量问题、分析问题的依据。

6 附件

附件 1 监理机构人员一览表(略)。

附件 2 主要工程开、完工时间表(略)。

附件 3 工程建设监理大事记(略)。

第 3 节 设备监造监理工作报告

1 工程概况

荆山湖进洪闸的工作闸门为露顶式平面定轮钢闸门,门体尺寸为宽×高 = 9 960 mm × 8 000 mm,启闭机为 QPQ - 2 × 320 kN - 10 m 手电两用固定卷扬式启闭机。

为保证该工程钢闸门、埋件和启闭机的制造质量,监理部对该闸钢闸门、埋件和启闭机的制造过程进行监理。

2 监理规划

2.1 监理范围

本工程的监理范围为:荆山湖进洪闸的钢闸门、埋件和启闭机的制作阶段。

2.2 监理内容

(1)督促、检查制造单位严格按图施工,并严格执行图纸和合同规定的质量标准及规范。

（2）负责制造质量的监督及抽查检验工作，具体抽检工作内容如下：①原材料的取样检验（钢材的力学机械性能）；②单构件的制作质量检验；③门体几何尺寸和制造组装偏差检验；④闸门的焊接质量检验（焊缝外观质量检验和内部质量超声波探伤）；⑤闸门的喷锌防腐质量检验；⑥滚轮及滚轮轴、连接轴的装配质量检查；⑦止水橡皮的质量检验；⑧埋件的质量检验；⑨平面钢闸门的整体组装检验；⑩启闭机机架质量检查；⑪钢丝绳质量检验；⑫滑轮质量检验；⑬卷筒质量检验；⑭联轴器质量检验；⑮制动轮和制动器质量检验；⑯齿轮与减速器质量检验；⑰LT 型调速器质量检验；⑱滑动轴承质量检验；⑲滚动轴承质量检验；⑳组装与安装质量检验；㉑厂内组装质量检验；㉒无荷载试验质量检验。

（3）会同制造单位、设计单位及有关单位研究处理可能出现的工程质量事故，督促、检查事故技术处理方案的执行，最终对事故处理质量进行验收和签证。

（4）施工安全措施检查。包括：①制造单位应按有关规定落实安全措施，并报送监理工程师和建设单位备查；②监理工程师现场检查安全措施执行情况，并督促制造单位安全生产、文明施工。

（5）进度控制。按照进度计划要求审核制造单位的实际工程进度，若滞后，则要求制造单位及时采取措施，加大人力、物力投入，赶抢闸门和启闭机制造工期，在确保工程质量的前提下，按照合同文件规定的工期完成本工程的闸门和启闭机制造任务。

（6）投资控制。按照实际发生的工程量并依据招标文件等合同文件的规定来进行计量支付，审核制造单位的工程量报表。

（7）关系协调。协调制造单位和安装单位的关系，解决从制造到安装的衔接问题。

2.3　监理目标

本工程的钢闸门、埋件和启闭机制作阶段，监理的目标是，满足设计、合同和规范要求。

总工期按照进度计划的要求按期完工，争取提前完工。

投资控制按照实际发生的工程量来进行计量支付，控制在投资预算以内。

2.4　监理依据

本工程质量监理工作依据下列文件资料和标准、规范进行（不限于）：

（1）荆山湖进洪闸工程监理合同书。

（2）施工合同、投标文件和有关协议。

（3）本工程闸门和埋件部分的设计图纸（设计说明书、设计变更和其他有关文件）。

（4）国家有关现行规范、标准，包括：①《水利水电基本建设验收规范》；②《水利水电工程施工质量评定规程》；③《水利水电基本建设工程质量管理若干规定》；④《水利水电基本建设单元工程质量等级评定标准·金属结构及启闭机械工程（试行）》；⑤《水利水电工程钢闸门制造及验收规范》；⑥《水工金属结构焊接通用技术条件》；⑦《钢焊缝手工超声波探伤方法和探伤结果的分级》；⑧《涂装前钢材表面锈蚀等级和除锈等级》；⑨《热喷涂锌及锌合金涂层试验方法》；⑩《金属拉力试验方法》；⑪《金属弯曲试验方法》；⑫《水工金属结构防腐蚀规范》；⑬《水利水电工程启闭机制造、安装及验收规范》。

2.5　检测采用设备和方法

监理抽查检验所用设备和采用方法如下：

（1）原材料的取样检验（钢材的力学机械性能）采用 100 t 万能试验机进行试验。

（2）单构件的制作质量、门体几何尺寸和制造组装偏差、滚轮及滚轮轴的装配质量、止水橡皮和埋件的质量检测以及闸门的调试检验等采用弦线及垫块、钢板尺、米尺、游标卡尺、垂球等配合进行检测。

（3）闸门的焊接质量检验：焊缝外观质量检验采用焊规，焊缝内部质量超声波探伤采用 CTS – 26 型超声波探伤仪。

（4）闸门的喷锌防腐质量检验采用 HCC – 24 型电脑涂层测厚仪（检测锌层厚度）辅以划刀、胶带（检验锌层和基体的结合性能）。

3 监理过程

3.1 质量控制

对本工程工作闸门、埋件和启闭机制造阶段进行监理，即在制造过程中，对各工序的工程质量进行检测、监督和控制，确保上一道工序的工程质量检验合格后才能进入下一道工序。为严把质量关，使制造质量达到设计或有关规范的要求，采用"对技术资料的审查认可和制造过程中质量控制"（即软件和硬件）双控制法进行质量控制。

3.1.1 开工前准备工作

要求制造单位及时提交施工组织设计、原材料出厂质量保证书（合格证）、焊工合格证等给监理工程师，并对原材料（钢板和型钢）进行取样检验（主要是钢板的力学机械性能）。监理工程师对上述文件进行审查并批准后实施。

对于下列关键项和关键部位的施工，要求制造单位在施工组织设计中务必提出详细具体的施工方案和技术措施，经监理工程师审查批准后实施：

（1）闸门主要单构件和门体拼焊的焊接工艺规程；

（2）闸门主要单构件和门体的焊接变形控制措施；

（3）焊接质量检验方法（包括焊缝外观质量检验和内部质量无损探伤）；

（4）滚轮轴及吊轴的制作装配方案；

（5）止水装配方案（必须保证顶、侧、底止水及其结合部的止水效果）；

（6）闸门个别零部件达到其表面粗糙度要求的制作加工方案；

（7）闸门的防腐处理方案；

（8）闸门现场吊装的施工方案；

（9）启闭机采购计划与安装计划；

（10）确保"安全生产、文明施工"的技术措施。

3.1.2 施工过程中质量控制

本工程施工阶段施工过程中质量监理工作的一般原则是在每道工序施工过程中进行事前控制、事中监督、事后分析总结。具体施工质量控制程序如下：

（1）要求制造单位建立健全质量保证体系。具体要求是：①制定明确的质量目标；②建立班组自检和专职质检员复检的二级质检体系；③制定明确的岗位责任制。上述内容要求制造单位形成书面文件提交监理工程师备案。

（2）实行工序检查认可制。单元工程（包括闸门内场制作各道工序）施工必须经三级自检合格后向监理工程师报验,监理工程师查验合格后,方能进行下一道工序施工;若经监理工程师查验不合格,必须进行返工处理,直至合格为止,坚持质量不合格不认可,坚决杜绝上一道不合格工序进入下一道工序,并通过建设单位将工程质量与工程进度款支付直接挂钩,对未经质量监理单位认可的工程,建设单位拒绝拨付工程款。

(3)旁站监督和检查抽查相结合。监理工程师在施工现场随时进行质量监督和随机查验,对施工工序的关键项和关键施工部位进行旁站监督(例如对闸门单构件和门体拼焊、门体变形矫正、止水装配、滚轮和滚轮轴的制作装配等进行旁站监督,对门体几何尺寸、制造组装偏差和焊接质量检验等进行检查抽查),发现不规范的施工行为则立即下达整改指令,要求制造单位立即答复并执行。

3.2　质量检验

3.2.1　原材料质量检验

闸门所用的原材料(钢板、焊条、锌丝、止水橡皮、防锈漆以及其他辅助材料等)进厂后,均核对其材料出厂质量合格证书,并对闸门所用主要材料钢板的力学性能(屈服点、伸长率、抗拉强度和冷弯性能)进行了取样送检。

由各主要规格钢板的力学性能检验结果和各种材料的质量保证书的检验数据统计得出,本工程所用原材料全部满足 DL/T 5018—94 规范的要求。

3.2.2　单构件制作质量检验

本工程的平面钢闸门采用整体拼装的制作方案,在制作过程中无成形的单构件,所以单构件制作质量检验最终与门体几何尺寸及制作组装偏差检验共同进行。

3.2.3　门体几何尺寸及制作组装偏差检验

本检验项目根据闸门内场制作和现场所具备的检测条件,对规范要求的检测项目尽可能进行检测,闸门门体几何尺寸及制作组装偏差检测结果均达到了 DL/T 5018—94 规范的要求。

3.2.4　焊接质量检验

焊缝质量检验主要针对一、二类焊缝,焊缝外观质量检测沿焊缝长度方向逐项进行,焊缝内部质量检验采用超声波探伤。凡焊缝质量不合格者均要求制造单位返修后复检。

3.2.4.1　焊缝外观质量检验

焊缝外观质量检验主要内容有裂缝夹渣、咬边(最大咬边深度、连续咬边长度、两边累计最大咬边长度)、对接焊缝余高、焊缝宽度、角焊缝尺寸以及气孔等项指标,检验过程中对闸门均进行了上述指标的抽检。各项指标均达到了 DL/T 5018—94 规范的要求。

3.2.4.2　焊缝内部质量超声波探伤

根据 DL/T 5018—94 规范,焊缝探伤针对闸门门体的一、二类焊缝,检验等级采用 B 级,探伤比例对应于一、二类焊缝分别为 50% 和 30%,探伤方法为横波斜入射单探头直接接触法,对被探焊缝进行单面双侧或双面单侧扫查。探测仪器和探测条件如下:

(1)仪器型号:CTS-26 型超声波探伤仪;

(2)调节试块:CSK-ⅠB、RB-1 和 RB-2 型试块;

(3)探头规格:5Z8×12K3.0 斜探头;

(4)仪器调节方法:水平距离 1:1 调节;

（5）探伤灵敏度：不低于评定线 DAC – 16 dB；

（6）焊缝两侧探头移动区经除锈并打磨平滑，采用糨糊为耦合剂，工件表面耦合补偿经测试为 2 ~ 4 dB。

根据 DL/T 5018—94 规范，焊缝探伤时为探测纵向缺陷，斜探头保持垂直于焊缝中心线在探伤面上作锯齿形扫查，同时作 10° ~ 15° 的左右转动；为探测焊缝及热影响区的横向缺陷，斜探头在焊缝两侧边缘与焊缝中心线成 10° ~ 20° 作斜平行和平行扫查。在发现焊接缺陷后，采用前后、左右、转角、环绕等扫查方式，以确定缺陷的位置、方向、形状和观察缺陷动态波形，并综合判定缺陷性质。

DL/T 5018—94 规范规定，焊缝超声波探伤结果按 GB 11345—89 标准有关规定进行评定，一类焊缝 BⅠ级为合格，二类焊缝 BⅡ级为合格。闸门抽检焊缝的内部质量超声波探伤评定结果如下：

（1）一类对接缝均达到了 GB 11345—89 标准规定的 BⅠ级要求，符合 DL/T 5018—94 规范的要求；

（2）二类对接缝（面板对接缝）均达到了 GB 11345—89 标准规定的 BⅡ级要求，符合 DL/T 5018—94 规范的要求；

（3）一类 T 形组合缝（主梁 – 边梁的腹板连接角焊缝）和二类 T 形缝均普遍存在未焊透现象，但其未焊透深度小于板厚的 25%，且不大于 4 mm，符合 DL/T 5018—94 规范第 4.4.9 条规定，且焊接工艺满足设计要求，故该焊缝内部质量抽检结果符合 DL/T 5018—94 规范的要求。

3.2.5　喷锌防腐质量检验

喷锌防腐质量的检验内容分为外观质量、锌层厚度和附着力三项，其中外观质量又分为表面均匀性、气泡秃斑和黏附金属三个小项。凡喷锌防腐质量抽查检验不合格者均要求制造单位返修处理后复检。

（1）外观质量：采用目测法，以每扇闸门实测锌层厚度的总体统计标准差和目测相结合来综合评价其表面均匀性。在外观质量检验过程中，发现闸门均有局部锌层表面颗粒粗大现象（喷锌时锌丝雾化较差所致）。闸门表面均匀性一般，无大面积的气泡、秃斑和黏附金属。外观质量基本符合 DL/T 5018—94 规范的要求。

（2）锌层厚度：用磁性涂层测厚仪采用十点法检测锌层厚度，即闸门门体表面每 10 m^2 抽检 3 dm^2 的面积作为一个测区，其内按规范有关技术要求布置 10 个测点，实测 10 点厚度平均值（称为局部厚度）小于设计值的 80% 时应予补喷。为准确反映闸门门体的喷锌厚度，实测测区数略高于规范规定。闸门门体各部位测区布置见表 15-4。

表 15-4　喷锌厚度检测区布置

检验部位	横梁	左右边梁	纵梁	面板	总计
测区数	10	4	4	30	48
说明	实测测区数略高于规范规定				

按上述测区数对闸门进行检测，检测过程中发现闸门的锌层厚度均匀性较差，且因现

场操作条件限制,闸门局部死角处喷锌厚度值偏低。抽检闸门的测区厚度平均值均达到了设计和 DL/T 5018—94 规范的要求,抽检结果达到合格标准。

(3)附着力:采用网格粘贴法检测锌层与基体的结合性能;此项检测内容还涉及除锈等级(规范规定为 Sa2.5),为保证喷锌质量,喷锌前对闸门表面的除锈等级亦进行了抽检(用标准照片来对比衡量闸门表面的除锈情况)。闸门的除锈等级和锌层结合性能均达到了 DL/T 5018—94 规范和 GB 9794—88 标准规定的质量要求。

3.2.6　埋件质量检验

闸门埋件的制作质量抽查包括制作质量和防腐质量,按照规范规定的有关检测项目进行了抽检,检测结果符合 DL/T 5018—94 规范的要求。

3.2.7　启闭机整机质检资料检查

启闭机制作组装过程中,主要查验其各零部件的相关自检资料,并加强对外协(购)件质量保证资料的查验。主要查验内容如下:机架焊缝探伤报告,主要零部件的制作质量自检资料,原材料与外协(购)件的相关质量保证资料,需要进行热处理的零部件的热处理报告以及出厂合格证等。

3.3　进度控制

按照进度计划要求审核制造单位的实际工程进度,若滞后,则要求制造单位及时采取措施,加大人力、物力投入,赶抢闸门和启闭机制造工期,在确保工程质量的前提下,按照合同文件规定的工期完成本工程的闸门和启闭机制造任务。

3.4　投资控制

按照实际发生的工程量并依据招标文件等合同文件的规定来进行计量支付,审核制造单位的工程量报表。

3.5　安全控制

3.5.1　施工准备阶段的安全监理措施

主要是制定安全监理程序;调查可能导致意外伤害事故的其他原因;掌握新技术、新材料的工艺和标准;审查安全技术措施;审查承包人开工时所必需的施工机械、材料和主要人员是否处于安全状态;审查承包人的安全自检系统。

3.5.2　施工阶段的安全监理措施

监理部人员对施工过程中的安全生产工作进行全面的监理。主要是审查各类有关安全生产的文件;审核进入施工现场各单位的安全资质和证明文件;审核承包人提交的施工方案和施工组织设计文件中安全技术措施;审核承包人提交的有关工序交接检查、分部(项)工程安全检查报告;审核并签署现场有关安全技术签证文件;现场监督与检查。

检查承包人建立的安全管理机构和施工安全保障体系,审核施工安全措施和施工作业安全防护规程手册。同时,监理部还督促承包人设立专职安全员,以全部工作时间用于施工过程中的安全检查、指导和管理,并及时向监理部反馈施工作业中的安全事项。

工程施工过程中,要经常检查施工安全措施的执行情况,重点检查施工临时用电、起重吊装作业和作业环境的施工安全。

4　监理效果

本工程在平面钢闸门和埋件的制作过程中,通过工程监理,加大了质量控制力度,对施工过程中各工序的质量检验,实行制造单位的"三检制",自检合格后向监理工程师报验,监理工程师随即对有关检测项目进行检验,再对制造单位上报的质检资料进行全面检查(必要时对有关项目进行复验),最后根据有关评定规范和标准,进行单元工程质量评定。按照上述程序进行单元工程质量评定,该工程(闸门制作部分)检测资料齐全,检测方法科学合理,数据真实可靠,外形美观,符合设计和规范要求;施工过程中未出现任何质量、安全事故。

单元工程质量评定结果:闸门制造单元和埋件制造单元的工程质量均为优良。

闸门、埋件制造质量情况如下:

(1)门叶、埋件制造几何尺寸:门叶、埋件外形尺寸合格。

(2)焊缝:所有焊缝外观质量合格;一、二类焊缝探伤合格。

(3)防腐:未发现隐蔽部位的漏除及漏喷,除锈质量良好,达到规范及图纸的设计要求,喷锌局部厚度一般均在 128 ~ 196 μm 范围内,复合层厚度一般均在 302 ~ 379 μm。

(4)试组装:厂内平台组装的平整度符合规范要求,滚轮尺寸符合规范要求,止水安装符合规范要求。闸门整体拼装后运往工地。

启闭机制作组装过程中,主要查验其各零部件的相关自检资料,并对外协(购)件加强了质量保证资料的查验,启闭机整机制作质量符合设计图纸和 DL/T 5018—94 规范的要求。

(5)原材料:用于本工程的启闭机制造材料其质量标准与规范和设计文件一致,未发现错用、误用情况。

(6)零部件:本工程启闭机除机架、卷筒轴、轴承座、齿轮护罩等由六安恒源机械厂自行加工外,卷筒、大小开式齿轮等均由外协厂家制作,减速器、轴承、荷载限制器由专业制造厂进行配套。上述零部件加工质量其几何尺寸均符合设计图纸的规定,外协件进厂经复查、验收合格。

(7)组装:所有零部件均在合格状态下进行组装;电减速器、制动器、负荷传感器由专业制造厂进行了保障;启闭机的齿侧间隙在 0.35 ~ 0.60 mm 之间,啮合面积高达 30% 以上,齿长方向未达到 40%,有待进一步跑合,满足规范规定的最大最小保证侧隙要求;大、小齿轮齿面硬度均在 HB 220 ~ 270 之间,制动轮径向跳动均在 0.08 ~ 0.1 mm 之间,负荷限位开关已在厂内初调。启闭机运行平稳,无冲击及刮碰现象;三相电流平衡度一般均在 6% ~ 7% 范围,满足规范 ±10% 的要求;噪音值经测定,一般均在 76 ~ 80 dB(A) 范围,小于规范 85 dB(A) 的要求;除锈等级为 Sa2.5 级,粗糙度 40 ~ 60 μm,除锈质量符合规范要求;启闭机厂内组对组装,其吊点中心距符合设计要求;手摇机构正、反向灵活,无卡阻,互镀开关齐全;整机装配质量其关键控制工序符合设计及规范要求。

按照进度计划要求审核制造单位的实际工程进度,若滞后,则要求制造单位及时采取措施,加大人力、物力投入,赶抢闸门和启闭机制造工期,在确保工程质量的前提下,按照合同文件规定的工期完成本工程的闸门和启闭机制造任务。进度控制最终结果基本符合总进度计划要求,较合同文件的规定工期稍有滞后。

按照实际发生的工程量并依据招标文件等合同文件的规定来进行计量支付,审核制造单位的工程量报表。投资控制最终将控制在工程预算目标内。

通过对制造单位制作准备阶段的安全技术措施和部分安全专项技术措施审查及实施阶段安全技术措施落实情况的监督、巡查、核查、旁站等控制措施，本制作过程没有发生一次质量和人员机械安全生产事故，有关安全生产的资料已按规定立卷归档。

5　经验与体会

(1)工程建设过程中需要处理好质量、进度、投资之间的关系，此三者是矛盾统一的关系。本工程质量监理的目标是创优良工程，但施工过程中的质量控制不可避免地受到种种因素的影响，必须在确保质量的前提下，加快工程进度，控制工程投资。在实施过程中，必须狠抓关键线路上的工程质量，发现有质量意识下降的苗头，务必及时纠正。

(2)制造单位随时会向监理工程师报验某一工序的工程质量，对此，监理工程师必须作出快速反应，及时给予查验认可，避免因对工程质量的查验不及时而人为地影响工程进度。

(3)通过制定监理方和制造单位必须遵守的工作程序，如未经制造单位质量自检合格，监理工程师不予查验，未经质量监理方检验认可的工程，建设单位不拨付工程款等，来促使制造单位建立健全质检体系，从而进一步加强和提高其自身的质量意识。

(4)监理单位应督促制造单位根据工地现场情况决定闸门、埋件和启闭机运往工地现场的时间，并处理好金属结构安装与土建工程施工之间的关系，使之很好地相互衔接。

(5)当金属结构工程的制作单位与安装单位是两家不同的单位时，监理单位应搞好两者的关系协调，使之协助配合，解决从制造到安装的衔接问题。

第 4 节　水土保持监理工作报告

1　工程概况

临淮岗洪水控制工程位于淮河干流中游的安徽省霍邱、颍上两县。主体工程建设内容包括：填筑主、副坝土坝，加固改建副坝穿坝建筑物，加固 49 孔浅孔闸，新建深孔闸、临淮岗船闸及姜唐湖进洪闸，加固城西湖船闸下闸首，新建封闭堤，扩挖上下游引河。工程的主要任务是，当淮河上、中游发生 50 年一遇以上大洪水时，配合淮河其他防洪工程，调蓄洪峰，控泄洪水，使淮河中游防洪标准提高到 100 年一遇。

临淮岗船闸与城西湖船闸之间筑 800 m 长新堤与主坝封闭。封闭堤设计堤顶高程为28.9 m，顶宽 8.0 m，建筑物附近堤段加高。一般堤段按标准断面填筑，老河道封堵段在内外侧加设 10 m 宽平台。在新筑堤段按现有堤顶路面标准建堤顶泥结石道路，堤外干砌块石护坡。

临淮岗洪水控制工程安徽省实施项目水土保持内容包括：

(1)临淮岗船闸与城西湖船闸之间封闭堤。

(2)临淮岗船闸左、右岸新筑堤。

(3)城西湖船闸右岸翼墙后及区域平台绿化。

(4)生产、生活区的绿化。

本工程项目法人单位为水利部淮委临淮岗洪水控制工程建设管理局;项目法人现场代表为临淮岗洪水控制工程安徽省建设管理局;质量监督单位为安徽省水利工程质量监督中心站;设计单位为安徽省水利水电勘测设计院;主体工程承包人为安徽省水利建筑安装总公司;安徽省大禹工程建设监理咨询有限公司负责该植物防护工程的监理工作。

2 监理规划

2.1 监理依据

(1)《水利工程建设监理规定》(水利部令第 28 号,2006);

(2)工程建设方面的法律法规;

(3)水利工程建设强制性标准;

(4)临淮岗洪水控制工程水土保持植物防护工程设计文件。

2.2 监理工作任务

2.2.1 施工准备阶段

根据监理合同,监理工程师及时进入施工现场,对施工准备工作进行监理,督促建设单位按建设合同提供各种施工条件,督促承包人及时做好各项开工准备工作,发布开工令。

同时,根据施工项目设计,结合项目施工技术要求和技术规范、规定等,编制监理规划和监理细则,并提出监理计划。

具体工作任务如下:

(1)对确定进行招标的项目,协助编制审查招标、评标文件,协助审查投标单位资格。

(2)协助评审标书。

(3)协助起草工程承包合同。

(4)协助工程材料和设备选择、选购,审定其是否符合设计要求。

(5)参加设计人向承包人的技术交底,检查设计文件是否符合规范、规程及有关技术标准的规定。

(6)审查承包人提交的施工组织设计,重点是施工部署、施工组织及进度计划、质量保证措施、劳动力安排等,以确保工程施工质量、工期和费用控制。对承包人提交的施工技术措施、施工规程等进行审定,检查施工测量控制点、施工放样数量、位置等,确保正常施工。

2.2.2 施工阶段

按监理合同要求,监理单位的监理机构、监理人员都要进入施工工地,对施工过程进行质量、进度、投资控制,建立健全监理工作信息管理系统,协调建设各方之间的关系,确保按合同规定达到项目的目标。

具体工作任务如下:

(1)审查承包人的质量保证体系,按国家的技术规范与验收标准监理该工程施工质量,对严重影响工程质量的施工有权制止,对制止不理的有权下达停工令。

(2)审查承包人是否按照提交的施工组织设计进行组织施工,包括施工技术方案和施工进度计划,并督促其实施。

(3)协助编制用款计划,复核已完成的工程量,签署工程款支付证书。

(4)检查工程使用的种苗、草种等的质量及数量,检查其生产销售许可证、检疫证等证件是否齐全,并对其进行抽检和复验。

(5)检查进场材料相关证件是否齐全,并进行抽检,对不符合质量要求的禁止进入工地和投入使用。

(6)监督承包人严格按照设计要求进行施工。

(7)抽查工程施工质量,对重要工程部位(基础开挖、隐蔽工程等)和主要工序(进场材料检验、苗木检验等)进行旁站监理,参与工程质量事故的分析和处理。

(8)检查工程进度存在的问题。

(9)分阶段协调施工进度计划,适时提出调整意见,控制工程总进度。

(10)协调发包人、设计人、承包人之间的关系,参加处理合同纠纷和索赔事宜。

(11)督促承包人安全生产、文明施工以及规范施工技术档案资料。

(12)检查承包人的工程自检工作,数据是否齐全,填写是否正确,对制造单位质量评定自检工作做出综合评价。

(13)组织对施工中存在的问题督促整改,对工程质量提出评估意见,协助发包人组织竣工验收。

2.2.3　竣工验收阶段

具体工作任务如下:

(1)督促、检查承包人及时整理竣工文件和验收资料,审查工程竣工验收报告,提出监理意见。

(2)根据承包人的竣工报告,编写监理工作总结,提出工程质量评估报告。

(3)协助发包人组织阶段验收,根据有关规定审查承建单位提交的竣工报告、重要图纸资料,并督促整理汇报。

(4)协助发包人按国家规定对工程进行竣工验收和工程移交,向发包人移交工程档案、资料等。

(5)协助建立工程管理机构、管理制度和管理措施。

2.3　监理范围、内容及目标

2.3.1　监理范围

本工程建设监理主要是施工实施阶段的全过程全面监理。在施工承包合同签订后,则在发包人授权范围内协助发包人管理并监督施工承包合同的执行,负责工程质量、进度、投资控制,合同及信息管理,以及本工程项目内的组织协调和主要设备器材的监督管理工作。

监理的具体植物防护项目为:

(1)临淮岗船闸与城西湖船闸之间封闭堤。

(2)临淮岗船闸左、右岸新筑堤。

(3)城西湖船闸右岸翼墙后及区域平台绿化。

(4)生产、生活区的绿化。

2.3.2　监理内容

本工程监理工作的主要内容是"三控制、两管理、一协调",即投资控制、进度控制、质量控制,合同管理、信息管理及组织协调。

2.3.3　监理目标

监理工作主要是对本工程项目进行目标控制,尽可能好地实现工程项目控制目标、进度目标、质量目标,使工程项目的实际控制不超过计划控制,实际工期不超过计划工期,实际质量保证达到技术规范和设计文件规定的要求,为实现项目的总体目标服务。其具体目标如下。

2.3.3.1　"三控制"即质量控制、进度控制、投资控制

质量控制目标:使其所有工程质量均符合合同文件中列明的质量标准或监理工程师同意使用的其他合理标准。

进度控制目标:使其工程进度满足施工进度安排,即该项目水土保持工程的工程措施在2003年年底落实实施;在不受施工影响的防治责任范围内的植物措施要求在2003年上半年完成,余下的植物措施在2003年年底全部完成。

投资控制目标:在不受施工、其他自然或人为因素变化影响的情况下,使其水土保持投资控制在水土保持方案概算范围内。

2.3.3.2　"两管理"即项目合同管理和信息管理

合同管理目标:使其各合同规定的责任事项和法定承诺得以妥善履行。

信息管理目标:做到信息准确、及时、通畅,并且使建设过程中设计、材料和设备供应等符合施工节奏,保证各工程技术、经济资料得到及时整理。

2.3.3.3　"一协调"即协调参建各方关系

达到人与工程建设和谐发展的目标。

2.4　监理组织机构

本工程施工监理和水土保持监理机构均为安徽省大禹工程建设监理咨询有限公司,根据本工程的具体情况,本着"满足监理工程需求,精干、高效"的原则,我们确定本项目监理班子组成为:总监理工程师1名、监理工程师2名。

2.5　项目组织

2.5.1　发包人与监理人的关系

本工程项目建设监理是受发包人的委托,监理人派出由总监理工程师、监理工程师、监理员组成的专业齐全的项目监理部,作为现场监理工作执行和管理工作机构。依据发包人的授权,按施工合同、水利工程建设监理规定及其他有关法律法规,对本工程项目进行监理。

监理人对所属监理人员的错误和过失承担应有的责任。在与第三方交往中,监理人应始终坚持"公平、公正"的原则维护发包人的合法利益。

2.5.2　监理人与设计人的关系

监理人受发包人的委托,核实转发设计人的设计图纸和文件,并组织设计人进行交底,协调设计与施工关系。

2.5.3　监理人与施工承包人的关系

监理人与施工承包人(包括材料供应商、设备供应商)之间是监理与被监理的关系。监理工程师依照发包人授权,根据主管部门关于开展工程监理的有关规定,依据发包人与承包人签订的工程承包合同进行工作;在发包人授权范围内指导、检查、监督承包人严格履行承包合同的职责和义务。

监理人员不得在同一工程建设工程中参与非委托方的经营性活动,也不得在承包方供职或作为合作伙伴。监理工程师在工作过程中,要做到求实、科学、廉洁和公正,切实维护发包人的利益,尊重和维护承包人的合法权益,并达到维护国家利益的目的。

2.6　监理工作制度

为了搞好本工程的施工监理工作,完成该工程的监理任务,促使合同目标顺利实现,监理单位制定了监理大纲、监理规范和监理细则等文件。在这些"规划"和"细则"当中,明确了监理依据,制定了具体的监理工作程序。

建立健全内部规章制度,是切实做好监理内部管理的基础。为了保证监理工作的有序开展,我们制定了完整的监理工作规章制度和监理人员考核标准。如建立监理岗位责任制、监理工作制度、监理工程师考评实施细则、业务学习制度、工地监理例会制度、廉政纪律等规章制度。明确各级监理人员的权限及奖惩规定,推行监理工作程序化、标准化和科学化。

在水土保持监理实施过程中,根据实际工作情况,又补充、完善有关监理人员绩效考核、监理办内部管理等方面的规定,以保证监理内部管理体系的有效性,促使监理工作向程序化、规范化、标准化方向发展,取得了良好的实效。

监理人员实行岗位责任制,合同中规定了监理人员的责任、义务和权利,使监理人员责、权、利明确,并使监理工程师的权限和行为受到了规范的制约与约束。

在监理岗位责任制的基础上,依据技术规范的有关质量控制的要求,制定了监理人员岗位工作考核标准和考核实施细则,对工作能力差的监理人员及时清理出场,对考核不称职的监理人员按有关规定严肃处理,对工作业绩显著的监理人员进行表彰奖励。

为了使监理工程师按照"守法、诚信、公正、科学"的准则开展监理工作,工程一开始,对监理人员进行了岗前教育,为迅速适应工作需要,尽快进入角色,又接着组织监理工程师熟悉技术规范,熟悉与监理工程有关的合同文件。在日常工作中,一方面抓监理人员的业务学习,提高其专业理论水平,同时,不放松对监理人员的纪律教育、职业道德教育,让每一个监理人员爱岗敬业,遵纪守法,时时规范自己的行为;另一方面,加强对监理人员的监督,发现问题及时纠正和处理。

2.7　监理工作方法与手段

2.7.1　工作方法

监理工程师和发包人都围绕提高投资效益这一共同目标,处理好不同问题,如施工措施计划、设计变更,施工过程的停工、返工处理,单价增减、工程进度款的支付、承包方的重要批文等问题,这些问题均由监理人与发包人充分交换意见后解决处理,实践证明,效果较好。

2.7.2 监理手段

(1)监理工作以巡视监理为主,旁站监理为辅,重点控制关键工序和要害部位(如工程措施的基础开挖和隐蔽工程部分)。现场旁站与巡视,是进行施工质量控制的主要工作方法之一。从开工条件的检查,到施工工序和隐蔽工程,直到单元工程的质量评定,监理工程师都严格进行旁站或现场巡视,实行全过程的质量监督和检查,针对本工程的特点和制造单位的实际,实现关键部位的全过程旁站和现场巡视,是监理部进行质量控制的主要工作方法。

(2)监理指令。"监理指令"是监理单位给承包人下达的重要函件,重要的监理指令尽可能以书面形式来传达。

2.8 工程质量评定

监理工程师对水土保持工程建设质量评定,依据水土保持各项治理措施的有关质量评定方法和标准,对照施工质量的具体情况,分别对水土保持生态工程建设各项工程的质量等级进行确定。

水土保持工程建设工程质量评定以单元工程为评定基础,其评定的先后顺序是单元工程、分部工程、单位工程及工程项目。

2.8.1 单元工程

单元工程质量标准具体分为保证项目、基本项目、允许偏差项目三类,主要采用随机抽样分别对其基本项目、保证项目、允许偏差项目取点(7~10点或样)进行测量。

(1)基本项目。指在质量检验评定中工程质量应基本符合规定要求的指标内容。基本项目的要求,对"合格"或"优良"等不同等级的单元工程,在质与量上均有差别。在质的定性上,往往用"基本符合"与"符合"来区别"合格"与"优良"。在量上,如用测点总数中符合质量标准的点数的百分比来区分"合格"或"优良"。

(2)保证项目。它是指在质量检验评定中,必须达到的指标内容,是工程质量的一般原则或要求。无论单元工程的质量等级是"合格"或"优良",都要求其质量指标符合规定。如基底或前一个单元必须符合设计或施工规范要求的质量标准;原材料如水泥、砂石料等都必须符合质量标准。

(3)允许偏差项目。指在质量评定中允许有一定偏差的项目。对"合格"与"优良"单元工程质量要求的区别,可以用不同的偏差在表中表示,也可用总测点数中符合质量标准的点数的不同百分比来表示。

单元工程是日常质量考核的基本单位,且每一个单元工程必须在前一个单元工程检验"合格"后才能进行施工。因此,每一单元保证项目和基本项目必须全部合格,允许偏差项目的合格率也必须在规定的范围内。

按照现行的水土保持基本建设工程单元工程质量等级评定标准,单元工程质量"合格"和"优良"的标准划分如下:

(1)合格。保证项目和基本项目符合相应合格质量标准;允许偏差项目每项应有70%的测点在相应的允许偏差质量标准的范围内。

(2)优良。保证项目符合相应的质量标准;基本项目必须达到优良质量标准;对土方工程,允许偏差项目每项应有90%的测点在相应的允许偏差质量标准的范围内。

单元工程质量达不到合格的规定要求时,必须及时处理。对全部返工的,可重新评定质量等级;经加固并经鉴定达到质量要求的,其质量只能评定为合格;经鉴定达不到设计要求,但经建设单位(监理)认为能够满足基本安全与使用要求的,可不加固,其质量可按合格处理。

2.8.2 分部、单位工程和工程项目等级评定

分部工程、单位工程和工程项目质量等级分为“合格”和“优良”两个标准。

2.8.2.1 分部工程的质量等级标准

(1)合格标准:单元工程质量全部合格;中间产品质量和原材料质量全部合格。

(2)优良标准:单元工程质量全部合格,其中有 50% 以上达到优良,重要隐蔽工程的单元工程质量达到优良;中间产品质量和原材料质量全部合格。

2.8.2.2 单位工程质量等级标准

(1)合格标准:分部工程质量全部合格;中间产品质量和原材料质量全部合格;外观质量得分率达到 70% 以上;施工质量检验资料基本齐全。

(2)优良标准:分部工程质量全部合格,其中有 50% 以上达到优良,重要分部工程的质量达到优良,未发生过重大质量事故;中间产品质量和原材料质量全部合格;外观质量得分率达到 85% 以上;施工质量检验资料齐全。

2.8.2.3 工程项目质量评定标准

(1)合格标准:单位工程质量全部合格。

(2)优良标准:单位工程质量全部合格,其中有 50% 以上达到优良,且主要建筑物单位工程的质量达到优良。

2.8.3 工程质量评定的组织与管理

单元工程由承建单位质检部门组织评定,建设(监理)单位复核。

重要隐蔽工程及工程关键部位由承建单位自评合格后,由建设(监理)、质量监督、设计、承建单位等组织评定小组,核定其质量等级。

分部工程和单位工程质量评定在承建单位自评的基础上,由建设(监理)单位复核,报质量监督机构审查审定。

工程项目的质量等级由项目质量监督机构在单位工程质量评定的基础上进行核定。

3 监理过程

3.1 质量控制

质量控制历来是监理工作的中心任务,没有质量就没有一切,更谈不上进度和效益。因此,监理部一进驻工地现场,就把质量控制当做一切工作的重中之重,坚持“质量第一”的原则,贯彻“预防为主”的方针,把重点工作放在工序和过程控制方面,争取把质量隐患消灭在萌芽状态。在质量控制方面从事前、事中、事后进行控制,抓住其控制要点,采取相应的手段加以控制。主要工作内容有:

(1)工序交接检查。按规程、规范,前后工序不能颠倒,工序流程间应有检查验收,否则不得进入下一环节或工序。

(2)工程质量事故处理。对各建设环节的质量事故按规定进行处理,不给下一环节

留下隐患。

（3）进行质量监督，对不合理的工程下达停工指令。

（4）对工程的开工报告进行严格管理和审批。

（5）对工程质量、技术进行签证。监理工程师对质量、技术进行把关，在原始凭证上签字。

（6）行使质量否决权。在工程质量单上签署合格与否的意见，既控制了质量，也控制了投资。

（7）填写的监理日志必须反映工程质量有关问题。

（8）组织现场质量协调会议，解决施工过程中的质量问题。

（9）定期向业主报告有关工程质量方面的情况。

（10）工程完成后，参加检查验收。

对该工程，监理部坚持从事前、事中及事后三个阶段进行质量控制，主要做法如下。

3.1.1　事前控制

（1）掌握监理依据，建立工作制度。监理部首先要求所有监理人员，认真学习有关合同文件、设计文件、现行的施工规程规范和有关的法律、法规及规定；认真编写工程的监理细则，建立健全各种规章制度。同时，监理部要求承包人建立健全工程质量保证体系，建立独立的质量检查部门并落实专职人员，完善各项规章制度，严格实行"三检"制。

（2）做好开工前的检查工作。每项工程开工前，监理人员都要对原材料、施工机械、施工场地等项内容进行检查。发现问题立即纠正，直至合格后，才签发开工令。

（3）原材料及施工工艺的质量控制。由于本工程为水土保持植物防护工程，故影响工程质量的因素主要是施工工艺及原材料。监理部对用于水土保持工程的材料，严格把关，不合格的坚决不准使用；要求承包人严格按照施工招标文件及技术条款选用合格的材料——草种、树种。

施工工艺直接影响该工程质量，为此，监理部在施工前认真审查承包人所报施工组织设计，尽可能使制造单位按照设计要求进行合理、科学的施工。

3.1.2　事中控制

主要是进行工序控制。工序是人、机械、材料、方法、环境等因素对工程综合起作用的过程，它是组成工程施工过程的单元。工序质量控制，就是对施工过程的每道工序进行质量检查与控制，努力使每道工序质量符合要求。

监理部对工序质量控制的主要方法是现场旁站、巡视、平行检查。对重要部位及主要工序，如整地、施肥、草种的撒播、草皮的移植、风景树的栽植等监理人员一定实行旁站监理，对一般工序，实行巡视检查，并取得显著效果。

在整个施工过程中，监理部对承包人的质量保证体系进行监督落实，要求承包人的质检员、施工员坚守工地现场，并认真记好施工日志。

3.1.3　事后控制

事后控制主要体现在质量缺陷和质量问题的处理上，它是消除缺陷或隐患、保证工程安全使用、满足工程各项功能的重要步骤。质量缺陷和质量问题的处理，是监理工程师进行质量控制的主要内容之一。

出现质量缺陷和质量问题,首先通知承包人暂停相应部位工程或工序的施工,并要求承包人提供详细的事故报告。监理部接到报告后进行认真调查研究,并做出处理决定。

质量缺陷和质量问题的处理分为两种:一是修补处理;二是返工处理。无论何种性质的处理,都需得到现场监理工程师的验收和认可。

3.2　进度控制

工程项目的进度,受树种及草皮的运输、气候等诸多因素影响。监理部在工程一开始,就要求承包人针对施工进场道路工程的特点,编制施工组织设计,报监理工程师审批。在施工过程中,经常检查实际进度是否按计划完成,一旦发现关键路线上的项目出现偏差,立即分析原因,要求制造单位采取有效措施排除障碍,确保工期。

为有效地实施工程进度的控制,应完善各项制度和措施如下:

(1)在技术措施方面:建立施工作业计划体系,向发包人和承包人推荐先进、科学、经济、合理的技术方法及手段,以加快工程进度。

(2)在经济措施方面:按合同规定的期限对承包人进行项目检验、计量并签发支付证书,督促发包人按时支付,发生延误工程计划时,对其造成原因方按合同进行处理,对提前完成计划者给予奖励。

(3)在合同措施方面:按合同要求及时协调有关各方的进度,以确保项目进度的要求。编制项目实施进度计划,审核承包人提交的施工进度计划及施工方案。监督制造单位严格按照合同规定的计划进度组织实施。

具体工作如下:

(1)审核承包人提交的植树、种草及水土保持工程措施的施工进度计划是否合理。

(2)协助发包人制定由发包人提供苗木、种子的用量及时间安排和编制有关材料、设备的采购计划。

(3)填写的监理日志必须反映工程进度,记载工程形象部位、完成的实物工程量以及影响工程进度的各种因素。在建设过程中驻地监理人员以及相关专业监理人员认真填写了监理日志。

(4)工程进度检查。审核承包人提交的工程进度报告,审核的要点是计划进度与实际进度的差异,形象进度、实物工程量与工作量指标完成情况的一致性。

(5)按合同要求,及时进行工程验收。

(6)签发有关进度方面的签证。它是支付工程款、计算索赔、延长工期的重要依据。

(7)报告有关工程进度情况。当实际进度与计划进度出现差异时,督促承包人采取相应的补救措施,促进工程顺利完成。

3.3　投资控制

监理部控制本工程计量与计价的原则是:必须是合同规定的或经批准的设计修改的项目;必须是符合合同技术标准、工程质量合格的项目;必须是申报资料齐全或验收手续齐全的项目。

3.3.1　采取的主要措施

(1)组织措施:协助编制投资计划,包括建立监理组织,完善职责分工及有关制度,落实投资控制的责任。

（2）技术措施：审核施工组织设计和施工方案，合理开支施工费用，按合理工期组织施工，避免不必要的赶工费。

（3）经济措施：及时进行计划费用与实际开支费用的比较分析。

（4）合同措施：按合同条款支付工程款，防止过早、过量的现金支付，防止资金挪用，全面履约，减少双方提出索赔的条件和机会，正确处理索赔等。

3.3.2　具体工作

（1）检查、监督承包人执行合同情况，使其全面履约。严格经费签证，按合同规定及时对已完工程进行阶段验收，审核承包人提交的工程款支付申请。

（2）定期、不定期地进行工程费用超支分析，并提出控制工程费用突破的方案和措施，及时向发包人报告工程投资动态情况。

（3）审核承包人申报的完工报告，对工程数量不超验、不漏验，严格按规定办理完工计价签证。保证签证的各项质量合格、数量准确。签证后报发包人拨款。

3.4　合同管理与信息管理

3.4.1　合同管理

合同是维护和巩固建设次序、保证工程建设的有效实现、加强合同各方当事人之间合作、具有法律效力的文件。监理合同管理的宗旨是以事实为根据，以合同条款及法律为准则，促进各方履行合同义务，参与合同管理协调工作。

依据合同规定，对工程进度、工程质量、工程投资进行控制。在合同实施过程中，监理部主要做了以下工作：

（1）提醒发包人和督促承包人各自履行合同中规定的义务。发包人要做好外部工作，为承包人创造良好的施工环境；承包人要保证工程质量，按计划完成施工任务，实现合同中规定的工期、质量目标。当施工进度滞后时，督促承包人增加施工力量，加大投入，加快施工进度。为此，监理部多次发布指令，召开协调会议，研究赶工措施，力争工程按计划完成。

（2）按合同规定支付预付款和工程进度款，并按合同规定扣回预付款，扣留质保金，做到工程价款支付不超前、不滞后。

（3）变更管理。水土保持变更工作，严格按照《工程变更管理办法》执行。工程必须进行变更设计时，首先由发包人、监理人、设计人、承包人四方代表共同进行现场会审，确定变更方案，填写《工程变更现场处理卡》并签证认可；其次，由承包人按处理卡的方案填报变更申请，按各级权限逐级审批。

在整个施工过程中无水土保持工程变更发生。

（4）工程索赔。整个项目未出现费用索赔的现象。

3.4.2　信息管理

信息管理是监理工程师实施"三控制"的基础，是监理工程师决策的依据；信息管理是发包人掌握工程动态的主要途径。在本合同工程的信息管理过程中，监理部注重建立本工程的信息编码体系，在做好合同及相关约束文件的管理的同时，认真负责地收集好各类信息并对其进行分析、判断、分类存档，并且监理工程师及时填写"监理日志"，及时填报和签认规定报表与文件，利用计算机进行管理，及时为本工程和发包人提供各种信息服务,使合同各方相互沟通,信息通畅。

3.5　监理协调作用

监理工程师必须公正地处理各种关系,协调好发包人、设计人和承包人各方关系,主要包括合同变更、设备共享、施工队伍借调、各种工程事故处理关系等。

建设过程中,在监理协调作用下,发包人、承包人、监理人三方建立了公平、公正、和谐的建设环境,促进了有限资源的共享。在参与建设单位的共同努力下,按时、保质、保量地完成了本工程建设。

4　监理效果

4.1　工程质量

本工程在施工过程中,在制造单位"三检制"的基础上,监理部采取抽检及平行检测的手段,对各个工序、分项、分部工程进行质量控制;对隐蔽工程、分部工程验收,采取由建设、设计、监理制造单位联合验收的方式进行验收。

4.2　工程进度

在建设过程中,监理工程师通过认真执行以上工作内容,促进了整个项目的工程进度基本与进度计划一致,即实际工程进度:2003 年 10 月开工建设,2003 年 12 月完工。

4.3　工程投资

监理工程师通过组织措施、技术措施、经济措施、合同措施等,定期或不定期地进行动态投资分析,严格按照合同要求,做到专款专用,严禁其他项目挪用水土保持建设费用等,有效地使水土保持工程得到了真正意义上的落实,本工程项目投资已控制在本工程合同之内。

5　经验与建议

(1)发包人的理解和支持,是搞好监理工作的基础。在本工程的监理实践过程中,发包人为监理部提供了诸多便利条件,为监理工作的顺利开展奠定了良好的基础;在施工现场的管理方面,发包人充分尊重监理的意见,维护监理的立场,从而保证了监理在现场中的权威性和统一性。

(2)完善机制、提高效益是搞好监理工作的保证。结合水土保持工程建设的特点,提出了临淮岗洪水控制工程安徽省实施项目水土保持工程监理程序和具体实施细则,并完善了由发包人、监理人及承包人三方参与的监理机制,提高了效率,保证了工程质量。

(3)搞好监理工作,关键在于监理人员的敬业精神。监理人员不仅要认真负责、尽职尽责,善于发现问题和解决问题,而且要在旁站、巡视或检测时做到腿勤、手勤、嘴勤、心明、脑灵,并做好现场记录。

(4)参建各方须通力合作,随时解决工程中出现的问题。本工程工期短、工序多、工作场面不集中,这就要求参建各方及时沟通,随时将施工中的信息反馈给有关部门,有关部门的决策意要及时反馈到制造单位,尽快解决工程中出现的问题,以免造成工程延期,影响工程进度和投资。

(5)做好事前控制是实现合同目标的保证。本工程工序复杂,施工中出现的问题较多,这就要求参建各方认真阅读图纸,熟悉相应施工技术规范,深刻领会合同条款,对施工中可能出现的问题要有预见性,并提出解决问题的方法和措施,将问题消灭在萌芽状态,增强施工控制的主动性,提高驾驭全局的能力。

6　附件

附件1　监理机构人员一览表(略)

附件2　主要工程开、完工时间表(略)

附件3　工程建设监理大事记(略)

第5节　环境保护监理工作报告

1　工程概况

刘家道口枢纽工程为大(1)型工程,位于山东省临沂市境内,是沂沭泗河洪水东调南下骨干工程之一,其主要任务是调控拦蓄沂河上游来水,通过已建的彭道口闸分泄部分洪水,在沭河大官庄枢纽工程的配合下,使部分洪水经新沭河东调入海,从而腾出骆马湖及新沂河部分蓄洪和泄洪能力,更多地接纳南四湖南下洪水,以提高沂沭泗河中、下游的防洪标准,充分发挥沂沭泗河洪水东调南下工程的总体效益。主要工程包括:新建刘家道口节制闸、改建李庄闸、重建李公河防倒漾闸以及刘家道口、盛口、姜墩三个灌溉洞和盛口切滩、闸上沂河大堤防渗、工程管理设施公用设备安装、水土保持和环境保护等工程。

本工程项目法人单位为水利部淮委·山东省水利厅刘家道口枢纽工程建设管理局;项目法人现场代表为淮委刘家道口枢纽工程建设管理局;质量监督单位为水利部水利工程建设质量与安全监督总站;设计单位为山东省水利水电勘测设计院;主体工程承包人为中国水电集团第十五工程局有限公司;安徽省大禹工程建设监理咨询有限公司负责该工程的环境保护监理工作。

2　监理规划

2.1　监理范围

主体工程承包人的施工现场、办公场所、生活营地、施工道路、附属设施等,以及在上述范围内的生产活动可能造成周边环境污染和生态破坏的区域;环境保护专项设施区域。

2.2　监理目标

(1)以适当的环境保护投资充分发挥本工程潜在的效益。

(2)在环境影响报告书中所确认的不利影响得到缓解或消除。

(3)落实招标文件中环境保护条款及与环境有关的合同条款。

(4)施工区没有大规模的传染病暴发和流行。

(5)实现工程建设的环境、社会效益与经济效益的统一。

2.3　监理依据

(1)与环境保护有关的法律、法规、规章和标准。

（2）建设项目环境影响评价报告和环境保护设计文件等。

（3）施工区、生活区、移民迁出和安置区等区域环境基本情况及环境保护要求。

（4）施工组织设计、施工措施计划中有关水污染、大气污染、固体废弃物处置、水土流失、生态影响等的基本资料和经批准的环境保护措施。

（5）经环境保护部门确认的环境标准、污染物排放标准及环境质量标准。

（6）施工设备、材料等的出厂技术资料中有关环境保护的文件和资料。

2.4　监理内容

（1）生活饮用水安全。

（2）生活污水处理。

（3）生产废水处理。

（4）大气污染防治。

（5）噪声控制。

（6）固体废弃物处理。

（7）健康与安全。

2.5　监理组织

2.5.1　监理组织机构

由于本工程环境保护监理含在施工监理中，施工总监理工程师即为环境保护总监理工程师，下设环境保护监理工程师和监理员，其中本监理机构有 4 名取得水利部环境保护监理工程师资格的工程师。

2.5.2　岗位职责

2.5.2.1　监理人职责

（1）审核承包人编制的施工组织设计中有关环境保护的措施计划和专项环境保护措施计划。

（2）参与工程监理机构组织的开工准备情况检查和开工申请审批等工作，检查开工阶段环境保护措施方案的落实情况。

（3）审核承包人编制的环境保护规章制度和环境保护责任制。

（4）审核承包人的环境保护培训计划，并监督承包人对其工作人员进行环境保护知识培训。

（5）督促、检查承包人严格执行工程承包合同中有关环境保护的条款和国家环境保护的法律法规。

（6）监督承包人的环境保护措施的落实情况。

（7）检查施工现场环境保护情况，制止环境破坏行为。

（8）根据现场检查和环境监测单位提供的环境监测报告，对存在的环境影响问题及时要求承包人采取措施，必要时应要求承包人进行整改。

（9）主持环境保护专题会议，协调施工活动与环境保护之间的冲突，参与工程建设中重大环境问题的分析研究与处理。

（10）进行环境保护监理的文件档案管理。

2.5.2.2 总监理工程师职责

（1）主持编制环境保护监理规划，制定环境保护监理机构规章制度，审批环境保护监理实施细则，签发环境保护监理机构内部文件。

（2）确定环境保护监理机构各部门职责分工及各级环境保护监理人员职责权限，协调环境保护监理机构内部工作。

（3）指导环境保护监理工程师开展监理工作；负责环境保护监理人员的工作考核，调换不称职的监理人员；根据工程建设进展情况，调整监理人员。

（4）审核承包人施工组织设计中的环境保护措施和专项环境保护措施计划。

（5）主持环境保护第一次工地会议，主持或授权环境保护监理工程师主持环境保护监理例会和专题会议。

（6）签发环境保护监理文件，对存在的重要环境问题的处理，商工程总监理工程师后，签发指示（有些项目称《环境行动通知》）。

（7）主持重要环境问题的处理工作。

（8）主持或参与工程施工与环境保护的协调工作。

（9）检查环境保护监理日志；组织编写并签发环境保护监理月报、环境保护监理专题报告、环境保护监理工作报告；组织整理环境保护监理合同文件和档案资料。

2.5.2.3 监理工程师职责

（1）参与编制环境保护监理规划，编制或组织编制环境保护监理实施细则。

（2）预审承包人施工组织设计中的环境保护措施和专项环境保护措施计划。

（3）检查负责范围内承包人的环境保护措施的落实情况。

（4）检查负责范围内的环境影响情况，对发现的环境问题及时通知承包人，有权要求提出处理措施。

（5）协助环境保护的总监理工程师协调施工活动安排与环境保护的关系，按照职责权限处理发生的现场环境问题，商工程监理工程师后签发环境问题通知。

（6）收集、汇总、整理环境保护监理资料，参与编写环境保护监理月报，填写环境保护监理日志。

（7）现场发生重大环境问题或遇到突发性环境影响事件时，及时向环境保护总监理工程师报告、请示。

（8）指导、检查环境保护监理员的工作。必要时可向环境保护总监理工程师建议调换环境保护监理员。

2.5.2.4 监理员职责

（1）检查负责范围内承包人的环境保护措施的现场落实情况。

（2）检查负责范围内的环境影响情况，并做好现场监理记录。

（3）对发现的现场环境问题，及时向环境保护监理工程师报告。

（4）核实承包人环境保护相关原始记录。

2.6 监理工作程序

（1）签订环境保护监理合同，明确环境保护监理工作范围、内容和责权。

（2）依据环境保护监理合同，组建环境保护监理机构，选派总监理工程师、监理工程师、监理员和其他工作人员。

（3）熟悉与环境保护有关的法律、法规、规章以及技术标准,熟悉环境影响评价报告、环境保护设计、施工合同文件中有关环境保护的条款和环境保护监理合同文件。

（4）进行环境保护范围内污染源的实地考察,进一步掌握污染源的特点及其分布情况,尤其是环境敏感区的情况。

（5）编制环境保护监理规划。

（6）进行环境保护监理工作交底。

（7）编制各专业的环境保护监理实施细则。

（8）实施环境保护监理工作。

（9）督促承包人及时整理、归档环境保护资料。

（10）结清监理费用。

（11）向发包人提交与环境保护监理有关的档案资料、环境保护监理工作总结报告。

（12）向发包人移交其所提供的文件资料和设施设备。

2.7　监理工作制度

（1）文件审核、审批制度;

（2）重要环境保护措施和环境问题处理结果的检查、认可制度;

（3）会议制度;

（4）现场环境紧急事件报告、处理制度;

（5）工作报告制度;

（6）环境验收制度。

2.8　监理工作方法

（1）巡视检查;

（2）旁站监理;

（3）现场记录;

（4）跟踪检查;

（5）利用环境监测数据;

（6）发布文件;

（7）环境保护监理工作会议;

（8）协调;

（9）审阅报告;

（10）重视公众参与。

3　监理过程

3.1　事前控制

（1）组织环境监理交底会,向承包人提出应特别注意的有关环境保护要求和环境监理工作程序。

（2）在工程开工前审核承包人报送的施工组织设计中有关环境保护的内容,从环境保护的角度提出优化施工方案与方法的建议并签署意见。

（3）主要检查登记承包人主要设备与工艺、材料的环境指标,按环境保护要求向承包人提出使用操作要求。

（4）检查承包人环境保护准备工作落实情况,主要包括:①宿营地水源卫生、排污与生活垃圾收集处理设施及环境卫生清理与消毒工作;②临时施工道路是否符合土地利用与资源保护要求;③机修停放厂排水系统及处理池;④料场是否选在指定的合理位置;⑤搅拌和预制场地排污处理及防噪、除尘设施;⑥弃土场防护设施与措施;⑦施工人员疾病预防措施。

3.2　事中控制

（1）检查承包人环境保护管理机构的运行情况,要求承包人在施工过程中按已批准的施工组织设计中环境保护措施和有关审批意见进行文明施工,加强环境管理,做好施工中有关环境保护的原始资料收集、记录、整理及总结工作。

（2）检查施工过程中承包人对承包合同中环境保护条款执行与环境保护措施落实情况,包括:①监督检查施工区生活饮用水水质保护;②检查施工区污水处理、空气污染控制、噪声污染控制、固体废弃物处理和卫生防疫;③检查工程弃渣处理是否符合规定要求;④检查施工现场环境卫生的维护与清理,要求承包人及时清除不再需要的临时工程,经常保持施工现场干净、有条理,不出现影响环境的障碍物;⑤检查工程占地的复耕和植被恢复措施的落实情况。

（3）环境保护检查具体内容:

①饮用水安全:a.生活饮用水水源为地下水,除防止地下水源污染外,水井口还要高出周围地面 30~50 cm,并设置井台、井盖以防雨污水等进入。在水源地(包括水厂)附近设置了明显的卫生防护带,在防护带内不准堆放垃圾、粪便、废渣,不准修建渗水坑、渗水厕所,不准铺设污水管道,不准居住民工等。b.保障生活供水系统的卫生,承包人必须按照卫生标准对生活供水系统进行净化。

②污水处理:a.生活污水先经过化粪池发酵杀菌后,由地下管网输送到无危害水域。化粪池的有效容积应能满足生活污水停留一天的要求。同时,化粪池要定期清理,以保证它的有效容积。b.承包人应对排污口排出的生活污水进行内部监测,由监理工程师检查监测结果并现场检查处理结果,必要时监理工程师还可指派有资质的监测单位对其排放污水进行专门监测。

③废水处理:a.承包人排出的生产废水不得超过国标《污水综合排放标准》(GB 8978—1996)一级标准。生产废水处理措施为沉淀池、油水分离器处理等。b.砂石料冲洗等废水主要采用经沉淀池沉淀后循环利用的方式。c.混凝土拌和废水、混凝土浇筑、基坑等废水含有大量的悬浮物,要经沉淀池沉淀后排出。d.施工车辆多,洗车台废水含油量大,要求含油废水必须经过油水分离器处理或隔油池处理以后方可排出。

④污染防治:a.施工区大气污染主要来源于施工和生产过程中产生的废气与粉尘。为防治运输扬尘污染,要求承包人在装运水泥、石灰、垃圾、土石料等一切易扬尘的车辆时,必须覆盖封闭。b.对道路产生的扬尘,承包人必须采取定期洒水措施,各种燃油机械必须装置消烟除尘设备,砂石料加工及拌和工序必须采取防尘措施。c.严禁在施工区焚烧会产生有毒有害或恶臭气体的物质。

⑤噪声控制：a.为防止噪声危害,对产生强烈噪声或振动的设备,承包人必须采取减噪降振措施,选用低噪弱振设备和工艺,对固定噪声源如混凝土拌和系统、砂石料加工系统、制冷系统等要求安装消音器,设置隔音间或隔音罩。b.对接触移动噪声源如钻机、振动碾、风钻等的人员,必须发放和要求佩戴耳塞等隔音器具。c.承包人必须合理安排作业时间,广播宣传或音响设备要合理安排时间,不得影响公众办公、学习和休息,减少和避免噪声扰民。d.必须考虑施工活动对周围环境的影响,如粉尘、噪声、爆破等的影响。e.承包人应明确工程施工期所采用的噪声标准。f.加强工人文明施工教育,在营地、村镇不得喧哗、吵闹。

⑥固体废弃物处理：a.生产、生活垃圾和生产废渣要运送到指定或设计的场所进行处理。b.承包人要合理地保持现场不出现不必要的障碍物,存放并处置好承包人的任何设备和多余的材料。c.当主体工程竣工时,承包人应从现场清除运走任何废料、垃圾,拆除和清理不再需要的临时工程,保持移交工程及工程所在现场清洁整齐,达到工程师满意的状态。

⑦健康与安全：a.要求承包人对其雇员进行进场前体检,不合格者不得入内。对进场雇员应每年至少进行一次体检,并建立个人档案。b.工地食堂应卫生、整洁,定期消毒;食品、刀具等应生熟分开;食品从业人员应按《食品卫生法》要求获得上岗证书。c.承包人应按操作要求提供有益于工人身心健康和有安全保障的生产条件。d.承包人在工地人员中设有一名或多名专门负责有关安全和防止事故发生的人员。e.承包人在整个合同的执行期间自始至终确保在营地住房区和工地配有医务人员、急救设备、备用品及适用的救护设施,并应采取适当的措施以预防传染病,提供必要的福利及卫生条件。f.承包人应自始至终采取必要的预防措施,保护在现场所雇用的职员和工人免受昆虫、老鼠及其他害虫的侵害,以免影响健康和患寄生虫病。承包人应遵守当地卫生部门一切有关规定,特别是安排使用经过批准的杀虫剂对所有建在现场的房屋进行彻底喷洒,这一处理至少应每年进行一次或根据监理工程师的指示进行。g.为了有效地预防和克服传染病与职业病,承包人应遵守并执行政府或当地医疗卫生部门制定的有关规定、条例和要求。

(4)施工过程中若发现重大环境问题,承包人对环境保护监理机构提出的整改要求或处理意见执行不严,或执行后不满足要求时,环境保护监理工程师有权作出停工整改的决定。

(5)定期、不定期地召开与环境保护有关的会议,对有关环境方面的意见进行汇总,审核承包人提出的处理意见。

(6)协调参建各方有关环境保护的工作关系和有关环境保护问题的争议。

(7)环境监理工程师签署对承包人实施环境保护措施的评价意见,作为计量支付的依据。

(8)编写环境监理月报和工程环境监理报告。

3.3　事后控制

(1)审查承包人报送的有关工程验收的环境保护资料。

(2)对工程区环境质量情况进行预检,主要利用环境检测单位监测的资料与数据进行检查,必要时进行环境监测。

（3）监督检查承包人对施工现场遗留环境问题的处理。

（4）对承包人执行合同环境保护条款与落实各项环境保护措施的情况和效果进行综合评估。

（5）整理验收所需要的环境保护监理资料。

（6）参加工程验收并签署环境监理意见。

3.4 投资控制

监理部控制环境保护工程计量与计价的原则是：必须是申报资料齐全或验收手续齐全的项目。

3.4.1 采取的主要措施

（1）组织措施：协助编制投资计划，落实投资控制的责任；

（2）技术措施：审核施工组织设计和施工方案，合理开支施工费用；

（3）经济措施：及时进行计划费用与实际开支费用的比较分析；

（4）合同措施：按合同条款支付工程款，防止过早、过量的现金支付，防止资金挪用，全面履约，减少双方提出索赔的条件和机会，正确处理索赔等。

3.4.2 具体工作

（1）检查、监督承包人执行合同情况，使其全面履约。严格经费签证，审核承包人提交的工程款支付申请。

（2）定期、不定期地进行工程费用超支分析，并提出控制工程费用突破的方案和措施，及时向发包人报告工程投资动态情况。

3.5 合同管理与信息管理

3.5.1 合同管理

合同是维护和巩固建设秩序、保证工程建设的有效实现、加强合同各方当事人之间合作、具有法律效力的文件。监理合同管理的宗旨是以事实为根据，以合同条款及法律为准则，促进各方履行合同义务，参与合同管理协调工作。

在合同实施过程中，监理部主要做了以下工作：

（1）督促承包人履行合同中规定的义务。

（2）按合同规定签署工程价款。

（3）工程索赔。整个项目未出现费用索赔的现象。

3.5.2 信息管理

信息管理是监理工程师实施"三控制"的基础，是监理工程师决策的依据；信息管理是发包人掌握工程动态的主要途径。在本合同工程的信息管理过程中，监理部注重建立本工程的信息编码体系，在做好合同及相关约束文件的管理的同时，认真负责收集好各类信息并对其进行分析、判断、分类存档，并且监理工程师及时填写"监理日志"，及时填报并签认规定报表和文件，利用计算机进行管理，及时为本工程和发包人提供各种信息服务，使合同各方相互沟通，信息通畅。

环境保护监理信息分类如下：

（1）按专业内容分为：①水污染防治信息；②大气污染防治信息；③噪声污染防治信息。

（2）按空间区段分为：①施工区环境信息；②生活区环境信息；③移民区环境信息。

（3）按信息来源分为：①发包人来函；②承包人来函；③发函；④环境保护监理机构内部通知、报告；⑤环境保护监理机构现场记录、调查表、监测数据、会议纪要、监理月报、监理工作总结报告等；⑥行政管理部门文件；⑦其他单位来函。

（4）按信息功能分为：①日记、日志、调查表、监测数据；②会议纪要；③月报、年报、工作报告；④专题报告；⑤发包人文件；⑥承包人申报文件；⑦监理人批复文件；⑧其他单位联络文件。

4　监理效果

环境监理事前进行环境保护措施审核，建立了有效的预控、预警机制，避免敏感环境问题的产生；事中加强环境保护措施的检查与监督，发现问题及时处理；事后对各项环境保护措施执行情况进行复核与评估，消除了遗留环境问题和隐患。由于措施得当，工程建设在环境保护方面取得以下效果。

4.1　生活饮用水

在工程建设初期施工人员以地下水为饮用水，监理工程师要求承包人将地下水水质送当地相关部门进行化验，结果发现该地下水不能饮用，饮水卫生得不到保障。根据此情况，监理工程师要求承包人购买纯净水作为饮用水，保证了施工人员的饮水卫生。

4.2　生活污水处理

施工区生活污水主要来源于承包人营地及办公场地，监理工程师要求承包人采用化粪池处理生活废水。由于受处理方法的限制，主要通过加强化粪池的运用管理来提高处理效果。

4.3　生产废水

施工区生产废水主要来源于施工现场混凝土养护、混凝土拌和楼、罐车冲洗废水、机械车辆维修和冲洗废水、砂石料冲洗废水等。

由于生产废水中悬浮物含量大，要求承包人在相应部位建沉降池，悬浮物进行沉淀后排放，部分废水澄清后可用建设工地洒水防尘。机械和车辆不定期地到附近专门清洗点或修理点进行清洗与维修。

4.4　大气、粉尘控制

施工过程中的大气污染主要来自施工机械车辆排放的废气、施工作业面及施工道路产生的扬尘。要求承包人配备洒水车定期地对施工区道路及现场进行洒水，由于本施工区地处北方干旱少雨地区，监理工程师根据实际情况要求承包人酌情增加洒水频率，施工现场及道路扬尘基本得到控制；水泥、粉煤灰和混凝土运输均采用密封罐车；砂石料场均及时洒水，砂石装卸时尽量降低落差以减少粉尘产生，并严禁承包人在施工区焚烧会产生有毒有害或恶臭气体的物质。

4.5　噪声

施工期不可避免地产生施工噪声，监理工程师要求承包人采取以下方法与措施，尽量减少施工噪声对居民的影响：

（1）承包人对接触移动噪声源如钻机、振动碾、风钻等的人员，均发放和要求佩戴耳塞等隔音器具。

（2）要求承包人合理安排作业时间，广播宣传或音响设备要合理安排时间，不得影响公众办公、学习和休息，减少和避免噪声扰民。承包人根据监理工程师的要求调整工作时间，将噪声污染减低到最低程度。

（3）要求承包人加强工人文明施工教育，在营地、村镇不得喧哗、吵闹。

4.6　固体废弃物处理

按照施工合同，要求承包人在所编报的施工组织设计中，制定施工弃土弃渣的有效处理措施，并进行审查。在整个施工过程中承包人基本做到以下方面：

（1）生产、生活垃圾和生产废渣运送到指定或设计的场所进行处理。

（2）对弃土区开挖的可用于复耕的壤土运至它地妥善堆存。

（3）施工过程中，监理工程师在巡视检查中偶然发现承包人有随意弃土现象，经口头警告后，未再发生一起随意弃土现象。

（4）弃土区地表清理物承包人运至专门的场地处置，未随意丢弃。

（5）监理工程师根据施工区实际情况，指示承包人设立垃圾筒。

4.7　卫生防疫

（1）要求承包人对其雇员进行进场前体检，不合格者不得入内。对进场雇员应每年至少进行一次体检，建立个人档案，并将体检结果上报监理部备案。

（2）工地食堂基本卫生、整洁，定期消毒；食品从业人员已按《食品卫生法》要求获得上岗证书并定期进行体检。

（3）承包人基本做到按操作要求提供有益于工人身心健康和有安全保障的生产条件。

（4）承包人设有安全部，有多名专门负责安全和防止事故发生的人员。

（5）承包人在整个合同的执行期间与当地医疗机构积极保持联系，并在工地现场配有急救设备、备用品及适用的救护设施。同时采取适当的措施以预防传染病，为员工提供必要的福利及卫生条件。

（6）承包人自始至终采取经过批准的杀虫剂对所有建在现场的房屋进行彻底喷洒等预防措施，保护在现场所雇用的职员和工人免受昆虫、老鼠及其他害虫的侵害，以免影响健康和患寄生虫病。

（7）承包人按政府或当地医疗卫生部门制定的有效预防和克服传染病与职业病的有关规定、条例及要求执行。

5　经验与建议

（1）建设项目工程环境保护监理工作，应当遵循守法、诚信、公正、科学的准则，协调好工程建设与环境保护以及发包人与承包人之间的关系，为工程的环境管理服务。工程的环境保护管理和监督应当与发包人的环境管理、政府部门的环境监督执法严格区分开来，确立工程环境保护监理是"第三方"的原则。

（2）加强环境监理宣传，提高大家的环境保护意识，积极参与建设工程环境的监督管理和推行建设项目工程环境监理制度。

（3）加强法制建设。目前还没有水利水电工程建设环境监理方面的专门法规，特别是施工阶段的有关环境保护法律法规条款。建议制订和完善各项环境保护法规及环境监理法规，建立环境监理技术规范、标准、指标考核与验收、收费标准，做到有法可依。

（4）工程环境保护监理可单独建立监理管理体系，也可纳入工程监理的管理体系，但都不得弱化环境监理的地位。工程环境监理工作中应理顺环境监理单位和发包人、承包人、工程监理单位、环境监测单位及政府环境主管部门等各方之间的关系，为做好环境监理工作创造有利条件。

（5）工程环境保护监理单位应根据工程特点，制定符合工程实际情况、规范化的监理计划，使工程环境监理工作有序地开展。

（6）建立环境监理工作制度，是做好环境保护工作的保证。

（7）适应市场需求，向工程建设的全方位、全过程监理发展，积极扩展监理业务。积极培养环境监理工程师，使具有专业技术、经济、法律和管理知识的较高业务素质与水平的监理工程师担负并组成精干的监理队伍。

6　附件

附件1　监理机构人员一览表（略）。

附件2　环境保护监理大事记（略）。

第16章　监理责任与处罚条款

第1节　监理单位

1　工程建设监理责任与处罚

1.1　监理责任

根据《水利工程建设监理规定》(水利部令第28号,2006)和《建设工程质量管理条例》(国务院令第279号,2000)规定了监理单位有以下责任:

(1)监理单位应当按照水利部的规定,取得《水利工程建设监理单位资质等级证书》,并在其资质等级许可的范围内承揽水利工程建设监理业务。两个以上具有资质的监理单位,可以组成一个联合体承接监理业务。联合体各方应当签订协议,明确各方拟承担的工作和责任,并将协议提交项目法人。联合体的资质等级,按照同一专业内资质等级较低的一方确定。联合体中标的,联合体各方应当共同与项目法人签订监理合同,就中标项目向项目法人承担连带责任。

(2)监理单位必须严格执行国家法律、行业法规、技术标准,严格履行监理合同。

(3)监理单位与被监理单位以及建筑材料、建筑构配件和设备供应单位有隶属关系或者其他利害关系的,不得承担该项工程的建设监理业务。监理单位不得以串通、欺诈、胁迫、贿赂等不正当竞争手段承揽水利工程建设监理业务。

(4)监理单位不得允许其他单位或者个人以本单位名义承揽水利工程建设监理业务。监理单位不得转让监理业务。

(5)监理单位应当聘用具有相应资格的监理人员从事水利工程建设监理业务。监理人员包括总监理工程师、监理工程师和监理员。监理人员资格应当按照行业自律管理的规定取得。

(6)监理单位应当将项目监理机构及其人员名单、监理工程师和监理员的授权范围书面通知被监理单位。监理实施期间监理人员有变化的,应当及时通知被监理单位。监理单位更换总监理工程师和其他主要监理人员的,应当符合监理合同的约定。

(7)监理单位应当按照监理合同,组织设计单位等进行现场设计交底,核查并签发施工图。未经总监理工程师签字的施工图不得用于施工。监理单位不得修改工程设计文件。

(8)监理单位应当按照监理规范的要求,采取旁站、巡视、跟踪检测和平行检测等方式实施监理,发现问题应当及时纠正、报告。监理单位不得与项目法人或者被监理单位串通,弄虚作假,降低工程或者设备质量。

(9)监理单位应当协助项目法人编制控制性总进度计划,审查被监理单位编制的施工组织设计和进度计划,并督促被监理单位实施。

(10)监理单位应当协助项目法人编制付款计划,审查被监理单位提交的资金流计划,按照合同约定核定工程量,签发付款凭证。未经总监理工程师签字,项目法人不得支付工程款。

(11)监理单位应当审查被监理单位提出的安全技术措施、专项施工方案和环境保护措施是否符合工程建设强制性标准与环境保护要求,并监督实施。监理单位在实施监理过程中,发现存在安全事故隐患的,应当要求被监理单位整改;情况严重的,应当要求被监理单位暂时停止施工,并及时报告项目法人。被监理单位拒不整改或者不停止施工的,监理单位应当及时向有关水行政主管部门或者流域管理机构报告。

1.2　处罚条例

(1)工程监理单位超越本单位资质等级承揽工程的,责令停止违法行为,对工程监理单位处合同约定的监理酬金 1 倍以上 2 倍以下的罚款;情节严重的,吊销资质证书;有违法所得的,予以没收。

(2)未取得资质证书承揽工程的,予以取缔,对工程监理单位处合同约定的监理酬金 1 倍以上 2 倍以下的罚款;有违法所得的,予以没收。

(3)以欺骗手段取得资质证书承揽工程的,吊销资质证书,对工程监理单位处合同约定的监理酬金 1 倍以上 2 倍以下的罚款;有违法所得的,予以没收。

(4)工程监理单位允许其他单位或者个人以本单位名义承揽工程的,责令改正,没收违法所得,对工程监理单位处合同约定的监理酬金 1 倍以上 2 倍以下的罚款;情节严重的,吊销资质证书。

(5)工程监理单位转让工程监理业务的,责令改正,没收违法所得,处合同约定的监理酬金 25% 以上 50% 以下的罚款;也可以责令停业整顿,降低资质等级;情节严重的,吊销资质证书。

(6)工程监理单位有下列行为之一的,责令改正,处 50 万元以上 100 万元以下的罚款,降低资质等级或者吊销资质证书;有违法所得的,予以没收;造成损失的,承担连带赔偿责任:①与建设单位或者制造单位串通、弄虚作假、降低工程质量的;②将不合格的建设工程、建筑材料、建筑构配件和设备按照合格签字的。

(7)工程监理单位与被监理工程的施工承包单位以及建筑材料、建筑构配件和设备供应单位有隶属关系或者其他利害关系而又承担该项建设工程的监理业务的,责令改正,处 5 万元以上 10 万元以下的罚款,降低资质等级或者吊销资质证书;有违法所得的,予以没收。

(8)监理单位有下列行为之一的,责令改正,给予警告;无违法所得的,处 1 万元以下罚款,有违法所得的,予以追缴,处违法所得 3 倍以下且不超过 3 万元罚款;情节严重的,降低资质等级;构成犯罪的,依法追究有关责任人员的刑事责任:①以串通、欺诈、胁迫、贿赂等不正当竞争手段承揽监理业务的;②利用工作便利与项目法人、被监理单位以及建筑材料、建筑构配件和设备供应单位串通,牟取不正当利益的。

(9)监理单位有下列行为之一的,依照《建设工程安全生产管理条例》第五十七条处罚:①未对施工组织设计中的安全技术措施或者专项施工方案进行审查的;②发现安全事故隐患未及时要求制造单位整改或者暂时停止施工的;③制造单位拒不整改或者不停止施工,未及时向有关水行政主管部门或者流域管理机构报告的;④未依照法律、法规和工程建设强制性标准实施监理的。

(10)监理单位有下列行为之一的,责令改正,给予警告;情节严重的,降低资质等级:①聘用无相应监理人员资格的人员从事监理业务的;②隐瞒有关情况、拒绝提供材料或者提供虚假材料的。

(11)工程监理单位违反国家规定,降低工程质量标准,造成重大安全事故,构成犯罪的,对直接责任人员依法追究刑事责任。

2 建设工程安全生产监理责任与处罚

2.1 监理责任

根据《水利工程建设安全生产管理规定》(水利部令第 26 号,2005)、《建设工程安全生产管理条例》(国务院令第 393 号,2003)和《关于落实建设工程安全生产监理责任的若干意见》(建市[2006]248 号)规定了监理单位有以下责任:

(1)建设监理单位和监理人员应当按照法律、法规和工程建设强制性标准实施监理,并对水利工程建设安全生产承担监理责任。

(2)建设监理单位应当审查施工组织设计中的安全技术措施或者专项施工方案是否符合工程建设强制性标准。

(3)建设监理单位在实施监理过程中,发现存在生产安全事故隐患的,应当要求制造单位整改;对情况严重的,应当要求制造单位暂时停止施工,并及时向水行政主管部门、流域管理机构或者其委托的安全生产监督机构以及项目法人报告。

2.2 处罚条例

(1)监理单位应对施工组织设计中的安全技术措施或专项施工方案进行审查,未进行审查的,监理单位应承担《建设工程安全生产管理条例》第五十七条规定的法律责任。

(2)施工组织设计中的安全技术措施或专项施工方案未经监理单位审查签字认可,制造单位擅自施工的,监理单位应及时下达工程暂停令,并将情况及时书面报告建设单位。监理单位未及时下达工程暂停令并报告的,应承担《建设工程安全生产管理条例》第五十七条规定的法律责任。

(3)监理单位在监理巡视检查过程中,发现存在安全事故隐患的,应按照有关规定及时下达书面指令要求制造单位进行整改或停止施工。监理单位发现安全事故隐患没有及时下达书面指令要求制造单位进行整改或停止施工的,应承担《建设工程安全生产管理条例》第五十七条规定的法律责任。

(4)制造单位拒绝按照监理单位的要求进行整改或者停止施工的,监理单位应及时将情况向当地建设主管部门或工程项目的行业主管部门报告。监理单位没有及时报告的,应承担《建设工程安全生产管理条例》第五十七条规定的法律责任。

(5)监理单位未依照法律、法规和工程建设强制性标准实施监理的,应当承担《建设工程安全生产管理条例》第五十七条规定的法律责任。

(6)监理单位履行了上述第(1)~(5)条规定的职责,制造单位未执行监理指令继续施工或发生安全事故的,应依法追究监理单位以外的其他相关单位和人员的法律责任。

第 2 节　监理人员

1　总监理工程师职责

1.1　工程建设监理

（1）监理项目实行总监理工程师负责制。总监理工程师是代表监理人履行监理合同的总负责人,行使监理合同赋予监理部的全部职责,对发包人和监理人负责。

（2）总监理工程师是监理人编制监理投标书并参与监理投标活动的主要人员,编制监理大纲。

（3）协助发包人组织施工招标工作,参与评标并提出建议,协助发包人与中标单位签订工程建设施工合同,与发包人协商后签发开工令。

（4）任命各监理项目部各部门负责人,组织编制监理规划,审核各专业监理工程师编制的监理细则,并在监理实施过程中深入施工现场检查监理细则执行情况,考核监理部员工工作情况。

（5）与发包人协商后审定被监理人的施工组织设计、施工技术方案、安全措施、总进度计划、质量保证体系。

（6）在监理合同授权范围内签发有关指令,审定工程量并签发支付凭证,组织分部工程验收,协助发包人进行阶段验收和竣工验收。

（7）主持召开监理例会,协调处理有关设计变更、重大施工技术方案和质量事故处理,公正地协调发包人与被监理人的争议。

（8）协调处理索赔和反索赔事件及质量事故。

（9）根据监理合同授权,撤换工程承包人及分包人中有关不称职人员。

（10）主持制订监理项目部各项规章制度,协调各控制目标的矛盾,主持监理项目部内部各种会议。

（11）定期向发包人和监理人汇报工程进展情况。

（12）组织编写工程建设监理报告。

1.2　环境保护监理

环境保护监理职责见第 15 章第 5 节相关内容。

2　监理工程师职责

2.1　工程建设监理

（1）监理工程师在总监理工程师领导下工作,履行各专业监理工程师职责。

（2）根据监理规划,制定各专业的监理细则,经总监理工程师批准后,按照监理细则开展监理工作。

（3）初审承包人的施工组织设计、施工进度计划、安全措施和质量保证措施,提出初审意见报总监理工程师审定。

(4)参加有关生产协调会及总监理工程师通知参加的其他会议。

(5)审查检测和检验资料,签署有关申报材料,组织单元(分项)工程验收,参与质量事故调查处理。

(6)负责控制和跟踪质量与进度实施情况,负责合同和信息管理工作,及时提出改进措施报总监理工程师批准后签发指令。

(7)认真做好工程量特别是合同外工程量的计量工作,初审监理单位提出的索赔要求,并向总监理工程师提出初审意见。

(8)向总监理工程师提出返工、停工、复工及对承包人中不称职人员的处理意见。

(9)组织管理有关会议纪要、监理日志、大事记及资料管理工作。

(10)协助总监理工程师协调有关各方的争议。

(11)完成总监理工程师交办的其他工作。

2.2　环境保护监理

环境保护监理工程师职责见第 15 章第 5 节相关内容。

3　监理员职责

3.1　工程建设监理

(1)监理员在监理工程师领导下工作,负责原材料、中间产品和成品的抽样工作,审核承包人质量检验资料的可靠性、真实性、完整性。

(2)认真负责地进行旁站监理和巡视工作,发现一般性问题要求被监理单位立即改正,对重要和重复出现的问题应及时报告监理工程师,并做好现场记录。

(3)认真负责地做好工程量计量工作。

(4)负责会议记录、监理日志的编写和整理工作。

(5)完成监理工程师安排的其他工作。

3.2　环境保护监理

环境保护监理员职责见第 15 章第 5 节相关内容。

当环境保护监理任务小、环境保护监理人员数量较少时,环境保护监理工程师可同时承担环境保护监理员的工作。

4　监理人员罚则

(1)监理人员涂改、倒卖、出租、出借、伪造资格(岗位)证书,或者以其他形式非法转让资格(岗位)证书的,吊销相应的资格(岗位)证书。

(2)监理人员从事工程建设监理活动,有下列行为之一,情节严重的,吊销相应的资格(岗位)证书:①利用执(从)业上的便利,索取或收受项目法人、被监理单位以及建筑材料、建筑构配件和设备供应单位财物的;②与被监理单位以及建筑材料、建筑构配件和设备供应单位串通,牟取不正当利益或损害他人利益的;③将质量不合格的建设工程、建筑材料、建筑构配件和设备按照合格签字的;④泄露执(从)业中应当保守的秘密;⑤从事工程建设监理活动时,不严格履行监理职责,造成重大损失的。

监理工程师从事工程建设监理活动,因违规被水行政主管部门处以吊销注册证书的,吊销相应的资格证书。

（3）监理人员因过错造成质量事故的,责令停止执(从)业一年;造成重大质量事故的,吊销相应的资格(岗位)证书,5年内不得重新申请;情节特别恶劣的,终身不得申请;构成犯罪的,依照《刑法》有关规定追究刑事责任。

监理人员未执行法律、法规和工程建设强制性条文且情节严重的,吊销相应的资格(岗位)证书,5年内不得重新申请;造成重大安全事故的,终身不得申请。

（4）资格管理工作人员在管理监理人员的资格活动中玩忽职守、滥用职权、徇私舞弊的,按行业自律有关规定给予处罚;构成犯罪的,依法追究刑事责任。

（5）监理人员被吊销相应的资格(岗位)证书,除已明确规定外,3年内不得重新申请。

参 考 文 献

[1]　水利部.水利工程建设项目施工监理规范[S]（SL 288—2003）.北京:中国水利水电出版社,2003.

[2]　建设工程质量管理条例[S]（国务院令第 279 号,2000）.

[3]　水利工程质量管理规定[S]（水利部令第 7 号,1997）.

[4]　水利工程质量监督管理规定[S]（水利部水建[1997]339 号）.

[5]　水利部.工程建设标准强制性条文（水利工程部分）[S].北京:中国水利水电出版社,2004.

[6]　建设工程安全生产管理条例[S]（国务院令第 393 号,2003）.

[7]　建设项目环境保护管理条例[S]（国务院令第 253 号,2005）.

[8]　水利工程建设安全生产管理规定[S]（水利部令第 26 号,2005）.

[9]　水利工程建设监理规定[S]（水利部令第 28 号,2006）.

[10]　水利工程建设项目验收管理规定[S]（水利部令第 30 号,2006）.

[11]　水土保持生态建设工程监理管理暂行办法[S]（水利部水建管[2003]79 号）.

[12]　中华人民共和国水土保持法实施条例[S]（国务院令第 120 号,2002）.

[13]　水利工程建设监理规定[S]（水利部水建管[1999]637 号）.